AF536219

Das ultimative
Traktor-Schrauberbuch

Für meinen Freund Mike Thomas

** 28. April 1974*
+ 10. September 2021

Marcel Schoch

Das ultimative Traktor-Schrauberbuch

Reparatur • Restaurierung • Werkzeug

Inhaltsverzeichnis

Vorwort

Der Kreis von Menschen, die sich für alte Traktoren interessieren, wächst zusehends. Ein Grund hierfür ist die Faszination für die alte Technik. Wenn so ein alter Traktor läuft, sieht man seine Technik noch arbeiten. Auch spürt man jede Zündung noch deutlich am eigenen Leib. Dazu kommt der Geruch von Schmierfett, Öl und verbranntem Diesel. Für echte Traktoristen der schönste Geruch auf der Welt. Bei Oldtimer-Liebhabern sind Traktoren daher schon lange nicht mehr nur die Spinnerei von ein paar verschrobenen Typen. Im Gegenteil: Es gehört für viele Oldtimer-Sammler schon beinahe zum guten Ton, auch einen alten Traktor zu besitzen. So legt sich der Porsche-911-Fan gerne mal auch einen Porsche-Traktor zu. Nur damit die Sammlung »komplett« ist. Das hat leider zur Folge, dass heute gute Traktoren oder lohnenswerte Restaurierungsobjekte im Markt immer rarer und damit teurer werden. Diese Entwicklung verhindert aber auch, dass junge Leute sich kaum einen guten Traktor leisten können. Also weicht man auf billige und zuweilen kaputte Traktoren aus und versucht diese mit viel Mühen instand zu setzen. Doch da fehlt es oft am nötigen Wissen, um einen Traktor zu reparieren, geschweige denn, zu restaurieren. Ich wurde daher in letzter Zeit immer wieder gefragt, ob ich nicht eine Fortsetzung meiner beiden vorausgegangenen Traktor-Schrauberbücher schreiben möchte. Klar wollte ich, zumal seit dem Erscheinen des letzten Buches viel interessantes Material rund um Service und Reparatur unserer alten Traktoren aufgelaufen ist.

Dieses Buch soll deshalb helfen, hier einige Wissenslücken zu schließen, Themen, die bisher noch nicht in meinen beiden Büchern vorher behandelt wurden, zu ergänzen und das eine oder andere zu aktualisieren. Dieses Buch wendet sich daher wieder hauptsächlich an den Hobby-Schrauber. Das heißt aber nicht, dass nicht auch der Schrauber-Profi sicherlich den einen oder anderen Hinweis oder Trick hier finden kann, den er vielleicht noch nicht kannte.

Unterstützt wurde ich bei der Umsetzung des Buches von Mike Thomas und seinem Vater Jürgen. Jede noch so einfache Frage haben beide stets geduldig beantwortet.

Mein Freund Mike ist zu meiner größten Bestürzung kurz nach Ende der Recherche zu diesem Buch an Corona verstorben. Mein tief empfundenes Mitgefühl gilt seinem Vater Jürgen. Um meinen Dank für Mikes Freundschaft auszudrücken, ist dieses Buch ihm gewidmet.

Auch den Jungs von der Firma R & R, das sind Robert, Peter, Stefan und die beiden Thomas, gilt mein Dank! Ohne ihre Unterstützung hätte ich über viele Themen in diesem Buch nicht schreiben können. Mit allen arbeite ich nun schon viele Jahre vertrauensvoll und freundschaftlich zusammen. Und ich hoffe, es werden nochmal so viele schöne und interessante Jahre!

Mein ganz besonderer Dank gilt meiner Partnerin Andrea. Ihre Geduld mit mir und ihr steter Zuspruch waren maßgeblich, das dieses Buch entstehen konnte.

Ihnen, lieber Leser, wünsche ich viel Spaß beim Lesen und natürlich auch beim Schrauben.

München im Mai 2022
Marcel Schoch

Eicher
WT
FE 13

Die Hobbywerkstatt

Die perfekte Werkstatt

Kleine landwirtschaftliche Hallen sind ein idealer Ort zum Schrauben. Nur weit weg dürfen sie nicht sein.

Der schönste Traktor nützt nichts, wenn man keinen Platz hat, wo man ungestört schrauben kann. Jeder weiß, unser Hobby ist nicht gerade leise. Tuckert der Diesel im Standgas in der Garageneinfahrt vor sich hin, ist das für uns Musik in den Ohren. Unsere Nachbarn sehen das aber meist völlig anders. Sie fühlen sich oft gestört. Wer nicht will, dass ständig die Polizei bei ihm im Hof steht und mit einer Anzeige wegen Ruhestörung droht, sollte den Ort seiner Hobbywerkstatt so wählen, dass niemand durch das Motorengeräusch oder durch Lärm beim Schrauben belästigt wird.

Selbst wenn man in einer ruhigen Gegend wohnt und tolerante Nachbarn hat, bringt das Schrauben auf der Straße oder bei sich in der Hofeinfahrt vorm Haus nur wenig. Zum einen muss die Arbeit immer zu Ende geführt werden, da man ja nichts liegen lassen kann, und zum anderen hat man nur wenig Ruhe beim Schrauben. Neugierige Kinder oder Nachbarn schaffen es immer, einen erfolgreich vom Schrauben abzuhalten.

Bevor Sie also das Schrauben am Traktor anfangen, müssen Sie für sich und ihren Traktor ein schönes Zuhause finden. Glücklich ist der, der eine größere Garage sein Eigen nennen darf. Ist sie zudem mit Strom ausgestattet, kann auch für die nötige Arbeitsbeleuchtung gesorgt werden. Bevor man jedoch diese Stromleitungen anzapft, sollte geklärt werden, mit wie viel Watt sie belastet werden dürfen. Die meisten Stromleitungen in Garagen vertragen gerade mal die kleine Funzel an der Decke, ehe die Sicherungen fliegen oder die Leitung schmort. Will man eine gute Beleuchtung installieren, einen kleinen Kompressor anschließen und Werkzeugmaschinen in der Garage betreiben, braucht es vorab sicher einen Elektriker. Er weiß auch, wie die Stromleitungen spritzwassergeschützt verlegt werden müssen. Ist die Stromversorgung sichergestellt, kann die Garage zu einer recht passablen Traktorwerkstatt ausgebaut werden, sofern natürlich der Traktor hineinpasst. Damit auch im Winter geschraubt werden kann, kann man die Werkstatt-Garage auch an die Zentralheizung anschließen. Das kostet zwar, ist aber deutlich sicherer als Propangas-Flaschen-Heizungen. Von ihnen sollte man wegen der Brand- und Erstickungsgefahr dringend die Finger lassen.

Besitzt man keine eigene Garage, kann man darüber nachdenken, mit Gleichgesinnten eine größere Garage oder eine kleine Halle zu mieten, um sie als Traktorwerkstatt umzubauen. Gemeinsam können die Unterhaltskosten erheblich gedrückt werden. Nebenbei lohnt sich dann oft auch die Anschaffung von teuren Werkzeugen, da deren Kosten ebenfalls geteilt werden können.

Geeignete Miet- oder Kaufobjekte müssen jedoch eine Reihe von Bedingungen erfüllen, damit das Schrauben

Die heimische Garage kann ein schöner Ort sein, um am eigenen Traktor zu schrauben.

Premium-Lösung: Industriehallen bieten allen Komfort, den man beim Schrauben am Traktor benötigt.

Ehemalige Stallungen eigen sich nur als Schrauber-Paradies, wenn sie grundlegend saniert wurden.

dort auch Spaß macht. Vor allem sollte es nicht weit weg von Ihrem Zuhause sein. Denn wenn Sie erst eine Stunde fahren müssen, werden Sie nur selten zum Schrauben kommen. Auch sollte die Zufahrt für schwere Traktoren geeignet sein. Ideal sind daher alte Industriehallen. Sie verfügen meist auch über einen Strom- und Wasseranschluss, eine Heizung und haben Toiletten. Achten Sie auch darauf, dass die Bausubstanz in Ordnung ist. Feuchte Wände und ein undichtes Dach trügen die Freude am Schrauben nachhaltig und schaden auch den Traktoren.

Vorsicht ist bei der Anmietung von alten Stallungen geboten. Sie sind meist sehr feucht, weil der Steinboden direkt auf dem Erdreich liegt. Eine besondere Gefahr geht jedoch für den Erhalt des Traktors von Kuhmist- und Gülleresten aus, die in Stallboden und -wand über viele Jahrzehnte eingezogen sind. Sie produzieren Ammoniak-Ausdünstungen, die, ähnlich wie Batterie-

säure, jedes Material in kurzer Zeit erheblich schädigen können. Solche Räumlichkeiten sind daher nicht für eine Hobbywerkstatt geeignet.

Auch im Hinblick auf die Diebstahl-Sicherheit des Traktors muss eine Hobbywerkstatt überprüft werden. Hierzu muss mit der Versicherung geklärt werden, welche Anforderungen erfüllt sein müssen. Meist sind dies eine Alarmanlage und einbruchssichere Türen und Fenster. Der Traktor muss zudem möglichst kindersicher verwahrt werden. Kinder spielen gerne an abgestellten

Experten-Tipp

1. Infrastruktur der Werkstatt auf Eignung für Traktoren prüfen.
2. Nachbarschaft vor Einrichtung der Werkstatt über Vorhaben informieren.
3. Gebäude auf Bauschäden, insbesondere Feuchtigkeit/Nässe, inspizieren.
4. Im Mietvertrag den Zweck der Nutzung vermerken.
5. Einbruchs- und Gebäudehaftpflicht-Versicherung abschließen.

Fahrzeugen, besonders dann, wenn sie wissen, dass der Besitzer längere Zeit nicht kommt. Nach dem Gesetz ist der Halter für eventuelle Unfälle haftbar.

Sehen Sie sich daher auch die Fenster und Türen genau an. Können Sie gut verschlossen werden oder müssen erst Sicherungsmaßnahmen eingebaut werden? Haben Sie ein geeignetes Objekt gefunden und wollen es nicht gleich kaufen, sondern nur mieten, lassen Sie den Vermieter nicht darüber im Unklaren, was Sie damit vorhaben. Für viele Menschen bedeuten Traktoren Lärm und ihre Besitzer sind in deren Augen meist kauzige Typen mit einem eigenartigen Hobby. Lieber verzichten Sie auf das Mieten eines geeigneten Objekts und sparen sich dafür im Nachhinein einen Haufen Ärger und vielleicht Prozesskosten.

Hat man endlich einen geeigneten Ort zum Schrauben gefunden, sind immer, bevor man mit dem Schrauben loslegt, im eigenen Interesse Sicherheitsvorkehrungen zu treffen.

Denn bereits eine alte deutsche Volksweisheit besagt: »Wo gehobelt wird, da fallen Späne«. Das gilt besonders auch für die Traktor-Hobbywerkstatt. – Kleine Blessuren und Unfälle gehören hier beinahe zur Tagesordnung. Hierüber erfahren Sie mehr im nächsten Kapitel.

Bei der Anmietung einer Halle ist auf einbruchssichere Türen, Fenster, Tore und eine geteerte Zufahrt zu achten.

Die Größe der Hobbywerkstatt sollte so gewählt werden, dass auch Traktor-Nachwuchs Platz findet.

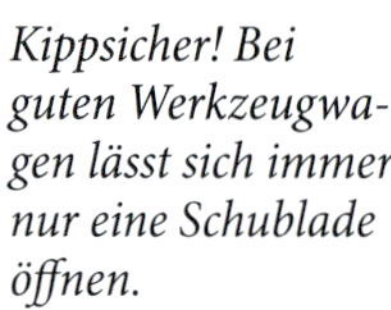

Kippsicher! Bei guten Werkzeugwagen lässt sich immer nur eine Schublade öffnen.

➡ von oben nach unten: Eine raue Oberfläche garantiert einen sicheren Griff – auch wenn das Werkzeug ölverschmiert ist.

Mit 4000 Kilogramm Tragkraft ist dieser Lkw-Wagenheber völlig ausreichend für Traktoren.

Für die Sicherung des Wagenhebers sind Lkw-Stützböcke ideal. Pkw-Stützböcke sind den hohen Traktorgewichten nicht gewachsen.

Safety first

Das Thema Sicherheit wird nur all zu oft in der eigenen Hobbywerkstatt vernachlässigt. Deshalb stellen wir es hier gleich ganz zu Anfang unseres Schrauberbuches.

Man glaubt gar nicht, wo überall in einer Traktor-Hobbywerkstatt Gefahren lauern können. Sie gehen quasi von allen Dingen in der Werkstatt aus. Das fängt bei den Werkzeugen an, reicht über die Brandsicherheit, den Umgang mit Chemikalien bis hin zu Testfahrten. Ist heute in einer Profi-Kfz-Werkstatt alles durch Richtlinien der Berufgenossenschaft, durch Gesetzte oder zum Beispiel auch durch die Vorgaben der Feuerpolizei geregelt, muss der Hobbyschrauber in seiner Privat-Werkstatt so gut, wie nichts beachten. Dabei sollten auch hier die sogenannten Unfallverhütungsvorschriften (UVV) berücksichtigt werden, denn bei vielen Arbeiten sind die Gefahren nahezu identisch. Ein Problem besteht vor allem dann, wenn Schrauberkumpels mit in der Hobbywerkstatt arbeiten. Solange dabei alles gut läuft, kümmern sich weder die Versicherung, noch die Polizei um das, was die Hobbyschrauber so in der Werkstatt treiben. Passiert aber ein ernsthafter Unfall, bei dem ein Schrauberfreund erheblich verletzt wird und ins Krankenhaus muss, ändert sich das ganz schnell. Dann steht die Polizei vor der Tür, nimmt die Unfallumstände auf und gibt

sie pflichtgemäß an die Staatsanwaltschaft weiter. Diese fragt dann, wie es zum Unfall kommen konnte und welche Vorkehrungen der Betreiber der Hobbywerkstatt getroffen hatte, um sie zu verhindern. Kann man dann nicht beweisen, alle Vorsorgemaßnahmen getroffen zu haben und der Vorwurf der groben Fahrlässigkeit, im Amtsdeutsch »Sorgfaltspflichtverletzung«, kann nicht

Werkbänke müssen was wegstecken können. Speziell im Traktorbereich sollten sie aus Metall sein.

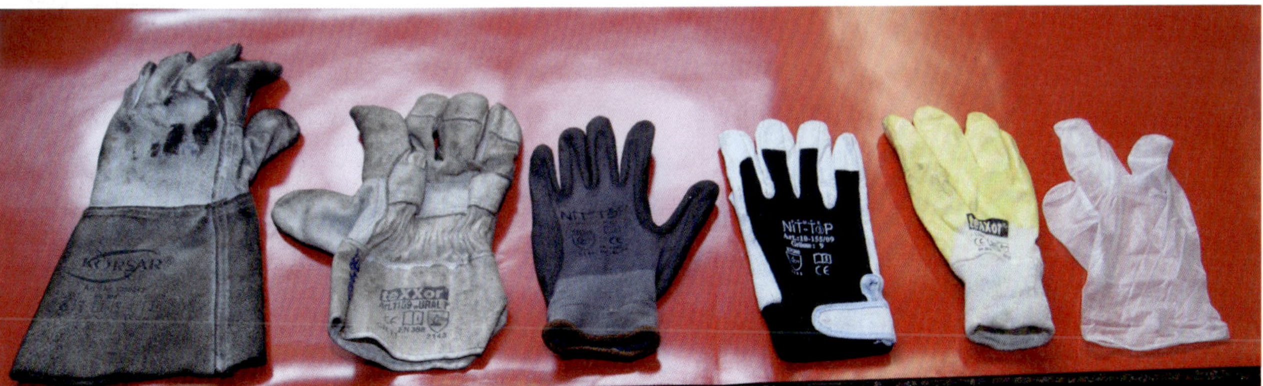

Auswahl von Arbeitshandschuhen, die jeder Hobbyschrauber haben sollte. Von links nach rechts: Schweißerhandschuh mit hoher Stulpe, Lederhandschuh für grobe mechanische Arbeiten, Gummierter Textilhandschuh für mechanische Arbeiten an ölverschmierten Teilen, Textilhandschuh mit Lederverstärkung für feine mechanische Arbeiten. Kunststoffhandschuh für den Umgang mit Betriebsflüssigkeiten, dünner Chemikalien-Schutzhandschuh.

ausgeräumt werden, bleibt man auf seinem finanziellen Schaden sitzen und muss alles aus eigener Tasche begleichen, weil keine Versicherung zahlt.

Kommt es dann ganz dick, muss man sogar die Berufsunfähigkeitsrente des Schrauberkumpels ein Leben lang aus eigener Tasche zahlen, »nur« weil er in der Hobbywerkstatt verunglückt ist. Hier greift nämlich das so genannte Rückgriffsrecht der Krankenversicherer, wenn der Personenschaden durch erhebliche Mängel der Werkstattausstattung entstanden ist.

Jeder Hobbyschrauber bewegt sich damit bei seinem Hobby täglich in einer gefährlichen Grauzone. Damit hier im Ernstfall alles geregelt und abgesichert ist und zum Unglück nicht noch der finanzielle Ruin hinzukommt, können vom Traktoristen leicht Vorkehrungen getroffen werden, die das Schlimmste verhüten. Sie betreffen vor allem die Grundsicherheit der Räumlichkeiten und Werkzeuge und damit die so genannte Verkehrssicherungspflicht des Werkstatteigentümers. Gleich vorweg! Es nützt nur wenig, ein Schild am Eingang der Hobbywerkstatt mit der Aufschrift »Nutzung auf eigene Gefahr« anzubringen. Wenn sich die Maschinen oder Werkzeuge in einem betriebsunsicheren Zustand befinden und ein Unfall geschieht, hat man ein Problem – Warnschild hin oder her – und kann nach BGB wegen Sorgfaltspflichtverletzung belangt werden.

Bei Schleifer-Schutzbrillen ist auf einen ausreichenden Seitenschutz zu achten, damit keine Splitter oder Stäube seitlich ins Auge gelangen können.

Doch welche Vorkehrungen sind zu treffen, damit aus unserem Traum-Hobby kein Albtraum wird? Die Sicherheit in der Werkstatt fängt immer mit dem Handwerkzeug an (siehe Seite 17). Hier ist stets auf gute Qualität zu achten. Sicherheitsexperten verweisen hier zuerst immer auf gültige DIN-Normen.

Das Werkzeug muss aber auch gut in der Hand liegen. Griffige und raue Oberflächen bieten hier besonders bei ölverschmierten Werkzeugen höhere Griffsicherheit als solche mit hochglänzenden Chromoberflächen. Jedoch kauft man sich dieses Plus an Sicherheit mit einem höheren Reinigungsaufwand des Werkszeugs ein.

Niemals sollte man schmutzige Werkzeuge aufräumen. Nach Gebrauch müssen sie immer gereinigt werden, denn Sauberkeit, auch in der übrigen Werkstatt, ist ein wichtiger Garant für die Sicherheit. Werkzeuge bleiben griffig, Böden rutschfest und die Lunge dankt es auch, weil gefährliche Stäube beseitigt werden.

Selbstredend muss das Werkzeug auch perfekt auf Schrauben und Muttern passen. Greift es nicht richtig, rutscht man leicht ab und kann sich ernsthaft verletzen, wie der Autor dieses Buches vor einigen Jahren selbst am eigenen Leib erfahren musste, als er sich beinahe einen Zahn mit einer Ratsche ausschlug, die von einer Mutter abrutschte.

Doch nicht nur das Handwerkzeug selbst, auch seine Aufbewahrung birgt Gefahren. Niemals darf Werkzeug nach seinem Gebrauch einfach so irgendwo liegengelassen werden – besonders nicht am Boden. Die Gefahr, dass man darüber stolpert oder sich die Klinge eines Schraubendrehers in den Fuß rammt, ist dann besonders groß. Ordnung halten, ist daher auch das Erste, was die Azubis bei ihrer Ausbildung zum Kfz-Mechatroniker heute lernen müssen. Hierzu gehört vor allem auch das Aufrollen von Druckluftschläuchen oder Stromkabeln nach Gebrauch.

Aber auch bei den Ordnungssystemen lauern Gefahren. Jeder gut ausgerüstete Hobbyschrauber nennt sicherlich einen Werkzeugwagen sein Eigen. Sie sind wirklich praktisch, wenn es darum geht, alle Werkzeuge vor Ort am Traktor griffbereit zu haben. Oft sind sie bis zum Rand mit allen möglichen Werkzeugen gefüllt und entsprechend schwer. Werden dann alle Schubladen gleichzeitig geöffnet, um den benötigten 13er-Gabelschlüssel zu suchen, kann es passieren, dass der ganze Kasten das Übergewicht bekommt und nach vorne einem auf die Füße fällt. Bei Profi-Werkzeugwagen lassen sich die Schubladen daher nur einzeln öffnen – niemals zwei zur gleichen Zeit – das verhindert eine spezielle Sperrmechanik. Das mag manchmal lästig sein, hat aber schon so manchen Arbeitsunfall verhindert.

Generell gilt beim Werkzeuggebrauch auch, erstmal zu prüfen, ob es für Traktoren überhaupt geeignet ist. Besonders Hub- und Stützeinrichtungen sollten den hohen Gewichten gewachsen sein. Mit Pkw-Qualität kommt man hier nicht weit, sondern nur ins Krankenhaus. Wir haben daher in diesem Buch ein eigenes Kapitel dem Anheben von Traktoren gewidmet. Sie finden es ab Seite 35..

Auch die Werkbank sollte einen schweren Traktormotor aushalten können. Solche aus Metall sind immer Holzkonstruktionen vorzuziehen. Wichtig ist hier zudem, dass sie fest verankert sind. Am besten man verschraubt sie mit der Wand, dann kann auch nichts verrutschen, wenn am Schraubstock heftig gearbeitet wird. Hier gleich noch ein wichtiger Hinweis. Auch Lagerregale sollten fest mit der Wand verschraubt sein. Bei den hohen Ersatzteil- und Werkzeuggewichten kann es sonst passieren, dass sie nach vorne umkippen.

Als Nächstes braucht man auch die so genannte PSA. Hierunter verstehen Werkstattprofis die persönliche Schutzausrüstung, wie Handschuhe, Staubmasken, Schutzbrille, Gehörschutz, und Arbeitsoverall. So gibt es zu jeder Arbeit in der Werkstatt die richtigen Schutzhandschuhe. Das fängt bei Lederhandschuhen an, die die Hände vor mechanischen Verletzungen schützen, reicht über Schweißerhandschuhe gegen Verbrennungen bis hin zu verschiedenen flüssigkeitsdichten Handschuhen für den Umgang mit Ölen, Bremsflüssigkeit oder anderen Chemikalien. Für alle diese Handschuhe gibt es Normen, auf die beim Kauf zu achten ist. Wer es genau wissen will, sollte sich daher im einschlägigen Fachhandel ausführlich beraten lassen. Und wer bereits im Fachhandel ist, sollte sich auch gleich Staubmasken, Schutzbrille, Gehörschutz und einen gut passenden Arbeitsoverall zulegen. Die Staubmasken schützen vor den extrem gesundheitsgefährdenden Schleifstäuben und Lacknebel. Diese können, wie die Krankenversicherer immer wieder betonen, auch in geringen Mengen, zu Lungenschäden und im Extremfall zu Krebs führen. Sie sollte daher niemals bei den entsprechenden Arbeiten vergessen werden. Selbstredend sind auch die Schutzbrille, die möglichst

Experten-Tipp

1. Werkstatt kritisch auf Gefahrenquellen untersuchen.
2. Zur Verhütung von Unfällen die UVV der Berufsgenossenschaften als Grundlage nehmen.
3. Haftpflichtversicherung abschließen.
4. PSA in ausreichender Menge und Größen zur Verfügung stellen.
5. Bei Werkzeugen auf Qualität achten.
6. Zufahrt und Zugang zur Werkstatt sichern.
7. Unbefugten den Zutritt zur Werkstatt verbieten.

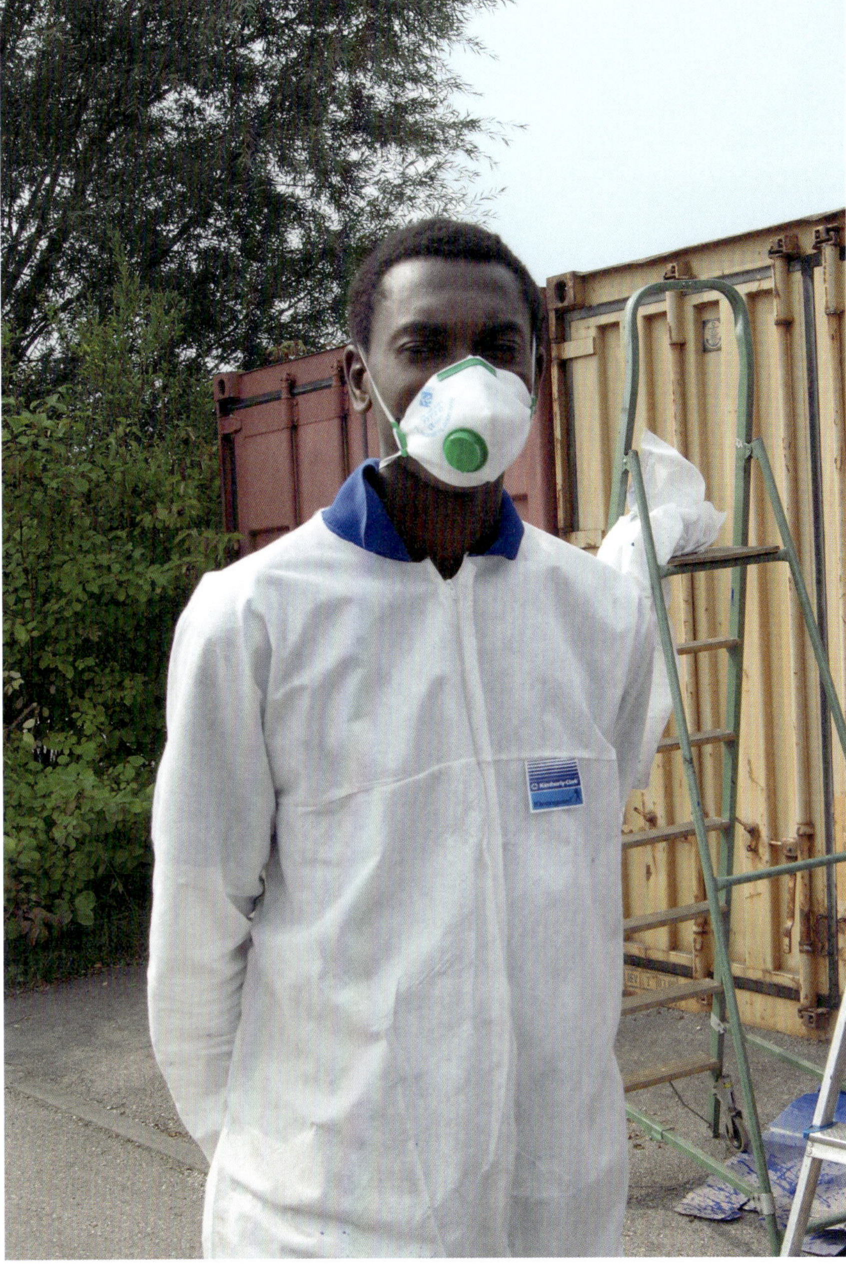

dicht anliegen muss, damit keine Späne von der Seite ins Auge dringen können, und der Gehörschutz bei lauten Arbeiten.

Auch der Arbeitsoverall hat eine Schutzfunktion. Viele glauben, dass er nur vor Schmutz schützt – das stimmt so aber nicht! Er schützt auch vor Verletzungen. Da Arbeitsoveralls aus speziell behandelter Baumwolle bestehen, schützen sie beim Schweißen vor Metallspritzern, beim Schleifen vor Funkenflug und beim Arbeiten an Dreh- und Fräsbänken und Bohrmaschinen, dass sich nicht Kleidung in drehenden Maschinenteilen verfängt. Deshalb sollte beim Kauf darauf geachtet werden, dass er möglichst dicht am Körper anliegt, aber noch genügend bequem ist, dass man auch arbeiten kann.

Nicht vergessen sollte man auch die Arbeitsschuhe. »Wegen der hohen Gewichte der Traktoren sollte auch der Hobbyschrauber immer Arbeitschuhe mit einer Stahlkappe tragen. Hier gibt es zahlreiche Modelle auf dem Markt. Egal aber, welcher Schuh gekauft wird, muss auch hier auf die entsprechende DIN geachtet werden (einen Überblick aller für PSA gültigen Normen findet sich unter: http://www.cle-direkt.de/EN_Normen_Berufsbekleidung/en_normen_berufsbekleidung.htm).

Neben der eigenen Sicherheit ist natürlich auch die der Werkstatt wichtig. Hier ist es zunächst die Brandsicherheit. Ein oder zwei stets griffbereite ABC-Pulverlöscher mit mindestens sechs Kilogramm Löschpulver sollten immer in der Werkstatt griffbereit stehen. Zu beachten ist hier, dass sie auch regelmäßig geprüft werden, damit sie auch im Brandfall funktionieren. Daneben benötigt man auch eine Löschdecke, falls Kleidung mal Feuer fangen sollte. Auch die Fluchtwege sollten mit entsprechenden Schildern gekennzeichnet sein, damit Fremde auch den Fluchtweg aus der Werkstatt sofort finden.

An erster Stelle gehört jedoch die Brandverhütung. Hierzu gehören brandsichere Mülleimer mit Deckel aus Metall für ölgetränkte Putzlappen und ähnliches, und feuerfeste »Giftschränke«, ebenfalls aus Metall, in denen alle feuergefährlichen Flüssigkeiten und Stoffe gelagert werden. Bei der Lagerung von Betriebsflüssigkeiten, wie Öle oder Bremsflüssigkeiten, ist auch auf die zulässigen Maximalmengen – zu erfragen bei den zuständigen Umweltämtern – zu achten.

Letztlich ist auch der Umweltschutz wichtig. Eine entsprechende Auffangwanne im Giftschrank, die zehn Prozent der in Gebinde gelagerten Flüssigkeiten auffangen kann, sollte es schon sein.

Ein wesentlicher Sicherheitspunkt sind noch die Werkzeugmaschinen. Hier werden in Hobbywerkstätten

Spezielle Staubschutzmasken und Overalls schützen die Atemorgane und den Körper vor gefährlichen Lacknebel und Schleifstäuben. Zu ergänzen wäre noch eine Schutzbrille und eine Kappe.

1 Der Gehörschutz muss am Bügel verstellbar sein, damit er immer dicht am Kopf anliegt. Er schützt die Ohren vor hochfrequenten Schleif- und Flex-Geräuschen. – 2 Auch wenn Sie Raucher sind, sollte ein Rauchverbot in der Werkstatt wegen der möglichen Brandgefahr selbstverständlich sein. – 3 Ist die Hobbywerkstatt vom Wohnhaus aus zugänglich, sollte der Zugang durch eine Brandschutztüre gesichert werden. – 4 Ein sechs Kilogramm ABC-Pulverlöscher sollte es in der Hobbywerkstatt schon sein. Damit er im Notfall zuverlässig funktioniert, nicht vergessen, ihn regelmäßig prüfen zu lassen. – 5 Werden größere Mengen an Betriebsflüssigkeiten gelagert, sind Auffangwannen wegen möglicher Umweltschäden Pflicht. – 6 Liegend gelagerte Öl- oder Dieselfässer müssen vor dem Wegrollen gesichert werden. – 7 Brandsichere Mülleimer mit Deckel verhindern, das gebrauchte Putzlumpen Feuer fangen können. (Bild: Denios)

meist ganz alte »Hunde« betrieben – ohne irgendeine Sicherheitseinrichtung. Das ist im Privatbereich durchaus zulässig, wenn da nicht das eingangs beschriebene Problem bestünde. Jede Werkzeugmaschine, egal ob Standbohrmaschine, Dreh- oder Fräsbank, sollte daher mit einem Notausschalter ausgestattet werden. Hierzu genügt es völlig, wenn ein entsprechend auffälliger Knopf die Stromversorgung unterbricht, solange er gut von der Maschine aus erreicht werden kann. Alternativ kann man auch einen zentralen Notausschalter installieren. Er sollte im Bereich des Werkstatteingangs liegen und bei Betätigung alle Maschinen abschalten. Das Licht darf dabei aber nicht ausgehen, da es sonst im Zuge des Unfallgeschehens zur Panik kommen kann. Stichwort Licht! Ganz klar, dass zu einer sicheren und perfekten Werkstatt auch eine gute Beleuchtung gehört. Sie sollte möglichst schattenlos sein. Bewährt haben sich mit Reflektoren ausgestattete LED-Lampen und zusätzlich Punktstrahler, die sich genau auf den Arbeitsbereich ausrichten lassen. Letztlich darf auch eine medizinische Notfallausrüstung nicht fehlen. Ein Verbandskasten mit Desinfektionsmittel, wie er für Pkw erhältlich ist, kann hier für kleinere Verletzungen gute Dienste leisten. Achten Sie aber darauf, dass die Haltbarkeitsdaten nicht überschritten sind.

Zum Schluss noch ein Umstand, den viele Hobbyschrauber nicht wissen. Bei freier Zugänglichkeit der Werkstatt für Freunde oder Schrauberkumpels gehört auch das Gelände beziehungsweise die Zufahrt zur Werkstatt zum Verantwortungsbereich des Werkstatteigentümers, sofern ihm das Grundstück gehört. Kann jeder ungehindert das Grundstück betreten, dann hat auch die StVO auf dem Gelände Gültigkeit. Im Klartext bedeutet dies, dass niemand ohne Führerschein, egal wie alt er ist, einfach mal so mit einem führerscheinpflichtigen Traktor auf dem Grundstück fahren darf. Käme es nämlich zu einem Unfall mit einem anderen Fahrzeug, das gerade zufällig auf das Grundstück fährt, zahlt keine Versicherung, denn der Tatbestand des Fahrerns ohne Führerschein auf öffentlich zugänglichen Plätzen und Wegen wäre erfüllt.

Ist die Nachrüstung elektrischer Werkzeuge mit Notausschaltern nicht möglich, bietet sich die Installation eines zentralen Notausschalters im Bereich des Eingangs an.

Für viele ältere elektrische Werkzeuge gibt es Notausschalter zum Nachrüsten. Sie werden lediglich über den Ein/Aus-Schalter montiert.

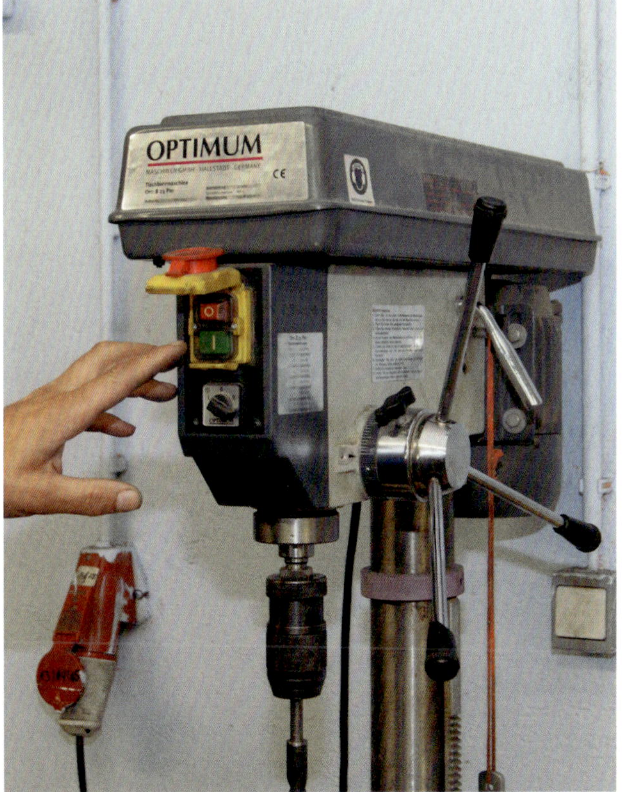

Für eine gleichmäßige, schattenlose Ausleuchtung der Werkstatt sorgen moderne Neonröhren oder LED-Leuchten mit Reflektoren.

Auch in der Hobbywerkstatt gilt: Öle, Bremsflüssigkeiten, ölverschmierte Abfälle und Restabfall müssen getrennt entsorgt werden.

Haken an der Decke helfen, gefährliches Schlauch- und Kabelgewirr am Boden zu vermeiden.

Jede Steckdose in der Hobbywerkstatt sollte spritzgeschützt sein. Bei den Steckdosen ist auf gute Qualität zu achten, damit sie den hohen Werkstattanforderungen genügen.

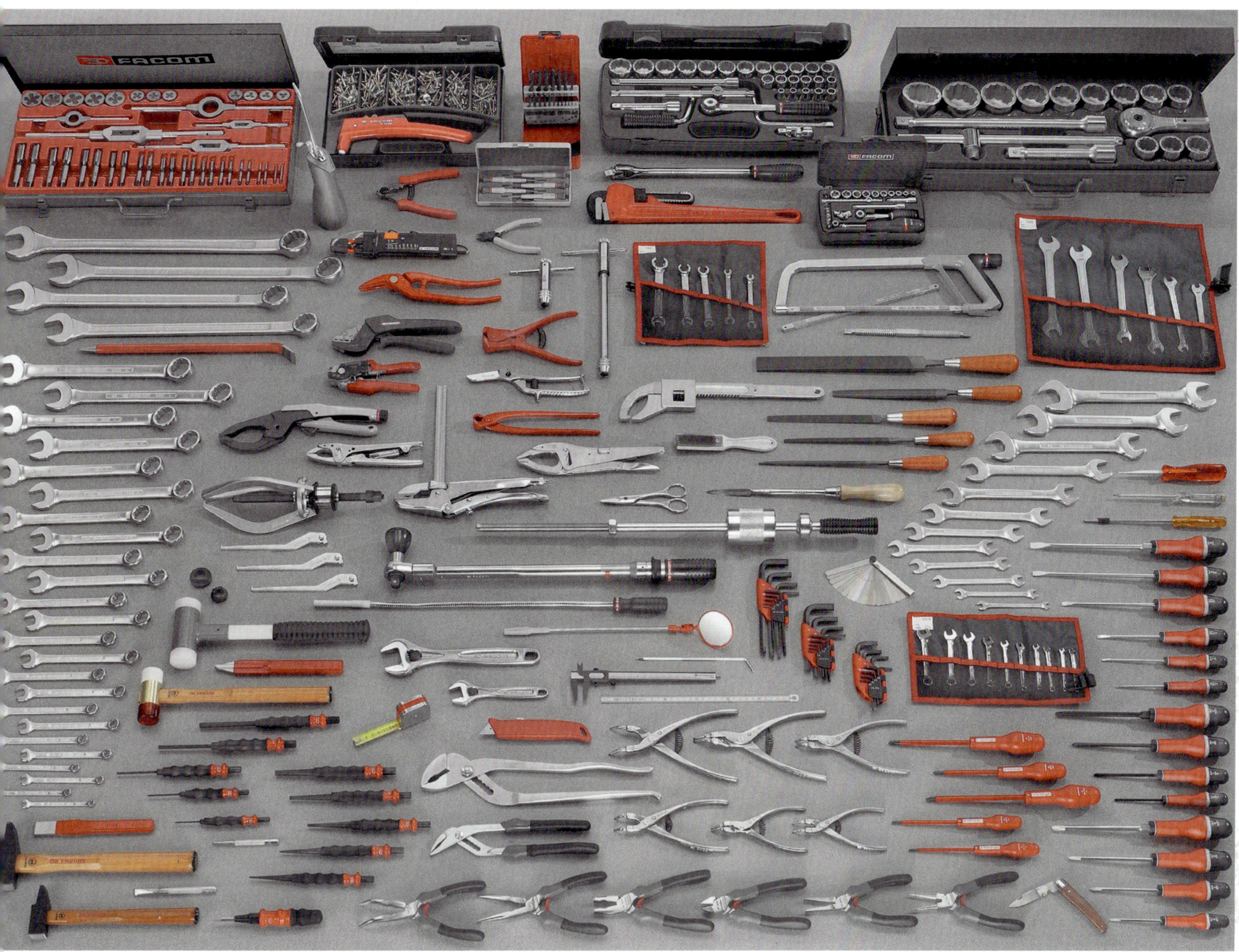

Profi-Werkzeug-Hersteller bieten Komplettsets an, die keine Wünsche offen lassen. Das abgebildete kostet jedoch mehrere tausend Euro. (Bild: Facom)

Gutes Handwerkzeug

Die Ausstattung einer Traktor-Hobbywerkstatt steht und fällt mit dem Handwerkzeug. Doch welches Werkzeug gehört zur Grundausstattung einer perfekten Traktor-Hobbywerkstatt und wie muss es beschaffen sein? Diese Fragen stellen sich vor allem Traktor-Schrauber-Anfänger, aber auch erfahrene Traktoristen. Wird nämlich die falsche Wahl getroffen, sind schnell mehrere hundert Euro in Werkzeug investiert, das man in der Hobbywerkstatt kaum oder gar nicht braucht. Um sich vor Fehlinvestitionen beim Werkzeugkauf zu schützen, muss man daher einiges bei der Anschaffung seines Werkzeugbasissortiments beachten.

Um sich vor Fehlinvestitionen beim Werkzeugkauf zu schützen, ist grundsätzlich immer auf so genannte Handwerker- oder Profi-Qualität zu achten. Nur dieses Werkzeug hält über lange Jahre dem täglichen harten Schraubereinsatz stand. Minderwertige Qualitäten, so wie sie häufig in Baumärkten oder im Internet zu Billigpreisen angeboten werden, nutzen sich hingegen schnell ab, werden unbrauchbar und beschädigen sogar beim Schrauben Verbindungselemente und Bauteile des Traktors. Auch bergen solche Werkzeuge ein nicht zu unterschätzendes Unfallrisiko und müssen deshalb schnell ersetzt werden.

Wer ein Handwerkzeug-Basissortiment kauft, sollte daher nie auf günstige Sonderangebote zurückgreifen, da diese oft nicht die Qualitäts- und DIN-Normen von Profi-Werkzeug erfüllen. Auch ist von Werkzeugen sogenannter No-Name-Hersteller abzuraten. Hier ist die Ersatzbeschaffung oft schwierig oder sogar unmöglich. Auch Werkzeug-Komplettangebote unbekannter Hersteller, wie sie oft für Baumärkte und Discounter zusammengestellt werden, muss man sehr genau prüfen. In diesen Sortimenten verstecken sich oft Billigwerkzeuge minderer Qualität, auch wenn die DIN-Angaben auf den Packungen zuweilen etwas anderes versprechen. Zudem

Gutes Handwerkzeug (metrische Maße)

Die Zusammenstellung gibt einen Überblick, welche Grund-Handwerkzeug-Ausstattung in einer Hobbywerkstatt benötigt wird. Sie berücksichtigt auch moderne Handwerkzeuge, wie Torx- und Innensechskanntschlüssel (Inbus®), da diese bei zukünftigen Oldtimern (heutige »Youngtimer« und »beginnende Klassiker«) vermehrt zur Anwendung kommen werden.

Werkzeug	Prüfnormen	Einsatzbereich
Einmaulschlüssel, 4–32 mm	DIN 894	Motor, Kraftstrang, Fahrwerk, Lenkung, Karosserie, Innenraum
Doppelmaulschlüssel, 4–32 mm	DIN 3110; ISO 10102	
Doppelmaulschlüssel, flach, 8 - 19 mm	ISO 3318	
Einmaulschlüssel, verstellbar, 6" und 10" Maulstellung 22°	DIN 3117; Form B/ISO 6787	
Schlag-Maulschlüssel, 24–60 mm	DIN 133	
Ring-Maulschlüssel, 6–24 mm, 26–30 und 32 mm	DIN 3113; Form A/ISO 7738	
Ring-Maulschlüssel, lang, 33, 35, 36, 38 mm	DIN 3313; Form B/ISO 7738	
Doppelringschlüssel, tiefgekröpft, 6 - 32 mm	DIN 838; ISO 10104	
Doppelringschlüssel, gerade, 6 - 32 mm	DIN 837; ISO 10103	
Doppelringschlüssel, flachgekröpft, 6–32 mm	DIN 897; ISO 10104	
Doppelringschlüssel, extra lang, 6–32 mm, 15° abgewinkelt	SAE AS 954-E	
Doppelringschlüssel, Starter/Block, 10 –22 mm	ISO 3318	
Schlag-Ringschlüssel, 24, 27, 30, 32, 34, 36, 38, 40, 42, 44, 46 mm	DIN 7444	
Torx-Doppelringschlüssel, außen, tiefgekröpft, E6, E8, E10, E12, E14, E18, E20, E24	keine spezielle Norm	
Torx-Doppelringschlüssel, außen, gerade, E6, E8, E10, E12, E14, E18, E20, E24	keine spezielle Norm	
Doppel-Gelenkschlüssel, 6 - 32 mm, Doppelsechskant	DIN 899; ISO 1711-1	
Zug-Ringschlüssel mit Handgriff, 24, 27, 30, 32, 34, 36, 38, 40, 42, 44, 46, 50, 55, 60 mm	keine spezielle Norm	
Doppelsteckschlüssel, 6–32 mm	DIN 896, Form A	
Doppelsteckschlüssel, 4–60 mm	DIN 896, Form B	
Doppel-Ringschlüssel, offen, abgewinkelt, Sechskant, 7–19 mm	DIN 3118; ISO 3318	Brems-, Hydraulik-, Druckluft-, Kraftstoffleitungen. Klimaanlage
Doppel-Ringschlüssel, offen, abgewinkelt, Doppelsechskant, 7–19 mm	DIN 3118; ISO 3318	
Hakenschlüssel für Seitenschlitz 12–180 mm	DIN 1810, Form A	Fahrwerk, (gen. Muttern mit Seitenschlitz nach DIN 1804 oder Seitenloch nach DIN 1816 bzw. DIN 548)
Hakenschlüssel für Seitenloch 12–180 mm	DIN 1810, Form B	
Drehmomentschlüssel ¼« mit Umschaltknarre, 3–30 Nm	DIN/ISO 6789	
Drehmomentschlüssel ½« mit Umschaltknarre, 35–350 Nm	DIN/ISO 6789	Motor, Getriebe, Achsantrieb, Fahrwerk
Feinzahnknarre ¼«, (ca. 60 Zähne)	DIN 3122; ISO 3315	Motor, Kraftstrang, Fahrwerk, Lenkung, Karosserie, Innenraum
Knarre ¼", (ca.17–22 Zähne)	DIN 3122; ISO 3315	
Knarre ½" (ca. 17–22 Zähne)	DIN 3122; ISO 3315	
Knarre ¾" (ca. 17–22 Zähne)	DIN 3122; ISO 3315	
Steckschlüsseleinsätze (mit Antrieben) ¼", 5,5–14 mm; ½", 8–32 mm; ¾", 30–55 mm	DIN 3124; ISO 2725-1	
Schraubendreher für Schlitzschrauben, 3, 5 x 75; 4, 5 x 90; 5, 5 x 100 mm; 7, 0 x 125; 9 x 150 mm; 10 x 175 mm; 12 x 200 mm; 14 x 250 mm	DIN 5264; ISO 2380	Motor-Aggregate, Karosserie, Innenraum
Schraubendreher für Schlitzschrauben mit 6-Kant (Größen siehe oben)		
Schraubendreher mit Phillips-Klinge, PH: 1; 2; 3; 4	DIN 5260-PH; ISO 8764-PH	Motor-Aggregate, Karosserie, Innenraum, Verkleidungen, Elektrik, Beleuchtung
Schraubendreher mit 6-Kant; PH: 1; 2; 3; 4		

Werkzeug	Prüfnormen	Einsatzbereich
Schraubendreher mit Pozidriv-Klinge, PZ: 1; 2; 3; 4	DIN 5260-PZ; ISO 8764-PZ	Motor-Aggregate, Karosserie, Innenraum
Schraubendreher mit 6-Kant, PZ: 1; 2; 3; 4		
Feinmechaniker-Schraubendreher für Schlitzschrauben, 1, 2 x 60 – 4, 0 x 150 mm	Bis 2, 0 x 60 = DIN 8320; Bis 4, 0 x 150 = DIN 5264	Elektrik, Elektronik, Motor, Innenraum
Feinmechaniker-Schraubendreher für Phillips-Klinge, Nr. 000; 00; 0; 1	DIN 5260/PH (für 0 und 1)	
Feinmechaniker-Schraubendreher für Pozidriv-Klinge, Nr. 0; 1	DIN 5260/PZ	
Schraubendreher, isoliert bis 1000 V, Schlitz, 3, 5 x 100; 4 x 100; 6, 5 x 150	DIN 5264; ISO 2380 (DIN EN IEC 60900 und VDE 0682)	Elektrik, Elektronik, Zündung
Schraubendreher, isoliert bis 1000 V, Phillips-Profil, 1 x 100; 2 x 125	ISO 8764 (DIN EN IEC 60900 und VDE 0682)	
Schraubendreher mit Spannungsprüfer, Schlitz, bis 230 V	GS-geprüft	Elektrik, Elektronik
Multifunktions-Prüfgerät	keine spezielle Norm	Elektrik, Elektronik, Motor
Gebogene Stiftschlüssel für Innensechskantschrauben, 1, 5–19 mm	DIN 911; ISO 2936	Motor, Kraftstrang, Fahrwerk
Gebogene Stiftschlüssel mit kugelförmigem Kopf für Innensechskantschrauben, 1, 5–12 mm		
Gebogene Stiftschlüssel Innen-Torx, Nr. 5–60	keine spezielle Norm	
Kombinationszange mit Überzug (Kombizange)	DIN/ISO 5746	Alle Einsatzbereiche
Seitenschneider	DIN/ISO 5749	Motor, Elektrik, Innenraum
Verstellbare Zange mit Überzug	DIN/ISO 8976	Motor, Kraftstrang, Fahrwerk, Lenkung, Karosserie, Innenraum
Verstellbare Zange, große Spannweite		
Zange mit halbrunden Backen, gerade	DIN/ISO 5745	
Zange mit halbrunden Backen, gebogen, mit Überzug		
Rundzange, gerade, mit Überzug		
Rabitz-Zange	DIN/ISO 9242; Form A	
Hebel-Vornschneider	DIN/ISO 5748	
Flachzange mit Überzug	DIN/ISO 5745	Motor, Kraftstrang, Fahrwerk, Lenkung, Karosserie, Innenraum (Elektrik)
Gripzange mit langen Backen	keine spezielle Norm	Karosserie, Innenraum
Gripzange mit kurzen Backen		
Sicherungsring-Zange mit Innenspannung, gerade und gebogen, für Innensicherungsringe nach DIN 472 und DIN 984, Größen 1–4	DIN 5256	Motor, Getriebe, Achsen, Fahrwerk
Sicherungsring-Zange mit Außenspannung, gerade und gebogen, für Außensicherungsringe nach DIN 471 und DIN 983, Größen 0–4	DIN 5254	
Elektronik-Diagonal-Seitenschneider	ISO 9654	Elektrik, Elektronik
Rohrzange, Spannbereich 0–140 mm	DIN 5234	Motor, Getriebe, Achsen, Fahrwerk, Karosserie
Hebel-Seitenschneider (Bolzenschneider)	DIN/ISO 5749	Alle Einsatzbereiche
Blechknabber	keine spezielle Norm	Karosserie
Gurtrohrzange, Spannbereich 50–180 mm	keine spezielle Norm	Motor, Kraftstrang, Abgassystem, Rohrleitungen
Fühlerblattlehren, mind. 19 Blätter (1/10 – 1 mm), rostfrei	keine spezielle Norm	Motor, Getriebe, Achsen, Fahrwerk

Werkzeug	Prüfnormen	Einsatzbereich
Stahlbandmaß, 2 m	keine spezielle Norm	Alle Einsatzbereiche
Reißnadel	keine spezielle Norm	
Maßstab 300 mm, biegsam	keine spezielle Norm	
Schieblehre 300 mm (1/20 mm)	DIN 862	
Präzisions-Haarwinkel	DIN 875/00	
Vierkant-Vorstecher	keine spezielle Norm	Karosserie, Metallbearbeitung
Metallsägebogen 300 mm (inkl. Ersatz-Bimetall-Sägeblätter)	DIN 6473	
Feilen (Vierkant-, Dreikant-, Rund-, Halbrund- und Flachfeile)	DIN 7261	
Blechschere, rechts- bzw. linksschneidend	keine spezielle Norm	
Zündkerzenbürste (Bronzedraht-Bürsten)	keine spezielle Norm	Motor
VDE-Kabelschere	Nach IEC 900, VDE, GS-geprüft	Elektrik
Universal-Schere, gezahnt	keine spezielle Norm	Interieur, Gummi, Leder, Metallfolien, Isolierungen
Dreikant-Schaber	DIN 8350	Motor, Getriebe, Achsen, Fahrwerk; Karosserie, Innenraum
Gewindebohrer, Schneideisen und Schneideisenhalter	DIN 352 (ISO 2857 bzw. 529) DIN 223 (ISO 261) DIN 225	Alle Einsatzbereiche
Gewindefeile für ISO SI, WW, SAE, GAS	keine spezielle Norm	
Schlosserhämmer, 24–32 mm lang	DIN 1041; Stiel nach DIN 5111 bzw. nach DIN 68340	
Plastikhammer	keine spezielle Norm	
Gummihammer	DIN 5128	
Hammer, rückschlagfrei	keine spezielle Norm	
Kreuzmeißel mit Vollprofil	DIN 6451	Karosserie
Flachmeißel	DIN 6453	
Durchtreiber 1; 2; 3; 4; 5; 6; 8; 10 mm	DIN 6458	Motor, Getriebe, Achsen, Fahrwerk, Karosserie
Splinttreiber, 2; 3; 4; 6; 8; 10 mm	DIN 6450	
Präzisionskörner, 3; 4; 5 mm	DIN 7250	
Hebeleisen, verschiedene Formen und Größen	keine spezielle Norm	
Standard Zweiarm-Abzieher Ø 6 – 160 mm (für innen und außen)	keine spezielle Norm	
Außenabzieher, 3 Arme, Ø 7 bis 140 mm	keine spezielle Norm	
Außenabzieher, 3 Arme, Ø 6 bis 80 mm	keine spezielle Norm	
VDE-Kabelmesser	IEC 900, VDE, GS-geprüft	Elektrik, Elektronik
Automatische Schneid- und Abisolierzange	Isolation nach EN 60900	
Anpresszange für isolierte Kabelverbindungen 2, 4–9 mm	keine spezielle Norm	Elektrik
Sicherheitsmesser mit einziehbarer Trapez-Klinge	keine spezielle Norm	Alle Einsatzbereiche
Magnetsucher	keine spezielle Norm	
Inspektionsspiegel	keine spezielle Norm	
Ölkanne (ca. 1 Liter)	keine spezielle Norm	
Wasserwaage ca. 300 mm	DIN 877	

finden sich in den Sortimenten oft Werkzeuge, die für den Einsatz in der Hobby-Werkstatt gar nicht oder nur eingeschränkt zu gebrauchen sind.

Bei den Werkzeugsortimenten renommierter Hersteller wird hingegen die Qualität aller Werkzeuge garantiert. Auch basiert hier die Zusammenstellung der Sortimente auf jahrelangen Erfahrungen, die zusammen mit erfahrenen Kfz-Profis gesammelt wurden. Falls spezielle Werkzeuge in diesen Sortimenten dennoch fehlen beziehungsweise vorhandene nicht gebraucht werden, besteht hier oft auch die Möglichkeit, die Sortimente den eigenen individuellen Bedürfnissen anzupassen.

Wer eine Werkzeuggrundausstattung kauft, sollte sich vorrangig ein genau festgelegtes Sortiment von Grundwerkzeugen anschaffen, mit denen alle Standardarbeiten am Traktor abgedeckt werden können. Welche Werkzeuge dies sind, kann bei Landmaschinen-Werkstätten, Restaurierungsbetrieben, aber auch bei erfahrenen Schrauber-Kollegen nachgefragt werden. Auch Reparaturanleitungen und Werkstatthandbücher geben zuweilen nützliche Hinweise. Da jedoch die Aufgabenbereiche am eigenen Traktor sehr unterschiedlich zu anderen Traktoren sein können, wird die Werkzeuggrundausstattung sicherlich nicht alle Arbeiten abdecken können. Nur die Praxis kann zeigen, welche (Spezial-) Werkzeuge sukzessive und am Bedarf orientiert zur Grundausstattung noch hinzugekauft werden müssen. Die hier in der Tabelle gelisteten Werkzeuge sind daher nur als minimale Grundausstattung zu verstehen. An der Schrauberpraxis orientierte Ergänzungen, zum Beispiel um größere oder kleinere Schlüsselweiten, sind sicherlich vorzunehmen.

Noch ein Tipp: Aus Kostengründen ist es oft empfehlenswert, komplette Werkzeugsätze zu kaufen. Diese bestehen in der Regel aus 5er-, 10er- oder 20er-Einheiten – je nach Werkzeuggröße – und sind meist auch bereits in Werkzeugordnungssystemen zusammengefasst.

Werden Werkzeugsätze angeschafft, sollten vor allem die Werkzeuggrößen, die häufig gebraucht werden, doppelt oder dreifach hinzugekauft werden, um so einige Werkzeuge in Reserve zu haben, Doppelanwendungen ausführen zu können (z. B. Kontern) oder die Nutzungsfrequenz des Einzelwerkzeugs niedrig zu halten.

Völlig abzuraten ist hier von Kombinationswerkzeugen. Abgesehen von der allseits bewährten Kombizange, sind die meisten aus funktionalen und instrumentellen Gründen völlig zum Schrauben ungeeignet. Dies liegt an der unzureichenden ergonomischen Formgebung, die hohe Verletzungsgefahr aufgrund von Funktionshäufungen auf kleinstem Raum und Materialbeschädigungen mangels ungenügenden Formschlusses mit dem Werk-

Wer an seinem Traktor selber schraubt, braucht gutes Werkzeug. Die Auswahl ist jedoch nicht immer leicht.

Weich wie Butter. Dieser billige Ringschlüssel vom Discounter hat sich beim Öffnen einer Ölablassschraube verbogen.

Auch wenn man bereits viele Werkzeuge hat, muss oft für jeden Traktor spezielles Werkzeug neu dazu gekauft werden.

Komplette Werkzeugsätze sind allemal billiger, als wenn man jedes Werkzeug einzeln kauft.

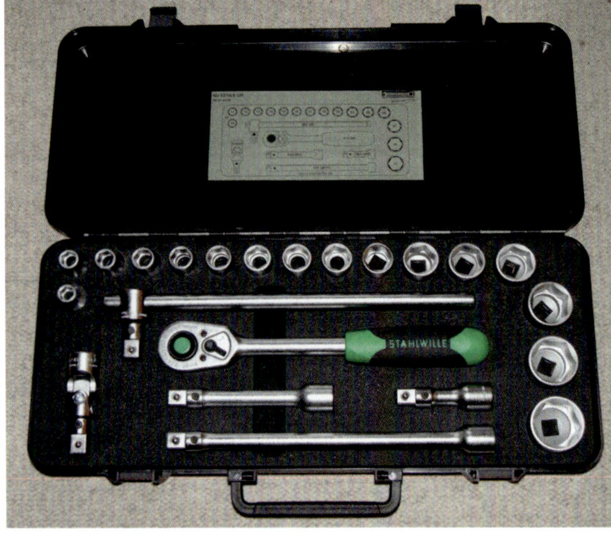

Ratschensätze gibt es meist im Set. Beim Kauf ist darauf zu achten, dass es die verschiedenen Teile auch einzeln gibt.

Von jeder Schraubenschlüsselweite sollte man mindestens zwei, besser sogar drei besitzen.

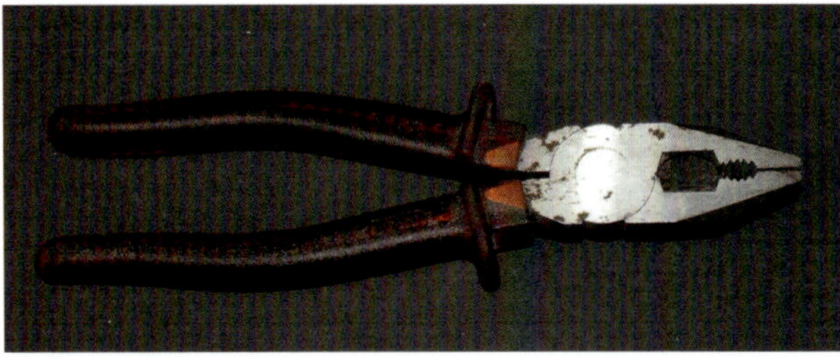

Bis auf die bewährte Kombizange sollte man so genannte Kombinationswerkzeuge nicht kaufen beziehungsweise verwenden.

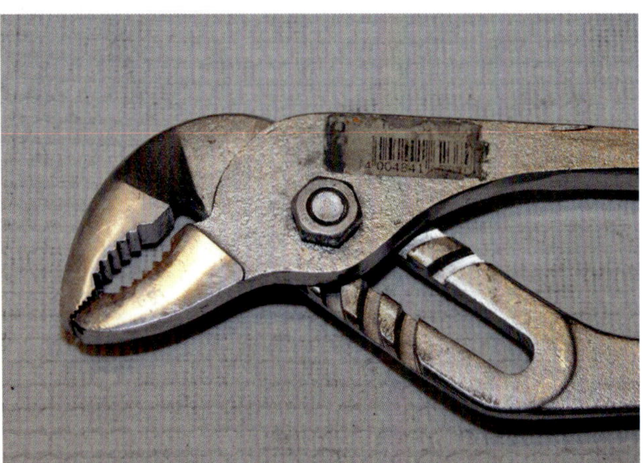

Wie billig verarbeitet diese Rohrzange ist, zeigt sich bereits an der Backenachse, die aus einer Schraube mit Mutter besteht.

stück. Kombinationswerkzeuge sind nur ein Notbehelf und haben deshalb in keiner Werkstatt etwas verloren.

Ein wichtiges Kaufkriterium bei der Zusammenstellung des Werkzeugbasissortiments sind auch die persönlichen Vorlieben an Oberflächengestaltung, Form und Gewicht. Hier ist zunächst besonders auf die Schnittstelle Hand/Werkzeug zu achten! Die Werkzeuggestaltung, insbesondere der Hefte, Griffe und Handhabung, soll dabei in Formgebung, Materialbeschaffenheit und Oberflächengestaltung immer ergonomischen Gesichtspunkten folgen. Hier ist übertriebene Sparsamkeit absolut fehl am Platz, da besonders billiges Werkzeug oft nicht nach ergonomischen Gesichtspunkten geformt ist. Unbearbeitete Formnähte bei Kunststoffgriffen, raue Oberflächen oder ungeschützte Gelenke bergen hier enorm hohe Unfallrisiken oder erschweren die Arbeit am Traktor.

Vor allem die Dimensionierung des Handwerkzeugs ist in diesem Zusammenhang auch wichtig. Sie muss an die körperlichen Gegebenheiten, das heißt an die Arm- und Handkraft des Anwenders angepasst sein. Wer sich hier nicht sicher ist, sollte sich zunächst eine mittlere Auslegung nach Abmessung und Gewicht zulegen. Mit diesen Werkzeugen können problemlos die meisten Arbeiten erledigt werden. Auch hier zeigt aber die Praxis, ob von dem einen oder anderen Werkzeug eine leichtere oder schwerere Ausführung benötigt wird. Ähnliches gilt auch für die Oberflächenbeschaffenheit der Werkzeuge. So sind viele Werkzeuge poliert. Ohne Zweifel sind solche Werkzeuge leicht zu pflegen und liegen angenehm in der Hand. Sind sie jedoch mit Öl verschmiert, können Werkzeuge mit rauen Oberflächen durchaus die bessere Wahl sein. Die Oberflächenbeschaffenheit darf daher beim Kauf nicht unbedingt als Qualitätskriterium herangezogen werden, wie die Werkzeugsortimente der renommierten Hersteller zeigen. Nicht selten bieten diese Standardwerkzeuge eines Typs sowohl in verchromter, polierter, brünierter oder satinierter Ausführung an.

Entscheidend für die Qualität sind auch die Konstruktion des Werkzeugs und seine Sicherheitseinrichtungen. So stellen sorgfältig konstruierte Handwerkzeuge sicher, dass es bei fachgerechter Handhabung weder zu Quetsch-, Scher-, Schneid-, Stich- und Stoßverletzungen außerhalb des Wirkbereiches des Werkzeugs kommen kann. Besteht ein Werkzeug aus mehreren beweglichen Teilen, wie zum Beispiel bei Zangen, müssen die einzelnen Teile gegen Herausfallen oder unbeabsichtigtes Lösen gesichert sein. Besonders bei Drehachsen, Sicherungsklemmen oder Stiften ist ein formschlüssiger Verbund mit dem Werkzeug Zeichen hochwertiger Verarbeitung. Eine Sichtprüfung gibt zudem sicher darüber Auskunft, ob Toleranzen eingehalten wurden. So müssen

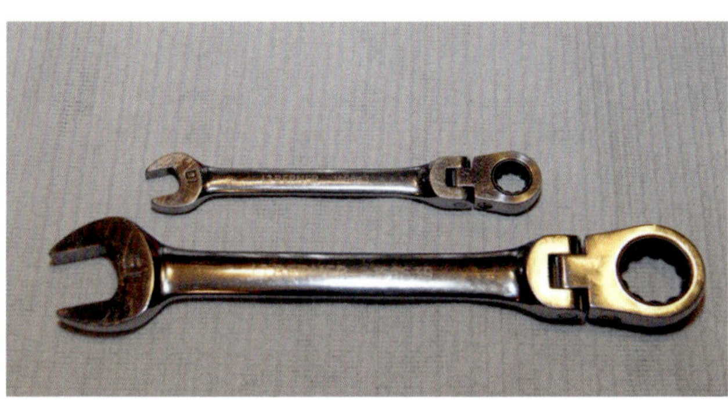

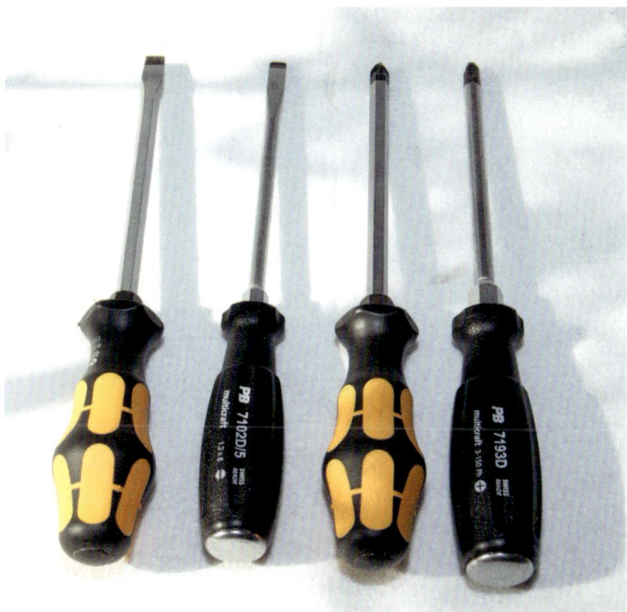

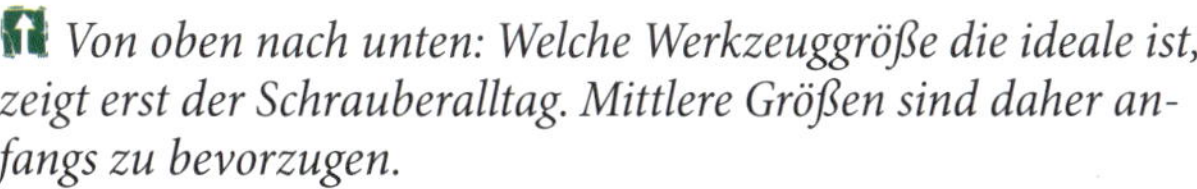

Von oben nach unten: Welche Werkzeuggröße die ideale ist, zeigt erst der Schrauberalltag. Mittlere Größen sind daher anfangs zu bevorzugen.

Hochglanzpolierte Werkzeuge sind leicht zu reinigen, jedoch rutscht man an ihnen mit öligen Händen schnell ab.

Ergonomisch geformte Werkzeuggriffe erleichtern das Arbeiten ungemein. Hier verhindern sie auch das Wegrollen der Schraubendreher.

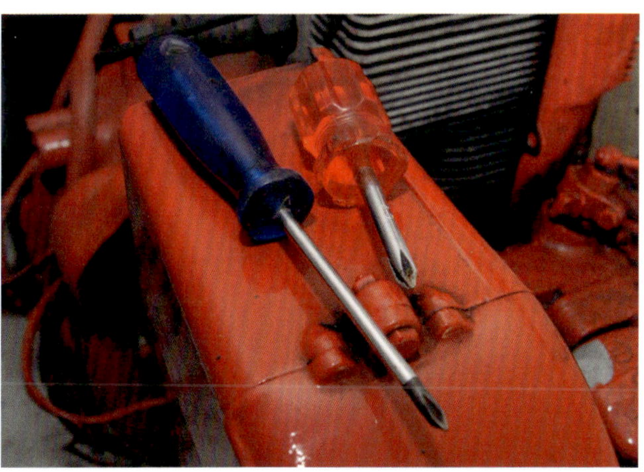

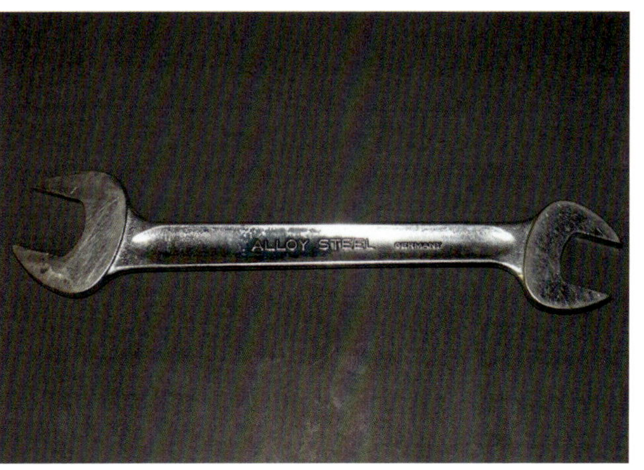

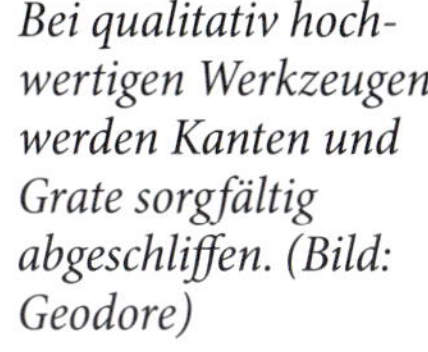

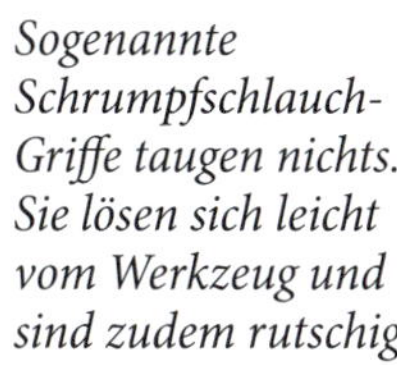

Bei qualitativ hochwertigen Werkzeugen werden Kanten und Grate sorgfältig abgeschliffen. (Bild: Geodore)

Sogenannte Schrumpfschlauch-Griffe taugen nichts. Sie lösen sich leicht vom Werkzeug und sind zudem rutschig.

Manche billigen Kunststoffgriffe können hohe Konzentrationen polyzyklischer aromatischer Kohlenwasserstoffe (PKA) enthalten.

Vorsicht! Die Aufschrift »Alloy-Steel« besagt lediglich, dass es sich um legierten Stahl handelt. Welcher? Das bleibt ein Geheimnis.

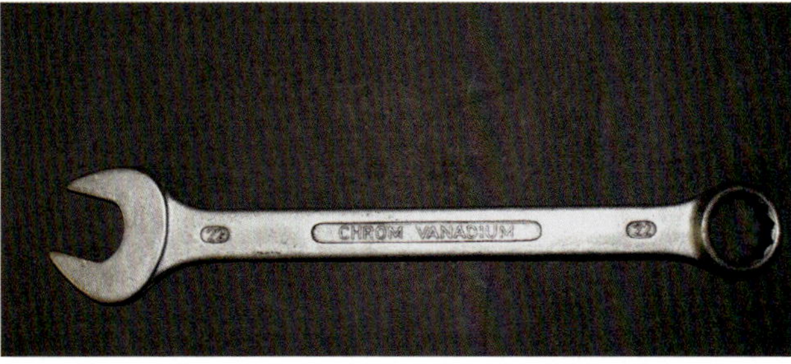

Von oben nach unten: Die Bezeichnung Chrom-Vanadium-Stahl ist nicht geschützt. Dahinter können sich circa 250 verschiedene Zusammensetzungen verbergen.

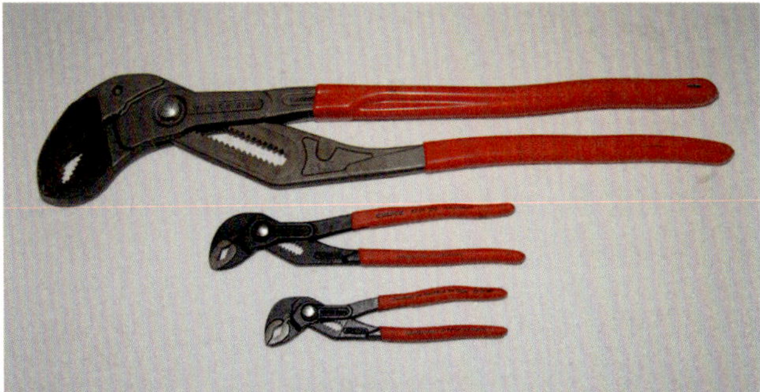

Die Backenachsen hochwertiger Zangen sind gegen Lösen mit speziellen Achsköpfen gesichert.

Die Schneiden dieses Seitenschneiders sind nicht parallel. Zum Durchtrennen von Drähten ist er völlig unbrauchbar.

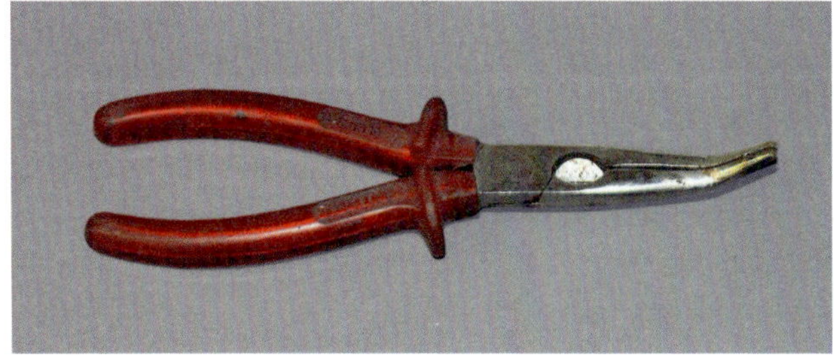

Bei Spitzzangen ist die Verwindungssteifigkeit der Backen zu prüfen. Die Qualität der Backenachse ist hierfür entscheidend.

die Backen oder Schneiden von Zangen im geschlossenen Zustand über die gesamte Länge dicht aneinander liegen. Vor allem bei Schneidzangen ist ein Spalt zwischen den Schneiden des Werkzeugs ein Zeichen minderwertiger Ware. Bei Spitzzangen mit langen Backen ist hier auch die Verdrehsicherheit bei Belastung zu prüfen. Hier darf sich weder die Backe verwinden noch Spiel in der Drehachse zu spüren sein. Geprüft werden muss auch das Vorhandensein von Sicherungseinrichtungen. Speziell Werkzeuge mit scharfen Schneiden, die sich durch Federkraft selbst öffnen, müssen einen Verriegelungsmechanismus haben.

Um Quetschungen zu vermeiden, müssen Griffpaare daher bei geschlossenen Einhandwerkzeugen im Griffbereich mindestens 15 Millimeter, bei Zweihandwerkzeugen mindestens 40 Millimeter Abstand haben. Lässt sich ein Griff mit geringem Zug vom Werkzeug abziehen, handelt es sich mit Sicherheit um Billigware, denn Plastik-, Gummi- oder Kunststoffüberzug-Griffe müssen einer Zug- oder Drehbeanspruchung beziehungsweise Abziehkraft von mindestens 500 N standhalten können.

Mangelnde Griffqualität lässt sich auch bei Hartkunststoffen, wie sie oft bei Schraubendrehern verwendet werden, an Lufteinschlüssen erkennen. Solche Griffe sind meist nicht schlagfest und brechen bei der ersten stärkeren Belastung. Dabei ist auch auf die Ausführung der Werkzeuggriffe oder Griffflächen zu achten. Sie dürfen keine scharfen Ecken oder Kanten aufweisen. So sind zum Beispiel unbearbeitete Stanzgrate an Schraubenschlüssel oder Zangengriffe immer ein Hinweis auf mangelnde Qualität.

Bei sehr billigen Schraubendrehern besteht auch die Gefahr, dass in den Kunststoffgriffen hohe Konzentrationen polyzyklischer aromatischer Kohlenwasserstoffe (PKA) vorhanden sind. Diese Stoffe werden vom Handschweiß aus dem Kunststoff gelöst und dann von der Haut aufgenommen. Im Körper können bereits geringste Konzentrationen hiervon krebserregend und fruchtschädigend sein.

Geachtet werden muss auch auf den Stahl, aus dem das eigentliche Handwerkzeug gefertigt ist. Er muss splitterfrei, bruchfest, alterungs-, korrosions- und chemiebeständig sein. Zu den am besten geeigneten Stahlsorten für Werkzeuge lässt sich jedoch keine generelle Aussage treffen, denn die Qualitätsunterschiede ergeben sich durch die Verarbeitung des Stahls. Maßgeblich sind hier die Umformungstemperatur beim Schmieden, die Härtetemperatur sowie die anschließende Wärmebehandlung (Anlassen) der CrV-legierten Stähle. Des Weiteren entscheiden präzise Schmiedegesenke über die Maßhaltigkeit (Formschlüssigkeit) der Werkzeuge. Alle diese Arbeitsschritte sind das eigentliche Geheimnis der Premium-Hersteller. Beim Korrosionsschutz kann man noch unterscheiden, ob einfach verchromt (billig) oder vernickelt und anschließend verchromt (Premium).

Experten-Tipp

1. Nur qualitativ hochwertiges Werkzeug kaufen.
2. Werkzeugsortimente renommierter Hersteller helfen Kosten sparen.
3. Auf persönliche Vorlieben bei Größe und Oberflächenbeschaffenheit achten.
4. Auf Billigangebote und Plagiate aus Sicherheitsgründen verzichten.
5. Werkzeug-Ordnungssysteme anschaffen.

Holzstiele, die in einer Metalltülle am Hammerkopf befestigt sind, können am Rand der Tülle leicht brechen.

Der Hammerkopf muss eine Fase besitzen, sonst besteht die Gefahr, dass der Hammerkopf splittert.

Bereits mit der Hand lässt sich der Gummihammer-Kopf leicht vom Stiel schieben. Ein Fall für den Mülleimer!

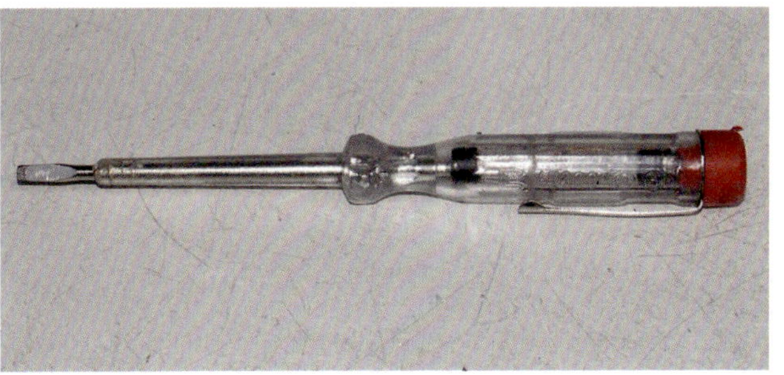

Lebensgefahr! Keine Aufschrift oder DIN-Norm verrät, bis wie viel Volt dieser »Elektriker-Schraubendreher« verwendet werden darf!

Kunststoffhämmer garantieren gelenkschonendes Arbeiten. Ihr Einsatzspektrum ist jedoch beschränkt.

Bei hochwertigen Hämmern wird der Holzstiel im Hammerkopf gleichmäßig durch eine verpresst.

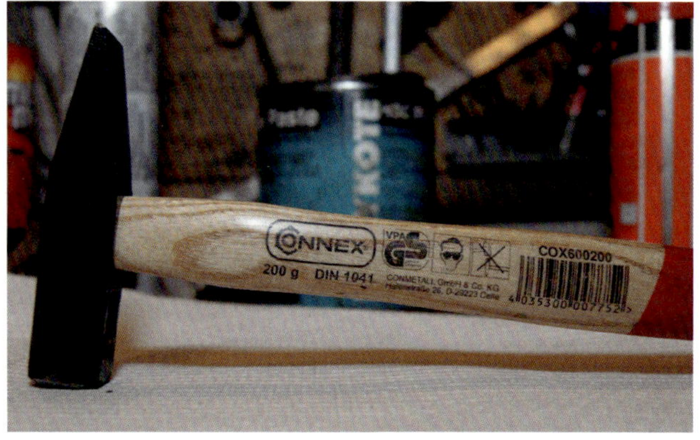

Von oben nach unten: Auf guten Werkzeugen findet man stets eine DIN-Norm und gegebenenfalls das GS-Zeichen.

Der Namen des Herstellers ist auf hochwertigen Werkzeugen auch nach Jahrzehnten des Gebrauchs noch gut zu lesen.

Ordnungssysteme helfen beim Werkzeug den Überblick zu bewahren und garantieren schnellen Zugriff. (Bild: Facom)

Informationen zu den DIN-Normen für Handwerkzeuge finden sich übrigens zusammengefasst in den (kostenpflichtigen) DIN-Taschenbüchern (erhältlich beim »Deutschen Institut für Normung e.V«.; www.din.de). In Kombination mit dem so genannten »Stahlschlüssel« (Verlag Stahlschlüssel Wegst GmbH; www.stahlschluessel.de) geben diese Hinweise auf Form, Werkstoff und Qualität.

Stichwort Stahlqualität: Bei Schlagwerkzeugen sind solche zu bevorzugen, bei denen gefährliche Rückschlag- oder Rücksprungbewegungen ausgeschlossen sind, um ein gelenkschonendes Arbeiten über längere Zeit zu gewährleisten. Bei Hämmern ist zudem auf die Befestigung und Qualität des Hammer-Stiels zu achten. Einfache Holzkeile oder ein Stück Blech genügen als Sicherung des Hammerkopfes nicht. Hier dürfen nur Spezialkeile verwendet werden, die das Holz des Stieles gleichmäßig nach allen Seiten in die Augenwandung des Hammerkopfes pressen. Kunststoffstiele sind hingegen mit Spezialkeilen eingeklebt. Stahlrohrstiele sind formschlüssig verschraubt oder verstiftet. Ein Zeichen minderwertiger Hämmer ist zudem das Fehlen des Rundschliffs an den Kanten des Kopfes (Fase). Hier besteht sonst die Gefahr, dass das Material bei hoher Beanspruchung splittert.

Werkzeuge, die zu Reparaturen an stromführenden Teilen, wie zum Beispiel der Zündanlage eines Traktors, verwendet werden, müssen, insbesondere in Hinsicht auf die Arbeitssicherheit, besonders hohe Qualitätsanforderungen erfüllen. Sie lassen sich leicht an der Bezeichnung DIN EN IEC 60900:2004 (Arbeiten unter Spannung) erkennen. Jedoch finden sich auch viele irreführende Bezeichnungen, wie z. B. »Elektrikerschraubenzieher«, »1000 Volt«, »isolierte Klinge« oder Griff. Diese sagen aber über die Isolations-Qualität so gut wie nichts aus, da es sich hierbei um keine Prüfsiegel handelt. Solche Bezeichnungen sind, obwohl sie (leider) oft verwendet werden, schlichtweg falsch und daher nicht zulässig! In der Regel handelt es sich bei den »Isolationen« dieser Werkzeuge nur um billige Ummantelungen, nicht aber um elektrisch isoliertes Werkzeug nach der DIN EN IEC 60900:2004.

Ein Qualitätskriterium ist auch die optische Gestaltung der Elektrik-Sonderwerkzeuge, da sonst Verwechslungsgefahr mit »normalen« bauähnlichen Werkzeugen bestehen kann. Auffällige Farben und eine deutliche Beschriftung sind hier maßgeblich, um diese auszuschließen.

Da eine Prüfung des Werkzeuges beim Einkauf hinsichtlich der genannten Qualitätskriterien meist nicht

Torx-Schlüssel sind ein Thema bei kommenden Oldtimern und Youngtimer-Traktoren.

Rechte Spalte von oben nach unten: Die Passgenauigkeit von Werkzeugen ist ein Merkmal höchster Verarbeitungs- und Materialqualität. (Bild: Berner)

Kraft-Schlüssel sind Werkzeuge für fortgeschrittene Schrauber. Früher oder später braucht man sie.

möglich ist, weil sie zur Zerstörung des Werkzeugs führen, sind daher nur solche zu bevorzugen, die eine gültige DIN-Norm und/oder ein GS-Prüfsiegel tragen.

Beides legt die Qualitätsanforderungen an deren Güte und Ausführung für spezielle Arbeitsbereiche fest. Beim Kauf ist es daher sehr wichtig, eine klare Vorstellung davon zu haben, wofür man das Werkzeug wirklich benötigt. Renommierte Werkzeughersteller geben daher in ihren Katalogen neben der Angabe von Normen oder technischen Richtlinien auch immer die Eignung und den Einsatzzweck der Werkzeuge an. Ob das Werkzeug jedoch von seiner Handhabbarkeit (Ergonomie) den Erwartungen des Käufers entspricht, zeigt jedoch oft nur die Praxis. Eine umfangreiche Beratung mit Praxisvorführung durch die Servicemitarbeiter im Werkzeugfachgeschäft ist deshalb in vielen Fällen ratsam.

Weitere Erkennungsmerkmale für Qualität sind in das Werkszeug dauerhaft eingeschlagene Namen oder Zeichen des Herstellers. Damit gibt sich der Hersteller für eventuelle Garantie- oder Gewährleistungsansprüche zu erkennen. Daneben sind Angaben zur Größe, dem Gewicht, zu Sicherheits-, Pflege- und Einsatzhinweisen am Werkzeug oder dem Werkzeughalter beziehungsweise der Aufbewahrungsbox ein Zeichen hochwertiger Ware. Auch an den so genannten »Aftersales-Services« lässt sich Qualität erkennen. Sie sollten umfangreiche Gewährleistungen und Garantien umfassen, so dass Ersatz und Reparatur auch noch nach Jahrzehnten des Einsatzes möglich sind.

Zum Schluss noch ein Tipp: Beim Werkzeugkauf sollte auch immer an das passende Werkzeug-Ordnungs- oder -Aufbewahrungssystem gedacht werden. Es trägt zur Verbesserung der Anwendungsakzeptanz und Arbeitsqualität sowie zur Verringerung von Vorbereitungszeiten bei. Solche Systeme stellen zudem sicher, dass entnommenes Werkzeug erkannt und, falls es verloren oder defekt ist, sofort ersetzt werden kann.

So hat sich bei den Profis in den letzten Jahren immer mehr das so genannte Blockordnungssystem (zum Beispiel Einlegeschalen, Kästen u.ä.) durchgesetzt. Mit ihm können Einzelwerkzeuge nach Gruppen und Werkzeug-Sets in Universalblöcken in speziellen Schubladen und Schüben des Werkzeugwagens untergebracht und nach Bedarf einsortiert werden. Sie ermöglichen es auch, häufig benötigte Werkzeuge für bestimmte Arbeiten speziell

Ein Satz hochwertiger Fühlerlehren darf in keiner gut ausgestatteten Hobbywerkstatt fehlen.

Ein solider und massiv mit der Werkbank verschraubter Schraubstock darf in keiner Hobbywerkstatt fehlen. Seine Backen müssen auf gesamter Länge bündig schließen.

zusammenzustellen. Wer sich jedoch für ein Blocksystem entscheidet, sollte immer darauf achten, dass die in ihnen enthaltenen Werkzeuge bei Bedarf auch als lose Ware erhältlich sind.

Eine Werkzeuggrundausstattung wird niemals komplett sein. Die sich manchmal ändernden Anforderungen, zum Beispiel durch den Zukauf eines weiteren Traktors, machen es nötig, die Werkzeugausstattung immer wieder mit neuen Werkzeugen zu ergänzen. Erfahrene Hobbyschrauber halten sich daher ständig bei den Vertriebsfirmen, Einzelhändlern und Spezialwerkzeugausstattern über neue Angebote der Hersteller auf dem Laufenden. Die wichtigste Quelle jedoch, auch in Zeiten multimedialer Information, sind die Erfahrungen der Schrauberkollegen. Ihr gesammeltes Wissen sollte immer zur Grundlage bei der Auswahl einer Werkzeuggrundausstattung gemacht werden.

Werkzeug-Babel

Wer mit seinen Freunden in der Hobbywerkstatt arbeitet, weiß um das Problem: Da fragt man beim Schrauben nach einer Knarre und bekommt stattdessen einen Drehmomentschlüssel in die Hand gedrückt. Und solche Missverständnisse sind kein Einzelfall, denn oft sind Werkzeuge unter verschiedenen Namen bekannt. Unter Freunden sind solche Missverständnisse schnell geklärt. Bei Werkzeugbestellungen können die verschiedenen Werkzeugnamen mitunter sehr ärgerlich sein. Denn bei den verschiedenen Werkzeugfirmen können identische Werkzeuge oft unterschiedliche Namen haben. Wer zum Beispiel in den oft sehr umfangreichen Katalogen nach Bit-Einsätzen sucht, wird hiernach bei einigen Werkzeugfirmen lange suchen müssen. Kennt man nämlich die alternative Benennung »Schraubendreher-Einsatz« nicht, bleibt einem nichts anderes übrig, als hunderte Katalogseiten durchzublättern, um die Bits zu finden.

Viele werden jetzt denken, dass es so etwas gar nicht geben kann, denn schließlich leben wir in Deutschland, und hier ist, wie jeder weiß, alles geregelt – auch die korrekten Benennungen der Handwerkzeuge, deren Bezeichnungen durch DIN-Normen einheitlich festgelegt sind. Wer diese Bezeichnungen aber liest, dem wird schnell klar, warum sich im Praxisgebrauch für viele Werkzeuge andere und zumeist kürzere Namen durchgesetzt haben. Es ist nun mal in der Werkstatt einfacher, nach einem Inbus zu fragen, als nach einem »gebogenen Stiftschlüssel für Innensechskantschrauben« – auch wenn diese Bezeichnung der DIN-Norm-Benennung entspricht. Trotzdem können Werkzeughersteller eine Bezeichnung wie Inbus®, aber auch solche wie Seegerring-Zange, nicht ohne Weiteres in ihren Katalogen verwenden, auch wenn diese geläufiger sind. Der Grund ist einfach: Diese Begriffe sind als Markennamen rechtlich geschützt. So steht der Begriff Inbus als Abkürzung für Innensechskantschraube Bauer und Schaurte. Bereits 1936 wurde dieser von der Firma Bauer & Schaurte Karcher in Neuss, die diese neue Schraubenart in Hagen erfand, geprägt und ist bis heute ein Begriffsmonopol. Ähnlich verhält es sich mit den sogenannten Seegerring-Zangen. Gemeint sind hier »Zangen für Sicherungsringe für Wellen«. Hier hat sich auch der Name des führenden Herstellers für Sicherungsringe, die Seeger-Orbis GmbH & Co OHG aus Königstein, auf das Werkzeug übertragen. Die »Seegerring-Zange« wird aber oft auch als »Nutenringzange« bezeichnet, da der Sicherungsring meist auf einer Welle in einer Nut sitzt. Häufig liest man für sie auch den Namen»Sprengringzange«. Aus technischer Sicht ist er jedoch falsch, da Sprengringe zwar eine ähnliche Funktion wie Sicherungsringe

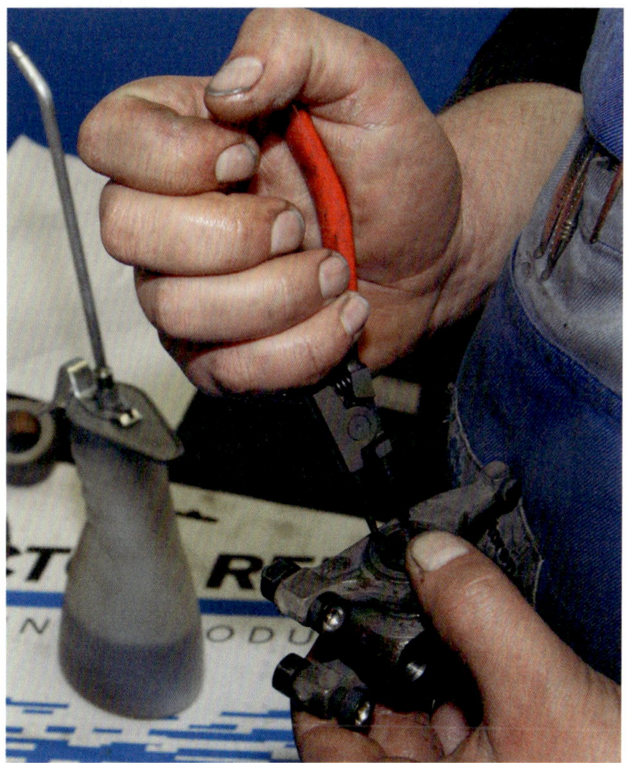

Von oben nach unten: Nach DIN-Norm heißt dieses Werkzeug »Gebogener Stiftschlüssel für Innensechskantschrauben« – dann doch lieber Inbus®!

»Zange für Sicherungsringe für Wellen«. Das Namensrecht des gemeinhin als Seegerring-Zange bekannten Werkzeugs, liegt bei der Seeger-Orbis GmbH & Co OHG aus Königstein.

Da der »verstellbare Einmaulschlüssel« anfänglich nur aus England zu beziehen war, hat sich der Begriff »Engländer« in Deutschland schnell durchgesetzt.

Von oben nach unten: Rohrzangen (auch Schwedenzange) sind Zangen für das Arbeiten an Rohrinstallationen. Da sie auch ein verstellbarer Einmaulschlüssel ist, wird sie auch fälschlicherweise als »Engländer« bezeichnet.

Verstellbare Maulschlüssel mit zwei parallelen Backen werden »Franzosen« genannt. Das nützliche Werkzeug dient auch als Symbol auf dem Pannenhilfe-Verkehrszeichen.

Weder »Franzose« noch »Engländer« – korrekt benannt, heißt dieses nützliche Werkzeug »Rollgabelschlüssel«.

haben, aber von unterschiedlicher Bauart sind und sich meist mit einer Zange nicht öffnen lassen.

Doch nicht nur die DIN oder Markenrechte sind für die verschiedenen Namensbenennungen der Grund, auch die Geschichte der Werkzeuge spielt hier eine wichtige Rolle. So haben sich für viele ältere Werkzeuge im Kfz-Werkstattgebrauch im Laufe der Zeit verschiedene Namen herausgebildet, die auf den ursprünglichen Herstellungsort oder auf einstige regionale Spracheigenheiten zurückzuführen sind. Ein bekanntes Beispiel ist der verstellbare Einmaulschlüssel, der als »Engländer« bezeichnet wird. Diese Bezeichnung rührt ursprünglich vom Herstellerland England her, wo dieses Werkzeug erstmals gefertigt wurde. Da gegen Ende des 19. Jahrhunderts der »verstellbare Einmaulschlüssel« nur von dort zu beziehen war, hat sich schnell der Begriff »Engländer« als Bezeichnung in Deutschland durchgesetzt und wird bis heute noch gebraucht. Kurioserweise wird der Engländer oft auch als Franzose bezeichnet. Bei diesem Werkzeug handelt es sich zwar auch um einen verstellbaren Maulschlüssel, jedoch zeichnet sich dieser durch zwei parallele Backen aus, die über ein zentrales Gewinde verstellt werden können. Wie der Engländer wird auch der Franzose nach seinem ursprünglichen Herstellungsland benannt. Bekannt ist er vor allem durch das deutsche Straßen-Verkehrszeichen Nr. 359 »Pannenhilfe«, das als Symbol einen stilisierten »Franzosen« zeigt. Heute werden die Begriffe »Franzose« und »Engländer« für einen verstellbaren Einmaulschlüssel fast immer gleichbedeutend verwendet, obwohl dies nicht nach der Werkzeugform korrekt ist. Übrigens: Gerne werden beide Werkzeuge auch mit »Schwedenzangen« (Rohrzangen) und Rollgabelschlüsseln verwechselt.

Werkzeuge können auch Namen von Personen tragen, die diese Werkzeuge für spezielle Verfahrenstechniken eingesetzt haben. Hierzu gehört die Flechterzange, die offiziell »Rabitzzange« genannt wird und für viele schlicht eine Kneifzange ist. Ihr Name geht auf den deutschen

Je nachdem wo diese Zange eingesetzt wird, nennt man sie Monier-, Rabitz- oder auch Betonzange.

Maurermeister Carl Rabitz aus Halle zurück, der 1878 ein Verfahren zur Herstellung von Gipswänden unter Verwendung von Drahtgeflechten entwickelte. Vielen ist die Rabitzzange auch unter dem Namen »Monierzange« bekannt. Joseph Monier war ein französischer Gärtner, der bereits ab 1845 Blumentöpfe mit Draht verstärkte und so das Prinzip des Stahlbetons erfand und hierzu, wie Rabitz, hauptsächlich die Flechterzange einsetzte.

Werden Werkzeuge von einer Berufsgruppe für die Ausübung vieler Arbeiten benötigt und gehören somit zum Basiswerkzeug, erhalten sie oft Namen von typischen Tätigkeitsfeldern. Im Baugewerbe ist daher die Monier- oder Rabitzzange auch als Betonzange bekannt. Gleiches trifft auch für die Wasserpumpen- und die Schweißerzange (Gripzange) zu, die hauptsächlich von Kfz-Mechanikern und Metallbauern verwendet werden.

Auch der Schlosserhammer, der der Form nach für viele als »der« Hammer schlechthin gilt, trägt seinen Namen, nach der Berufsgruppe, die ihn hauptsächlich gebraucht. Die Bezeichnung »Ingenieurhammer« für den Schlosserhammer konnte sich hingegen kaum durchsetzen. Sie geht wahrscheinlich auf englische Ingenieure zurück, die im Zuge der Industrialisierung zu Beginn des 19. Jahrhunderts nach Deutschland kamen.

Die meisten Werkzeuge jedoch tragen meist verkürzte Namen der korrekten DIN-Benennungen. Ein typisches Beispiel ist hier der »Steckschlüssel«, der richtig »Steckschlüsseleinsatz mit Innenvierkant für Schrauben mit Sechskant, handbetätigt« heißt.

Daneben haben sich auch Werkzeugnamen entwickelt, die auf dem Funktionsprinzip des Werkzeugs beruhen. Ein Beispiel ist der Rollgabelschlüssel.

Andere Werkzeuge wiederum bekamen ihren Namen nach dem Arbeitsergebnis, das sich mit ihnen erzielen lässt. Das Gewindeschneideisen wird daher gerne als »Mutterbohrer« bzw. »Schraubbohrer« bezeichnet.

Als Werkzeugnamen haben sich aber auch umgangssprachliche Synonyme durchgesetzt, die von der Werkzeugform abgeleitet sind. Der Name »Nuss« für einen Steckschlüsseleinsatz oder der »Gabelschlüssel« für den »Maulschlüssel« sind hier die bekanntesten Beispiele.

Als einziges Werkzeug trägt die Knarre bzw. der Drehmomentschlüssel mit Umschaltknarre einen so genannten lautmalerischen Namen. Er leitet sich vom Geräusch ab, dass das Werkzeug bei seiner Verwendung produziert. Es wundert daher nicht, dass auch der zweite oft verwendete Name »Ratsche« für die »Knarre« ein lautmalerischer Name ist.

Für einige Werkzeuge werden im deutschsprachigen Raum auch fremdsprachliche Bezeichnungen verwendet. So konnte sich der Begriff »Bit« gegenüber der DIN-Be-

Von oben nach unten: Von Karosseriebauern und Metallhandwerkern wird die Gripzange auch als »Schweißerzange« bezeichnet.

Ein Name wie »Steckschlüsseleinsatz mit Innenvierkant für Schrauben mit Sechskant, handbetätigt« kann nur der DIN entspringen. Mechaniker sagen kurz: Steckschlüssel.

Da mit dem Gewindeschneideisen, die Gewinde von Muttern nachgeschnitten werden können, wird es auch als »Mutterbohrer« bezeichnet.

Von oben nach unten: Steckschlüsseleinsätze, auch wenn sie wie hier große Schlüsselweiten haben, sind landläufig als »Nüsse« bekannt.

Ihr Geräusch beim Arbeiten hat den Namen der »Knarre«beziehungsweise »Ratsche« geprägt. Sprachforscher sprechen von einer Onomatopoesie (Lautmalerei).

Drehmomentschlüssel werden fälschlicherweise auch Knarren genannt. Auch sie machen ein knarrendes Geräusch beim Anziehen von Schrauben und Muttern.

nennung »Schraubendreher-Einsatz mit Innenvierkant für Schrauben mit Innenvielzahn (handbetätigt)« in allen Handwerksbereichen im deutschsprachigen Raum durchsetzen. Andere fremdsprachliche Bezeichnungen sind hingegen wie der Name »Filière« für einen Gewindeschneider lokale Erscheinungsformen, die neben dem deutschen Namen oft gleichbedeutend mit verwendet werden.

Einige Werkzeugnamen sind auch von Laien geprägt worden, die wenig oder gar nichts mit Werkzeugen zu tun haben. So wird zum Beispiel der Begriff »Schraubenschlüssel« von Nicht-Handwerkern heute gleichbedeutend für Maul- oder auch Ringschlüssel gebraucht. Wie verbreitet diese Werkzeugbenennung heute ist, zeigt der Umstand, dass sich mittlerweile in fast allen Baumärkten, die Handwerkzeuge für den Heimwerker anbieten, Ring- und Maulschlüssel nur noch unter dem Begriff Schraubenschlüssel angeboten werden.

Werkzeuge können viele Namen tragen. Von einheitlichen Bezeichnungen im Berufsalltag – und erst recht in unserer Hobbywerkstatt – ist man, trotz DIN-Benennungen, heute noch weit entfernt. Als Traktor-Freund sollte man die Namensvarianten aber zumindest kennen, damit es zu keinen Missverständnissen beim Schrauben oder beim Werkzeugkauf kommt. Auch sind viele Werkzeuge Bestandteil unserer Traktoren – und hier kennt schließlich jeder die Teile seines Traktors beim Namen – warum also nicht auch die der Werkzeuge?

In Baumärkten finden sich Ringschlüssel im Regal für Schraubenschlüssel. So wissen auch Laien, wo sie suchen müssen.

Traktor anheben

Mit einem Stempelwagenheber kann ein Deutz 8006 problemlos achsweise angehoben werden.

Der Unterschied zu einer Pkw-Stütze (links) ist deutlich. Stützen für Nfz sind deutlich massiver ausgelegt.

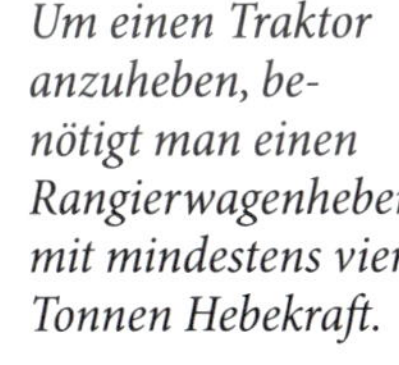

Um einen Traktor anzuheben, benötigt man einen Rangierwagenheber mit mindestens vier Tonnen Hebekraft.

Wer unter seinem Traktor arbeiten muss, benötigt für gewöhnlich eine Hebebühne oder Grube – aber nur die wenigsten Hobbyschrauber haben diese. Sie benötigen deshalb einen Wagenheber. Aber nicht irgendeinen, denn das sichere Anheben von Traktoren setzt eine solide Hebetechnik und gutes Wissen über die Konstruktionen vergangener Tage voraus. Werden nämlich beim Anheben Fehler gemacht, sind Personen- und Fahrzeugschäden keine Seltenheit. Worauf sollte man also achten?

Zunächst einmal gibt es Wagenheber in verschiedenen Ausführungen, Größen, Leistungs-, Qualitäts- und Preisklassen. Vor der Anschaffung des Wagenhebers muss deshalb klar sein, für welchen Fahrzeugtyp und für welche Arbeiten der Wagenheber benötigt wird, denn hiervon hängen die benötigte Tragkraft und Hubhöhe ab.

Ein Wagenheber sollte immer in der Lage sein, egal welche Arbeiten man machen will, mindestens das doppelte Gewicht des Traktors anheben zu können. Dann wird er nicht überlastet, falls das Fahrzeug mal mit Anbaugeräten angehoben werden muss.

Die nötige Hubhöhe hängt hingegen von der Konstruktion des Wagenhebers und den Arbeiten ab, die man durchführen möchte. Zum Reifenwechsel genügen meist 20 Zentimeter. Für Arbeiten an Getriebe, Achsen oder Auspuff sollten es aber schon mindestens 50 Zentimeter sein. Wer Qualität will, sollte beim Wagenheber zudem auf das GS-Zeichen (Geprüfte Sicherheit), TÜV-Siegel und/oder die CE-Kennung achten.

Unabhängig vom Wagenheber – sein richtiger Einsatz will gelernt sein. Hierzu muss man zunächst den technischen Aufbau seines Traktors genau kennen. Anstatt moderne selbsttragende Motor-Getriebe-Achsantrieb-Konstruktionen (Block-Konstruktion) sind Leiterrahmen, Hilfsrahmen oder andere Konstruktionen die Regel bei Oldtimer-Traktoren. Deshalb ist zuerst zu prüfen, wo und an welchen Stellen der Traktor angehoben werden darf. Gibt das Werkstatthandbuch dazu keine Auskunft, legt man sich am besten unter den Traktor und sieht sich bei guter Beleuchtung die Fahrwerks- beziehungsweise die Rahmenkonstruktion genau an. Bei Oldtimer-Traktoren mit Rahmenaufbau sind die Rahmenträger der Achsen als Hebepunkt ideal, da sie in der Nähe der Räder und ausreichend stabil sind. Bei Block-Konstruktionen haben die Hersteller spezielle Hebepunkte vorgesehen. Meist sind sie im Bereich der Achsen, nah bei den Rädern, um eine kippsichere Vierpunktaufnahme mit der Hebebühne sicherstellen. Sie eignen sich aber auch für den Wagenheber. Auch können sie mittig an den Enden des Traktors zu finden sein, zum Beispiel unter dem Differenzial oder der Aufnahme der Vorderradachse. Sie eignen sich besonders für das achsweise Anheben des Traktors. Keinesfalls aber sollte der Wagenheber an den Drehpunkten von Blattfedern angesetzt werden. Hier können sie beim Anheben leicht abrutschen.

Kennt man die Aufnahmepunkte, hat man gelegentlich das Problem, dass der Wagenheber nicht hoch genug ist.

Die Hinterachse dieses Traktors bietet drei Möglichkeiten, den Rangierwagenheber anzusetzen.

Vor dem Anheben muss man sich vergewissern, wo man den Traktor idealerweise anhebt.

Zum achsweisen Anheben muss der Rangierwagenheber mit der Mittelachse des Traktors genau eine Linie bilden.

Vor dem Anheben der Hinterachse muss die Vorderachse gegen Wegrollen gesichert werden. Solche Unterlegkeile gibt es für wenige Euros in jedem Kfz-Zubehörgeschäft zu kaufen.

Steht das Rad noch am Boden, besteht keine Gefahr, dass der Traktor beim Lockern der Muttern vom Heber rollt.

Bevor es mit dem Heber nach oben geht, stellt man sich die Stützen schon mal bereit.

Während des gesamten Anhebens kontrolliert man, ob der Traktor sicher auf dem Rangierwagenheber ruht.

Sofort nach dem Anheben werden die beiden Stützen von außen (!) unter die Achsaufnahmen geschoben.

Fehlen lediglich ein paar Zentimeter, wenden Kfz-Profis einen einfachen Trick an. Haben sie keinen größeren Wagenheber zur Hand, nehmen sie massive dicke Bretter oder einen Holzpflock und stellen den Wagenheber darauf. So gewinnt man oft den fehlenden Raum, um mit dem Wagenheber den Traktor anzuheben.

Bevor man aber den Traktor anhebt, muss noch an die Sicherheit gedacht werden. Erfahrene Schrauber ziehen zuerst die Handbremse an und verhindern zusätzlich ein Wegrollen des Traktors durch Radkeile oder dicke Balken, die, je nachdem, wo angehoben wird, hinter die am Boden verbleibenden Räder der Vorder- oder Hinterachse gelegt werden. Auch braucht man noch Unterstellböcke. Sie werden, nachdem der Traktor angehoben ist, an sicheren Tragpunkten unter den Traktor gestellt. Sie verhindern, dass der Trecker plötzlich absackt, falls der Wagenheber versagt oder bei zu heftigen Arbeiten, vom Wagenheber abrollt. Zusätzlich zu den Unterstellböcken sollte der Wagenheber zur Sicherheit leicht belastet unter dem Traktor verbleiben.

Doch welchen Wagenhebertyp soll man eigentlich verwenden? Das kommt auf die Arbeiten an, die man durchführen will, lautet hier die einfache Antwort. In der Hobbyanwendung wird dies ein Stempelwagenheber oder ein Rangierwagenheber sein.

Wie der Name Stempelwagenheber bereits sagt, beruht sein Funktionsprinzip auf einem Kolben (Stempel), der hydraulisch durch manuelles Pumpen nach oben gedrückt wird. Die Hubhöhe beträgt aber nur 10 bis 35 Zentimeter, dafür kann er bis zu acht Tonnen und mehr tragen. Seine Stempelaufnahme ist oft sehr klein. Deshalb sollte ein massives Holzbrett oder Metallstück zwischen Heber und Aufnahmepunkt gelegt werden. Ihr größter Nachteil ist aber die Bauhöhe. Oft sind sie zu niedrig, um sie zum Beispiel unter hochliegende Traktoren zu stellen. Da hilft dann nur der Trick mit den Holzbrettern (siehe oben). Klappt das standsicher, kann mit dem Stempelwagenheber der Traktor sogar achsweise angehoben werden, um so viele Arbeiten unter ihm zu erledigen.

Die beste Lösung für Arbeiten am Unterboden – abgesehen von Hebebühne oder Grube – ist der Rangierwagenheber. Je nach Größe hat er eine Tragkraft von bis zu sechs Tonnen und mehr und eine Hubhöhe von bis zu 80 Zentimeter. Da er zudem auf Rollen steht, eine genügend breite und kugelkopfgelagerte Telleraufnahme hat, gleicht er auch hervorragend, die Drehbewegung des Traktors beim Anheben aus. Man muss nur darauf achten, dass er auf ebenem, festem Untergrund steht. Seine Technik beruht meist auf einer Ölhydraulik, die, wie beim Stempelwagenheber, einen Kolben bewegt. Jedoch drückt dieser auf einen Tragarm, der hierdurch nach

Auch, wenn die Achse auf den Stützen ruht, verbleibt der Wagenheber leicht gespannt unter dem Traktor.

oben gedrückt wird. Da achsweise mit ihm der Traktor ausreichend hoch angehoben werden kann, lassen sich viele Arbeiten am Unterboden mit genügend Arbeitsfreiheit erledigen.

Wer mehrere Traktoren besitzt, an denen er viel schraubt und zudem über den »Luxus« verfügt, einen genügend großen Schuppen oder gar eine Halle mit Stromanschluss zu besitzen, sollte darüber nachdenken, ob nicht eine Grube, eine Hebebühne oder Radgreifer sinnvolle Ergänzungen der Hobbywerkstatt wären.

Mit einer Grube beziehungsweise mit den darin installierten so genannten Grubenhebern lassen sich selbst Antriebselemente, wie Getriebe, Motor oder Achsen, problemlos ein- und ausbauen. Auch sind Radwechsel kein Problem. Je nach Ausführung und Typ können hydraulische Grubenheber Lasten bis 20 Tonnen zwischen 450 – 1300 mm anheben.

Doch Grubenheber ist nicht gleich Grubenheber. Es lassen sich zwei Varianten unterscheiden: der sogenannte bodenlaufende und der durch Führungsschienen am Rand der Grube geführte Grubenheber. Bodenlaufende Grubenheber haben meist ein Drei- oder Vierrollengestell. Damit können sie einfach und präzise unter die verschiedenen Baugruppen des Traktors gefahren werden. Bei ihrer Anschaffung ist jedoch darauf zu achten, dass die Bodeneigenschaften der Grube entsprechend an die Roll- und Tragfähigkeit des bodenlaufenden Grubenhebers angepasst ist. Wer jedoch erst eine Grube in seiner Werkstatt neu einbauen möchte, sollte besser auf vorgefertigte Gruben zurückgreifen. Sie sind von vornherein mit Grubenheber auf Führungsschienen ausgerüstet, die ein hohes Maß an Stand- und Tragsicherheit bieten. Nachteil: Die Kosten für solche Fertiggruben liegen im deutlichen fünfstelligen Bereich (zzgl. Arbeitszeit). Eine nachträgliche Ausrüstung einer bereits vorhandenen, zumeist gemauerten »Alt-Grube« mit Führungsschienen ist prinzipiell möglich, kann jedoch ebenfalls mit hohen Kosten verbunden sein. Auch ist bei Arbeiten bei nachge-

Eine Grube bietet wenig Platz. Diese hat für den Grubenheber Führungsschienen am Rand.

Für gelegentliche Inspektionen und Servicearbeiten, wie hier beim TÜV Süd, taugt eine Grube allemal. (Bild: TÜV Süd)

Wer den Platz hat, kann sich bereits ab 2000 Euro eine gute Fahrbahnhebebühne anschaffen.

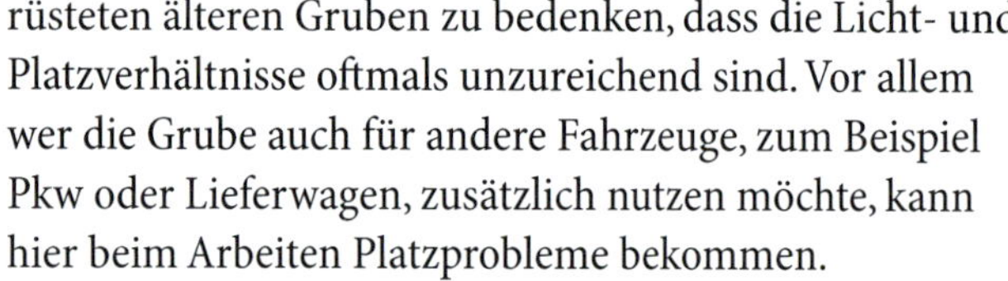

rüsteten älteren Gruben zu bedenken, dass die Licht- und Platzverhältnisse oftmals unzureichend sind. Vor allem wer die Grube auch für andere Fahrzeuge, zum Beispiel Pkw oder Lieferwagen, zusätzlich nutzen möchte, kann hier beim Arbeiten Platzprobleme bekommen.

Bequemer, weniger beengt und meist schneller lässt es sich jedoch unter dem Traktor mit einer Hebeanlage arbeiten. Sie gibt es neu bereits für wenige tausend Euro zu kaufen. Auch gebrauchte Hebeanlagen findet man immer wieder für wenig Geld auf einschlägigen Internet-Verkaufsplattformen. Bei der Auswahl des Hebeanlagentyps ist jedoch eine der wichtigsten Grundvoraussetzungen eine möglichst hohe Tragkraft. Sechs bis zehn Tonnen Gesamttraglast und mehr sollten es schon sein. Da Hebeanlagen jedoch speziell konzipiert sind, muss man sich bei ihrer Anschaffung über deren Einsatzmöglichkeiten besonders im Klaren sein, denn nicht mit jeder lassen sich auch alle nutzfahrzeug- beziehungsweise landmaschinenspezifischen Service- und Reparaturarbeiten problemlos durchführen.

Für Reparaturen am Unterboden, Motor, Getriebe oder Differenzial sind Fahrbahnbühnen, die den Traktor so aufnehmen, wie er auf der Straße steht, gut geeignet. Mit einer Hubhöhe bis zwei Metern und einer maximalen Tragkraft von manchmal bis 60 Tonnen sind sie für alle Nutzfahrzeuge gleichermaßen geeignet. Die meisten Modelle, die überflur, d.h. einfach auf den vorhandenen Boden gestellt werden, zeichnen sich durch eine geringe Auffahrhöhe auf die Fahrbahnfläche aus. Bei Unterflur-Fahrbahnhebebühnen kann sogar ebenerdig auf die Bühne gefahren werden. Ihr Einbau ist aber zuweilen sehr aufwendig und damit teuer, da zum Teil umfangreiche Erd- und Fundamentarbeiten notwendig sind.

Die unterschiedlichen Fahrbahnbühnen lassen sich leicht anhand der Technik ihres Hubwerks unterscheiden. Speziell im Lkw- und damit auch Traktor-Bereich kommen hauptsächlich Viersäulen- und Scheren-Hubwerke zum Einsatz. Viersäulen-Hebebühnen bieten gegenüber den Scheren-Hebebühnen den Vorteil der besseren Zugänglichkeit im unteren Fahrzeug-Seitenbereich. Auch sind die Lichtverhältnisse bei Tageslicht durch störende Tragelemente nicht so stark beeinträchtigt. Hingegen lassen sich bei Scherenhebebühnen längere Fahrbahnen realisieren. Jedoch benötigen sie immer eine gute Beleuchtungseinrichtung, damit unter ihnen sicher gearbeitet werden kann. Da Scherenhebebühnen darüber hinaus nur von vorne oder hinten bequem zugänglich sind, muss in diesen Bereichen immer für eine gute Zugänglichkeit gesorgt werden.

Wer sich für eine Fahrbahnbühne entscheidet, sollte auf Variabilität achten. So sollten sich die Fahrbahnflächen an unterschiedliche Fahrzeuggegebenheiten in Breite und Länge anpassen lassen. Einige Modelle bieten auch die Möglichkeit, die beiden Fahrbahnflächen unterschiedlich hoch einzustellen. Dies verbessert vor allem bei Montagearbeiten am Unterboden die Reparaturzugänglichkeit. Auch Radwechsel beziehungsweise Radreparaturen lassen sich mit Fahrbahnhebebühnen durchführen. Hierfür sind bei den meisten Hebebühnen-Herstellern optional auch Radheber erhältlich.

Wer Flexibilität und Zugänglichkeit zu den Fahrzeugkomponenten wünscht, sollte sich zusätzlich noch für Radgreifer entscheiden. Da die Radgreifer das Nutzfahrzeug von der Seite über die Räder aufheben, ist selbst der Ausbau von Getriebe und Motor problemlos möglich. Je nach Anzahl und Typ der so genannten Radgreifsäulen können so theoretisch bei einer maximalen Hubhöhe von bis zu 2000 mm und einer Hebekraft der einzelnen Säule von sechs Tonnen spielend Gewichte von 20 Tonnen angehoben werden. Da die einzelnen Säulen darüber hinaus mobil sind, können Radgreifanlagen in der Hobbywerkstatt ortsungebunden eingesetzt werden. Selbst bei einer unvorhergesehenen Reparatur muss das Fahrzeug nicht erst zeitraubend rollfähig gemacht werden, um es auf die Hebebühne zu fahren. Auch stehen die Arbeitsflächen nach Gebrauch der mobilen Radgreifer für andere Arbeiten uneingeschränkt zur Verfügung. Um eine synchrone beziehungsweise auch asynchrone Steuerung der einzelnen Radgreifsäulen zu gewährleisten, sind einfachere Ausführungen untereinander verkabelt. Die Steuerung erfolgt entweder über eine Kabelsteuerung oder dezentral an jeder Säule. Moderne Radgreiferanlagen arbeiten heute mit Bluetooth-Technik und sind akkubetrieben. Diese Techniken vermeiden »Kabelsalat« und die damit verbundene Unfallgefahr in der Werkstatt erheblich. Radgreiferanlagen gestatten alle Arbeiten im Unterbodenbereich des Fahrzeugs, und das bei besten Platz- und Lichtverhältnissen. Rad- und Bremsarbeiten sind mit ihnen jedoch nur eingeschränkt möglich.

Alle hier beschriebenen Hebesysteme haben ihren Preis. Sind Wagenheber bereits in guter Qualität unter 100 Euro zu bekommen, liegen die Preise für Gruben (inkl. Grubenhebern) und Hebeanlagen (Hebebühne und Radgreifer) im deutlichen vierstelligen Bereich. Gruben und Hebeanlagen rentieren sich daher meist nur für Hobbyschrauber oder Traktor-Clubs, die viel an ihrem Traktor (ihren Traktoren) schrauben. Wer sich aber Zeit lässt mit der Anschaffung, sich mit den Preisvergleichsportalen im Internet auskennt, kann deutliche Summen beim Einkauf einsparen.

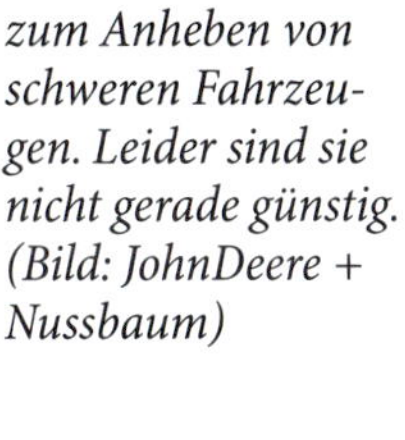

Radheber sind ideal zum Anheben von schweren Fahrzeugen. Leider sind sie nicht gerade günstig. (Bild: JohnDeere + Nussbaum)

Scherenhebebühnen sind ideal zum Anheben schwerer Lasten, nur seitlich bieten sie wenig Arbeitsraum. (Bild: Nussbaum)

Wer mit Radhebern arbeitet, benötigt auch entsprechend groß dimensionierte Stützen.

FRITZMEIER
DEUT
DAH
U 728

Überlegungen zum Traktor

Gebrauchtkauf

Der Kauf eines Oldtimer-Traktors birgt immer Risiken, denn mängelfreie Fahrzeuge gibt es fast nicht. Auf was beim Gebrauchtkauf im Allgemeinen und bei unserem Beispiel, einem Deutz 8006, Baujahr 1974, mit 80 PS und mächtigem 5652 ccm Diesel-Reihensechszylinder-Motor im Speziellen zu achten ist, erfahren Sie in diesem Kapitel.

Das Wichtigste beim Gebrauchtkauf eines Oldtimer-Traktors ist zunächst, die Sache ruhig und mit einem klaren Kopf anzugehen. Denn oft hat man regelrecht Scheuklappen, weil man endlich nach langer Zeit seinen Wunschtraktor gefunden hat. Merkt ein Verkäufer diese Begeisterung, und weiß sie auszunutzen, hat er leichtes Spiel, den geforderten Preis durchzusetzen. Zum Besichtigungstermin sollte man daher immer einen guten Freund mitnehmen, auf dessen Rat man gerne hört. Das muss nicht einmal ein Traktorexperte sein. Im Gegenteil – je nüchterner und sachfremder der Begleiter ist, desto eher wird er auf offensichtliche Mängel aufmerksam machen, die man sich selbst sonst gerne schön geredet hätte. Außerdem ist der Begleiter als Zeuge für das Verhandlungsgespräch und den Vertragsabschluss manchmal sehr nützlich, vor allem dann, wenn es nach dem Kauf Probleme geben sollte, weil zum Beispiel mündliche Zusagen nicht eingehalten werden.

Ganz wichtig ist es auch, sich vor dem Kauf genauestens über den gesuchten Traktor zu informieren. Welche Modellvarianten gab es? Welche Teile sind original? Was gab es für Zubehör? Wie steht es um Ersatzteile? Welche technischen Mängel (Roststellen, Konstruktionsmängel u.a.) sind typisch für den Wunsch-Traktor?

Solche Informationen bekommt man am leichtesten im Internet auf einer der zahlreichen Oldtimer-Traktor-Homepages. Selbstverständlich sollte man auch Traktor-Experten direkt befragen und so viel Literatur, wie möglich gelesen haben. Jede kleine Information kann wichtig sein – denn gerade was die Originalität angeht, steckt der Teufel im Detail. Auch, die Marktpreise des gesuchten Modells für die verschiedenen Erhaltungszustände von Top-restauriert bis Teileträger sollte man kennen. Sie erfährt man ebenfalls im Internet, bei der Durchsicht der verschiedenen Kfz-Verkaufsplattformen.

Zur Besichtigung vereinbart man mit dem Verkäufer immer einen Termin untertags. Es macht keinen Sinn, einen Traktor abends bei Dunkelheit oder in einer schlecht beleuchteten Scheune oder Garage anzusehen. Zu viele optische Mängel, vor allem am Lack, aber auch technische Mängel würden einem entgehen. Bei Tageslicht lässt sich zudem auch der Farbton und Zustand des Lacks genau erkennen.

Noch bevor der Verkäufer den Traktor aus dem Schuppen holt, sollte ein Blick seinem Standplatz gelten.

Bei einem Kauf verrät der Boden des Standplatzes, ob der Antriebsstrang des Traktors dicht ist.

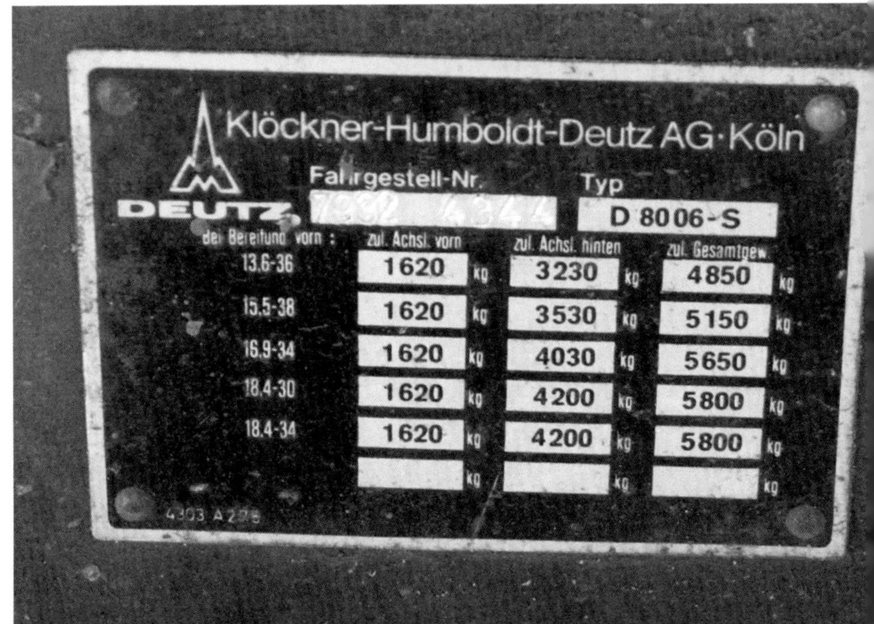

Das Typenschild darf keinesfalls fehlen, sonst gibt es Probleme bei der Zulassung oder bei der nächsten HU.

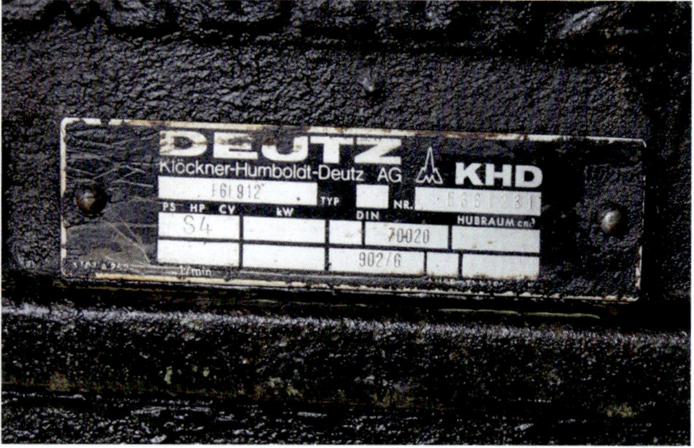

Am Typenschild des Motors kann abgelesen werden, ob der Motor noch original ist oder getauscht wurde.

Der Frontbereich des Deutz 8006 zeigt einen deutlichen Frontschaden im Bereich der Kühlermaske.

Alle Kotflügel am Deutz 8006 zeigen deutliche Gebrauchsspuren. Die Bleche können repariert werden.

Das Fritzmeier Verdeck zeigt sich in einem guten Zustand. Es ist mehr Hardtop als Stoffverdeck.

Die aus Glasfaser-Kunststoff bestehenden Türen reißen gerne im Bereich der Türscharniere aus.

Der untere Dichtungsgummi, der die Windschutzscheibe zur Motorhaube dichtet, muss ersetzt werden.

Die Verglasung hat keine Sprünge oder »Einschüsse«. Ersatzscheiben kosten mehrere hundert Euro.

Der Tankdeckel ist rostfrei! Auch der Tank präsentiert sich von außen und innen im Bestzustand.

Sind unter dem Traktor Ölflecken oder Spuren anderer Betriebsflüssigkeiten am Boden vorhanden, kann man sich bei der anschließenden Besichtigung gleich auf Ursachensuche begeben.

Nicht vergessen sollte man auch, die Fahrzeugpapiere mit dem Typenschild und der Fahrgestellnummer zu vergleichen. Hier muss alles zu einhundert Prozent übereinstimmen. Vergewissern Sie sich dabei auch, dass der Verkäufer rechtmäßiger Besitzer des Traktors ist oder in dessen Auftrag das Fahrzeug verkaufen darf. Hat man die Papiere schon in der Hand, können auch gleich die Reifengrößen und spezielle Eintragungen mit dem Traktor abgeglichen werden. Oft werden auch Reparatur- oder Restaurierungsrechnungen vom Verkäufer vorgelegt. Ob die Arbeiten auch tatsächlich durchgeführt wurden, sollte bei der Besichtigung gleich mit kontrolliert werden. Vergleichen Sie auch das Nummernschild mit dem in den Fahrzeugpapieren ausgewiesenen. Bei der Gelegenheit können auch der Termin der HU (ggf. AU) und die entsprechenden Prüfberichte überprüft werden.

Seinen technischen »Rundgang« durch den Traktor sollte man immer bei der Karosserie beginnen. Beim Deutz 8006 sind bekannte Schwachstellen an der Motorhaube. Hier sind es die beiden Federhaken, die die Motorhaube festhalten. Sie reißen gerne im Bereich der Hakenaufnahme im Motorhaubenblech aus. Bei der Gelegenheit kann auch die große Motorhaube auf Schäden untersucht werden. In unserem Fall ist ein deutlicher Frontschaden in der Kühlerblende zu erkennen. Auch an den exponierten Kotflügeln sind Schäden am Deutz 8006 typisch. Sowohl die beiden vorderen als auch die beiden hinteren Kotflügel zeigen deutliche Dellen und kleine Risse. Hingegen hat der Traktor noch seine Original-Lackierung, auch wenn sie schon stark verblichen ist. Ebenso sind noch alle originalen Typenschriftzüge und Embleme vorhanden. Lediglich der Deutz-Schriftzug ist als Folge eines Frontschadens oberhalb des Kühlers beschädigt. Hier fehlt das »z«. Unser Deutz 8006 ist mit einem Fritzmeier-Verdeck ausgerüstet. Es zeigt sich in einem guten Zustand. Eigentlich muss man mehr von einem Hardtop sprechen, da es hauptsächlich aus Kunststoff und Glas besteht. Bei solchen Verdecken muss der Zustand des Kunststoffs besonders kritisch begutachtet werden. Kritische Stellen solcher Verdecke sind die Türscharniere, die gerne im Bereich der Aufnahme ausreißen. Die Verglasung ist hingegen bei unserem Beispieltraktor gut. Sie hat keine »Einschlüsse« oder Sprünge. Lediglich der Dichtgummi im unteren Frontbereich der Frontscheibe müsste bald ersetzt werden.

Danach sind Motor und Antriebsstrang dran. Dazu sollte die Motorhaube geöffnet werden, um zuerst zu überprüfen, ob der Motor bereits warm ist. Viele Verkäufer lassen nämlich den Traktor, bevor der Kaufinteressent kommt, warmlaufen, damit dieser auch zuverlässig beim Vorführen anspringt. Dahinter muss kein Täuschungsversuch liegen, jedoch zeigt die Praxis leider immer wieder, dass viele Traktoren, deren Motoren bei der Besichtung bereits warm waren, meist schwerwiegende Defekte hatten. Die Mängel reichen dann von verschlissenen Einspritzpumpen bis hin zu ausgeschlagenen Kurbelwellenlagern.

Danach kontrolliert man den Tank. Er darf nicht beschädigt oder undicht sein. Hier ist auf Rost im Tankinneren zu achten. Rostkrümel könnten sonst den Kraftstofffilter verstopfen, und es könnte Wasser im Tank sein.

Anschließend prüft man den Ölstand im Motor. Fehlt es hier an Öl, wurde der Traktor sicher lange Zeit sehr vernachlässigt. Gleiches gilt für die Motoröl-Filterpatrone oder den Dieselfilter. Sie müssen regelmäßig getauscht werden und sollten daher einen »sauberen« Eindruck machen. Bei dieser Gelegenheit sollte auch die Öleinfüllschraube bzw. der -deckel geöffnet werden. Zeigt sich hier an der Deckelunterseite ein gelblicher, wachsähnlicher Schlamm, ist das Motoröl meist sehr alt und hat bereits sehr viel Wasser gezogen.

Bei wassergekühlten Motoren kann dies auch ein Anzeichen für eine defekte Kopfdichtung sein, durch die Wasser über einen Zylinder in das Öl gelangt. Dann muss auch gleich die Kühlflüssigkeit kontrolliert werden. Ist

Das Öl am Ölmessstab sollte zwischen Mitte und oberer Markierung stehen und nicht verbraucht wirken.

Ob der Traktor regelmäßig gewartet wurde, verrät der Zustand der Motoröl- und Kraftstofffilter.

Öleinfüllschraube oder -deckel muss an der Unterseite sauber sein. Wachsähnlicher Schlamm wäre hier schlecht.

Der Lüfter ist verschmutzt. Er muss regelmäßig gereinigt werden, damit er einwandfrei arbeiten kann.

Die Zylinder luftgekühlter Motoren dürfen nicht verschmutzt sein, sonst drohen Überhitzungsschäden.

Der Ölnebel an den mittleren Zylindern rührt von einer defekten Ventildeckeldichtung her.

Die Staubverschmutzungen lassen sich beim nächsten Service leicht mit einer Motorwäsche entfernen.

der Füllstand in Ordnung? Zeigen sich auf der Kühlflüssigkeit Ölschlieren? Enthält sie Frostschutz?

Wenn sich in der Kühlflüssigkeit Öl findet, ist sicher die Kopfdichtung defekt – oder schlimmer – der Motorblock könnte einen Riss haben (Frost- oder Überhitzungsschaden). Stellt man hier einen solchen Schaden fest, sollte sofort aufgrund teurer Reparaturkosten Abstand vom Kauf genommen werden. Einzige Ausnahme: Es handelt sich um einen ganz seltenen Traktortyp, der sonst nicht zu bekommen ist.

Unser Deutz 8006 ist hingegen luftgekühlt. Hier ist wichtig, dass der Lüfter und der Kühlluftmantel regelmäßig gereinigt wurden. Beim Deutz 8006 ist der Lüfter deutlich verschmutzt. In einem solchen Fall öffnet man den Kühlluftmantel, um die Zylinder von beiden Seiten auf Verschmutzungen begutachten zu können. Bei starker Verschmutzung können die Zylinder überhitzen. Ölundichtheiten und Kolbenklemmer sind dann die Folge.

Gerade am Deutz-Sechszylinder können diese Schäden dann im Bereich der mittleren Zylinder auftreten. Hier ist jedoch, bis auf leichten Ölnebel, bedingt durch eine defekte Ventildeckeldichtung, alles im grünen Bereich. Auffällig hingegen ist starker Ölnebel an der Ölwanne und dem vorderen Bereich der Kupplungsglocke. Um diesem auf den Grund zu gehen, legt man sich unter den Traktor und inspiziert Motorblock, Kupplungsglocke und Getriebe von unten. Beim Deutz 8006 stellt sich aber schnell heraus, dass das Öl aus einer defekten Ölwannendichtung und nicht von einem verschlissenen Kurbelwellendichtring herrührt. Sie kann schnell gewechselt werden, um den Schaden zu beheben.

Oft rührt Ölnebel auch von der Motorentlüftung her. Ein solcher Ölaustritt kann harmlos sein und kommt immer wieder mal vor. Er kann aber auch ein Hinweis darauf sein, dass die Kompression des Motors aufgrund eines verschlissenen Kolbens oder Zylinders schlecht ist. Sicherheit in Sachen Kompression gibt hier nur ein Kompressionstest. Er sollte immer beim Kauf eines Oldtimer-Traktors durchgeführt werden. Die Kompressionswerte finden sich hierzu meist im Werkstatthandbuch.

Bei der Suche nach Öllecks, ist es von Vorteil, wenn der Traktor sauber ist. Dann zeigen sich die undichten Stellen sofort. Ist der Motor bzw. Traktor jedoch stark verschmutzt, breitet sich das Öl in der Schmutzschicht großflächig aus und Lecks können nur schwer lokalisiert werden. Aber Vorsicht bei zu sauberen Traktoren! Hier kann es sein, dass der Besitzer das Fahrzeug vorher noch gründlich gewaschen hat, um alle Ölspuren zu beseitigen. Wenn man so etwas vermutet, sollte der Verkäufer gebeten werden, den Motor mindestens 15 Minuten warmlaufen zu lassen, um hierauf noch ein Stück zu fahren.

Dann zeigen sich mit Sicherheit sämtliche Öllecks, falls welche vorhanden sind. Klassiker für Öllecks sind, nicht nur am Deutz 8006, Zylinderkopf, Ventildeckel und die Getriebeeingangs- und -ausgangswelle.

Auf Öl- oder Kraftstoffundichtheiten sollten auch die Diesel-Einspritzpumpe und Hydraulikpumpe untersucht werden. Ist die Einspritzpumpe dicht, hat der Motor immer genügend Sprit bekommen und konnte nicht mager laufen. Undichtheiten äußern sich hingegen in unrundem Motorlauf und ggf. schlechter Gasannahme. Ist die Hydraulikpumpe undicht, muss die Heck- und – falls vorhanden – Fronthydraulik auf Funktion überprüft werden. Starke Undichtheiten äußeren sich dann in einer ruckelnden Hydraulikfunktion. Bei Deutz sind solche Defekte eher selten.

Ein Blick sollte auch immer auf den Auspufftopf geworfen werden. Viele Auspufftöpfe neigen zu Rissen und Durchrostungen.

Danach wird das Kupplungsspiel überprüft. Traktoren wie der Deutz 8006 haben ein sehr hohes Drehmoment, unter dem die Kupplung leiden kann. Alarmsignal ist die Einstellschraube für das Kupplungsspiel am Pedal. Ist sie bereits deutlich herausgedreht, ist die Kupplung bald am Ende.

Danach wird die Lenk- und Fahrwerk-Mechanik gecheckt. Kontrollpunkte sind hier das Lenkspiel (Spiel des Lenkgetriebes, der Lenkhebel, aller Kugelgelenke, der Achsfäuste und des Achsbolzens), das Spiel der Radlager und Rundlauf der Felgen (hier auf Beschädigungen des Felgenhorns achten). Fahrwerk und Lenkung des Deutz 8006 sind robust. Einzig das vordere Pendelachslager neigt zum Ausschlagen. Zum Prüfen muss der schwere Traktor daher vorne mit einem Wagenheber angehoben werden, um durch seitliches Drücken das Spiel des Lagers zu überprüfen. Hier darf kein Spiel spürbar sein, sonst ist eine aufwendige Reparatur des Lagers nötig.

Ist hier alles in Ordnung, muss die Spur kontrolliert werden. Oft lässt sich eine falsche Spur am ungleichmäßigen Verschleißbild der Reifen erkennen. Zusätzlich sieht man sich den Traktor genau von vorne und hinten an und peilt über die Reifen, ob der Fahrzeugaufbau waagerecht auf dem Fahrwerk ruht. Stellt man hier eine Schräglage fest, könnten Tragelemente des Fahrwerks wegen eines Unfalls verzogen sein. Um die Unfallfreiheit eines Traktors zu überprüfen, sind alle Blechteile (Kotflügel, Kabine, Kühlermaske, Verkleidungen) auf korrekte Form, Sitz (Spaltmaße) und Rost zu überprüfen. Ein gegebenenfalls vorhandener Fahrzeug- oder Hilfsrahmen darf keine Stauchungen, Verzug oder Korrosion zeigen. Verdächtig sind hier auch immer

Die Motor- und Getriebeunterseite darf keine nassen Ölspuren zeigen. Getriebe und Kupplungsglocke sind trocken.

Die Hydraulikpumpe ist dicht. Reparaturen können das Restaurierungsbudget stark belasten.

Ist die Kraftstoff-Einspritzpumpe undicht, läuft der Motor im Strandgas meist unrund und stottert.

Der Auspufftopf des Deutz 8006 kann zur Rissbildung neigen. Ursache ist das lange Auspuffrohr.

Das Kupplungsspiel muss auch im Stand geprüft werden. Vor allem das Lager des Kupplungspedals.

Je weiter das Gewinde links hervorsteht, desto verschlissener ist der Reibbelag der Kupplung.

Die Kugelgelenklager der Lenkung dürfen nicht ausgeschlagen sein. Die Reparatur ist jedoch einfach.

➡ *Die Gummimanschetten der Kugelgelenklager sehen schlecht aus. Lager und Manschette müssen ersetzt werden.*

Alle Schmierstellen der Lenkung müssen geschmiert, funktionstüchtig und sauber sein. Hier sollte geprüft werden.

Durch Wackeln am Rad kann das Radlagerspiel der Vorderräder überprüft werden.

An dieser Stelle darf das Pendelachslager kein Spiel haben. Auch gut geschmiert muss es sein.

Reparatur-Schweißungen, die nicht von einem Fachmann ausgeführt wurden.

Probleme bereiten an vielen Traktoren, so auch am Deutz 8006, gelegentlich die hinteren Felgen. Sie können Risse bei den Radschrauben haben. Das rührt vom hohen Drehmoment des Motors her. Der Schaden kann jedoch leicht durch spezielle Einschweißbleche behoben werden.

Danach geht es zum Heck, um hier die ggf. vorhandene Geräteantriebswelle zu überprüfen. Ihre Verzahnung muss geprüft werden. Ist sie stark verschlissen, lässt das Rückschlüsse auf die übrige Mechanik zu, da der Traktor dann in der Vergangenheit stark beansprucht wurde. Da hier bei unserem Deutz 8006 alles in Ordnung ist, folgt sofort die Kontrolle der Schraubenschnecke der Höhenverstellung für die Ackerschiene. Sie schlägt am Deutz bekanntermaßen gerne aus. Zeigt sie Spiel, muss sie ersetzt werden. Probleme bereitet auch die Deutz-Heckhydraulik im Bereich der Drehachse für die Hebelarme. Hier kommt es oft zu Ölundichtheiten. Die Welle muss dann ausgebaut und neue Dichtringe gesetzt werden. Ist man am Heck, können auch die Achstrichter auf Ölnebel überprüft werden. Sie müssen trocken sein, da hier beim Deutz 8006 und bei vielen anderen Traktoren auch gleich die innenliegende Bremse verbaut ist. Öl könnte sonst die Bremsbeläge benetzen.

Bei der folgenden Durchsicht des Traktors überprüft man noch den Zustand der Elektrik. Sind alle Kabel ordnungsgemäß verlegt und im gutem Zustand? Arbeitet die Lichtmaschine (mit Voltmeter überprüfen)? Funktionieren alle Schalter, die Beleuchtung, die Blinker, die Hupe, die Glühkontrolle, der E-Starter und alle Warnlämpchen? Auch die Batterie sollte dabei in Augenschein genommen werden. Hier ist auf Polfett und Säurestand zu achten.

Danach geht es zur Probefahrt. Hier kontrolliert man Startverhalten und Rundlauf des Motors, die Kupplung, die Schaltbarkeit des Getriebes, die Funktion der Lenkung und den Rundlauf der Reifen.

Der Motor muss spätestens nach drei Startversuchen starten und nach gut einer Minute ruhig im Standgas laufen. Ansonsten könnte irgendwas mit der Dieseleinspritzung (undicht?) nicht stimmen.

Der Einrückpunkt der Kupplung muss in etwa mittig auf halbem Kupplungspedalweg liegen. Das Einrücken muss deutlich spürbar sein und darf nicht verzögert erfolgen. Zum Testen des Einrückverhaltens lässt man die Kupplung bei leichtem Gas abrupt einkuppeln. »Springt« der Traktor, ist die Kupplung in Ordnung. Setzt er sich dagegen sanft, wie bei einem Automatikgetriebe, in Bewegung, ist wahrscheinlich die Reibscheibe verschlissen. Das Getriebe hingegen darf keine übermäßigen Ge-

Um die gesamte Lenkung auf Spiel zu überprüfen, müssen am Lenkrad gedreht und die Räder beobachtet werden.

Am Profilbild der Reifen kann abgelesen werden, ob die Spur des Traktors verzogen ist.

Die Felgen des Deutz 8006 reißen gerne im Bereich der Verschraubung ein. Hier ist alles in Ordnung.

Die Heckhydraulik und die Hinterachse des Deutz sollte genau angesehen werden. Hier gibt es Schwachstellen.

Der Zustand der Zapfwelle gibt oft Aufschluss darüber, wie viel der Traktor in der Vergangenheit arbeiten musste.

Die Schraubenschnecke der Höhenverstellung für die Ackerschiene kann ausgeschlagen sein.

Die Deutz-Heckhydraulik ist bekannt dafür, dass im Bereich der Drehachse der Hebelarme Ölverlust auftritt.

räusche beim Schalten oder im Leerlauf machen. Das Geräusch könnte dann vom Hauptlager der Getriebeeingangswelle oder vom Kupplungsausrücklager kommen. Auch dürfen keine Gänge unter Last (Beschleunigen) herausspringen, sonst sind wahrscheinlich Zahnräder (Schaltverzahnung) oder Schaltgabeln defekt.
Bei der Lenkung ist auf Leichtgängigkeit und Geräusche zu achten (Spiel wurde schon kontrolliert). Hoppelt der Traktor bei der Probefahrt, könnte dies an den Reifen oder einem Standplatten vom langen Stehen liegen. Abschließend wird noch die Funktion der Bremse getestet. Ideal ist hier eine Vollbremsung auf losem Untergrund (Kies, Sand o.ä.). An den Bremsspuren erkennt man deutlich, wie gleichmäßig (oder nicht) die Bremse arbeitet. Bei ungleichmäßigem Bremsverhalten müssen die Bremstrommeln auf Rost bzw. Rundlauf (rubbeln), der Belagzustand und, bei mechanischen Bremsen, das Bremsgestänge (oder Seilzüge) auf Freigängigkeit kontrolliert werden.

Wer übrigens wissen will, ob ein Traktor verbastelt ist, sollte sich bei der Besichtigung nebenbei immer alle Schraubverbindungen genau ansehen. Sind Schrauben oder Muttern vernudelt, weiß man sofort, dass hier viel geschraubt wurde. Auch der Zustand von Gummiteilen und Reifen verrät viel über die Pflege. Sind Gummiteile oder Reifen brüchig oder gerissen, wurde am Traktor in der Vergangenheit viel gespart. Dann wundert es meist auch nicht, dass die Lagerstellen (Fahrwerk, Pedale, Scharniere u.a.) oft trocken sind, weil der Schmierdienst vernachlässigt wurde.

Neben der Begutachtung der Technik sollte immer gleich auch die Originalität der einzelnen Baugruppen geprüft werden. Hier muss auf den Lack, die Anbauteile (Schalter, Beleuchtung u.a.), die Ausstattung (Verdeck, Geräte) und auf die Typenschilder geachtet werden. Bei den Verschleißteilen wird übrigens gerne der Auspuff durch ein billigeres Teil ersetzt.

Der Deutz 8006 zeigte sich in einem ordentlichen Originalzustand. Um ihn jedoch zum Glanzstück herzurichten, ist noch viel zu tun. So muss die Karosserie instand gesetzt und der Lack aufbereitet werden. Auch ist der eine oder andere kleine Schaden zu beheben. In der Summe ist das nicht wenig Arbeit. Als gute Restaurierungsbasis wäre er aber das ideale Objekt.

An den Achstrichtern kommt es am Deutz 8006 und vielen anderen Traktoren gerne zu Ölverlust. Hier muss alles trocken sein.

Der Zustand der Bremsbeläge der innenliegenden Bremstrommel kann durch ein Schauloch überprüft werden.

Der Fahrersitz ist original, jedoch ist er im schlechten Zustand und muss komplett beim Sattler überholt werden.

Die Original-Armaturen sind alle vorhanden. Sie funktionieren und zeigen die tatsächlichen Betriebsstunden an.

Die Lichtmaschine wurde erst vor zwei Jahren getauscht. Ihre Ladespannung ist einwandfrei.

Die Batterie sollte neuwertig sein. Ersatzbatterien für große Traktoren kosten mehrere hundert Euro.

Der Kabelbaum unter der Fahrerkabine ist locker, aber funktioniert. Er muss dringend befestigt werden.

Der Beleuchtungscheck ist ein Muss beim Gebrauchtkauf. Funktioniert etwas nicht, gleich nach der Ursache forschen.

Nachdem der Motor sich gut starten ließ und im Standgas warmgelaufen ist, sollte eine Probefahrt folgen.

Während der Probefahrt ist bei Schaltung, Lenkung und Motor auf ungewöhnliche Geräusche zu achten.

Die Vollbremsung auf dem Kies verrät an der Bremsspur, ob die Bremsen gleichmäßig ziehen.

Checkliste: Gebrauchttraktor

Check	In Ordnung? Ja/Nein
Alle Informationen zum gesuchten Traktor sammeln (Modellvarianten, häufige Mängel, Ersatzteilversorgung, Marktpreise usw.).	
Besichtigungstermin nur bei Tageslicht vereinbaren.	
»Neutrale« Person zum Kauf mitnehmen.	
Fahrzeugpapiere mit Fahrzeug vergleichen.	
Besitzrechte abklären.	
Standplatz auf Spuren von Öl (Motor-, Getriebe-, Hydrauliköl), Kühlflüssigkeit und Bremsflüssigkeit überprüfen.	
Motor bereits warm?	
Motoröl kontrollieren (Ölstand, Konsistenz).	
Motoröleinfülldeckel auf Ölschlamm überprüfen.	
Übrige Ölstände kontrollieren (Füllstand, Konsistenz des Öls): Getriebe, Differenzial, Hydraulik, Lenkgetriebe, Servoöle (ggf. Lenkung u. a.).	
Kühlflüssigkeit im Kühler kontrollieren (Kühlflüssigkeitsstand; Spuren von Öl?).	
Ölundichtheiten suchen! Motorblock: Zylinderkopf, Ventildeckel, Kurbelgehäuse, Deko-Hebel, Motorentlüftung, Stirnrradwellen. Getriebe: Getriebeeingangs- und -ausgangswelle, Schalthebelwelle, Entlüftung. Geräteantriebswelle an Heck oder Front. Differenzial: Kardan und Achswellen. Räder (Felgeninnenrand): Achstrichter. Hydraulik: Hydraulikpumpe, Hydraulikschläuche, Hydraulikzylinder.	
Undichtheiten Bremsanlage: Bremskraftverstärker, Bremsschläuche, Bremszangen bzw. Bremstrommeln.	
Verzahnung der Geräteantriebswelle auf Zustand überprüfen.	
Elektrik: alle Kabel auf ordnungsgemäße Verlegung, Isolation und Korrosion überprüfen. Alle Schalter und Relais auf Funktion testen (Beleuchtung, Blinker, Hupe, Glühkontrolle, E-Starter, Warnlämpchen). Lampentöpfe und Rücklichter auf Rost prüfen. Lichtmaschine auf Funktion überprüfen (mit Voltmeter Ladestrom testen).	
Batterie: Polfett und Säurestand kontrollieren (Alter der Batterie?).	
Lenkspiel: Lenkgetriebe, Lenkhebel, alle Kugelgelenke, Spurstangenrohr, Achsfäuste, Achsbolzen.	
Räder: Radlagerspiel, Rundlauf der Felge (hier auf Beschädigungen des Felgenhorns achten), Radbefestigung.	
Reifen: Profil, Alter und Luftdruck (bei zu niedrigem Luftdruck auf Standplatten überprüfen!). Auf ungleichmäßigen Verschleiß der Reifen achten.	
Bei Blattfedern: Federn dürfen nicht gebrochen oder das Federpaket verrissen sein. Auf Sprengung (Durchhang des Federpakets) achten. Federpaketaufnahmen dürfen nicht ausgeschlagen sein.	
Unfallfreiheit: Rahmen: Auf Verzug, Stauchungen und Knicke kontrollieren (Liegt der Traktor waagerecht? Stimmt die Spur?). Karosserieteile: Spaltmaße, Knicke, Korrosion, Beilackierungen (Farbton, Glanzgrad, Sprühnebel). Allgemein: Nach Reparaturspuren suchen: Schweißungen, eingefügte Bleche, hierbei auf dicke Unterbodenschutz-, Silikon- oder Lackschichten achten.	
Zustand von Kühler und Kühlerschläuchen: Beschädigungen? Alle Lamellen dicht? Spuren von Kalk an Schlauchverbindungen, Lamellen oder Kühlerdeckel. Befindet sich Frostschutz im Kühler? Bei Fehlen von Frostschutz könnten Frostschäden vorliegen (Risse im Motorblock möglich!).	
Tank und Kraftstoffleitungen: Auf Dichtheit prüfen. Rost im Tank? Füllstandsanzeige funktionsfähig?	
Schmierpunkte: Sind Achsen, Lenkung, Räder, Blattfedern und Fahrwerk regelmäßig abgeschmiert worden?	
Alle Schraubverbindungen auf Zustand kontrollieren. Vernudelte Schrauben geben oft Auskunft darüber, wie oft ein Bauteil repariert werden musste.	

Check	In Ordnung? Ja/Nein
Alle Gummiteile (Schläuche, Manschetten, Abdeckungen) auf Zustand (brüchig? dicht?) überprüfen.	
Überprüfung der Originalität: Hier besonders Anbauteile (Schalter, Beleuchtung u.a.), Auspuff, Ausstattung (Verdeck, Geräte) Lack, Lichtmaschine, Luftfilter, Schläuche und Typenschilder kontrollieren Auch Verschleiß- bzw. Bruchteile überprüfen (z.B. Bremsbeläge, Luftfilter, Ölfilter, Verglasungen u.a.).	
Motor: Startverhalten, Auspuffqualm (Auspuffauslass auf übermäßige Ölspuren überprüfen), Gasannahme, mechanische Geräusche, Rundlauf (kalter und warmer Motor). Motorentlüftung auf Ölaustritt überprüfen. Kompression überprüfen.	
Kupplung: Eingriff, Geräusche, Kupplungseinrückpunkt. Bei Trockenkupplung: Durch Schauloch in der Kupplungsglocke auf Ölaustritt aus Motor bzw. Getriebe achten.	
Getriebe: Geräusche (Leerlauf und bei eingelegten Gängen), Schaltbarkeit, springen Gänge heraus?	
Kardangelenke und Kardanlagerung auf Spiel prüfen.	
Differenzial: Geräusche (bei enger Kurvenfahrt, Rückwärtsfahrt und bei Vollgas)	
Bremsen: Bremsscheiben bzw. Bremstrommeln auf Rost, Einlaufspuren u8nd Rundlauf prüfen. Spiel des Bremsgestänges kontrollieren. Nach Überprüfung: Funktionsprüfung auf losem Untergrund (bitte mit Vorsicht!) um Bremsverzug festzustellen. Feststellbremse testen!	
Bei der Durchsicht immer auf Verschleißteile achten: Fragen Sie, wann der letzte Kundendienst durchgeführt wurde: Ölwechsel, (Motor-, Getriebe-, Differenzial-, Hydraulik-, Lenkgetriebe- und Servoöl). Wann wurden die Ventile des Motors das letzte Mal eingestellt? Wann wurde der Vergaser das letzte Mal überholt bzw. eingestellt? Wurde die Dieseleinspritzung regelmäßig gewartet bzw. eingestellt?	
Vergewissern Sie sich auch über den Zustand der Bremsbeläge (ggf. Alter der Bremsflüssigkeit erfragen), Glühkerzen, Keilriemen, Scheibenwischergummi, Zündkerzen und Zündkontakte. Wichtig: Reparatur- und Restaurierungsrechnungen mit dem Traktor vergleichen.	
Bei Traktoren mit Verdeck: Gummidichtungen, Verdeckstoff und Kunststoffverglasungen auf Brüche und Risse prüfen.	
Lack: Auf Qualität des Lackauftrags achten (Nasen, Orangenhaut, Glanzgrad, Lackglätte). Bei billigen Lackierungen sind oft Lacknebel auf benachbarten Teilen festzustellen, weil nicht abgeklebt oder das Teil ausgebaut wurde. Manchmal wird aber auch gnadenlos überlackiert. Erkennbar ist dies an überlackierten Kederleisten, Kabeln, Schläuchen, Aggregaten usw.	
Einen Oldtimer-Kaufvertrag findet man unter: https://assets.adac.de/image/upload/v1641221252/ADAC-eV/KOR/Text/PDF/kaufvertrag-oldtimer_k4vdnv.pdf	

Motor-Check und Beurteilung

Läuft der Traktormotor gut, freut sich der Traktorist. Obwohl das beinahe schon profan klingt, steckt viel Wahrheit drin. Doch wann ist der Motor technisch in Ordnung?

Wer hierauf eine zuverlässige Antwort haben möchte und wissen will, wie es um den technischen Zustand des Traktormotors bestellt ist, müsste ihn eigentlich komplett zerlegen, reinigen und vermessen. Doch mit etwas Erfahrung lässt sich sein Zustand auch ohne Zerlegen sehr zuverlässig beurteilen.

Die hierbei angewandten Methoden kommen immer dann zum Einsatz, wenn ein Motor aufgrund von äußeren Umständen, zum Beispiel beim Kauf eines Traktors oder einem Zwischendurchcheck nicht vollständig zerlegt werden kann oder soll. Sie zielen dabei auf den so genannten Rumpfmotor, also auf den Motorblock ohne Anbauteile und Aggregate.

Eine solche Motorprüfung startet immer mit der Kontrolle des Motoröls. Ist zu wenig Öl im Motor, lässt das schon erste Rückschlüsse auf den Wartungszustand des Motors zu. Bei zu niedrigem Ölstand sollte man schon vorgewarnt sein. Denn das kann bedeuten, dass die letzte Wartung bereits sehr lange her ist oder ein übermäßiger Ölverbrauch aufgrund verschlissener Dichtungen, Kolben, Zylinder oder Ventile vorliegt.

Um weiteren Problemen auf die Spur zu kommen, muss der Deckel des Öleinfüllstutzens geöffnet und seine Innenseite begutachtet werden. Besonders bei Motoren mit Wasserkühlung können hier anhaftende sulzig-braune bzw. -ockergelbe Ölsulz-Ablagerungen ein Hinweis darauf sein, dass sich Wasser im Motoröl befindet. Dann liegt der Verdacht nahe, dass dieses eventuell über eine undichte Zylinderkopfdichtung oder über einen Riss im Kühlkreislauf in das Motoröl gelangt ist. Klarheit verschafft hier ein Blick in den Kühler. Findet sich Öl in der Kühlflüssigkeit, dann ist das Kühlsystem zum Motor hin undicht.

Ist hingegen in der Kühlflüssigkeit kein Motoröl oder der Motor ist luftgekühlt, können die Versulzungen auch vom übermäßigen Kurzstreckenbetrieb stammen. Da hierbei das Motoröl beziehungsweise der Motor nicht auf Betriebstemperatur kommen, kondensiert das im Motoröl gelöste Wasser an den kalten Motorwänden. Dort bildet es dann zusammen mit dem Motoröl die sulzartigen Ablagerungen.

Wasser im Motor ist aber auch durchaus normal. Es stammt aus der Verbrennung des Kraftstoffs und/

Ist genug Öl im Motor – diese Frage sollte zuerst beantwortet werden!

Alles sauber! Am Öleinfüllstutzen-Deckel finden sich oft Ölsulzablagerungen.

Hier wurde ziemlich sicher unlegiertes Motoröl verwendet. Der Ölschlamm im Ölfiltergehäuse ist ein deutlicher Hinweis.

Der Zustand des Motoröls gibt Auskunft über die mechanische Beschaffenheit des Motors. Wer es ganz genau wissen will, sollte das Öl analysieren lassen.

Wer an der Ölablassschraube Metallspäne findet, sollte schnell nach den Ursachen forschen. Hier ist alles im grünen Bereich.

Der Blick unter die Ventildeckel ist Pflicht. Alle Ventildeckel sollten daher geöffnet werden.

Ist das Ventilspiel korrekt eingestellt? Zu viel Spiel ist oft Ursache für harte mechanische Geräusche.

Oft gewartet! Vernudelte Ventileinstellschrauben zeigen, hier wurden oft die Ventile nachgestellt.

Der Zustand der Ventildeckelinnenseite lässt Rückschlüsse auf den Verschmutzungsgrad im Motor zu. Eine Motorinnenwäsche (Ölspülung) würde hier nützen.

Um die Kompression zu prüfen, müssen entweder die Glühkerzen oder die Einspritzdüsen demontiert werden.

oder aus der Umgebungsluft. Um es aus dem Motor zu entfernen, ist es wichtig, den Motor immer auf Betriebstemperatur zu bringen, damit das Wasser über die Motorentlüftung verdunsten kann. Geschieht dies nämlich über längere Zeit nicht, kann dies zu Schmierverlust und damit zu Lagerschäden führen.

Besonders wichtig ist auch die Frage, welche Art von Motoröl verwendet wurde, denn gerade moderne Motoröle – auch wenn sie gut gemeint sind –, schaden den alten Motoren mehr, als sie nützen. In modernen Motorölen sind Zusätze beziehungsweise Additive, die vorhandenen Ölschlamm auflösen und dessen Neubildung verhindern. Vor allem die Dispersantien halten dann kleinste Verunreinigungen im Öl in Dispersion (in Schwebe). Und genau hier liegt das Problem! Verfügt der Motor über keinen Feinst-Ölfilter, wie es bei vielen Vorkriegsfahrzeugen oder auch solchen aus den 1950er-Jahren die Regel ist, werden Schmutz und Abrieb bei Verwendung dieser sogenannten legierten Öle ständig durch sämtliche Schmierstellen gepumpt und verursachen dort erhöhten Verschleiß, weil sie die gewünschte Ölschlammbildung, die den Schmutz bindet, in der Ölwanne verhindern. Deshalb dürfen nur unlegierte Motoröle in alten Motoren verwendet werden.

Oft lässt sich aber nicht mehr nachvollziehen, welche Art von Motoröl verwendet wurde. Hier würde nur eine aufwendige Demontage der Ölwanne Klarheit schaffen, um zu sehen, ob sich dort Ölschlamm gebildet hat. Ist ein gut zugänglicher Ölgrobfilter (Netz, Sieb) vorhanden, kann man aber auch dort nachsehen, ob sich Ölschlamm im Gehäusesumpf abgelagert hat. Das ist zum Beispiel bei einem Traktorkauf allemal leichter zu kontrollieren, als den Verkäufer zu bitten, die Ölwanne zu demontieren. Endgültige Sicherheit würde aber nur eine Laboruntersuchung des Öls geben. Solche Untersuchungen führt u.a. die Firma Ölcheck (https://de.oelcheck.com/) im bayerischen Brannenburg durch. Dort kann man von der Viskosität über die Sorte des Motoröls, seinen Wassergehalt bis hin zu den enthaltenen Partikeln alle wichtigen Parameter untersuchen lassen, die auf den Zustand des Motoröls beziehungsweise des Motors Rückschlüsse geben. Die Preise für die einzelnen Untersuchungen beginnen bei rund 50 Euro. Öl-Untersuchungen sind hilfreich, vor allem, wenn man beim Ölwechsel Späne an der (Magnet-)Ablassschraube findet. Je nach Art der Legierung der Späne kann man so erfahren, welche Lagerstelle betroffen ist und eventuell bald versagen wird.

Neben dem Motoröl muss auch der Ventiltrieb kontrolliert werden. Hierzu wird der oder die Ventildeckel demontiert und der Motor für den ersten Zylinder auf OT (Oberer Totpunkt) gedreht. Anschließen wird das Ventilspiel gemessen. Hat der Motor übermäßig Ventilspiel, läuft er mechanisch sehr laut. Bei zu engem, einen Tick zu leise. Falsches Ventilspiel sollte unbedingt korrigiert werden, um die Geräusche der Mechanik, wenn der Motor läuft, besser beurteilen zu können. Wenn der Ventiltrieb schon offen vor einem liegt, überprüft man auch gleich das Kipphebelspiel und den Zustand der Ventileinstellschrauben. Übermäßiges Kipphebelspiel kann sehr laute Laufgeräusche verursachen, obwohl die Ursache verhältnismäßig harmlos ist. Kritischer sind die Ventileinstellschrauben. Sind sie bereits sehr weit herausgedreht, lässt das auf eingeschlagene Ventilsitzringe und eventuell undichte Ventile schließen. Unabhängig vom Ergebnis dieser Prüfung folgt stets die Kompressionsprüfung. Sie gibt zuverlässig darüber Auskunft, in welchem Zustand sich Kolben, Zylinder und Ventile befinden. In der Praxis werden zwei Methoden angewandt, um die Kompression der Zylinder zu prüfen: Die statische und die dynamische Kompressionsmessung.

Bei der statischen Kompressionsmessung wird ein kleiner Adapter für einen Druckschlauch. anstatt der Zündkerze in das Zündkerzenloch geschraubt und hieran ein Pressluftschlauch angeschlossen. Bei Dieselmotoren muss entsprechend die Einspritzung oder Glühkerze ausgebaut werden, um den Adapter montieren zu können. Zur Vorbereitung der Messung muss dann der entsprechende Kolben im Motor auf OT des Kompressionstaktes gedreht werden. In dieser Stellung sind beide Ventile, Ein- und Auslass, geschlossen. Durch die nun in den Brennraum eingeleitete Pressluft wird die Dichtheit von Kolbenringen und Ventilen statisch geprüft. Bei einem einwandfreien Motor entweicht auch über Stunden kaum Druck durch die Ventile oder über die Kolbenringe. Bei leicht verschlissenen Komponenten wird man aber ein leises Zischen vernehmen. Speziell die Komponente, die den Druck nicht halten kann, lässt sich dabei leicht identifizieren, indem man sein Ohr an den Auspuff, den Vergaser/die Einspritzung (Drosselklappenrohr) oder an die Motorentlüftung hält. Im Klartext heißt dies: Zischt es aus dem Auspuff, ist das Auslassventil defekt. Wenn das Zischen aus dem Vergaser oder Einspritzbereich kommt, ist mit Sicherheit das Einlassventil undicht. Kommt das Geräusch aus der Motorentlüftung, halten die Kolbenringe nicht mehr dicht. Wer diesen Test durchführt, wird immer ein zischendes Geräusch hören, denn es gibt kaum Motoren, die hundertprozentig dicht sind. Ein steter Druckverlust von bis zu 30 Prozent in einer halben Stunde ist noch im Rahmen des gewöhnlichen Verschleißes. Darüber hinaus ist Handeln angesagt. Der Test muss selbstverständlich der Reihe nach an allen

Dynamische Kompressionsprüfung: Der Kompressionsschreiber wird mit seiner Gummidichtung auf das Glühkerzenloch gedrückt, während ein zweiter Mann den Motor mit dem E-Starter durchdrehen lässt.

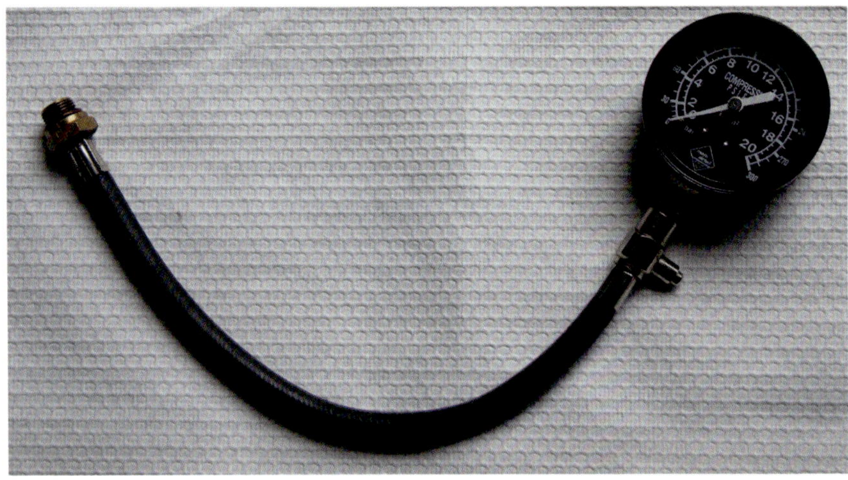

Kompressionsuhr mit Schleppzeiger für Ottomotoren. Der Adapter muss in das Zündkerzenloch geschraubt und der Motor mit dem E-Starter durchgedreht werden.

Strömt die Luft bei der statischen Kompressionsprüfung aus dem Luftfilter, ist das Einlassventil undicht.

Zylindern vorgenommen werden, um ein umfassendes Bild vom Verschleißzustand zu erhalten.

Bei der dynamischen Kompressionsmessung hingegen wird eine sogenannte Kompressionsuhr eingesetzt. Sie wird ebenfalls anstatt der Zündkerze in das Zündkerzenloch, oder bei Dieselmotoren anstatt der Einspritzung oder Glühkerze in den Zylinder geschraubt. Zu beachten ist beim dynamischen Kompressionstest, dass der Vergaser beziehungsweise bei einer Einspritzung, die Drosselklappe abgeschraubt oder vollständig geöffnet ist, damit der Motor ungehindert Luft ansaugen kann. Bei einfachen Schiebervergasern genügt es aber meist, das Gas voll aufzudrehen. Anschließend wird die Zündung ausgeschaltet oder, falls das nicht geht, das Pluskabel zur Zündspule abgeklemmt. Nun betätigt man den E-Starter – hier ist ein zweiter Mann sehr hilfreich – und lässt den Motor für gut fünf bis zehn Sekunden kräftig durchdrehen. So wird sichergestellt, dass der Schleppzeiger der Kompressionsuhr nach dem Durchdrehen des Motors auch wirklich das höchstmögliche dynamische Kompressionsergebnis anzeigt. Die Messung wird schließlich der Reihe nach an allen Zylindern vorgenommen. Die Kompression darf dabei zwischen den Zylindern nicht mehr als 10 Prozent von einander abweichen. Selbstverständlich muss der mit der Uhr gemessene Wert auch mit dem Herstellerwert korrespondieren. »Hier sind aber Abweichungen von bis zu 30 Prozent für den gesamten Motor gerade noch innerhalb der Toleranz. Die Vorgehensweise erklärt, warum dynamische Kompressionsmessungen nur an Motoren mit E-Starter möglich sind (es sei denn, Sie haben einen externen Starter zur Hand!). Es spricht jedoch nichts dagegen, solche Motoren auch statisch zu prüfen. Dynamische Kompressionsprüfungen werden auch mit so genannten Kompressionsschreibern durchgeführt. Die Messmethode ist die gleiche, wie mit der Uhr. Anstatt eines Schleppzeigers wird hier jedoch das Kompressionsergebnis mittels einer Nadel im Gerät auf eine austauschbare Messscheibe »gekratzt«.

Unter Motorenprofis wird oft die Frage diskutiert, ob die Kompressionstests bei warmem oder kaltem Motor durchgeführt werden sollen. Da Motoren im kalten und warmen Betriebszustand laufen müssen, lautet die Antwort auf diese Frage: Die Kompression von Motoren muss in beiden Betriebszuständen geprüft werden. Dabei wird man feststellen, dass ein warmer Motor meist eine höhere Kompression hat und damit dichter ist, als ein kalter. Dies liegt schlicht an der unterschiedlichen Materialausdehnung der verschiedenen Metalle im Motor.

Nach der Kompressionsprüfung sollte man sich auch

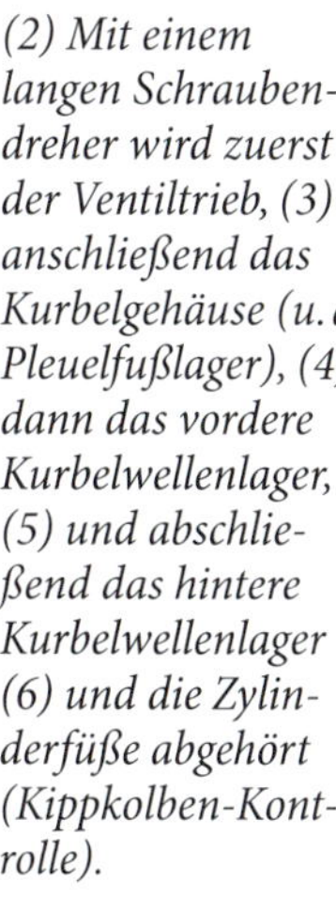

(1) Mit einem Reifenmontiereisen kontrolliert man an der Riemenscheibe vorsichtig das Spiel der Kurbelwelle.

(2) Mit einem langen Schraubendreher wird zuerst der Ventiltrieb, (3) anschließend das Kurbelgehäuse (u. a Pleuelfußlager), (4) dann das vordere Kurbelwellenlager, (5) und abschließend das hintere Kurbelwellenlager (6) und die Zylinderfüße abgehört (Kippkolben-Kontrolle).

die Motorentlüftung näher ansehen, insbesondere wenn der Test schlechte Werte ergeben hat. Zeigt die Motorentlüftung am Austritt viel Öl, sind meist die Kompressionsringe oder der (die) Ölabstreifring(e) undicht beziehungsweise verschlissen und der Motor wirft aufgrund ungleichmäßiger Druckverhältnisse Öl über die Entlüftung aus.

Ein weiterer Prüfpunkt ist das Axial-Spiel der Kurbelwelle. Es wird bei abgestelltem Motor geprüft. Hierfür benötigt man ein geeignetes Montiereisen und hebelt vorsichtig damit zwischen Kurbelwellen-Riemenscheibe und Gehäuse des Motors in axialer Richtung. Es darf kein axiales Spiel spürbar sein. Auch ein radiales Lagerspiel wäre ein KO-Kriterium und würde die Demontage und Überholung des Motors bedeuten.

Gehört auch dazu: Bei unrundem Motorlauf müssen die Einspritzzuleitungen auf Dichtheit geprüft werden.

Öl am Auslass der Motorentlüftung kann ein Hinweis auf Kompressionsverlust sein. Etwas Öl, wie hier, ist aber normal!

Der Auslasskrümmer muss dicht sein, genauso die Zylinderkopfdichtung. Undichtheiten können unrunden Motorlauf bedingen.

➔ So muss es aussehen, wenn der Motor dicht ist. Der leichte Ölnebel stammt vom »Schwitzen« und ist unkritisch.

Der Ölabstreifring des Kolbens ist verschlissen. Der Brennraum ist nass. Der Motor raucht im Betrieb übermäßig.

Zu mageres Gemisch führte zur Überhitzung im Motor. Die Folgen sind Rissbildungen im Kolben, …

… ein ausgebranntes Auslassventil und eine durchgebrannte Kopfdichtung.

Danach wird der Motor gestartet. Sofort nach dem Startvorgang sind die Abgase zu kontrollieren. Sind sie in den ersten Sekunden bläulich-schwarz bis grau, weist das auf einen gesunden Motor hin. Sind sie hingegen weißbläulich, ist bei wassergekühlten Motoren der Kühlkreislauf zumeist undicht.

Nach gut 15 Minuten im Standgas oder zehn Kilometer Fahrtstrecke ist der Motor warmgelaufen. Jetzt macht es Sinn, da alle Lagerspiele wegen der thermischen Ausdehnung ausgeglichen sein sollten, den Motor abzuhören. Hierzu kann man eine spezielle Hörklinge oder alternativ einen Schraubendreher mit langer Klinge verwenden. Den Griff (Heft) des Schraubendrehers hält man sich auf den kleinen Knorpellappen (das Tragus), der direkt vor dem Gehörgang sitzt, und drückt dieses mit dem (Schraubendreher-) Griff in den Gehörgang. Die Klinge wird dann an die verschiedenen Lagerstellen des Motors angesetzt. Diese akustische Brücke überträgt so alle Geräusche aus dem Inneren des Motors ans Ohr.

Warnung! Bei der Anwendung dieser Methode muss mit Vorsicht gearbeitet werden, denn wird der Griff zu fest aufs Ohr gedrückt, können Vibrationen und Schwankungen des Motors ernsthaften Verletzungen am Ohr verursachen.

Zur Diagnose: Gesunde Lager, wie die der Kurbel- oder Nockenwelle, verursachen ein schwirrendes bis hin zu einem singenden Geräusch. Gute Ventilkipphebel hören sich tickernd bis klackernd an. Ein spielfreier Kolben verursacht ebenfalls nur ein schwirrendes Geräusch. Ebenso die Steuerkette. Ist ein Lager defekt, hört sich das meist metallisch-mahlend an. So genannte Kipp-Kolben verursachen dumpf bis polternd schlagende Geräusche. Ähnlich denen, wie sie auch von defekten Pleuelaugen oder Pleuelfußlagern herrühren können. Eine ausgeschlagene Steuerkette verursacht schlagende und rasselnde Geräusche.

Es ist Erfahrung beim Abhören notwendig, die verschiedenen Geräusche eindeutig zuzuordnen und sie als »gesund« oder defekt einzuordnen. Es empfiehlt sich deshalb, den (noch) gesunden Motor oder andere Motoren mit einwandfreier Mechanik zum Üben immer wieder Mal abzuhören, damit man ein Gefühl für die unterschiedlichen Geräusche entwickelt. Mit viel Übung eignet sich diese Methode auch, beginnende Lagerschäden, die im normalen Betrieb noch nicht akustisch wahrnehmbar sind, in ihren Anfängen zu lokalisieren. Auch die genaue Verortung des Defekts kann, mit einiger Übung, leicht festgestellt werden. Die Abhörmethode kann auch bei aufgebocktem und gesichertem (!) Fahrzeug an Kupplung, Getriebe oder Achsantrieb angewendet werden.

Zu fettes Gemisch führt zu übermäßigen Kohleablagerungen im Brennraum …

… und zur Ventil-Verkokung. Die Folge: Das Auslassventill wird irgendwann nicht mehr richtig schließen.

Übermäßiger Kurzstreckenbetrieb führte zur Ölsulzbildung an der Kurbelwelle. Ein Lagerschaden ist nicht mehr fern.

Zum Schluss der Zustandsdiagnose muss der Motor noch auf Ölverlust untersucht werden. Gerade bei warmen Motoren zeigen sich Öllecks sehr deutlich. Hier muss man ein Auge auf die üblichen »Verdächtigen« haben, wie zum Beispiel die Zylinderkopf- oder die Zylinderfußdichtung. Aber auch die Wellendichtringe der Kurbelwelle könnten undicht sein. Ist das der Fall, weist dies oft auf erhöhtes Lagerspiel hin (siehe oben).

Stellen sich Schäden heraus oder hat man das Gefühl, dass sich welche anbahnen, muss sofort gehandelt werden. Denn jetzt sind Reparaturen noch günstig – auch wenn sie, wie es bei der Überholung eines Motors öfters der Fall ist, wegen mangelnder Sachkenntnis und/oder Spezialwerkzeuge vom Fachbetrieb (zum Beispiel: VMI-Betriebe) eingesetzt werden müssen.

Die Einstellschraube des Auslassventils (links) ist deutlich weiter herausgedreht. Das Auslassventil hat sich in den Ventilsitz eingearbeitet.

Das Gleitlager dieses Kipphebels zeigt deutliche Einlaufspuren. Der Hebel hat Spiel und verursacht Geräusche.

Alte Traktoren – »altes« unlegiertes Öl. Wer auf das richtige Motoröl achtet, beugt Motorschäden vor.

Ersatzteilbeschaffung

Mit der Ersatzteilversorgung steht und fällt die Restaurierung und Wartung eines jeden Old- oder Youngtimers. Oft sind hier Probleme zu überwinden, die speziell im Hinblick auf die Kostenkalkulation von besonderer Bedeutung sind. Aus diesem Grund scheiterten in der Vergangenheit nicht wenige Restaurierungen oder Wiederinbetriebnahmen von Traktoren, da Ersatzteile überhaupt nicht oder nur zu deutlich überhöhten Preisen zu bekommen waren.

Mit dem seit Anfang der 1980er-Jahre anhaltenden Old- und Youngtimer-Boom hat sich jedoch die Ersatzteilversorgung für viele klassische Traktoren deutlich verbessert. Vor allem für Fahrzeugtypen, die einst weit verbreitet waren, bieten heute einige Hersteller und Händler eine gesicherte Ersatzteilversorgung. So kann bei John Deere, aber auch bei Granit oder Delegro, vom Original-Zündschlüssel, über Dekor, Motor-, Getriebe- und Anbauteile bis hin zu Armaturen und Sitzbänken beinahe jedes Ersatzteil bezogen werden.

Selbst im Bereich der Zuliefer- und Verschleißteileindustrie haben viele Teilehersteller die Marktlücke erkannt und ihr Produktportfolio auf Old- und Youngtimer-Teile erweitert. So kann zum Beispiel bei Bosch heute nahezu jedes elektrische Bauteil bezogen werden, das jemals an die Fahrzeughersteller ausgeliefert wurde. Auch der Motorteile-Spezialist Mahle hat sein Produktprogramm auf die Old- und Youngtimer-Teile erweitert. Hier können vor allem Kolben, Kolbenringe und Lagerschalen für alte Motoren bestellt werden. Selbst im Bereich Reifen ist wieder vieles lieferbar. Die Münchner Oldtimer Reifen GmbH zum Beispiel liefert heute für jeden Old- oder Youngtimer-Traktor die passenden Reifen, auch in der entsprechenden Optik (Profil) und Ausführung. Sogar der Batteriehersteller Banner hat wieder die so genannten schwarzen Batterien im Programm. Sie unterscheiden sich optisch nicht von den damals in Erstausrüstung verbauten Batterien. Ihre Technik ist hingegen auf neuestem Stand.

Problematisch kann jedoch die Ersatzteilversorgung bei längst verschwundenen Marken werden. Vor allem bei Vorkriegs-Traktoren treten in allen Ersatzteilbereichen zum Teil erhebliche Lieferschwierigkeiten auf. Viele Teile sind dann nur noch gebraucht oder als Nachbauteil zu bekommen – sofern sie überhaupt angeboten werden.

Prinzipiell gilt daher bei der Ersatzteilversorgung die Regel, je seltener ein Fahrzeug und exotischer der Hersteller

Aus Ersatzteillisten sind die Teilenummern ersichtlich. Sie haben zum Teil heute noch Gültigkeit.

Standard-Verschleißteile, wie Kupplungen, sind heute für viele alte Traktoren problemlos erhältlich.

Die meisten Wellendichtringe können nach Maß als Standardware gekauft werden.

Bei Original-Instrumenten kann die Ersatzteilbeschaffung schwierig werden. Sie sollten beim Traktor-Gebrauchtkauf vorhanden sein.

ist, desto weniger neue Ersatzteile sind auf dem Markt erhältlich.

Um in diesen Bereichen auch eine gewisse Ersatzteil-Liefersicherheit zu gewährleisten, werden von Clubs, IGs, aber auch von Restaurierungsbetrieben selbst Teile nachgefertigt. Oft übertrifft die Qualität der Nachbauteile, die der Originalersatzteile erheblich, da sie aus besseren Materialien und mit modernen Präzisions-Werkzeugmaschinen produziert werden.

Für Old- und Youngtimer-Traktor-Besitzer sind daher gute Kontakte zu Clubs, IGs, Restaurierungsbetrieben, aber auch zu den Fahrzeugherstellern für die Sicherung der eigenen Ersatzteilversorgung von hoher Bedeutung, um über die jeweils spezifische Ersatzteilsituation informiert zu sein.

Neben der Versorgung mit Neu- oder Nachbauteilen hat sich in der Old- und Youngtimerszene bereits seit Jahrzehnten ein großer Markt für gebrauchte Ersatzteile entwickelt. Vor allem für Traktoren ist der Gebrauchtteilemarkt eine der wichtigsten Bezugsquellen für Ersatzteile. Er wird meist von professionellen, aber auch privaten Teilehändlern betrieben, die sich auf bestimmte Marken oder Fahrzeugkategorien spezialisiert haben. Viele dieser Händler bieten ihre Gebrauchtteile auf sogenannten Old- und Youngtimer-Teilemärkten oder über das Internet (eBay) an. Speziell im Internet macht es kaum Mühe, weltweit nach Ersatzteilen zu recherchieren und sogar Preisvergleiche vorzunehmen.

Aber auch Schrottplätze oder Recyclingfirmen können hervorragende Ersatzteillieferanten sein. Anhand der Teilenummern lassen sich viele Elektrik- und Anbauteilen, auch wenn sie in unterschiedlichen Fahrzeugen verbaut sind, hier sicher identifizieren. Auf viele dieser Teile gewähren die Schrotthändler sogar eine gewisse Garantie mit Umtauschrecht, so dass das Risiko, ein falsches oder defektes Teil zu kaufen, recht gering ist.

Sind Ersatzteile aus den genannten Quellen nicht lieferbar, besteht die Möglichkeit, bei einem Metall-, Kunststoff- oder Holz-Fachbetrieb eine Nachfertigung des gesuchten Ersatzteils in Auftrag zu geben. Hierzu müssen aber die genauen Daten des Ersatzteils, vor allem das Material und seine Vermaßung, bekannt sein. Meist genügt aber auch das verschlissene Ersatzteil als Vorlage. Im Hinblick auf die von der Stückzahl abhängigen Fertigungskosten muss hier jedoch sehr genau abgewogen werden, wann sich eine Nachfertigung rentiert. Der leergefegte Markt kann jedoch oft Beweis dafür sein, dass

das Ersatzteil auch von anderen Oldtimer-Traktorbesitzern benötigt wird, die die gleichen Fahrzeuge restaurieren oder besitzen. Versierte Traktorschrauber versuchen daher meist über einen Zusammenschluss der Interessenten, die Kosten einer Nachfertigung zu drücken.

Eine sehr spezielle, aber in vielen Fällen Erfolg versprechende Methode, Ersatzteile zu finden, ist die so genannte Referenz-Methode. Sie beruht auf dem Umstand, dass oft identische Zulieferteile von einem Teilehersteller an verschiedene Fahrzeughersteller geliefert wurden. So sind zum Beispiel viele deutsche Traktorhersteller jahrzehntelang von Bosch beliefert worden. Zahlreiche Elektrikteile, von der Lichtmaschine bis zum E-Starter, sind daher bei den Marken identisch. Jedoch unterscheiden sich hier fast immer die herstellerspezifischen Teilenummern.

Auch wurden von europäischen Traktor-Herstellern in der Vergangenheit vielfach Normteile verwendet. Identische Lager, Schrauben, Stecker, Dichtringe, Armaturen, Griffe und vieles mehr finden sich weit verbreitet bei fast allen Herstellern. Die Unterschiede der gesuchten Teile beschränken sich hier oftmals nur in der Farbgebung oder Verpackung. Es lohnt sich daher, die Geschichte der Traktor-Marken und vor allem die der Zulieferer genauer zu kennen.

Es kommt aber auch vor, dass markenspezifische Ersatzteile verschiedener Fahrzeughersteller, für z. B. Motoren und Getriebe, durchaus identisch sein können. Informationen hierüber finden sich in Referenzteile-Listen, die häufig auf den Internetseiten vieler IGs und Clubs angeboten werden. Auch einige Teilehändler verfügen über diese. Nach solchen Referenzlisten für die eigenen Marken zu suchen oder sie selbst über die Laufe der Jahre aufzustellen, kann sich lohnen, da mit ihnen die Ersatzteilprobleme zweier oder auch mehrerer Fahrzeugtypen gelöst werden können.

Teilemärkte sind eine gute Ersatzteilquelle. Jedoch weiß man nie, was man dort findet.

Bestandsaufnahme

Das kennt man nur zu gut aus eigener Erfahrung. Man hat einen Traktor gekauft und glaubt einen guten Fang gemacht zu haben. Ein paar Tage nach dem Kauf fallen dann aber die »Scheuklappen«. Das ist der richtige Zeitpunkt, das Kaufobjekt unter die Lupe zu nehmen.

Unser Traktor, den wir begutachten wollen, ist ein Eicher ED 22 aus dem Jahr 1957. Von diesem Typ sind knapp 2000 Stück gebaut wurden. Der gegenüber der Vorgänger-Version auf 22 PS gesteigerte 1-Zylinder-Dieselmotor hat 1557 Kubikzentimeter Hubraum. Das reicht für eine Höchstgeschwindigkeit von 19 km/h. Um die Top-Speed zu erreichen, müssen fünf Vorwärtsgänge durchgeschaltet werden. Selbstverständlich hat der ED 22 auch einen Rückwärtsgang. Die Technik scheint daher beherrschbar zu sein, zumal der Traktor auch optisch scheinbar noch recht gut dasteht. Was jedoch mehr an einer abgebrochenen Restaurierung liegt, als an kontinuierlicher Pflege über die Jahrzehnte.

Bevor es an eine Restaurierung geht, muss man sich erst über den gekauften Traktor schlau machen und alle Daten sammeln, die man bekommen kann. Das ist vor allem wichtig, wenn es um Ersatzteile geht. Durch Modellpflegemaßnahmen können sich immer wieder wichtige Teile geändert haben. Das ist vor allem bei einer laufenden Restaurierung ärgerlich, wenn man lange nach einem Teil gesucht hat, es schließlich bei einem Händler findet und dann aber feststellen muss, dass es nicht passt. Das verzögert die Restaurierung und kostet zudem Geld.

Profi-Restauratoren führen daher eine große Bestandsaufnahme am Traktor durch, um abschätzen zu können, was alles gemacht werden muss und welche Teile noch besorgt werden müssen.

Der erste Blick sollte zunächst den Emblemen und Typenbezeichnungsschildern gelten. Sie sollten alle vorhanden sein. Ersatz ist nämlich oft schwer zu bekommen. Und wenn man sie dann findet, lassen sich die Teilehändler die originalen Schilder und Embleme meist vergolden. Besonders bei exotischen Marken sollte man daher bereits beim Kauf darauf achten, ob alle vollständig vorhanden sind. Eine zuweilen günstige Alternative können Nachfertigungen sein. Markenclubs legen sie oft in Kleinserien auf. Nachteil an diesen Teilen ist, dass sie nicht original sind und aus Kostengründen manchmal recht billig wirken. Doch am ED 22 sind sie alle dran. Lediglich das große Eicher-Bug-Emblem muss überarbeitet bzw. getauscht werden, da es nicht original ist. Das montierte Emblem ist zudem laienhaft aufpoliert und hat Schleif- und Polierschatten.

In Anschluss daran begutachtet man alle Blech- und Karosserieteile. Speziell die Sitzschale fällt an unserem ED 22 auf. Sie wirkt, als ob sie jahrzehntelang nicht gepflegt oder repariert wurde. Sie steht damit im krassen Gegensatz zu dem ansonsten recht gepflegt wirkenden Eicher. Ihr Zustand lässt einige Fragen aufwerfen. Entweder ist die Sitzschale original – dann kann man ahnen, wie der Eicher noch vor einiger Zeit einmal ausgesehen hat, oder, sie hat gefehlt und wurde durch ein Teil vom Schrott ersetzt. Im Zuge der Restaurierung muss die Sitzschale demontiert, abgeschliffen und die Rostlöcher in der Sitzfläche zugeschweißt werden. Auch eine Grundierung und Lackierung und die Nachfertigung des Sitzkissens steht jetzt bereits auf dem Restaurierungsplan. Als nächstes wird der Zustand der hinteren Kotflügel und der Motorhaube überprüft. Der linke hintere Kotflügel hat einen deutlichen Riss seitlich im Auslauf. Hier fällt auf, dass der Riss vor der Lackierung nicht geschweißt wurde. In Folge muss bei der Restaurierung der neue Lack an dieser Stelle nochmals komplett entfernt und der Riss ausgerichtet und geschweißt werden. Diese Lackierung hätte man sich daher sparen können. Letztlich läuft so was, weil jemand nicht mitgedacht hat, auf doppelte Arbeit und Kosten hinaus.

Auch die Begutachtung der Motorhaube bringt nichts Gutes zu Tage. Der Haubenfang (Seilanschlag), der die Motorhaube in leicht nach vorne gekippter Lage hält, ist abgerissen. Die Haube muss daher vorsichtig geöffnet werden, damit das Blech nicht von der Vorderachse beschädigt wird, auf der sie im offenen Zustand jetzt aufliegt. Der Blick in ihre Innenseite verrät zudem, dass auch hier nicht gerade fachmännisch gearbeitet wurde. Das an ihren Seiten doppelt gelegte Blech ist an der Innenseite aufgerissen. Auch hier wurde einfach nur drauf lackiert, ohne den Schaden vorher zu reparieren. Ebenfalls nicht schön ist die Verschraubung der Zierleisten und Embleme auf der Motorhaube. Hier wurden statt Spannstiften einfache Baumarkt-Schrauben verwendet. Sie stehen zudem zu weit vor. Wenn man schon solche Schrauben verwenden will, dann sollten sie wenigstens bündig mit der Mutter abschließen. Verhältnismäßig harmlos ist hingegen, dass der Auflagegummi für die Motorhaube auf dem Tank nur locker aufgelegt ist. Vermutlich wurde vergessen, ihn nach dem Lackieren festzukleben. Das Ankleben ist aber ein Leichtes. Ärgerlicher ist hingegen der Blechschaden am hinteren rechten Rücklicht. Hier wurde wiederum vor der Lackierung vergessen, die Fehlstelle in der Rücklichtabdeckung zu

Die Restaurierung des Eicher ED 22 war beim Kauf nicht abgeschlossen. Hier muss genau hingesehen werden.

Das große Eicher Bug-Emblem wurde laienhaft aufbereitet. Deutlich sind Polier- und Schleifschatten zu sehen. Es ist nicht original.

Die Sitzschale sieht reichlich verrostet aus. Ist sie original oder ein schlechtes Teil vom Schrott?

Der Kotflügel wurde neu lackiert. Der Riss in seinem Blech ist jedoch nicht repariert worden.

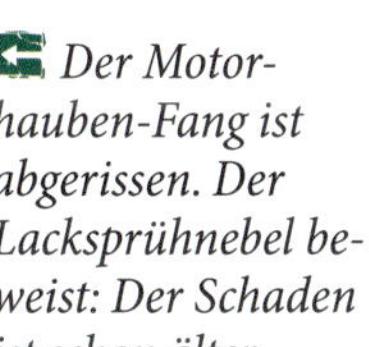

Der Motorhauben-Fang ist abgerissen. Der Lacksprühnebel beweist: Der Schaden ist schon älter.

Die Gummiauflage für die Motorhaube liegt nur lose auf dem Tank auf. Sie kann leicht geklebt werden.

Die Abdeckung des rechten Rücklichtes wurde ebenfalls vor der Lackierung nicht instand gesetzt.

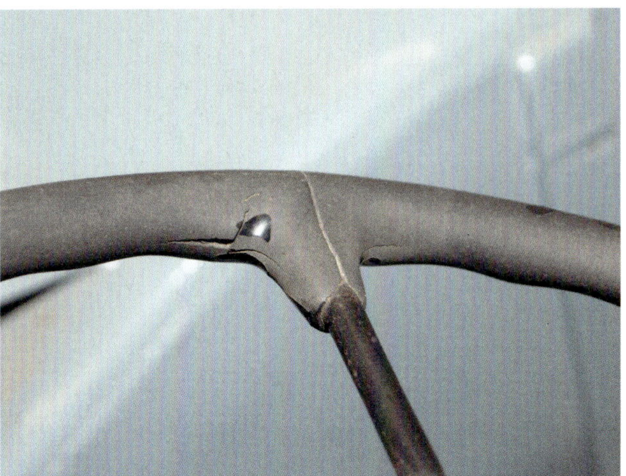

Das Lenkrad zeigt deutliche Risse und einen UV-Schaden. Es muss aus Sicherheitsgründen gewechselt werden.

Die Gummimanschetten der Kugelkopflager sind alle rissig. Sie müssen getauscht werden.

Die Kronenmutter am Lenkgetriebeausgang scheint nicht original zu sein. Zudem fehlt der Sicherungssplint.

Die vordere Radaufhängung wurde lange nicht mehr abgeschmiert. Vielleicht ist das Lager verrostet.

Wackeln an den vorderen Rädern zeigt: Hier ist deutlich Spiel vorhanden. Die Ursachen können vielschichtig sein.

Eine Ursache für das Radspiel ist sicherlich die fehlende Radlagerabdeckung, die. Schmutz eindringen ließ.

Der Tankdeckel ist von innen stark verrostet. Der Traktor muss längere Zeit feucht gestanden haben.

Die Diesel-Einspritzpumpe für den Einzylindermotor ist dicht. Trotzdem sollte sie gespült werden.

Die Dichtungen am Motor sind dicht. Auch die Lüftungsbleche der Motorkühlung sind sauber.

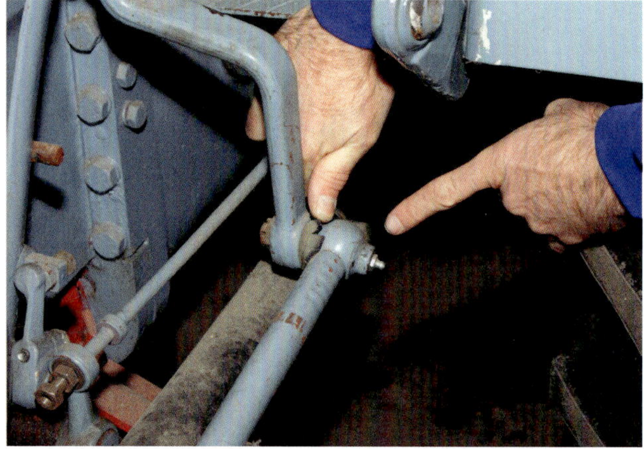

ersetzen. Da die Lackierung hier sehr schlecht ausgeführt ist, schadet es sicher nicht, beides zu überarbeiten.

Der nächste Prüfpunkt ist die Lenkung. Je nachdem, in welchen Zustand sie ist, sagt das viel, wie der Traktor behandelt wurde. Das Lenkrad ist noch original, aber in einem sehr schlechten Zustand. Der Kunststoff ist gebrochen und das Material hat einen deutlichen UV-Schaden. Es wird sicher im Zuge der Restaurierung gewechselt werden müssen, um die Betriebssicherheit zu gewährleisten. Zum Prüfen des Lenkradspiels dreht man am Lenkrad und testet das Spiel der Kugelgelenke. Auch wenn wenig Spiel in der Lenkung ist, muss der Zustand des gesamten Lenkgestänges überprüft werden. Am Eicher ED 22 sind sämtliche Gummiabdeckungen der Lager brüchig und müssen getauscht werden. Auch scheint die Kronenmutter am Lenkgetriebeausgang, die die Lenkwelle mit dem Lenkhebel verschraubt, nicht original zu sein. Sie ist zu wenig hoch, so dass sie den Lenkhebel nicht ganz über die Gewindelänge hinweg auf die Lenkwelle drücken kann. Das ist auch der Grund, weshalb hier der Sicherungssplint fehlt, da sie nicht genügend weit aufgeschraubt werden konnte. Rückschlüsse auf den Pflegezustand geben auch die Schmierstellen. Man muss sie alle überprüfen. Am ED 22 sind sie wohl seit Jahren nicht mehr abgeschmiert worden. Insbesondere die an der vorderen Radaufhängung. Sie sind stark verschmutzt und das Fett ist verharzt. Um ein Zerlegen der Radaufhängung wird man daher hier nicht herumkommen. Auch findet sich hier eine Achsbolzen-Verschraubung, die nicht mit Mutter und Splint gesichert ist. Vermutlich hat jemand schon einmal versucht, die Radaufhängung zu zerlegen, weil die Gleitlager knarren und sich nicht mehr abschmieren lassen, und dabei vergessen, die Splinte wieder einzusetzen. Im schlechten Zustand ist auch das rechte Radlager. Es hat sehr viel Spiel. Die Ursache ist schnell gefunden. Die Radlagerabdeckung fehlt wohl schon seit geraumer Zeit, sodass Wasser und Schmutz ins Radlager gelangen konnten.

Wasser, Schmutz und Rost sind auch das Thema beim Tank. Zum Überprüfen des Tanks wird der Tankdeckel geöffnet. Der Deckel selbst ist von der Innenseite stark verrostet. Obwohl Diesel im Tank ist, muss er daher abgelassen und der Tank gereinigt und gegebenenfalls versiegelt werden.

Zum Prüfen des Motoröls wird der Ölpeilstab herausgezogen und der Ölstand gemessen. Ist kein Motoröl im Motor oder zu wenig, kann das das Aus für unseren Traktor bedeuten, weil der Motor einen Lagerschaden haben könnte. Die Kosten für die Motorüberholung oder einen Tauschmotor würden den Wert des Traktors sicherlich übersteigen. Doch der Ölstand stimmt und die

Eine Mutter an der Auslasskrümmerbefestigung ist nicht original. Der Krümmer könnte sich lockern.

Der Keilriemen für den Lüfterantrieb ist zu wenig gespannt und zeigt feine Risse. Er muss gewechselt werden.

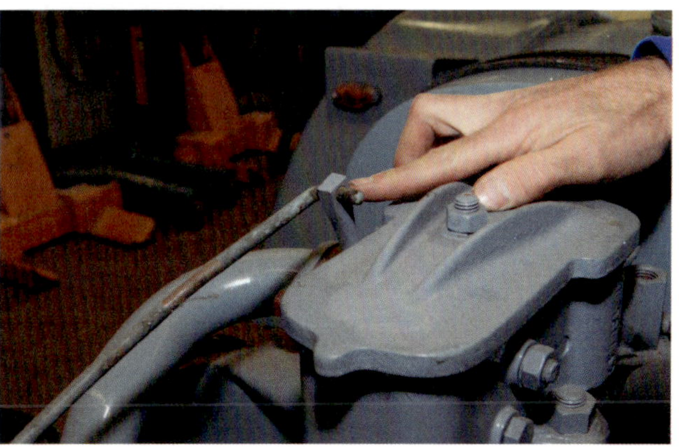

An allen Verbindungen und Gelenken des Gasgestänges fehlen die Sicherungssplinte und Kleinteile.

Das Kupplungspedal hat zu viel Spiel. Man kann es mit der Hand ein gutes Stück ohne Widerstand drücken.

Der rechte Hebelarm (in Fahrtrichtung gesehen), an dem die Ackerschiene montiert wird, ist nicht mehr vorhanden.

Das Augenlager am Hydraulikhebel ist ohne fühlbares Spiel. Der Lacksprühnebel muss jedoch entfernt werden.

Der Verschleiß an der Abtriebswelle am Heck des Eichers ist gering. Sie hat nur wenige Arbeitsstunden hinter sich.

Der Betriebsstundenmesser beziehungsweise Tacho fehlt. Er müsste gebraucht aufzutreiben sein.

Der Elektrostarter ist zwar technisch in Ordnung. Er kann aber nicht funktionieren. Sämtliche Kabel fehlen.

Kein Kabel weit und breit. Die Elektrik unter dem kleinen Armaturenbrett des Eichers fehlt völlig.

Konsistenz des Öls ist noch gut. Jetzt kann man sich den Zustand des Motors näher ansehen. Hier ist es zunächst die Dieseleinspritzpumpe, die für die weitere Bestandsaufnahme wichtig ist. Ist sie dicht, hat der Motor immer genügend Sprit bekommen und konnte nicht mager laufen. Da die Pumpe am ED 22 dicht ist, kann er jetzt die Dichtheit des Motors prüfen. Auch hier ist alles in Ordnung. Lediglich an der Auspuffkrümmerverschraubung ist eine falsche Mutter montiert, die gewechselt werden muss. Nicht schön hingegen ist, dass der Keilriemen für den Lüfterantrieb zu locker ist. Er muss getauscht werden. Auffällig ist auch, dass an den meisten Gas- und Kupplungsgestänge-Umlenkungen und -Aufnahmen die Sicherungssplinte und Kleinteile fehlen. Das ist aber wohl der nicht beendeten Restaurierungsmaßnahme des Vorbesitzers geschuldet.

Auch das Spiel in der Kupplung rührt von einer falschen Einstellung her, wie man an einer offenen Kontermunter am Kupplungsgestänge unschwer erkennen kann. Ein weiterer kritischer Prüfpunkt ist das Getriebe. Es kann, wenn es defekt ist, auch hohe Restaurierungskosten verursachen. Es empfiehlt sich daher, die Gänge im Stand durchzuschalten, um zu prüfen, ob der Schaltautomat arbeitet. Doch bei unserem ED 22 ist der Schalthebel locker. Der Sicherungsring, der den Schalt-

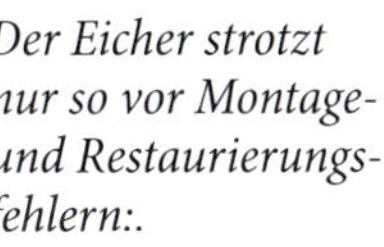

Der Eicher strotzt nur so vor Montage- und Restaurierungsfehlern:.

Von nur locker eingedrehten Schrauben über nicht gesicherte Sicherungssplinte und selbstsichernde Muttern mit Kunststoffsicherung beziehungsweise Innensechskanntschrauben (beides gab es damals noch nicht), bis zu billigen Baumarktmuttern, reichen die Fehler.

Die Bestandsaufnahme ist Grundlage für den Restaurierungsplan.

hebel in der Schaltkulisse hält, fehlt. Mit lockerem Schalthebel lassen sich die Gänge dennoch durchschalten. Das Getriebe scheint zumindest von der Schaltmechanik her zu funktionieren. Ob es auch im Betrieb einwandfrei arbeitet, kann nicht festgestellt werden, da der Motor aufgrund fehlender Elektrik nicht startbereit ist.

Weiter geht die Bestandsaufnahme an der Heckhydraulik. Bereits auf den ersten Blick erkennt man, dass einer der Hebelarme, an dem die Ackerschiene montiert wird, nicht mehr vorhanden ist. Hingegen ist das Augenlager am Hydraulikhebel noch im guten Zustand. Auch die Abtriebswelle am Heck des Eichers hat nur wenige Einsätze in den letzten Jahrzehnten erlebt. Die

Die beiden fehlenden Scheinwerfer sind beim Traktor dabei. Sie müssen nur montiert werden.

Verzahnung sieht neuwertig auch. Selbst die am Bauch des Traktors seitlich angebrachten Abtriebswellen zum Antrieb von Mähbalken oder ähnlichem sind im guten Zustand.

Doch der gute Zustand setzt bei den Armaturen schon wieder aus. Hier fehlt der Betriebsstundenmesser beziehungsweise der Tacho. Auch am Hydraulik-Bedienhebel am Lenkstock fehlen sämtliche Anbauteile. Richtig spannend ist aber die Elektrik. Sie glänzt durch völlige Abwesenheit. Das bedeutet, dass der gesamte Kabelbaum nachgearbeitet oder als Ersatzteil beschafft werden muss. Es ist hier weniger der Preis für den Kabelbaum, der hier ins Gewicht fällt, als viel mehr die vielen Arbeitsstunden, die für seinen Einbau nötig sind. Der fehlende Kabelbaum und auch die nicht vorhandene Batterie sind der Grund, weshalb ein Testlauf des Motors noch nicht möglich ist. Auch sind die Scheinwerfer nicht montiert. Sie liegen aber der Teilekiste bei, die beim Traktorkauf mitgegeben wurde. Der letzte Punkt bei der ersten Bestandsaufnahme gilt noch dem Originalzustand. An unserem Eicher ED 22 fehlen beinahe überall die originalen Schrauben. Sie wurden durch billige Baumarkt-Schrauben ersetzt, wohl im Glauben, hier besseres verbaut zu haben. Die Schrauben sollten alle raus und wieder durch originale Schrauben ersetzt werden, denn sie stören schon von weitem, wie die beiden Innensechskantschrauben am Lenkstock, den Gesamteindruck des Eichers nachhaltig.

Während der gesamten Bestandsaufnahme sollte man sich Notizen machen. Sie fließen unmittelbar in den Restaurierungsplan ein. Bereits jetzt ist abzusehen, dass Vieles am Eicher ED 22 gemacht werden muss. Nachdem man jetzt um den Zustand des Traktors weiß, muss jetzt entschieden werden, auf welche Art man seinen Traktor restaurieren möchte. Und hier gibt es verschiedene Ansätze, wie das nachfolgende Kapitel zeigt.

Restaurierungsethik

Die Restaurierung eines Traktors setzt viel Wissen und handwerkliches Geschick voraus. Macht man Fehler, bedeutet das meist Wertverlust und irreversible Schäden an der Substanz des Traktors. Seit einigen Jahren wird daher bei der professionellen Fahrzeug-Restaurierung besonders Wert auf die Erhaltung der Originalsubstanz gelegt.

Immer wieder diskutieren Traktor-Fans die Frage, wie ein Traktor fachgerecht restauriert wird. Denn es gibt verschiedene Herangehensweisen. Auf diese Fragen eine gezielte Antwort zu geben, ist nicht leicht. Hier wollen wir aber Restaurierungsprofis über die Schulter sehen, wie diese an eine Restaurierung herangehen.

Wenn Kfz-Restauratoren ein Fahrzeug restaurieren sollen, sprechen sie zuerst mit dem Kunden und fragen ihn nach seiner Zielsetzung. Vor allem, welche Vorstellungen der Kunde von einer Restaurierung hat und wie das Fahrzeug nach der Restaurierung eingesetzt beziehungsweise verwendet werden soll, sind hier die wichtigsten Fragen. Kennt der Restaurator die Antworten hierauf, kann er einen Restaurierungsansatz vorschlagen. Dabei muss er beachten, dass jeder Kunde seine eigene Vorstellung von einer Restaurierung hat. Eine fachgerechte Fahrzeug-Restaurierung ist daher aufgrund dieser heterogenen Vorstellungen kein standardisierbarer Vorgang. In jedem einzelnen Fall bewegt sich die sachgemäße Restaurierung eines Traktors im Spannungsfeld von Qualität, Aufwand, Restaurierungsziel und dem Wert vor und nach der Restaurierung. Weil sich diese Eckpunkte meist nur schwer miteinander vereinbaren lassen, müssen je nach Sachlage, individuelle Antworten mit dem Kunden gefunden werden.

Die dabei wichtigste Frage lautet jedoch immer: Lohnt sich die Restaurierung? Diese Frage zielt zunächst auf die finanziellen Möglichkeiten des Kunden, also wie viel Geld er letzten Endes willens ist, auszugeben. Dabei sind stets die entstehenden Kosten im Zusammenhang mit dem Wert des Traktors zu sehen. Das ist auch bei Old- und Youngtimer-Traktoren in der Regel der Marktwert. Er ist meist abhängig vom Erhaltungszustand, der Marke und dem Typ des Traktors und kann von speziell ausgebildeten Oldtimer-Sachverständigen ermittelt werden (siehe u.a.: www.classic-data.de; Sachverständige können auch über www.oldtimer.net gefunden werden). Einfluss auf den Marktwert hat auch der historische Wert des Traktors. Er muss ebenfalls eruiert werden und hängt von den historischen Ereignissen ab, mit denen er in Verbindung steht. Ihn zu ermitteln, kann sehr schwer sein,

Scheunenfund: Wie soll der Traktor restauriert werden? Erhalten, wie er ist, oder doch vollständig restaurieren?

Besser-als-neu-Restaurierung: Dieser Eicher EA 400 wurde vollständig neu aufgebaut und technisch verbessert.

Mit dem Original hat der Eicher EA 400 »Königstiger« nicht mehr viel gemein. Dafür überzeugt das Ergebnis.

Welcher Restaurierungsansatz gewählt wird, darüber entscheidet auch der Marktwert des Traktors.

Neuaufbau, Teil- oder Vollrestaurierung?

Oft werden im Zusammenhang mit den drei geläufigen Restaurierungsansätzen die Begriffe Teil- und Vollrestaurierung bzw. Neuaufbau verwendet. Da die Verwendung dieser Begriffe vom Umfang und der Fülle der Restaurierungsarbeiten abhängig ist, haben sie, genau betrachtet, keinen Bezug zu einem eigentlichen Restaurierungsansatz. Auch gibt es für die Verwendung dieser Begrifflichkeiten keine genaue und/oder verbindliche Definition. So sprechen einige Restauratoren von einer Vollrestaurierung, wenn das Fahrzeug komplett zerlegt und überarbeitet wurde, andere jedoch von einem Neuaufbau. Speziell die Definition von einem Neuaufbau bereitet immer wieder Schwierigkeiten. Vor allem die Frage, wie viel Prozent der Teile neu angefertigt sein müssen, damit von einem Neuaufbau gesprochen werden kann und nicht von einer Vollrestaurierung, sind hier unklar. Gleiches gilt für die Abgrenzung zwischen Teil- und Vollrestaurierung, wenn zum Beispiel alle Blechteile und das Fahrwerk komplett überarbeitet, der Motor aber, weil er einwandfrei funktioniert, nicht überholt wurde. Bei der Verwendung dieser Begrifflichkeiten ist daher immer zu beachten, dass die Grenzen fließend sind und die Begriffe Vollrestaurierung und Neuaufbau oft synonym gebraucht werden.

Der bisher am weitesten verbreitete, bekannteste und am meisten geforderte Restaurierungsansatz ist die Besser-als-neu-Restaurierung. Er beschreibt die Herstellung eines technisch und optisch perfektionierten, einwandfreien Fahrzeugzustandes. Diese Art von Restaurierung findet sich hauptsächlich bei Fahrzeugen von Privatpersonen, die ihr Augenmerk auf ein einwandfreies Finish und volle Funktions- und Alltagstauglichkeit richten. (Stichwort: »Ausstellungs-Traktoren«). Bei den sogenannten »Besser-als-neu-Restaurierungen« werden gemäß dem Kundenwunsch deshalb ohne Rücksicht auf die Substanz alle konstruktiven Mängel beseitigt, Motoren zum Teil ausgetauscht, Bremsanlagen technisch verbessert, Blechteile nachgefertigt und häufig komplett mit neuen Lacken lackiert und die Spuren des Gebrauchs an allen Fahrzeugteilen vollständig getilgt. Das Ergebnis sind Old- und Youngtimer-Traktoren, die mit dem ursprünglichen Fahrzeug bis auf das Aussehen nicht mehr viel gemein haben.

Der zweite Ansatz, der hauptsächlich von Museen, aber auch von zahlreichen Privatpersonen verfolgt wird, ist die Fabrikneu-Restaurierung. Sie hat zum Ziel, den Originalzustand des Traktors zum Zeitpunkt seiner Auslieferung wieder herzustellen. Unter Einsatz von Originalteilen, alten Fertigungsmethoden und Materialien (zum Beispiel: Leder, Lacke, Hölzer u. a.) soll dabei die volle Funktionstüchtigkeit wieder hergestellt werden, ohne dabei konstruktiv bedingte technische Mängel des Fahrzeugs zu beheben und /oder die originale Technik zu verbessern. Vor allem Werksmuseen, die ihren Besuchern ihre einstigen Produkte möglichst in dem Zustand präsentieren wollen, in denen sie einst vom Band gelaufen sind, praktizieren diesen Ansatz. Obwohl bei der sogenannten »Fabrikneu-Restaurierung« der Originalzustand eine sehr wichtige Rolle spielt, nimmt dieser Ansatz keine Rücksicht auf Spuren der individuellen Fahrzeuggeschichte (Lackschäden, Dellen, Umbauten u.ä.). Im Gegenteil: Sie werden auch hier vollständig getilgt.

Vor ca. 15 Jahren trat jedoch hinsichtlich der Intention der Restaurierungen in der Oldtimerszene ein deutlicher Wandel ein und die »substanzerhaltende Restaurierung« wurde erarbeitet. Gemäß dieser werden Old- und Youngtimer als Träger von Informationen ihrer Herstellung, ihres Gebrauchs und ihrer Historie wahrgenommen. Ziel einer solchen Restaurierung ist dann nicht ein Besser-als-neu- oder Fabrikneu-Zustand, sondern die Substanzerhaltung im Ist-Zustand, um alle Informationen zur Technik, aber auch Geschichte (das sind u. a. technische Veränderungen, Reparaturen usw.) des Fahrzeugs dauerhaft zu bewahren. Vor allem bei Museums- oder immer öfter auch Sammlerfahrzeugen, die als (stehende) Anschauungsobjekte früherer Techniken und Handwerkskünste dienen sollen, kommt dieser Ansatz zum Tragen. Im Unterschied zur klassischen Restaurierung kommen bei den »Substanzerhaltenden Restaurierungen« vor allem konservatorische Maßnahmen zum Einsatz.

Bei den substanzerhaltenden Restaurierungen können jedoch nochmals drei Unteransätze unterschieden werden:

Stillstand: Alle überlieferten Spuren zu Herstellung, Gebrauch, Stilllegung, Verschrottung werden akzeptiert. Die Eingriffstiefe durch die Restaurierung ist minimal. Vielmehr handelt es sich hier um eine Konservierung.

Gebrauchszustand: Das Fahrzeug sieht gebrauchsfähig aus, ist es aber nicht ganz, weil seine Funktion nicht wieder völlig hergestellt ist. Alle Herstellungs-, Nutzungs- , Gebrauchs- und Pflegespuren werden erhalten. Dazu gehören auch Fehl- und Schadstellen, Reparaturen sowie typische Schmutzreste, die durch objektgerechte Nutzung entstanden sind. Die Eingriffstiefe ist größer als beim Stillstand.

Reaktivierungszustand: Das Fahrzeug wird tatsächlich gebraucht. Die Oberflächenbehandlung gleicht dem Gebrauchszustand, jedoch wird die Gebrauchsfähigkeit des Fahrzeugs wieder hergestellt, beispielsweise durch Austausch von Verschleißteilen. Die Eingriffstiefe ist dadurch noch größer als bei dem Restaurierungsziel »Gebrauchszustand«.

Selbstverständlich sind auch Mischformen der verschiedenen Ansätze möglich.

Immer noch wird heute vielfach von Restaurierung gesprochen, wenn eigentlich renovierende oder rekonstruierende Tätigkeiten gemeint sind, die dem Old- und Youngtimer-Traktor ein neuwertiges Aussehen verleihen. Restaurieren heißt aber nicht »wieder neu machen« – der häufig gewünschte, deutliche »Vorher-Nachher-Effekt« fällt daher nach einer fachlich richtig ausgeführten Restaurierung mitunter überraschend verhalten aus. Die fachgerechte Fahrzeugrestaurierung ist auch kein standardisierbarer Vorgang. In jedem einzelnen Fall bewegt sich die sachgemäße Behandlung eines Old- und Youngtimer-Traktors im Spannungsfeld von Restaurierungsansatz, -qualität und -aufwand, und das abhängig von den Ansichten des Traktor-Eigentümers. Diese vier Eckpunkte gilt es miteinander zu verbinden, wollen Sie das für Ihren Traktor richtige Restaurierungskonzept finden.

Dieser McCormick International 353 war »Hauptdarsteller« in der ZDF-Krimi Serie »Die Rosenheim-Cops«. Ist er deswegen mehr wert?

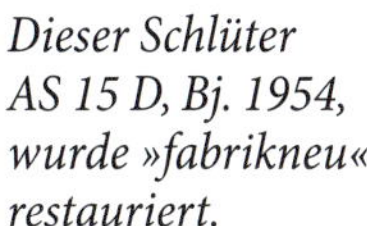

Dieser Schlüter AS 15 D, Bj. 1954, wurde »fabrikneu« restauriert.

Fabrikneu-Restaurierung eines Deutz F2L 612/54-I, Bj. 1956, mit Erhalt von leichten Gebrauchsspuren für ein Museum.

Fabrikneu-Restaurierung mit Tendenz zur Besser-als-neu-Restaurierung eines Unimog »Froschauge«« Typ 401, Bj. 1954.

Substanzerhaltende Restaurierung »Stillstand« eines Hatz TL 13, Bj.1960 für eine private Sammlung.

Substanzerhaltende Restaurierung »Gebrauchszustand« eines Eicher ED 16, Bj.1957 für ein Museum.

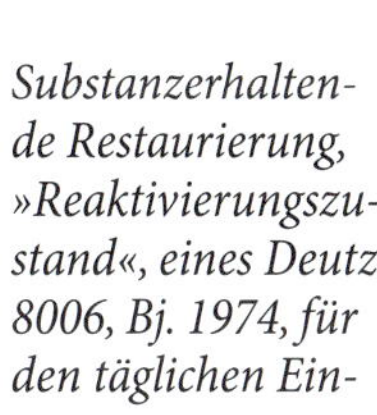

Substanzerhaltende Restaurierung, »Reaktivierungszustand«, eines Deutz 8006, Bj. 1974, für den täglichen Einsatz.

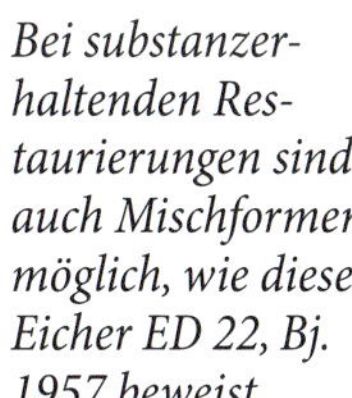

Bei substanzerhaltenden Restaurierungen sind auch Mischformen möglich, wie dieser Eicher ED 22, Bj. 1957 beweist.

Restaurierung oder Restauration?

Oft hört man stolze Traktorbesitzer sagen: »Die Restaurierung habe ich selbst vorgenommen.«
Andere sagen: »Die Restauration habe ich selbst gemacht.« Was ist nun richtig? Restaurierung oder Restauration? Oder bedeuten beide Wörter dasselbe?

Um es gleich vorweg zu sagen: Echte Oldtimer-Kenner verwenden immer das Wort »Restaurierung«. Es kommt aus dem Lateinischen und bedeutet soviel, wie »Wiederherstellen«. Eine Restaurierung bezeichnet damit die Wiederherstellung eines (originalen) Objektzustandes. Der Restaurator ist somit ein Fachmann, der gealterte Objekte wiederherstellt. Das Wort »Restauration« bezeichnet hingegen die Wiederherstellung einer politischen Situation nach einer Revolution. In einer zweiten Bedeutung kann hiermit auch ein gastronomischer Ort bezeichnet werden. Also ein Lokal, in dem man essen gehen kann. Restauration hat nichts mit der Wiederherstellung alter Objekte zu tun. Es für die Wiederherstellung von Oldtimern zu verwenden, ist somit semantisch unkorrekt.

da er stark von einem subjektiven Moment beeinflusst wird. Einige Oldtimer-Sachverständige beobachten hierzu jedoch den Markt, um den ungefähren Wertzuschlag abschätzen zu können. Auch die Ermittlung des ideellen Wertes – damit ist der »persönliche« Wert des Traktors für den Eigentümer gemeint – stellt Restauratoren, vor allem bei wirtschaftlich unrentablen Objekten, immer wieder vor Gewissensentscheidungen. Letztlich kann aber nur der jeweilige Eigentümer einschätzen, welchen Wert der Traktor für ihn darstellt und wie viel ihm die Restaurierung letztlich wert ist. Ist schließlich auch die Wert-Frage geklärt, kann der Restaurierungsansatz ermittelt werden.

Die Praxis der Restaurierungsbetriebe zeigt, dass heute meist drei vom Markt geforderte Restaurierungsansätze zur Anwendung kommen:

1: Besser-als-neu-Restaurierungen,
2: Fabrikneu-Restaurierungen,
3: Substanzerhaltende Restaurierungen.

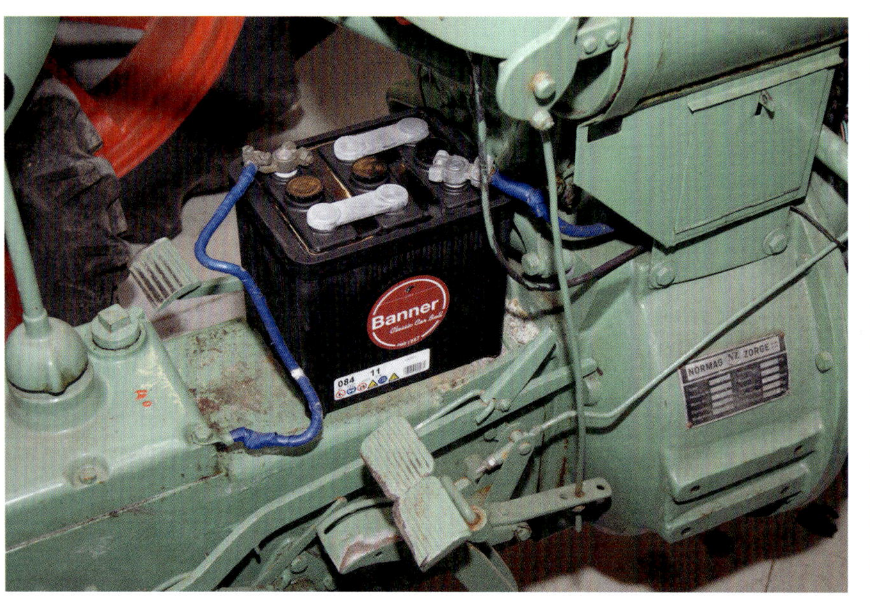

Gute Restaurierungen erkennt man an den Details, wie zum Beispiel der Verwendung einer »Oldtimer-Batterie«.

Einen solchen selbstgezimmerten Verdeckaufbau halten manche Restauratoren für durchaus erhaltenswert.

H-Abnahme

»Nur Fahrzeuge, die vor mindestens 30 Jahren erstmals in den Verkehr gekommen sind, weitestgehend dem Originalzustand entsprechen, in einem guten Erhaltungszustand sind und zur Pflege des kraftfahrzeugtechnischen Kulturgutes dienen, können als Oldtimer eingestuft werden.« So lauten die allgemeinen Voraussetzungen für eine positive Begutachtung gemäß § 23 StVZO, die für die Erlangung des sogenannten H-Kennzeichens nötig sind.

Bei einer H-Begutachtung durch eine Prüforganisation geht es streng zu. Die Sachverständigen sind zumeist Experten auf ihrem Gebiet. Bevor sie zur eigentlichen H-Begutachtung übergehen, verschaffen sie sich immer zuerst einen allgemeinen Überblick. So auch in unserem Beispielfall, einem Eicher ED 22. Dabei überprüft der Sachverständige zuerst, ob das Fahrzeug tatsächlich berechtigt ist, ein H-Kennzeichen zu führen. So muss zu allererst der Tag der Erstzulassung, nicht des Baujahres, genau oder mehr als dreißig Jahre zurückliegen. Lässt sich jedoch die Erstzulassung nicht mehr feststellen, kann nach Vorgabe des TÜV Süd, auch eine positive Begutachtung für ein H-Kennzeichen durchgeführt werden, wenn der Nachweis des Baujahres beziehungsweise Herstellungsjahres oder -datums durch FIN-Aufschlüsselung (siehe Kasten) oder durch Listen des Herstellers erbracht werden kann.

Unser Eicher hat eine Erstzulassung aus dem Jahr 1957. In diesem Punkt erfüllt er schon mal die H-Abnahme mehr als deutlich.

Bei der anschließenden H-Abnahme wird vor allem die Originalität aller Hauptbaugruppen geprüft. Bestehen hieran Zweifel, muss der Fahrzeughalter Nachweise über die Originalität beibringen. Der Sachverständige seinerseits muss sich dann bei der Beurteilung einer Abweichung im Einzelfall mit der »Technischen Leitung« der Überwachungsinstitution abzustimmen. Trotzdem hat der Sachverständige gewisse Spielräume bei seiner Begutachtung. So sind Änderungen zulässig, die nachweislich innerhalb der ersten 10 Jahre nach Erstzulassung oder gegebenenfalls Herstellungsdatum erfolgt sind beziehungsweise möglich oder üblich waren. Darunter fallen auch Änderungen innerhalb der Fahrzeugbaureihe.

Auch nicht-zeitgenössische Änderungen, die nachweislich vor mindestens 30 Jahren durchgeführt wurden, sind erlaubt. Um hier zu beweisen, dass die Baugruppen original sind, können Teilelisten mit Zeichnungen aller relevanten Teile und Marken-Bücher (hier über Eicher) sehr hilfreich sein, um den Originalzustand zu erfassen.

Tipp: Nehmen Sie jedes Infomaterial über Ihr Fahrzeug zur H-Abnahme mit, dessen Sie habhaft werden können. Das sind vor allem Reparaturanleitungen, Werkstatthandbücher, Fachliteratur, aber auch alte Prospekte oder Fotos.

Besonders wichtig ist auch, dass das Fahrzeug überhaupt erhaltungswürdig ist. Voraussetzung hierfür ist ein gepflegter und ordentlicher Gesamtzustand. Bei H-Abnahmen sind die Sachverständigen deshalb angewiesen,

Die FIN

Die FIN (Fahrzeug-Identifizierungsnummer; engl. VIN: vehicle identification number) geht zurück auf die EU-Verordnung 76/114/EWG aus dem Jahr 1981 (heute: Verordnung EU 19/2011; aktualisiert 2019). Sie ersetzt die bis dahin üblichen herstellerspezifischen Fahrgestellnummern. Die FIN ist international genormt und hat 17 Zeichen (Nummern und Buchstaben). Sie besteht aus einer Herstellerkennung (World Manufacturer Identifier, WMI = 3 Zeichen; zum Beispiel: WDE für John Deere), einem fahrzeugbeschreibenden Teil (Vehicle Descriptor Section, VDS = 6 Zeichen,) und einer fortlaufenden Nummer (Vehicle Indicator Section, VIS = 8 Zeichen), die zuweilen vom Baujahr abhängig ist. Alle drei Bereiche der FIN werden vom Hersteller festgelegt und beschreiben neben den Merkmalen des Fahrzeugs auch die Unterschiede zwischen den einzelnen Fahrzeugen einer Baureihe.
Die Nummer findet sich nicht nur mehrfach am Fahrzeug, sondern geht auch aus dem Fahrzeugschein hervor.
Eine Aufschlüsselung der WMI-Codes findet sich im Netz unter: https://www.kba.de/SharedDocs/Downloads/DE/SV/sv32_pdf.pdf?__blob=publicationFile&v=3

Dieser Eicher ED 22 soll ein H-Gutachten bekommen.

Teilelisten, Reparaturanleitungen, Fotos oder Prospekte sind bei einem H-Gutachten für den Nachweis der Originalität sehr hilfreich.

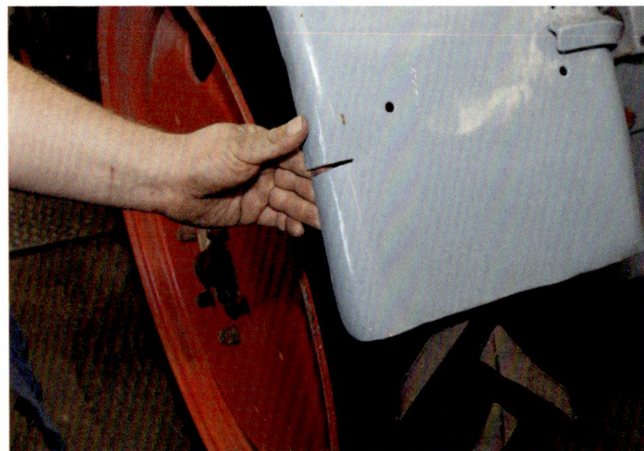

Der Riss im Kotflügel hätte nicht sein müssen. Für eine positive H-Abnahme muss er repariert werden.

Das Fehlstück in der Rücklichtabdeckung vermerkt der TÜV-Prüfer in seinem Prüfbericht als Gebrauchsspuren.

Der Gummi für die Motorhaubenauflage am Tank ist lose. Der Gesamteindruck wird hierdurch stark getrübt.

auf diesen besonders zu achten. So darf jedes kraftfahrzeugtechnisches Kulturgut, auch Traktoren, angemessene Gebrauchsspuren aufweisen. Eine Patina ist manchmal sogar erwünscht – spricht sie doch für Authentizität, nur »verbraucht« darf ein Fahrzeug nicht wirken.

Leichte Kratzer, matter Lack, ein abgegriffenes Lenkrad und Spuren des Gebrauchs an Schaltern oder Pedalen und sogar welliges Blech sind hier im Rahmen der H-Begutachtung.

Ein absolutes No-Go sind hingegen Durchrostungen, Risse, abgefahrene Reifen, Beulen oder ölende Motoren oder Antriebsstränge. Ebenfalls dürfen auch keine wesentlichen Teile fehlen und Unfallrestschäden oder Anzeichen unsachgemäßer Instandsetzungen erkennbar sein.

Eine positive H-Begutachtung setzt deshalb auch voraus, dass das Fahrzeug ohne erkennbare technische Mängel im Sinne der StVZO unter Berücksichtigung des damaligen Standes der Technik und Vorschriftenlage ist. Aus diesem Grund ist auch die HU (Hauptuntersuchung) Bestandteil der H-Abnahme.

Stand der Technik und Vorschriftenlage bedeutet übrigens, ein Fahrzeug kann zum Beispiel mit anderen Beleuchtungseinrichtungen ausgerüstet sein, wenn dies zum Zeitpunkt der Erstzulassung zulässig war. Beides ist am Eicher der Fall. Von den Fahrgeräuschen wäre er für eine heutige Zulassung sicherlich zu laut und die Bremslichter haben gelbes statt rotes Streuglas. Gelbes Bremslicht war aber noch bis 1. Januar 1983 zulässig. Sind diese Punkte vom Sachverständigen geklärt, geht er meist zur eigentlichen H-Begutachtung über. Dabei wird die genaue Reihenfolge der so genannten Pflicht-Prüfpunkte eingehalten, um nichts zu vergessen oder zu übersehen.

Zuerst wird dabei das Gesamtfahrzeug eindeutig identifiziert. Neben dem Hersteller, sind hier die Modellbaureihe, der genaue Typ und die Ausführung genauestens zu ermitteln.

Feststellen lässt sich dies meist an der Fahrgestellnummer (oder »FIN«). Fahrgestellnummern sind seit 1938 in Deutschland verbindlich. Nach deutschem Recht muss die Fahrgestellnummer vorne rechts am Rahmen, oder an einem entsprechenden Karosserieteil eingeschlagen sein. Zulässig sind das Einprägen mit Schlagzahlen (positiv- oder negativ) oder das Einprägen mit Punkten. Bis Erstzulassung vor 1.10.1969 sind auch elektrisches Gravieren oder ein aufgenietetes Typenschild möglich (§ 59 Abs. 1 oder 2, StVZO. Lässt sich das Fahrzeug nicht identifizieren, ist nach § 59 Abs. 3, StVZO zu verfahren.).

Auch die Motornummer oder Motortyp-Kennzeichnung muss original und sichtbar (zum Beispiel durch eingeschlagene oder gegossene Nummern oder Typbezeichnungen) oder durch Übereinstimmung der optischen Erscheinung inklusive der Nebenaggregate nachvollziehbar sein (siehe unten).

Die Fahrgestell- und Motornummer unseres Traktors stimmen mit den Eicher-Baureihen und den Fahrzeugpapieren überein. Der Eicher ED 22 ist eindeutig aus dem Jahr 1957.

Anschließend werden die Hauptbaugruppen des Traktors geprüft. Das äußere Gesamterscheinungsbild des ED 22 entspricht in etwa dem damaligen Originalzustand.

Hierbei nimmt der Sachverständige den Aufbau beziehungsweise die Karosserie genau in Augenschein. Damit zum Beispiel die Motorhaube nicht aus Kunststoff nachgearbeitet ist, vergewissert er sich auch, dass sie aus dem Originalwerkstoff besteht. Bei Traktoren gab es auch Motorhauben aus Kunststoff. Hätte es eine solche auch für den Eicher gegeben, dann müsste er sie selbstverständlich als original einstufen. Auch bei der Karosserie gilt: Änderungen der Fahrzeug- und Aufbauart sind nur dann zulässig, wenn sie zeitgenössisch sind.

Auch der Lack wird genau inspiziert. Der ED 22 wurde komplett neu, aber im Originalfarbton lackiert (genauer: gepinselt). Für die H-Abnahme stellt der neue Lack kein Problem dar, da sogar andere zeitgenössische Farbgebungen zulässig wären. Was aber nicht geht, sind gemusterte Lacke und/oder Motive, wie sie vom Airbrush bekannt sind. Hingegen sind zeitgenössische Designvarianten, Reklamemotive oder damalige Firmenaufschriften erlaubt.

Beim Blick unter die Haube, stellt der Sachverständige die schlecht instand gesetzten Bleche der Motorhaubenversteifung und anschließend den Riss im Kotflügel und diverse andere Schäden fest. Instandsetzungen dürfen das Gesamterscheinungsbild nicht beeinträchtigen und müssen fachgerecht ausgeführt sein. Die am Eicher ED 22 erfordern noch viel Nacharbeit. Aber einen großen Pluspunkt hat der Traktor: Die Teile sind alle original. Dass beweist auch der Blick in die Teileliste.

Weiter geht es mit der Begutachtung von Rahmen und Fahrwerk. Die Komponenten des Eicher-Rahmens sind ohne Zweifel original. Hier wären auch ein Originalersatzteil oder eine vom Hersteller freigegebene Nachfertigung zulässig. Gleiches gilt für das Fahrwerk. Aufhängungen, Verstrebungen und Achsschenkel. Sie müssen original sein. Neben Originalersatzteilen sind hier aber auch zeitgenössische Umrüstungen, zum Beispiel Spurverbreiterungen mit Werksfreigabe und/oder Prüfzeugnis, erlaubt. Da die Aufhängungen am Eicher in gutem Zustand sind und die Blattfedern weder Brüche aufweisen, noch durchhängen, erfüllt Dieters Traktor in

Dem wachen Auge des Prüfers entgeht nichts. Das Eicher-Emblem ist mit Spax-Schrauben befestigt.

Die Rahmenkomponenten und Aufhängungen des Eicher ED 22 sind original und in einem guten Zustand.

Der Motor des ED 22 ist immer noch der erste. der Sachverständige vergleicht ihn mit der Teileliste.

Der Auspuff des Eichers scheint nicht original zu sein. Dies muss extra geklärt werden.

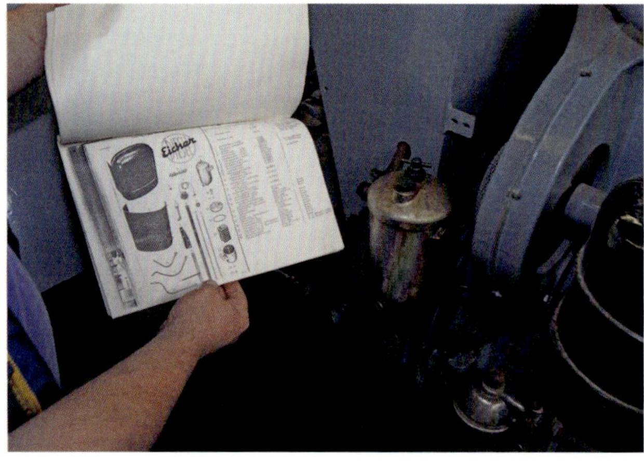

Selbst »Kleinigkeiten«, wie der Kraftstofffilter, werden bei der H-Abnahme auf Originalität geprüft.

Die Bremsen an der Hinterachse sind original. Bei der H-Abnahme werden sie im Fahrversuch getestet.

Die TÜV-Sachverständigen wissen, dass alte Traktoren oft ein starkes Lenkspiel haben.

Der Prüfer entdeckt die beiden Inbus-Schrauben am Lenkstock. Das gibt deutlichen »Punkt-Abzug«.

diesem Punkt die H-Kriterien. Das trifft auch für den Motor des Eichers und seine Anbauteile zu. Auch diese Teile müssen für eine positive H-Begutachtung original sein. Hier gelten jedoch folgende Ausnahmen:

Ein Problem bei älteren Fahrzeugen ist häufig, dass die Motoren aufgrund hoher Laufleistung getauscht werden mussten. Sofern ein Austausch notwendig war, ist dieser nur mit Motoren der gleichen Baureihe erlaubt, damit das Kriterium des Originalzustands erfüllt wird. Da es oft schwierig ist, einen entsprechenden Motor aufzutreiben, kann in begründeten Ausnahmesituationen auch der Tausch mit einem neueren Motor erlaubt werden. Dieser muss aber mindestens auch 30 Jahre alt sein.

Der Sachverständige interessiert sich auch für die Motor-Peripherie. Hier überprüft er deshalb anhand von Teilelisten, ob ausschließlich Originalbaugruppen (zum Beispiel Einspritzpumpe, Luftfilter, Lichtmaschine u.a.) verbaut sind. Am ED 22 ist hier, bis auf den Auspufftopf, alles in Ordnung. Da Ersatzteile bereits damals teuer waren und deshalb öfters so genannte Identteile anderer Hersteller gerne verbaut wurden, sind zeitgenössische Änderungen mit Werksfreigabe und/oder Prüfzeugnis auch möglich.

Besonders bei Auspufftöpfen wurde gerne gespart. Will ein Oldtimerliebhaber jedoch wieder den Original-Topf, anstatt eines billigen Identteiles, und ist dieser nicht erhältlich, kann auch eine nachgefertigte Abgasanlage verbaut werden. Diese darf sogar aus Edelstahl sein. Solche Nachbauten müssen aber von der Form genau dem Original entsprechen und dürfen nicht zu einer Verschlechterung des Abgas- und Geräuschverhaltens führen.

Im Vergleich zum Motor und seiner Peripherie sind die H-Kriterien beim Getriebe und der Kupplung noch strenger. Hier werden vom Prüfer nur Originalgetriebe oder solche aus der Fahrzeugbaureihe akzeptiert. Hier werden auch Fahrversuche durchgeführt, denn bei diesen stellt sich schnell heraus, ob an der Getriebeabstufung manipuliert wurde.

Der nächste Prüfpunkt ist die Bremsanlage. Hier gilt ebenfalls, dass nur eine Originalausführung oder Anlage aus der Fahrzeugbaureihe zur positiven H-Abnahme führt. Jedoch sind zeitgenössische Umbauten von mechanischer auf hydraulische Betätigung oder von Einkreis- auf Zweikreisanlage kein Hindernis für das H-Gutachten.

Auch für die Lenkung gelten hinsichtlich der Originalität die bereits mehrfach genannten Kriterien. Wurde ein Sonderlenkrad verbaut, muss dies zeitgenössisch sein und ein Prüfzeugnis vorgelegt werden. Bei der Überprüfung der Lenkung testen die Sachverständigen auch die Funktion. Besonders das Lenkungsspiel muss im

Rahmen der Werkstoleranz liegen. Die Sachverständigen wissen jedoch, dass damals Lenkungen, wie zum Beispiel die des ED 22, bauartbedingt mehr Spiel hatten, als heute. Das wird berücksichtigt.

Bei den Reifen beziehungsweise Rädern haben die Sachverständigen ebenfalls gewisse Spielräume. Gerade in Bereich der Traktoren sind viele Sonderräder, wie zum Beispiel Schonbereifungen, zulässig, sofern hierfür Prüfzeugnisse oder Werksfreigaben vorliegen. Dabei ist jedoch immer zwingend auf Original-Reifen- und Felgengrößen zu achten.

Zulässig sind auch Umrüstungen von Diagonal- auf Radial-Reifen, sofern sie vergleichbare Abmessungen haben. Bei solchen Umrüstungen empfehlen die Sachverständigen, sich vorher mit ihnen in Verbindung zu setzen, damit versehentlich keine falschen Reifengrößen montiert werden.

Streng nach Originalzustand werden auch die elektrische Anlage und die lichttechnischen Einrichtungen geprüft. Bei vielen Traktoren müssen jedoch Blinker und eine Warnblinkanlage nachgerüstet werden. Das schreibt der Gesetzgeber vor. Bei solchen Umbauten oder Nachrüstungen achtet der Prüfer dann auf ein zeitgenössisches Erscheinungsbild. Mini-Blinker oder gar solche mit LED-Technik sehen die Prüfer jedoch nicht gern.

Zulässig ist aber die Umrüstung von 6 Volt Betriebsspannung auf 12 Volt. Der Umbau muss aber fachgerecht ausgeführt sein und darf das Erscheinungsbild des Fahrzeugs keinesfalls beeinträchtigen.

Selbstverständlich wird auch das Armaturenbrett, der »Innenraum« und das Zubehör des Traktors auf seine Originalität hin überprüft. Veränderungen an den Armaturen sind nur zulässig, wenn diese wegen einer Nachrüstung erfolgen mussten. Auch der Sitz muss weitestgehend dem Originalzustand entsprechen. Werden Sitzpolster verändert, ist auf ein zeitgenössisches Muster zu achten.

Bei Nutzfahrzeugen, wie Traktoren, müssen die Oldtimer-Sachverständigen auch auf den Original-Aufbau achten. Gemeint sind hier die Fahrerkabine oder auch Geräte, die am Traktor montiert sind. Hier werden aber auch originalgetreue Nachbauten oder zeitgenössische Varianten für die H-Zulassung akzeptiert.

Am Ende seiner Begutachtung steht meist das H-Gutachten, oder eine Liste von Dingen, die noch geändert werden müssen, damit eine H-Zulassung zugeteilt werden kann. Beim Eicher ED 22 müssen noch originalen Fehlteile, wie die Scheinwerfer, das hintere linke Rücklicht oder der Hebelarm der Ackerschiene montiert werden. Auch die billigen Baumarkt-Muttern und Schrauben sind noch gegen Originale auszutauschen.

Die Größen der Reifen werden mit den Angaben in den Fahrzeugpapieren verglichen.

Der Abstand zwischen Radaufnahme und Reifen darf nicht zu eng sein. Hier ist alles original.

Die Profile der Reifen passen gut zum Erscheinungsbild des Eichers. Auch Sonderreifen, wie Schonbereifung, wären erlaubt.

Auch Kleinigkeiten, wie die Original-Metallventile, nimmt der TÜV-Prüfer in seinen Bericht auf.

Auf dem Eicher sind Diagonal-Reifen montiert. Eine Umrüstung auf Radial-Reifen wäre möglich.

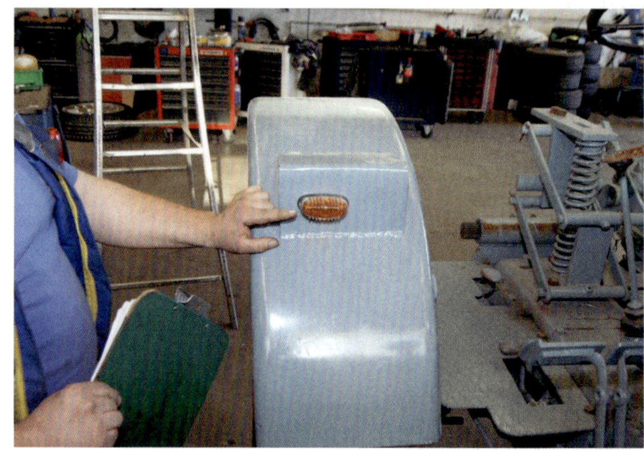

Der Blinker wurde nachgerüstet. Hier wird auf ein zeitgenössisches Erscheinungsbild geachtet.

Die Original-Scheinwerfer müssen noch montiert werden. Sie liegen noch in der mitgegebenen Teilekiste.

Zum Ende der H-Begutachtung werden alle Prüfergebnisse in einem ausführlichen Gutachten zusammengefasst.

Werkstattpraxis

Bild vorige Seite: Hinter einer Scheune steht dieser Traktor unter einer Plane geschützt vor Wind und Regen.

Sieht der Reifen nach der Standzeit so aus, muss er aus Sicherheitsgründen dringend gewechselt werden.

Ausmotten

Viele ausgediente oder nutzlos gewordene Traktoren erleiden das gleiche Schicksal. Sie werden achtlos in einem Schuppen oder irgendwo hinter der Scheune abgestellt. Da ihr Besitzer völlig das Interesse an ihnen verloren hat, wird oft nicht mal die Batterie abgeklemmt, geschweige denn irgendwelche Konservierungsmaßnahmen getroffen. So stehen sie dann Monat um Monat und Jahr für Jahr, bis schließlich ein »Traktorprinz« zufällig des Weges kommt und das schlafende Traktor-Dornröschen wecken will. Leider ist es dann aber nicht wie im Märchen. Ein zärtlicher Kuss auf die Motorhaube hilft nur wenig bis gar nichts. Denn wie es bereits im Volksmund heißt: Wer rastet, der rostet. Vor dem ersten Start muss schon aus Sicherheitsgründen die Technik des alten Traktors besonders geprüft werden. Schließlich wissen Sie nicht, weshalb der Besitzer einst den Traktor abgestellt hat. Lebt dieser dann schon lange nicht mehr, haben auch oft die Erben keine Ahnung. Im schlimmsten Fall sind die Bremsen defekt oder der Motor hat einen beginnenden Lagerschaden.

Nun könnten Sie den Traktor einfach auf einen Hänger laden und zum Wiederbeleben in die nächste Landmaschinen-Werkstatt Ihres Vertrauens bringen. Doch mit einem einfachen Kundendienst ist es auch dort nicht getan. Kaum ein Traktor-Hersteller gibt Hinweise darauf, wie seine einstigen Produkte nach langem Stehen, wieder in Betrieb zu nehmen sind. Hinzu kommt, dass oft Servicehefte fehlen, aus denen Serviceintervalle, Einstelldaten und Pflegemaßnahmen hervorgehen. In den Werkstätten sind daher viel Eigeninitiative und Erfahrung gefragt, um den Traktor fachgerecht wieder in Betrieb zu nehmen. Doch mit etwas technischem Sachverstand kann man das auch selbst machen, da viele Checkpunkte für alle Old- und Youngtimer Gültigkeit haben.

Ziel bei der Wiederbelebung eines Traktors sollte immer sein, diese so schonend, wie möglich durchzuführen. Deshalb ist es wichtig, sich über den technischen Zustand des Traktors ein umfassendes Bild zu machen. Los geht es mit dem Standplatz. Immerhin stand dort der Traktor unter Umständen viele Jahre, so dass es sich lohnt, einen Blick unter den Traktor zu werfen. Oft zeigen sich nach der langen Standzeit Ölflecken auf dem Boden, die auf Undichtheiten am Motor, Getriebe oder Differenzial hinweisen und sich jetzt leicht lokalisieren lassen. Auch können sich Flecken anderer Betriebsmittel wie Brems- oder ggf. Kühlflüssigkeit finden! Ist alles trocken unter dem Traktor, ist er entweder dicht oder die Betriebsflüssigkeiten wurden abgelassen.

Oft wurde der Traktor auch abgestellt, ohne ihn aufzubocken oder regelmäßig nach dem Luftdruck in den Reifen zu sehen. Dann müssen jetzt besonders die Reifen überprüft werden, denn sie leiden besonders, wenn sie lange Zeit auf einer Stelle stehen. Aufgrund mangelnden Luftdrucks bekommen sie dann einen Standplatten. Ist dieser bei langsamen Traktoren noch hinnehmbar, sind unrunder Lauf und Vibrationen bei so genannten Eil-Bulldogs oder Unimogs eine lästige und gefährliche Sache. Ist der Strandplatten stark, bleibt oft nur der komplette Reifenwechsel übrig, um wieder Ruhe ins Fahrwerk zu bekommen.

Doch selbst wenn der Traktor aufgebockt war, steht es mit dem Reifenluftdruck meist nicht zum Besten, denn auch entlastete Reifen verlieren mit der Zeit Druck. In beiden Fällen sollte daher vorab der Luftdruck der Reifen kontrolliert bzw. die Reifen aufgepumpt werden, bevor man den Traktor das erste Mal wieder bewegt. Doch Vorsicht, da die Reifen meist sehr alt sind, ihr Gummi entsprechend spröde sein kann, können sie beim Aufpumpen unvermittelt platzen. Daher sollten die Reifen nur langsam aufgepumpt werden. Keinesfalls sollte der Luftdruck zu hoch werden. Hören Sie beim Aufpumpen ein Zischen, brechen Sie den Versuch sofort ab, denn der Reifen könnte jeden Moment platzen. Trotz des Risikos sollte man einen Aufpumpversuch wagen, da man oft nur so eine Chance hat, den Traktor vom Standplatz zu bergen. Nebenbei noch: Reifen können nach vielen Jahren aber auch noch wie neu aussehen. Doch hier kann der äußere Eindruck täuschen. Ein Blick auf das Herstellungsdatum des Reifens gehört daher unbedingt zum Check. Sind die Reifen älter als 10 Jahre, müssen sie später unbedingt getauscht werden. Das empfiehlt sich insbesondere bei hoch motorisierten oder sehr schweren Traktoren. Auch sind Reifen unbedingt zu wechseln,

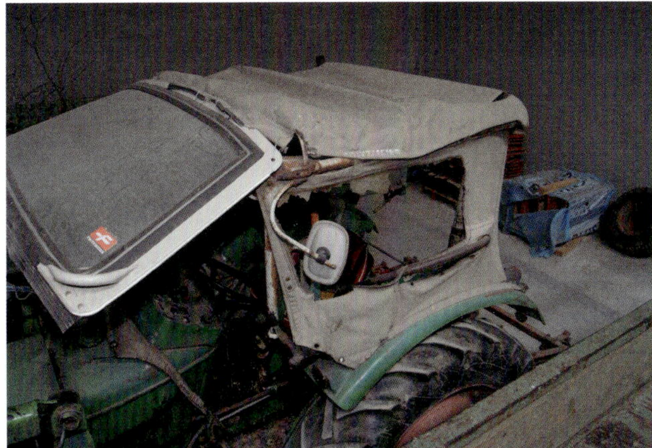

Ein solches Stoffverdeck ist nicht mehr zu retten. Es ist völlig ausgetrocknet und beim Öffnen gebrochen.

Ist das (Kunst-)Leder des Sitzes bereits so verschlissen, hilft nur noch ein neuer Bezug.

Die Traktorwäsche muss an einem Platz mit Ölabscheider durchgeführt werden. Am besten an der Tanke.

wenn sie bereits kleine Risse zeigen. Dies ist ein Beleg dafür, dass die Weichmacher aus dem Reifen diffundiert sind. Ursache für den Weichmacherverlust ist meist die UV-Strahlung der Sonne. Speziell wenn der Traktor lange Zeit draußen stand.

Beim Bergen des Traktors ist es meist der Fall, dass die Bremsen festgerostet sind. Auch wurde oftmals die Handbremse noch angezogen, die, zum allgemeinen Verdruß, ebenfalls festgerostet ist. Bevor überhaupt an ein Ziehen oder Schieben gedacht werden kann, müssen Fahrt- und Parkbremse erst gangbar gemacht werden. Nehmen Sie deshalb Kriechöl zum Sprühen und Werkzeug mit. Scheuen Sie sich nicht, die Bremsen und Seilzüge damit kräftig einzusprühen. Sie müssen sie ohnehin später restaurieren bzw. reparieren. Hat sich die Bremse gelöst, sollte ein alter Traktor, der lange stand, immer nur mit einem Transporter oder Hänger transportiert werden. Keinesfalls sollte er geschleppt werden. Der Grund ist einfach: Sie wissen nicht, ob der Antriebstrang noch geschmiert ist bzw. ob der Traktor nicht mit einem Getriebe-, Differenzial-, Achs- oder Radlagerschaden abgestellt wurde. Beachten Sie beim Transport alle Sicherheitsvorkehrungen. Kennen Sie diese nicht, ist es ratsam, einen Transportprofi zu beauftragen!

Auf dem Weg nach Hause sollte sie gleich an der nächsten Tanke mit Waschplatz vorbeifahren, denn es heißt jetzt erst einmal, den Traktor zu waschen, und das geht aus Umweltschutzgründen nur dort. Auch wenn der Traktor in einer Garage oder einem Schuppen stand, ist er nämlich oft mit einer schmierigen Staubschicht überzogen und die muss runter, besonders wenn man wissen will, wie gut oder schlecht der Traktor beieinander ist. Bei dieser Gelegenheit sind die Karosseriebleche (Kotflügel, Motorhaube, Kabine) und Anbauteile auf Rost und Beschädigungen zu überprüfen. Das Waschen zeigt auch schnell, ob alle Gummidichtungen die lange Standzeit überstanden haben oder ob doch Wasser in die Kabine oder Werkzeugkisten eindringt. Ist dies der Fall, können später die Gummidichtungen mit einem geeigneten silikonhaltigen Pflegemittel behandelt werden. Lassen Sie nach der Silikon-Behandlung Türen, Motorhaube und andere Deckel für einige Stunden offen stehen. Die Dichtungen haben dann Zeit sich unter dem Einfluss des Pflegemittels zu entspannen. Erst wenn die Dichtungen nach dieser Maßnahme nicht mehr dicht oder gar brüchig sind, sollten sie getauscht werden.

Bei Stoffverdecken ist zunächst die Gangbarkeit des Spriegels zu testen. Wie hart ist der Verdeckstoff? Keinesfalls sollten Sie versuchen, das Verdeck zu schließen, wenn der Stoff verhärtet ist. Er kann dann brechen. Sind Spriegel und Stoffverdeck noch brauchbar, sollte es vor einer Handwäsche durch Absaugen gründlich von Staub befreit und der Spriegel geschmiert werden. Zum Trocknen stellt man den Traktor dann mit geschlossenem Verdeck an einem möglichst schattigen Platz ab, um Wasserflecken zu vermeiden. Nach dem Trocknen sollte man reichlich Verdeckpflegemittel auf den Stoff aufsprühen. Das macht den harten Stoff wieder geschmeidig und verhindert Brüche in der ggf. vorhandenen Gummischicht. Vergessen Sie auch nicht, Gummidichtungen mit Hirschtalg oder Silikonspray zu behandeln.

Natürlich kontrolliert man auch alle Schlösser, Scharniere und – falls vorhanden – das Scheibenwischergestänge auf Funktion und sprüht sie reichlich mit Kriechöl ein, um sie zu lösen oder Korrosion bzw. Festgehen vorzubeugen. Danach können Sie Korrosion leicht mit Waschbenzin oder Terpentin ab- bzw. auswaschen. Vergessen Sie nicht, danach alles wieder zu schmieren.

Bei Traktoren mit Ledersitzen sind diese noch gründlich mit Lederfett zu behandeln. Lassen Sie dem Fett genügend Zeit, einzuwirken! Wärme beschleunigt das Eindringen des Fetts in die Lederstruktur. Überschüssiges Fett erst nach ein paar Tagen mit einem sauberen Baumwolltuch abwischen.

Mit Sicherheit hat die Batterie, sofern noch eine eingebaut ist, keine Spannung mehr und ist nach vielen Jahren jetzt völlig leer. Ein Nachladen dieser tiefentladenen Batterien hat mit hoher Wahrscheinlichkeit keinen Sinn mehr. Sie gehört daher fachgerecht entsorgt und durch eine neue Batterie ersetzt. Sie wird auch benötigt, da die Traktor-Elektrik vor dem ersten Start des Motors zuerst getestet werden muss. Wer möchte schon einen Kabelbrand riskieren? Auch wenn manches funktionieren wird, einige elektrische Verbraucher werden es nach der langen Standzeit sicher nicht mehr. Der Fehler liegt meist bei oxidierten Kontakten. Kontaktspray behebt solche Defekte für´s erste schnell.

Bevor man jetzt drangehen kann, den Motor zu starten, müssen das Kraftstoffsystem und der Tank gereinigt und auf Dichtheit überprüft werden. Testen Sie auch, ob das Vergaser- bzw. Einspritzungsgestänge freigängig ist und die Schieber oder Drosselklappen sich einwandfrei öffnen und schließen. Kontrollieren Sie auch den Luftfilter und reinigen ihn. Wundern Sie sich nicht, wenn Sie im Luftfilter Mäuse, Wespen oder Hummeln finden. Der Ansaugschnorchel übt auf diese Tiere, wie auch der Auspuff, eine magische Anziehungskraft aus. Anschließend ist vor dem ersten Motorstart das Motoröl- und – falls Sie einen wassergekühlten Traktor gekauft haben – das Kühlwasser durch neues zu ersetzen. Tauschen oder reinigen Sie vorher auch noch den Ölfilter. Ganz wichtig ist auch, bevor Sie neues Öl in den Motor einfüllen, die Ölwanne von innen von Ölschlamm zu befreien. Vergessen Sie auch nicht, alle Öle im Kraftstrang zu wechseln. Sind alle Öle neu und das Kühlwasser gewechselt, wird der Motor mit dem Starter ohne Zündung durchgedreht. Klemmen Sie bei Ottomotoren hierzu die Stromversorgung (Plus-Kabel) der Zündung ab, bei Dieselmotoren muss die Dieselversorgung unterbrochen werden. Das Starten stellt sicher, da das Öl während der Standzeit viel

Das Gasgestänge muss leichtgängig sein. Es sollte vor der ersten Fahrt gründlich geschmiert werden.

Der Luftfilter ist die Lunge des Motors. Soll er gut anspringen und laufen, gehört er öfters gewechselt.

Das alte Motoröl ist noch im Motor. Es muss vor dem ersten Start dringend gewechselt werden.

So sieht ein Ölfilter aus, der jahrelang nicht gereinigt wurde. Wird der Motor gestartet, droht Schmierungsmangel.

Zeit hatte, von den Schmierstellen in die Ölwanne abzulaufen, dass das Motoröl bereits vor dem ersten Anspringen die wichtigsten Schmierstellen im Motor erreicht hat. Der Starter wird in der Regel so lange betätigt, bis die Ölkontrollleuchte verlischt. Bei Fahrzeugen ohne Ölkontrollleuchte sollte der Starter mindestens 30 Sekunden den Motor drehen.

Wenn sich der Motor nicht durchdrehen lässt, bedeutet dies, dass der oder die Kolben festgerostet sind oder der E-Starter defekt ist. Im schlimmsten Fall ist dann erst eine Motorüberholung fällig, oder, wer Glück hat, braucht nur den E-Starter reparieren.

Dreht der Motor, ist er startbereit und sollte bei Freigabe der Zündung bzw. des Diesels anspringen. Dazu braucht es sicherlich einige Startversuche. Wer übrigens vor dem ersten Start ganz sicher gehen will, ob der Motor mechanisch in Ordnung ist, kann nach dem Ölwechsel einen dynamischen Kompressionstest der Zylinder vornehmen. Dazu werden die Zündkerzen bzw. die Einspritzdüsen ausgebaut und ein sogenannter Kompressionstester auf die Öffnung gedrückt. Gleichzeitig betätigt jemand den Starter bei voll geöffnetem Gas. So wird bei jedem Zylinder vorgegangen. Die Prüfergebnisse dürfen für alle Zylinder nur ca. um ein Bar voneinander abweichen. Die Kompressionstoleranz zwischen den einzelnen Zylindern darf ebenfalls nicht mehr als ein Bar betragen. Da der Motor lange nicht gelaufen ist, wird das Messergebnis entsprechend schlecht ausfallen. Deshalb sollte der dynamische Kompressionstest nach dem ersten Lauf des Motors wiederholt werden.

Bei sehr teuren und seltenen Traktoren bietet es sich auch an, einen Ölcheck vor dem ersten Start durchführen zu lassen. Dazu wird eine Probe des alten Motoröls an die Firma OELCHECK GmbH in Brannenburg geschickt (https://de.oelcheck.com/). Die dortigen Ölspezialisten analysieren die Inhaltsstoffe des Öls und können so Rückschlüsse auf den mechanischen Zustand des Motors ziehen. Das Ergebnis der Ölanalyse wird dem Einsender in Form eines Laborberichts innerhalb weniger Tage per E-Mail zugesendet. Für die fachgerechte Probenentnahme sollte man jedoch vorher das von OELCHECK angebotene All-inclusive-Analysenset bestellen. Die Preise für den Ölcheck sind direkt bei OELCHECK anzufragen.

Springt der Motor an, lässt man ihn im Standgas laufen, bis er auf Betriebstemperatur gekommen ist. Beim Warmlaufen eines wassergekühlten Motors ist auf das gesamte Kühl- und – falls bereits vorhanden – Heizungssystem zu achten, ob es dicht ist. Je wärmer der Motor wird, desto mehr Druck wird in diesen aufgebaut. Da Schläuche bei alten Traktoren dazu neigen, nach längeren Standzeiten brüchig zu werden, zeigen sich

Auch die Öle aus dem Antriebsstrang müssen vor der Wiederinbetriebnahme gewechselt werden.

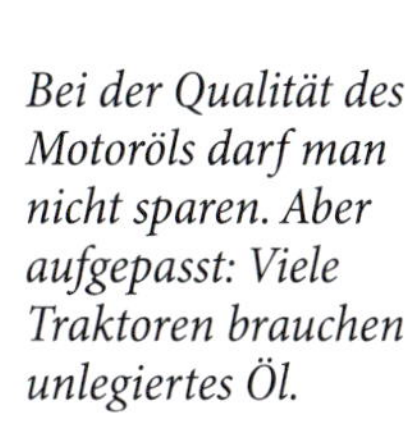

Bei der Qualität des Motoröls darf man nicht sparen. Aber aufgepasst: Viele Traktoren brauchen unlegiertes Öl.

In den Antriebsstrang passen bis zu 40 Liter und mehr Öl. Nach drei Betriebsstunden sollte es nochmals gewechselt werden.

Bei Wasserkühlung: Vor und nach dem Start des Motors wird das Kühlsystem überprüft, ob es auch dicht ist.

Wer den Verdacht hat, dass der Motor einen Standschaden abbekommen hat, macht vor dem ersten Start einen Kompressionstest.

Läuft der Motor das erste Mal im Standgas, muss alles ständig auf Dichtheit geprüft werden.

Wer gründlich ist, führt an seinem Traktor nach der langen Standzeit einen kompletten Schmierdienst durch.

Wer sichergehen will, sollte die ersten Vollbremsungen nach langer Standzeit immer auf abgelegenem Terrain durchführen.

Undichtheiten meist erst bei Betriebstemperatur. Auch das Kraftstoffsystem muss nach dem ersten Starten des Motors auf undichte Stellen überprüft werden. Hier sind es besonders die Kraftstoffleitungen, auf die man achten muss. Offensichtlich brüchige und undichte Schläuche sind vor dem ersten Start des Motors noch zu wechseln!

Als Nächstes ist bei hydraulischen Bremssystemen die Dichtheit der Komponenten zu überprüfen. Bei Traktoren, die bereits über einen Bremskraftverstärker verfügen, sollte dies nur bei laufendem Motor geschehen, damit das System Druck aufbauen kann. Zur Überprüfung betätigen Sie die Bremse mehrmals und kontrollieren anschließend alle Bremssättel, Bremsleitungen, den Ausgleichsbehälter und ggf. den Bremskraftverstärker auf Dichtheit und Funktion. Testen Sie auch den Zustand der Bremsflüssigkeit. Besser noch: Sie wechseln sie vor dem ersten Testlauf! Da Bremsflüssigkeit hygroskopisch (wasseranziehend) ist, hat sie mit zunehmendem Alter immer mehr Wasser gebunden und kann bei hoher Beanspruchung Dampfblasen bilden, die zum Zusammenbruch des Bremsdrucks führen. Nicht umsonst ist ihr reguläres Wechselintervall zwei Jahre.

Bei mechanisch betätigten Bremsen muss die Freigängigkeit des Bremsgestänges gewährleistet sein. Achten Sie hier darauf, ob sich die Bremse selbstständig in ihre Ausgangsposition zurückstellt. Gegebenenfalls muss das Gestänge geschmiert und eingestellt werden.

Trotz dieser Überprüfung ist bei der ersten Probefahrt äußerste Vorsicht geboten. Flugrost auf den Bremsscheiben oder in den Bremstrommeln kann den Bremsweg erheblich verlängern. Eine Reinigung der Bremsscheiben und/oder -trommeln und eine anschließende Bremsenprüfung beugen hier unangenehmen Überraschungen vor. Bei der Gelegenheit sollten die alten Bremsbeläge gleich gegen neue getauscht werden. Die alten sind meist durch die lange Standzeit völlig verhärtet. Das führt ebenfalls zu verlängerten Bremswegen.

Ein Augenmerk ist auch auf Lenkung und Fahrwerk zu richten. Durch die lange Standzeit kommt es vor, dass geschmierte Lenkgetriebe, -gestänge und Fahrwerkskomponenten schwergängig werden. Dies liegt am verharzten Schmierfett. Hier hilft aber konventionelles Abschmieren mit der Fettpresse, um einen betriebsfähigen Zustand dieser Komponenten wiederherzustellen. Testen Sie dann den Verschleiß der Lenkungskomponenten. Riskieren Sie nicht, mit einer defekten Lenkung zu fahren!

Bevor es jetzt wieder auf die Straße bzw. den Acker geht, muss noch die Ausrüstung des Traktors auf Vollständigkeit überprüft werden. Sind Verbandskasten (abgelaufen?), Sicherheitsweste, Warndreieck und Werkzeug

Checkliste: Ausmotten

Prüfpunkt	Begründung
Boden unter dem Traktor kontrollieren	Ausgetretene Flüssigkeiten geben Hinweise auf Undichtheiten.
Reifen auf Standschäden, Alter und Luftdruck kontrollieren	Bei Traktoren, die nicht aufgebockt waren, kann schleichender Luftverlust zu Standplatten und damit zu defekten Reifen führen. Der Luftdruck ist auch bei aufgebockten Traktoren zu kontrollieren, um Schäden bei der ersten Fahrt zu verhindern.
Gründliche Wäsche	Staub und Schmutz entfernen, um den Zustand besser erkennen zu können.
Karosseriebleche und Rahmen auf Rost und Beschädigungen prüfen	Korrosion und kleine Schäden müssen genau lokalisiert werden, um bei der Restaurierung keine bösen Überraschungen zu erleben.
Bei Wäsche, Gummidichtungen auf Dichtheit überprüfen	Alte Gummidichtungen lassen sich mit einem geeigneten silikonhaltigen Gummipflegemittel leicht reaktivieren. Nach der Behandlung Türen, Deckel und Motorhaube für einige Stunden offenstehen lassen, damit die Dichtungen Zeit haben, sich zu entspannen. Sind die Dichtungen brüchig oder weiter undicht, müssen sie getauscht werden.
Bei Stoffverdecken vor dem Waschen das Verdeck durch Absaugen gründlich von Staub befreien. Wenn das Verdeck hart ist, reichlich mit Verdeckpflege-Spray behandeln.	Schmutz und Staub verhindern, dass Pflegemittel in die Stoff- bzw. Gummistruktur eindringen kann. Zum Trocknen ist der Traktor mit geschlossenem Verdeck an einem möglichst schattigen Platz abzustellen. Dem Pflegemittel Zeit geben, seine Wirkung zu entfalten. Das kann manchmal ein oder zwei Tage dauern.
Alle Schlösser und Scharniere mit Kriechöl einsprühen (auch Verdeck-Spriegel abschmieren)	Geschmierte Schlösser und Scharniere werden wieder gängig und können besser auf Funktion getestet werden. Das Schmiermittel löst Korrosion und Schmutz an. Beides kann mit Waschbenzin oder Terpentin dann ausgewaschen werden.
Ledersitz einfetten	Das Leder wird wieder geschmeidig. Auch hier ein oder zwei Tage warten, bis das Leder wieder belastet wird.
Zustand der Batterie überprüfen	Bei sehr langen Standzeiten ist die Batterie sicher sulfatiert. Am besten neue Batterie einbauen.
Elektrik auf Funktion überprüfen	Kontakte und Schalter oxidieren bei langen Standzeiten. Kontakte müssen dann mit feinem Schmirgelleinen überarbeitet und anschließend mit Kontaktspray gereinigt werden.
Lenkgetriebe, -gestänge und Fahrwerkskomponenten vor Betrieb genau auf Funktion und Spiel überprüfen.	Verharztes Schmierfett, Korrosion und Verschleiß können die Funktion beeinträchtigen.
Ölstände und Kühlwasserniveau prüfen	Bei langen Standzeiten kommt es oft zu Flüssigkeitsverlusten. Öle verlieren zudem ihre Schmiereigenschaft. Am besten alle Betriebsflüssigkeiten wechseln.
Erst wenn alle Öle und Betriebsflüssigkeiten gewechselt wurden (auch Ölwanne gereinigt und Ölfilter neu) darf der Motor mit dem Starter ohne Zündung (!) durchgedreht werden, bis Ölkontrollleuchte (falls vorhanden) erlischt. Erst dann erfolgt der Startversuch!	Die Schmierung des Motors wird beim ersten Starten gewährleistet. Der Vergaser bzw. die Einspritzung hat bereits Benzin/Diesel angesaugt und ist bereit für den Start.
Bei Verdacht auf einen Motor(stand-)schaden, Kompressionstest durchführen. Auf Ursachensuche gehen.	Weiterführende Schäden, die zu einem Totalausfall im Betrieb führen, können jetzt noch kostengünstig instandgesetzt werden.
Bei Testlauf, Kühl- und Heizungssystem auf Dichtheit prüfen. Poröse und offensichtlich undichte Schläuche vor Inbetriebnahme des Motors wechseln.	Kleine Undichtheiten und platzende Schläuche bzw. Leitungen können im Betrieb zu großen Schäden führen.
Frostschutz im Kühlmittel erneuern.	Die im Frostschutzmittel enthalten Anti-Korrosions- und -Kavitations-Additive, schützen das Kühlsystem gegen Verschleiß und Rostbildung.
Bei laufendem Motor hydraulische Bremsen mit Bremskraftverstärker auf Funktion und Dichtheit überprüfen.	Durch lange Standzeiten können Gummischläuche und -Dichtungen undicht werden.
Bremsflüssigkeit erneuern	Bremsflüssigkeit zieht Wasser und muss nach langer Standzeit auf jedem Fall gewechselt werden.

Prüfpunkt	Begründung
Bei mechanisch betätigten Bremsen Freigängigkeit des Bremsgestänges kontrollieren	Korrosion kann zu einem Festgehen des Gestänges führen. Kriechöl ist wasserabweisend und sorgt für Freigängigkeit.
Flugrost auf Bremsscheiben und/oder in den Bremstrommeln entfernen. Neue Bremsbeläge einbauen.	Flugrost und verhärtete Bremsbeläge verlängern gefährlich den Bremsweg beim Bremsen.
Traktor vorsichtig wieder einfahren	Nach langen Standzeiten benötigen die mechanischen Komponenten einige Zeit, um sich wieder einzulaufen.

Keinesfalls sollte der Termin für die nächste HU vergessen werden. Ohne gültige HU gibt es keine Zulassung.

an Bord? Funktioniert alles? Wenn ja, dann sollte man einen Termin für die HU ausmachen, denn die ist sicher auch schon seit Jahren abgelaufen. Ggf. müssen Sie sogar neue Fahrzeugpapiere beantragen. Was hier zu beachten ist, sagen einem die Oldtimer-Experten der Prüforganisationen.

Letztlich gehört zur Wiederinbetriebnahme auch das fachgerechte Wiedereinfahren des Traktors, da der Motor nach dem langen Stehen sicherlich einige Zeit benötigt, um wieder auf Touren zu kommen. Die ersten zwei oder drei Betriebsstunden sollten daher ruhig und mit niedrigen Drehzahlen angegangen werden, damit sich alle Komponenten wieder aufeinander einspielen können. Danach sollten nochmals alle Öle gewechselt werden, um gelösten Schmutz aus Motor, Getriebe und Differenzial zu entfernen.

Nach dieser kurzen Einfahrtszeit können Sie auch sicher entscheiden, ob der Traktor komplett restauriert werden muss. Viele Traktormotoren und Antriebsstränge sind jedoch so robust, dass sie auch sehr lange Abstellzeiten, klaglos wegstecken.

So geht das gar nicht mit dem Überwintern. Im Frühjahr drohen so Korrosions- und Frostschäden.

Einwintern

Um Technik und Optik unserer alten Traktoren im Winter vor Salz, Feuchtigkeit und Rollsplitt zu schützen, legen wir sie still. Doch Traktoren, die nicht bewegt werden, leiden auch. Es drohen sogenannte Standschäden, selbst wenn sie nur wenige Monate stehen. Diese lassen sich aber durch besondere Vorkehrungen vermeiden. Wer sich mit der Technik seines Traktors auskennt, kann das Einwintern selbst durchführen. Wer es sich nicht selbst zutraut, oder einfach keine Zeit oder Lust dazu hat, kann seinen Traktor auch zum Einwintern in eine auf Old- oder Youngtimer spezialisierte Werkstatt bringen. Viele dieser Werkstätten bieten mittlerweile diesen Service für wenige hundert Euro an. Hierin enthalten sind meist die Einwinterung des Traktors, ein technischer Check, die Unterbringung des Fahrzeugs an einem trockenen Platz, eine Reinigung, Batteriepflegemaßnahmen und eine spezielle Standversicherung. Auch werden oft Reparaturarbeiten angeboten. Denn im Winter ist ja genügend Zeit, auch mal das eine oder andere originale Ersatzteil zu besorgen. Doch Achtung, dieser Service kostet extra.

Bevor Sie aber Ihren Traktor zum Einwintern weggeben, vergewissern Sie sich, dass die Werkstatt auch genügend Kompetenz hat, das Einwintern fachgerecht durchzuführen. Gerade beim Einwintern ist von den Werkstätten nämlich viel Eigeninitiative und Erfahrung gefragt, da meist Service- und Wartungspläne für die alten Traktoren fehlen und nur wenige Landmaschinen-Hersteller Hinweise darauf geben, wie ihre einstigen Produkte für einen längeren Zeitraum stillzulegen sind. Ein einfacher Kundendienst reicht nicht!

Doch bevor ein Handstrich fürs Einwintern gemacht wird, ist es, insbesondere für Traktoren, die vorübergehend stillgelegt werden (kein Saisonkennzeichen), wichtig, den Termin der HU (bzw. der AU) nochmals zu überprüfen. Fällt dieser in die Stilllegungszeit, sollte der

Mit dem Hochdruckreiniger macht das Waschen des Traktors richtig Spaß. Nur richtig muss man es machen.

Über den Winter sollte die Batterie aus dem Traktor herausgenommen und an ein Erhaltungsladegerät angeklemmt werden.

Bei jedem zweiten Ölwechsel sollte mal die Ölwanne abgebaut werden, um die sie von Ölschlamm zu reinigen.

Ist das alte Motoröl raus aus dem Motor, nicht vergessen, auch den alten Ölfilter zu wechseln bzw. zu reinigen.

Termin vorgezogen werden, damit die Wiederzulassung im Frühjahr reibungslos durchgeführt werden kann.

Das fachgerechte Einwintern eines Traktors fängt immer mit einer gründlichen Wäsche an (Umweltauflagen beachten!). Neben der Karosserie (Motorhaube, Kotflügel, Kabine), sind hier vor allem der Motor und alle Fahrwerkselemente gründlich von Schmutz zu befreien. Für eine gute Reinigung gibt es mehrere Methoden. Am einfachsten – jedoch sehr langwierig und anstrengend – geht es immer noch mit warmem Wasser und milder Seife. Je nach Fahrzeug und zu reinigendem Bauteil kann hier auch der eine oder andere Spezialreiniger (z. B. Motor- oder Felgenreiniger) zum Einsatz kommen.

Aber Vorsicht! Testen Sie diese immer zuerst auf Materialverträglichkeit, damit es hinterher nicht zu bösen Überraschungen kommt. Will man hier jedoch besonders gründlich vorgehen, kann man sein Ackergerät auch mit einem Heißwasser-Hochdruckreiniger abwaschen.

Wer nass reinigt oder einen Dampfstrahler verwendet, muss nach dem Waschen den Traktor gut trocknen und noch einmal ausgiebig warm fahren, bevor man zum nächsten Einwinterungsschritt übergeht. Bei dieser Gelegenheit sollte man noch einmal volltanken, damit der Tank von innen komplett mit Diesel benetzt ist. So kann das Blech des Tanks im Winter nicht rosten. Ergänzend hierzu sollte dem Diesel noch ein Korrosionsschutzmittel beigegeben werden. Vergessen Sie anschließend nicht, noch einige Kilometer zu fahren, damit sich dieses im gesamten Kraftstoffsystem verteilt.

Testen Sie auf der letzten Fahrt auch noch einmal, ob alles einwandfrei funktioniert. Stellen sich Mängel heraus, ist im Winter genügend Zeit, den Traktor zu reparieren. Nach der Probefahrt sollten umgehend aus dem warmen Motor, Getriebe, Differenzial und ggf. aus der Einspritzpumpe sämtliche Öle abgelassen und durch neue ersetzt werden. Das verhindert, dass die im alten Öl sich gebildeten Säuren während der langen Standzeit im Traktor Schaden anrichten. Auch wird das im Öl gelöste Wasser aus Motor, Getriebe, Einspritzpumpe und Differenzial sicher entfernt. Wechseln Sie auch den Ölfilter – falls vorhanden – bzw. reinigen Sie das Ölsieb.

Weiter gehts mit dem Fahrwerk: Sämtliche Schmierpunkte (Traggelenke, Lenkgetriebe, Radlager, Bremsgestänge u. a.) müssen noch einmal gründlich gefettet bzw. geölt werden. Nach dem Abschmieren sind diese Komponenten auf Spiel zu überprüfen, da sich dieses erst mit der neuen Fettfüllung fachgerecht beurteilen lässt.

Kfz-Profis achten bei der Begutachtung des Fahrwerks auch auf den Zustand der Reifen. Viele Traktorbesitzer haben ihren Schlepper mit AS-Reifen ausgerüstet. Dabei

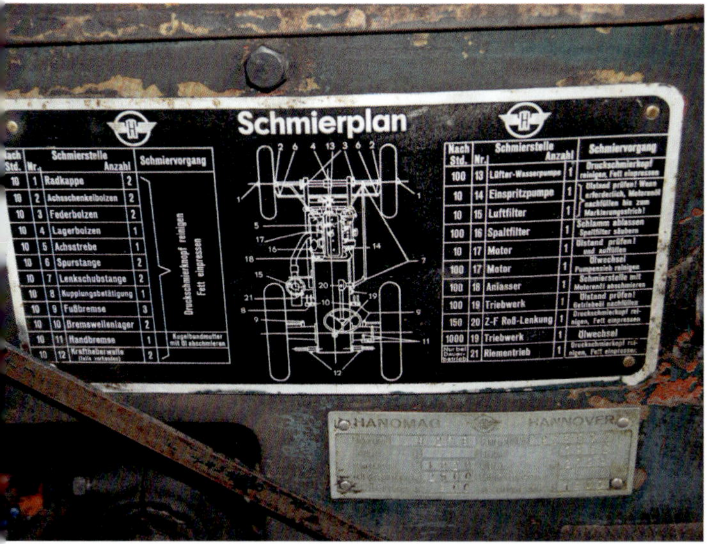

Damit man keine Schmierstelle übersieht, sollte man sich streng an den Schmierplan halten.

Wird der Traktor nicht aufgebockt, sollte der Reifendruck um 25 Prozent erhöht werden, um Standplatten zu vermeiden.

Wie hier beim Reifenwechsel sollte der Traktor über den Winter auf Unterstellböcken ruhen.

handelt es sich um den klassischen Traktorreifen mit V-Profil. Da Oldtimer-Traktoren nur wenig gefahren werden, sehen die Reifen auch nach vielen Jahren noch aus, wie neu. Doch der äußere Eindruck kann täuschen. Ein Blick auf das Herstellungsdatum des Reifens gehört daher zum Einwinterungsservice. In der Regel gehören Reifen, die älter als 10 Jahre sind, aus Sicherheitsgründen gewechselt. Je nach Einsatzzweck kann der Wechsel jedoch, wie bei Traktoren, die noch auf dem Acker eingesetzt werden, bereits sehr viel früher notwendig sein.

Zum Reifencheck gehört auch, dass der Reifenluftdruck um ca. 25 Prozent erhöht wird. Das stellt sicher, dass die Reifen auch bei schleichendem Luftdruck über den Winter sicher in Form und damit im Felgenbett bleiben. Alternativ kann man monatlich den Soll-Luftdruck kontrollieren. Idealerweise aber sollte der Traktor, um einen Standplatten während der Winterpause zu vermeiden, aufgebockt werden, so dass alle Räder in der Luft sind. Dabei ist aber auf die richtigen Aufnahmepunkte der Standböcke zu achten, um keine Schäden am Fahrwerk, dem Antriebsstrang oder den Blattfedern zu verursachen.

Es folgt die Begutachtung der Karosserie- (Inneres der Kotflügel, Motorhaube, Verdeckaufbau) und Glasteile, sowie der Unterseite des Kraftstrangs. Kleine Roststellen, Steinschlag- oder Lackschäden sollten umgehend repariert werden.

Dann wird der Motor winterfest gemacht. Bei Ottomotoren werden die alten Zündkerzen herausgeschraubt und durch neue ersetzt. Sie erleichtern im Frühjahr das Starten des Motors und schonen so E-Starter und Batterie. Bei dieser Gelegenheit sollte man auch in die Zylinder ein paar Spritzer frisches Motoröl geben, um die Schmierung des Motors nach der langen Winterpause im Frühjahr beim ersten Start sicher stellen (Achtung! Nicht bei Motoren mit Katalysator Öl in den Zylinder geben! Das zerstört ggf. den Kat!). Bei Dieselmotoren wird man hierauf wegen des hohen Aufwands, verzichten. Hier schützt ohnehin der Dieselkraftstoff aufgrund seiner öligen Konsistenz die Zylinder im Winter ausreichend vor Rost. Vergessen sollte man sowohl bei Otto-, als auch Dieselmotoren aber nicht, das Gasgestänge zu schmieren, um ein Festrosten zu vermeiden.

Ist ein Vergaser verbaut, lässt man jetzt den Kraftstoff ab, damit die Schwimmerkammer und Vergaserdüsen nicht verharzen. Anschließend wird der Luftfilter gereinigt oder ersetzt.

Bei wassergekühlten Motoren ist jetzt der Kühlkreislauf dran. Hier sind alle Schläuche auf Dichtheit und alle Schlauchschellen auf korrekten Sitz zu überprüfen. Zu kontrollieren ist auch, ob sich genügend Frostschutz (und damit auch Rostschutz) in der Kühlflüssigkeit befindet, um Frost- oder Kavitationsschäden am Motor zu vermeiden. Ausreichender Frostschutz wird gerne übersehen, da die Fahrzeuge schließlich nur im Sommer bewegt werden. Das gilt auch für den Frostschutz im Wischwasser der Scheibenwaschanlage, wenn ein solcher Luxus bereits verbaut ist! Sonst drohen Vorratsbehälter und Zuleitungen zu platzen.

Gummiteile leiden im Sommer durch die Sonnenstrahlung. Brüchige Gummis, wie hier, sind zu wechseln.

Am Traktor sollte man sich alle Steuergestänge genau ansehen und sie bei Bedarf gut abschmieren.

Bei Dauerluftfilter ist das Filterelement auszuwaschen und das Filteröl in der Luftfilterwanne zu wechseln.

Der Frostschutz im Kühlmittel sollte zwischen Minus 25 und 30 Grad Celsius liegen, um ein Einfrieren zu verhindern. Zu wenig Kühlmittel deutet auf eine Undichtheit hin.

Bei luftgekühlten Motoren müssen die Luftschächte des Lüfters sauber sein. Gegebenenfalls sind sie zu reinigen, um Überhitzungen im Betrieb vorzubeugen. Anschließend muss der Motor mit dem E-Starter bei stillgelegter Zündung (Masse- oder Pluskabel abklemmen!) oder Einspritzung durchgedreht werden, damit sich das neue Öl und der Frostschutz gleichmäßig verteilen können. Um das Innere des Motors sicher vor Feuchtigkeit zu schützen, sollten das Auspuffendrohr und der Luftfilterschnorchel möglichst luftdicht verschlossen werden. Gefrierbeutel, mit Klebeband befestigt, oder ölgetränkte Putzlumpen eignen sich hierfür bestens.

Danach wird die Elektrik auf die Winterpause vorbereitet. Besonders die Batterie reagiert auf lange Standzeiten empfindlich. Bauen Sie die Batterie aus und überprüfen ihren Zustand (Kapazität, Säurestand). Ist sie in Ordnung, lagert man sie am besten an einem trockenen, kühlen und gut belüfteten Ort. Im Rhythmus von zwei Monaten ist die Batterie, um eine Sulfatierung zu vermeiden, zu entladen und anschließend wieder zu laden. Alternativ kann die Batterie auch an ein so genanntes Erhaltungsladegerät angeschlossen werden. Es übernimmt selbstständig das nötige Entladen und Wiederaufladen der Batterie. Dabei bleibt die Batterie über den Winter stets am Gerät angeschlossen.

Besondere Aufmerksamkeit benötigen auch alle Kontaktstellen und Stecker des Kabelbaums. Sprühen Sie diese mit einem Wasser verdrängenden Kontaktspray ein. So vermeidet man zuverlässig Oxidation an den Kontakten.

Jetzt können Lack und ggf. Chromoberflächen mit einem Konservierungswachs behandelt werden. Es verhindert sicher Rostbildung und weist Kondenswasser ab. Pflegen Sie anschließend alle Gummidichtungen (Motorhaube, Keder u.a.) -teile, wie Achsmanschetten. mit einem Gummipflegemittel. Hierfür eigenen sich Hirschtalgstifte oder silikonhaltige Sprays gleichermaßen. Mit dem Abschmieren sämtlicher Scharniere, Schlösser und der Scheibenwischerachsen mit einem Wasser verdrängenden Öl ist die Wintervorbereitung der Karosserie abgeschlossen.

Bei Traktoren mit Verdeck steht auch hier zunächst eine gründliche Reinigung an. Hier sollte man unbedingt auf Handarbeit setzen. Auf keinem Fall darf ein Hochdruckreiniger verwendet werden, denn der scharfe Wasserstrahl kann die Imprägnierung des Stoffdaches nachhaltig zerstören. Zur fachgerechten Reinigung des Verdecks, wird es mit viel klarem, lauwarmem Wasser vorgespült und anschließend mit etwas echter Kernseife, oder alternativ hierzu, mit einer Mischung von ein bis zwei Teelöffeln mildem Geschirrspülmittel auf 10 Liter Wasser, abgewaschen. Verschmutzungen werden von der

Dachmitte aus mit einer weichen Bürste in Fahrtrichtung, also mit dem Strich, abgebürstet. Achten Sie darauf, keine zu harte Bürste oder gar eine Drahtbürste zu verwenden, sonst wird die Stoffstruktur unwiderruflich zerstört. Danach wird das Verdeck noch gründlich mit klarem Wasser nachgespült, um Seifenreste vollständig zu entfernen. Zum Trocknen des Verdecks sollte der Traktor im Freien an einem schattigen Platz abgestellt werden, um Wasserflecken auf dem Verdeck zu vermeiden.

Nach der Trocknung sollte man Verdecke, die zwischen den Stoffschichten keine Gummierung haben, mit einem dafür geeigneten Imprägnierspray einsprühen. Die Imprägnierung schützt das Stoffverdeck auch vor erneutem Verschmutzen und frühzeitigem Altern. Bei sogenannten »Sonnenlandverdecken« erübrigt sich diese Behandlung, da sie eine eingearbeitete Gummischicht haben. Abschließend werden noch alle Gummiteile des Verdecks, wie Dichtlippen an der Verdeck-Vorderkante mit Hirschtalg, Talkum oder Silikon behandelt. Profis schwören auch hier auf Hirschtalgstifte, da sie der Austrocknung und möglichen Brüchen der Gummiteile bestens vorbeugen.

Ist das Verdeck mit Kunststoffscheiben ausgestattet, kann durch altersbedingten Verlust der Weichmacher das Material derart versprödet sein, dass es bei Druck oder Knickbeanspruchung bricht. Ein derartiger Gau ist umso eher zu befürchten, je kälter das Kunststoffmaterial ist. Aus diesem Grund sind Arbeiten am Verdeck möglichst bei warmen Temperaturen durchzuführen. Denken Sie auch – falls vorhanden – an die Verdeckscharniere. Sie sollten vor längeren Standzeiten mit Fett, Teflonspray oder Sprühöl behandelt werden.

Ein Tipp: Damit beim Einsatz von Spray keine Innenraumteile oder gar der Verdeckstoff verunreinigt wird, hält man ein Stück Karton hinter das zu schmierende Verdeckgelenk. Zur Überwinterung sollte das so vorbereitete Verdeck nicht abgebaut werden. Besser ist es, den Traktor mit geschlossenem Verdeck abzustellen, damit es nicht durch Feuchtigkeit zur Schimmelbildung kommt, oder das Verdeck Falten bildet.

Danach müssen noch der Fahrersitz und das Armaturenbrett gereinigt werden. Mit einem Staubsauger wird der grobe Schmutz entfernt, um anschließend den zumeist mit wetterfestem Kunstleder überzogenen Fahrersitz und vorhandene Kotflügelsitzkissen mit Kunststoffbezug-Reiniger gründlich zu reinigen.

Wird der Traktor am Überwinterungsplatz nicht aufgebockt, muss er vor Wegrollen gesichert werden. Keinesfalls die Handbremse anziehen, da die Beläge mit der Bremstrommel verkleben können. Stellen Sie Keile unter die Reifen und legen einen Gang ein.

Vor dem Ausbauen der Batterie ist die gesamte Elektrik des Traktors auf Funktion zu testen.

Auch Kunststoffteile, wie das Lenkrad, sollten jetzt im Herbst gereinigt und mit Kunststoffpflege behandelt werden.

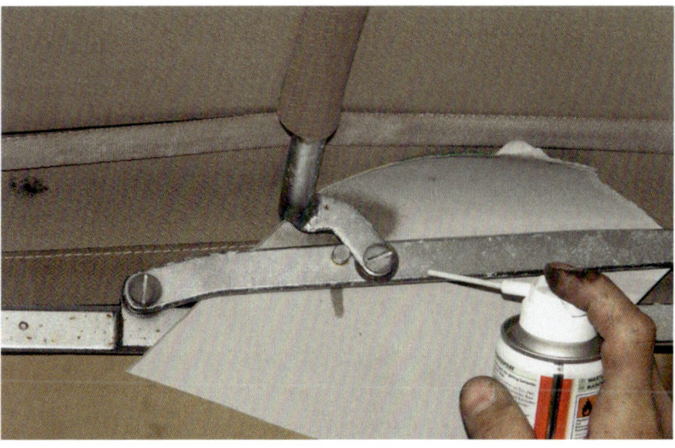

Wer ein Verdeck auf seinem Traktor hat, muss Verdeckstoff und Spriegel im Herbst besonders pflegen.

Nach der Reinigung der Verdeckteile sollten diese mit Imprägnierung eingesprüht werden.

Es schadet nicht, den Fahrersitz im Herbst mit Lederfett oder -öl zu behandeln. Das hält das Leder geschmeidig.

Starten Sie in der Winterpause auf keinen Fall den Motor! Abgesehen davon, dass die Motor-Konservierung neu durchgeführt werden müsste, würde der Motor, auch wenn er länger im Stand laufen sollte, nicht auf Betriebstemperatur kommen. Die Folge: Im Motor und im Auspuff kommt es zur Rostbildung aufgrund von Kondenswasser. Einige Young- und Oldtimerbesitzer glauben sogar, sich die Konservierung des Motors sparen zu können, wenn sie ihn im Winter häufig kurz laufen lassen. Das ist jedoch das Schädlichste, was man seinem Traktor antun kann. Denn durch häufiges und kurzzeitiges laufen lassen, wird der Schmierfilm im Motor immer mehr abgetragen, weil eine Durchschmierung unter diesen Umständen nicht gewährleistet ist. Vor allem die Zylinderlaufbahn und die Schmierung des Ventiltriebes leiden hier besonders.

Achtung! Der Lagerort ist wichtig! Optimal ist ein klimatisierter Raum mit konstant 15 Grad Celsius und 40 Prozent Luftfeuchte. Unter diesen Bedingungen kommt es zu keiner Kondenswasserbildung. Auch die übrigen Materialien, wie Kunstleder, Textilien, Gummi, Kork oder Holz, werden bei diesen Bedingungen am besten konserviert. Doch nur die wenigsten haben eine solche Abstellmöglichkeit. Der Regelfall ist der Abstellplatz im Schuppen. Wer dort seinen Traktor vor Umwelteinflüssen (Staub, Schmutz, UV-Einwirkung, Vogelkot, Spritzwasser) schützen möchte, sollte ihn unter eine atmungsaktive Plane stellen. Achten Sie darauf, dass die Plane während der langen Standzeit nicht durch Luftzug ins Flattern gerät. Sonst drohen Lackbeschädigungen durch Reibung.

Wer seinen Traktor in einer alten Stallung einstellt, sollte sich diese vorher gut ansehen. Meist sind Stallungen sehr feucht, da der Steinboden direkt auf dem Erdreich liegt. Hinzu kommen Kuhmist- und Güllereste, die in Stallboden und -wand über viele Jahrzehnte eingezogen sind. Sie produzieren Ammoniak-Ausdünstungen, die, ähnlich wie Batteriesäure, jedes Material in kurzer Zeit erheblich schädigen können.

Achten Sie auch darauf, dass der Überwinterungsplatz kindersicher ist. Kinder spielen gerne an abgestellten Fahrzeugen, besonders dann, wenn sie wissen, dass der Besitzer längere Zeit nicht kommt. Nach dem Gesetz ist der Halter für eventuelle Unfälle haftbar!

So vorbereitet und untergebracht, wird Ihr Traktor den Winter gut überstehen. Was im Frühjahr beim Auswintern zu beachten ist, damit Ihr Klassiker unbeschadet in die Saison startet, erfahren Sie im nächsten Kapitel.

Checkliste: Einwintern

Prüfpunkt	Begründung
HU und Versicherung checken	Läuft die HU während der Stilllegungszeit ab, gibt es Probleme bei der Zulassung im Frühjahr. Nicht vergessen: Standversicherung abschließen (man weiß schließlich nie, was passiert!!).
Traktorwäsche	Schmutz, Öl und Säuren können Oberflächen angreifen.
Volltanken	Kraftstoff schützt den Tank von innen vor Korrosion. Spezielles Kraftstoff-Korrosionsschutzmittel schützt die empfindliche Einspritzung.
Motor-, Getriebe- und Differenzialöl wechseln	Säuren und gelöstes Wasser im gebrauchten Öl greifen den Antriebsstrang von innen an.
Ölfilter wechseln	Schmutzpartikel und Metallabrieb können den Filter verstopfen.
Kraftstoff aus Vergaser ablassen	Verdunstender Kraftstoff kann Verharzungen verursachen.
Fahrwerk abschmieren	Frisches Fett schützt die Lager vor Korrosion.
Reifendruck überprüfen und um 25 Prozent überhöhen, ggf. Traktor aufbocken	Zu geringer Luftdruck in den Reifen führt zu Standplatten.
Reifenalter kontrollieren	Alte Reifen werden rissig und können im Fahrbetrieb platzen.
Karosserie, Fahrwerksteile und Aufhängungen auf Korrosion prüfen	Im Winter ist Zeit, Korrosionsschäden zu beheben.
Kühlkreislauf auf Dichtheit und Frostschutz kontrollieren	Vorbeugung von Frost- oder Kavitationsschäden im Motor und Kühlsystem.
Vergaseransaugrohr und Auspuffauslass verschließen	Feuchtigkeit kann nicht in den Motor eindringen.
Batterie überprüfen	Der Säurestand könnte zu niedrig sein. Zur Erhaltung der Batterie an ein Erhaltungsladegerät anschließen.
Kontakte und Stecker des Kabelbaums konservieren bzw. pflegen.	Kontaktspray verhindert Oxidation und damit Kontaktprobleme.
Karosserie und blanke Metalloberflächen versiegeln	Wachspolituren schützen Lack und Chrom vor Umwelteinflüssen während der Standzeit.
Gummiteile pflegen	Mit Hirschtalg oder Silikonspray behandelte Gummiteile bleiben geschmeidig und behalten ihre Funktion.
Verdeck reinigen und pflegen	Straßenschmutz enthält Säuren, die in Verbindung mit Luftfeuchtigkeit vor allem Stoffverdecke angreifen und sie brüchig werden lässt.
Verdeckscharniere schmieren	Das Verdeck muss im Winter geschlossen bleiben, um Brüchen im Verdeckstoff vorzubeugen. Geschmierte Scharniere garantieren im Frühjahr ein leichtes Öffnen des Verdecks ohne Beschädigungen.
Kunststoffbezüge reinigen und pflegen	Spezielle Kunststoffbezug-Pflegemittel schützen Bezüge vor Brüchen
Traktor vor Wegrollen sichern	Unbeabsichtigtes Wegrollen kann Menschen und den Traktor gefährden.
Überwinterungsort gut auswählen	Feuchte Räume und alte Stallungen schaden dem Traktor mehr, als sie nützen.
Traktor vor Kindern sichern	Traktoren ziehen Kinder magisch an. Am besten »unsichtbar« verräumen oder den Traktor wegsperren, um Unfälle zu vermeiden.

Auswintern

Zahlreiche Old- und Youngtimer-Traktoren fristen im Winter ihr Dasein in Garagen und Schuppen. Das ist auch gut so. So kommen sie nicht mit Schneematsch und Salz in Kontakt.

Doch das lange Stehen kann an Traktoren auch Schäden verursachen. So kann es zu Korrosionsschäden an allen Metallen, festgerosteten Gelenken, Wellen und Lager und Schäden an Gummis und Kunststoffen kommen. Vor dem Start in die Saison ist daher aus Sicherheitsgründen die Technik des alten Traktors besonders gründlich zu prüfen.

Das kann eine Werkstatt erledigen, oder besser und kostengünstiger, man macht es selbst! Mit etwas Vorbereitung und Sachverstand ist das Auswintern an einem Nachmittag erledigt. Tatsächlich benötigt man etwas Eigeninitiative, denn wie beim Einwintern oder Ausmotten von Traktoren geben hier auch nur die wenigsten Traktor-Hersteller Anleitungen, wie man hier vorgehen muss. Kein Wunder auch, denn die meisten Hersteller gehen oder gingen davon aus, dass ihre Traktoren über den Winter genutzt werden. Nützlich sind die Servicehefte für das Auswintern dennoch. Denn aus ihnen gehen Serviceintervalle, Einstelldaten und Pflegemaßnahmen hervor. Viele dieser Servicepunkte haben übrigens für alle Old- und Youngtimer Gültigkeit. So kann es durchaus auch Sinn machen, Pkw- oder Motorrad-Betriebsanleitungen zu lesen, um daraus zu erfahren, wie man Motoren und Fahrwerke nach langen Standzeiten wieder aktiviert. Vieles, was jetzt im Folgenden beschrieben wird, kennen Sie bereits ähnlich aus dem Kapitel »Ausmotten«. Doch gibt es kleine Unterschiede, die schlicht der kürzeren Standzeit geschuldet sind.

Der Winter ist vorbei – auch wenn es hier gerade nicht danach aussieht. Zeit den Traktor auszuwintern.

Das Auswintern startet immer mit Formalkram. Besonders wichtig bei Saisonkennzeichen: Ist die Versicherung gültig und die Kfz-Steuer bezahlt? Muss der Traktor zur HU oder AU? Sind alle Fahrzeugpapiere vorhanden? Ist der Zündschlüssel griffbereit? Ist das alles geklärt, kann man in die Garage oder den Schuppen zu seinem Traktor gehen, denn schließlich will man ja nach dem Auswintern gleich eine Runde drehen.

Das Auswintern des Traktors sollte immer systematisch erfolgen. Am besten man hat eine Liste, die man abarbeiten kann, um auch wirklich nichts zu vergessen. Hier am Ende des Kapitels, haben wir ihnen eine zusammengestellt. Sie kann jedoch, je nach Traktortyp, in den einem oder anderen Punkt von ihrem Traktor abweichen.

Kommt man zu seinem Traktor überprüft man als Erstens am Überwinterungsplatz, wie es unter dem Traktor aussieht. Nach der langen Standzeit kann es durchaus sein, dass kleine Ölflecken auf dem Boden sind. Sie können auf Undichtheiten am Motor, Getriebe oder Differenzial hinweisen. Wer die Ölspur verfolgt, wird die undichte Stelle am Traktor jedoch schnell lokalisieren können. Zumal der Traktor wegen der Einwinterungswäsche im Herbst noch sauber sein müsste. Wenn man schon die Flecken an Boden begutachtet, sollte man auch auf Flecken anderer Betriebsmittel wie Brems- oder Kühlflüssigkeit achten! Die Überprüfung lässt sich an einem aufgebockten Traktor sehr leicht durchführen.

War der Traktor über den Winter nicht aufgebockt, sollte man sich jetzt besonders die Reifen näher ansehen. Sie leiden besonders, wenn sie lange auf einer Stelle stehen und nicht bewegt werden. Aufgrund mangelnden Luftdrucks können sie dann einen Standplatten bekommen. Ist dieser bei langsamen Traktoren noch hinnehmbar, sind unrunder Lauf und Vibrationen bei so genannten Eil-Bulldogs oder Unimogs eine lästige Sache. Sind sie sehr stark, bleibt oft nur der komplette Reifenwechsel übrig, um wieder Ruhe ins Fahrwerk zu bekommen.

Auch wenn der Traktor aufgebockt war, kann es mit dem Reifenluftdruck nicht zum Besten, stehen, denn auch entlastete Reifen verlieren mit der Zeit Luft. Bevor der Traktor abgebockt wird, muss daher der Luftdruck in den Reifen kontrolliert werden, damit diese auf der ersten Fahrt keinen Schaden nehmen können.

Ein wichtiges Thema, da sicherheitsrelevant, ist das Reifenalter. Da Oldtimer-Traktoren nur wenig gefahren werden, sehen die Reifen auch nach vielen Jahren noch aus, wie neu. Doch hier täuscht oft der äußere Eindruck. Ein Blick auf das Herstellungsdatum des Reifens gehört daher unbedingt zum Auswinterungscheck. Sind die Reifen älter als 10 Jahre, sollten sie getauscht werden. Das empfiehlt sich insbesondere bei hoch motorisierten oder sehr schweren Traktoren. Obwohl viele Traktoren über den Winter in Garagen und Schuppen abgedeckt standen, sind sie oft mit einer dicken schmierigen Staubschicht überzogen. Damit die erste Regenfahrt wegen schmierender Scheibenwischer nicht zum Blindflug wird, muss der Traktor gründlich gewaschen werden. Das Waschen verhindert auch, dass die Staubschicht zusammen mit Regenwasser auf Dauer hässliche Krusten auf dem Traktor bildet. Bei einer pfleglichen Handwäsche hat man auch die Möglichkeit, Karosseriebleche (Kotflügel, Motorhaube, Kabine) und Anbauteile auf Rost und Beschädigungen zu überprüfen. Nebenbei zeigt das Waschen auch schnell, ob alle Gummidichtungen den Winter unbeschadet überstanden haben oder ob doch Wasser in die Kabine oder Werkzeugkisten eindringt. Geschieht dies, sind die Gummidichtungen mit einem geeigneten silikonhaltigen Pflegemittel oder Hirschtalg zu behandeln. Lassen Sie nach der Behandlung Türen, Motorhaube und andere Deckel für einige Stunden offen stehen. Die Dichtungen haben dann Zeit, sich unter dem Einfluss des Pflegemittels zu entspannen. Erst wenn die Dichtungen nach dieser Maßnahme nicht mehr dicht sind, sollten sie getauscht werden.

Wer einen Traktor mit Stoffverdeck hat, muss darauf achten, dass vor dem Waschen das Verdeck durch Absaugen gründlich von Staub befreit wird. Das macht man am besten mit einem leistungsfähigen Staubsauger. Danach wäscht man das Verdeck per Hand mit einer weichen Bürste und etwas mildem Seifenwasser. Der Schmutz wird dabei mit der Bürste in Richtung des Faserstrichs herausgebürstet. Zum Schluss wird das Verdeck nochmals gründlich mit klarem Wasser gespült. Zum Trocknen sollte der Traktor dann mit geschlossenem Verdeck an einem möglichst schattigen Platz abgestellt werden, um hässliche Wasserflecken zu vermeiden. Ist es dann trocken, kann es noch mit Imprägnierspray behandelt werden. Das schützt das Verdeck vor allzu schneller Wiederverschmutzung.

Nach der Traktor-Wäsche sind alle Schlösser, Scharniere, Mechaniken und Gestänge auf Funktion zu prüfen und mit Kriechöl einzusprühen, um Korrosion bzw. Festgehen vorzubeugen. Bei Traktoren mit Stoffverdeck darf nicht vergessen werden, die Gelenke des Verdeck-Spriegels zu schmieren. Ebenso bei Traktoren mit Ledersitzen. Hier sind diese, wie bereits im Herbst geschehen, nochmals zu fetten. Auch das Waschwasser der Scheibenwaschanlage – falls vorhanden – gehört gewechselt. Oft bilden sich durch das lange Stehen im Vorratsbehälter kalkhaltige Ablagerungen, die die Waschdüsen verstopfen können. Eine gründliche Behälterreinigung beugt diesem vor. Füllen Sie dann ein Scheibenreinigungsmittel

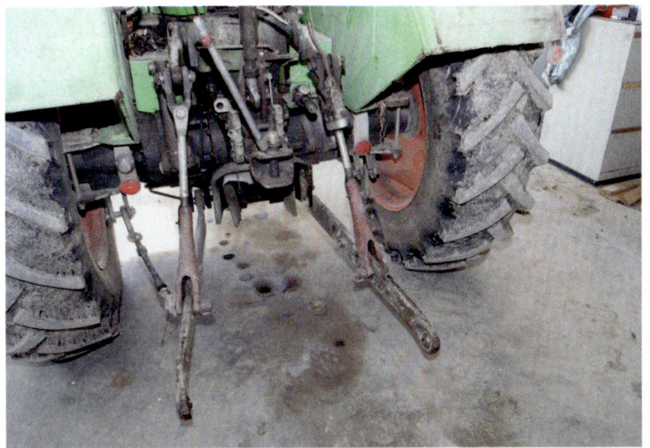

Bevor der Traktor bewegt wird, sollte der Winterstellplatz unter dem Traktor nach Ölflecken abgesucht werden.

Rostschäden sind im Frühjahr nichts Ungewöhnliches an Oldtimern, besonders wenn sie feucht standen.

Ein solches Stoffverdeck ist nicht mehr zu retten. Im Winter ist es ausgetrocknet und beim Öffnen gebrochen.

Idealerweise war die Batterie über den Winter ausgebaut. Beim Einbau unbedingt die Pole reinigen und laden.

Das Gasgestänge muss leichtgängig sein. Es sollte vor der ersten Fahrt geschmiert werden.

Der Motor darf erst gestartet werden, wenn man sicher ist, dass auch genug Motoröl in ihm ist!

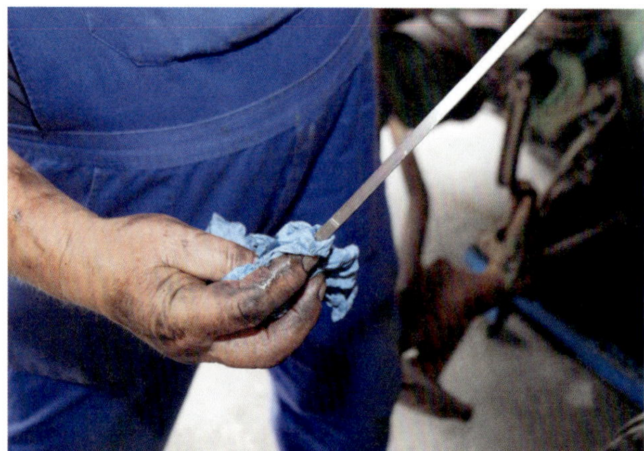

Während der Motor im Stand warmläuft, beobachtet man das Kühlsystem ob es auch dicht ist.

Der Kühlerdeckel wird gerne im Winter undicht, weil die Gummidichtung gepresst wird. Unbedingt überprüfen!

mit leichtem Frostschutz ein. Auch im Frühjahr kann es noch gelegentlich zum Frost kommen.

Wer im Herbst die Batterie im Traktor belassen und dann vergessen hat, sie regelmäßig zu laden, wird jetzt im Frühjahr, da Batterien am Tag zwischen 0,3 bis 1 Prozent ihrer Leistung einbüßen können, sicher Startprobleme bekommen. Doch auch wenn die Batterie scheinbar noch genügend Kapazität besitzt, hat sie im Winter stark gelitten und ist sulfatiert. Säureheber und Belastungstest geben jedoch zuverlässig Auskunft über ihren Zustand. Das Nachladen tiefentladener Batterien hat dabei nur selten Sinn. Die Sulfatierung ist meist soweit vorangeschritten, dass nur noch Erneuerung hilft. In einigen Fällen kann aber ein Batterie-Pulser die scheinbare bereits tote Batterie wiederbeleben.

Auch die Traktor-Elektrik hat schon so manchen Besitzer im Frühjahr die Zornesröte ins Gesicht getrieben. Es kommt vor, dass beim Test der Elektrik, Lampen oder andere elektrische Verbraucher nach längerer Standzeit nicht mehr funktionieren, obwohl sie das vor dem Einwintern noch einwandfrei taten. Der Fehler ist dann meist bei oxidierten Kontakten zu suchen. Mit Kontaktspray kann man diese Art Defekt jedoch schnell beheben. Um jedoch Oxidation an Kontakten zu vermeiden, sollte bereits beim Einwintern darauf geachtet werden, dass der Stellplatz möglichst trocken (um 40 bis 50 Prozent Luftfeuchte) und konstant kühl (ca. 15° C) ist, denn hohe Luftfeuchtigkeit gepaart mit warmen Temperaturen begünstigt Korrosion.

Bevor Sie jetzt drangehen, den Motor zu starten, denken Sie daran, die gegen Eindringen von Luftfeuchtigkeit im Herbst angebrachten Verschlüsse am Auspuff und Luftfilteransaugschnorchel zu entfernen. Überprüfen Sie auch, ob das Vergaser- bzw. Einspritzungsgestänge freigängig ist und die Schieber oder Drosselklappen sich einwandfrei öffnen und schließen. Anschließend ist vor dem ersten Motorstart der Öl- und – falls Sie einen wassergekühlten Traktor besitzen – Kühlwasserstand zu überprüfen. Sind beide Flüssigkeitsstände in Ordnung, wird der Motor zuerst mit dem Starter ohne Zündung durchgedreht. Das ist wichtig, da das Öl im Winter viel Zeit hatte, von den Schmierstellen in die Ölwanne zu fließen. Bei Ottomotoren klemmt man hierzu die Stromversorgung (Plus-Kabel) der Zündung ab, bei Dieselmotoren muss die Dieselversorgung unterbrochen werden. Ist das geschehen, betätigt man den Starter so lange, bis die Ölkontrollleuchte verlischt. Bei Fahrzeugen ohne Ölkontrollleuchte sollte der Starter mindestens 30 Sekunden laufen. Mit dieser Maßnahme erreicht man, dass das Motoröl bereits vor dem ersten Start nach dem Winter die wichtigsten Schmierstellen im Motor erreicht und besonders bei Gleitlagern Druck aufbauen kann. Jetzt ist der Motor startbereit und sollte nach spätestens drei bis vier Startversuchen anspringen.

Technisch versierte Traktor-Besitzer haben das Motoröl bereits vor dem Einwintern gewechselt. So wird vermieden, dass Säuren, die sich im alten Motoröl gebildet haben, und Wasser, über den Winter den Motor angreifen. Falls der Ölwechsel nicht schon im Herbst durchgeführt wurde, muss er spätestens jetzt erfolgen. Um in einem solchen Fall sicherzugehen, dass der Motor im Winter keinen Schaden genommen hat, sollte zumindest nach dem Ölwechsel ein dynamischer Kompressionstest der Zylinder vorgenommen werden. Lassen Sie hierzu den Motor im Standgas laufen, bis er auf Betriebstemperatur gekommen ist und prüfen dann sowohl am warmen und später auch ‚am kalten Motor die Kompression. Beide Prüfergebnisse dürfen für alle Zylinder vom Hersteller-Soll nur ca. um max. drei Bar abweichen. Die Kompressionstoleranz zwischen den einzelnen Zylindern darf dabei nicht mehr als ein Bar im warmen wie im kalten Zustand betragen.

Überprüfen Sie beim Warmlaufen bei wassergekühlten Motoren auch das gesamte Kühl- und – falls bereits vorhanden – Heizungssystem auf Dichtheit. Je wärmer der Motor wird, desto mehr Druck wird in diesen aufgebaut. Da Schläuche bei alten Traktoren dazu neigen, nach längeren Standzeiten brüchig zu werden, zeigen sich Undichtheiten meist erst bei Betriebstemperatur. Es schadet übrigens nicht, die Schläuche mit Silikonspray einzusprühen, damit sie weich und geschmeidig bleiben. Wenn nicht bereits im Herbst geschehen, überprüfen Sie nach dem Abkühlen des Motors den Frostschutz im Kühlmittel. Fehlender Frostschutz kann ein Hinweis auf frost- oder kavitationsgeschädigte Motoren sein. Frostschutzmittel enthalten zudem auch Korrosions- und Anti-Kavitations-Additive, die das Kühlsystem von innen gegen Verschleiß und Rostbildung schützen. Deshalb sollten Frostschutzmittel auch während des Sommers im Fahrzeug nicht fehlen.

Auch das Kraftstoffsystem muss nach dem ersten Starten des Motors auf undichte Stellen überprüft werden. Neben dem Tank, der Kraftstoffpumpe und der Einspritzung (Vergaser) ist hier besonders auf die Kraftstoffleitungen zu achten.

Als Nächstes ist bei hydraulischen Bremssystemen die Dichtheit der Komponenten zu prüfen. Bei Traktoren, die bereits über einen Bremskraftverstärker verfügen, sollte dies nur bei laufendem Motor geschehen, damit das System genügend Druck aufbauen kann. Zur Überprüfung betätigen Sie die Bremse mehrmals und kontrollieren anschließend alle Bremssättel, Bremsleitungen, den Aus-

Ist der Motor warmgelaufen, ist er im Bereich des Kurbelgehäuses und der Kupplungsglocke auf Öllecks zu überprüfen.

War die Handbremse über den Winter angezogen, ist sie oftmals im Frühjahr festgerostet.

Bremstrommeln setzen bei längeren Standzeiten in ihrem Inneren gerne Rost an. Bei Rostverdacht, öffnen und säubern!

Kriechöl auf das Blattfederpaket gesprüht, verhindert über die Saison unangenehme Quietschgeräusche.

Checkliste: Auswintern

Prüfpunkt	Begründung
Sind alle Fahrzeugpapiere da, die Kfz-Versicherung bezahlt und HU/AU gültig? Ist der Zündschlüssel da?	Fehlt was, ist jetzt noch Zeit, ohne viel Ärger, die Dinge zu regeln.
Boden unter dem Traktor am Überwinterungsplatz kontrollieren	Ausgetretene Flüssigkeiten geben Hinweise auf Undichtheiten.
Reifen auf Standschäden und Luftdruck kontrollieren	Bei Traktoren, die nicht aufgebockt waren, kann schleichender Luftverlust zu Standplatten und damit zu defekten Reifen führen. Der Luftdruck ist auch bei aufgebockten Traktoren zu kontrollieren, um Schäden bei der ersten Fahrt zu verhindern.
Gründliche Wäsche	Staub und Schmutz behindern die Sicht durch die Windschutzscheibe bei einsetzendem Regen. Der Staub kann keine dauerhafte Dreckkruste bilden.
Karosseriebleche und Rahmen auf Rost und Beschädigungen prüfen	Beginnende Korrosion und kleine Schäden können noch im Anfangsstadium kostengünstig instand gesetzt werden.
Bei Wäsche, Gummidichtungen auf Dichtheit überprüfen	Undichte Gummidichtungen können mit einem geeigneten silikonhaltigen Gummipflegemittel leicht geschmeidig gemacht werden. Nach der Behandlung Türen, Deckel und Motorhaube für einige Stunden offen stehen lassen, damit die Dichtungen Zeit haben, sich unter dem Einfluss des Pflegemittels zu entspannen. Sind die Dichtungen weiter undicht, müssen sie getauscht werden.
Bei Stoffverdecken vor dem Waschen das Verdeck durch Absaugen gründlich von Staub befreien.	Schmutz und Staub können sich nicht in das Verdeck einarbeiten. Zum Trocknen ist der Traktor mit geschlossenem Verdeck an einem möglichst schattigen Platz abzustellen.
Alle Schlösser und Scharniere mit Kriechöl einsprühen (auch Verdeck-Spriegel abschmieren)	Geschmierte Schlösser und Scharniere können besser auf Funktion getestet werden. Das Schmiermittel verhindert zudem Verschleiß und Korrosion.
Ledersitz einfetten	Das Leder bleibt geschmeidig und wird nicht brüchig (vor allem bei intensiver Sonneneinstrahlung).
Waschwasser der Scheibenwaschanlage kontrollieren und gegebenenfalls wechseln.	Kalkhaltige Rückstände, die im Winter entstehen, können die Waschdüsen verstopfen. Frostschutz gewährt zudem Betriebssicherheit an kalten Frühlingstagen.
Zustand der Batterie überprüfen	Bei langen Standzeiten leiden Batterien und können sulfatieren. Erhaltungsladegeräte verhindern dies.
Elektrik auf Funktion überprüfen	Kontakte und Schalter oxidieren bei langen Standzeiten. Eine Reinigung der Kontaktflächen mit Kontaktspray sorgt für Betriebssicherheit.
Lenkgetriebe, -gestänge und Fahrwerkskomponenten bei Bedarf abschmieren	Verharztes Schmierfett kann die Funktion beeinträchtigen.
Verschlüsse am Auspuff und Luftfilteransaugschnorchel entfernen	Die Verschlüsse haben im Winter das Eindringen von Feuchtigkeit verhindert.
Ölstände und Kühlwasserniveau prüfen	Bei langen Standzeiten kommt es oft zu Flüssigkeitsverlusten.
Motor mit dem Starter ohne Zündung (!) durchdrehen lassen, bis Ölkontrollleuchte (falls vorhanden) erlischt	Die Schmierung des Motors wird beim ersten Starten gewährleistet. Der Vergaser bzw. die Einspritzung hat bereits Benzin/Diesel angesaugt und ist bereit für den Start.
Bei Verdacht auf einen Motorstandschaden, Kompressionstest durchführen	Weiterführende Schäden, die zu einem Totalausfall im Betrieb führen, können jetzt noch kostengünstig instand gesetzt werden.
Bei Testlauf, Kühl- und Heizungssystem auf Dichtheit prüfen.	Kleine Undichtheiten können im Betrieb zu großen Schäden führen. Undichte Schläuche und Dichtungen sind sofort zu wechseln.
Frostschutz im Kühlmittel kontrollieren	Die im Frostschutzmittel enthaltenen Anti-Korrosions- und -Kavitations-Additive, schützen das Kühlsystem gegen Verschleiß und Rostbildung.
Bei laufendem Motor hydraulische Bremsen mit Bremskraftverstärker auf Funktion und Dichtheit überprüfen.	Durch lange Standzeiten können Gummischläuche und -dichtungen undicht werden.

Prüfpunkt	Begründung
Bremsflüssigkeit auf Zustand überprüfen	Bremsflüssigkeit zieht Wasser und muss alle zwei Jahre gewechselt werden, um Dampfblasenbildung zu vermeiden.
Bei mechanisch betätigten Bremsen, Freigängigkeit des Bremsgestänges kontrollieren	Korrosion kann zu einem Festgehen des Gestänges führen. Kriechöl ist wasserabweisend und sorgt für Freigängigkeit.
Flugrost auf Bremsscheiben und/oder in den Bremstrommeln entfernen	Flugrost verlängert gefährlich den Bremsweg beim ersten Bremsen.
Fahrzeug vorsichtig wieder einfahren	Nach langen Standzeiten benötigen die mechanischen Komponenten einige Zeit, um sich wieder einzulaufen.

gleichsbehälter und ggf. den Bremskraftverstärker auf Dichtheit. Testen Sie auch den Zustand der Bremsflüssigkeit. Da sie hygroskopisch (wasseranziehend) ist und mit zunehmendem Alter immer mehr Wasser bindet, kann sie bei hoher Beanspruchung Dampfblasen bilden, die zum Zusammenbruch des Bremsdrucks führen. Wesentlich länger als zwei Jahre sollte daher der Wechsel der Bremsflüssigkeit keinesfalls zurückliegen.

Bei mechanisch betätigten Bremsen muss die Freigängigkeit des Bremsgestänges gewährleistet sein. Achten Sie hier darauf, ob sich die Bremse selbstständig in ihre Ausgangsposition zurückstellt. Gegebenenfalls muss das Gestänge geschmiert und eingestellt werden.

Trotz all der Überprüfungen ist besonders bei der ersten Fahrt Vorsicht geboten. Flugrost auf den Bremsscheiben oder in den Bremstrommeln kann den Bremsweg erheblich verlängern, oder zu einer ungleichmäßigen Bremswirkung führen. Eine Reinigung der Bremsscheiben und/oder -trommeln von innen, oder sanftes Freibremsen mit anschließender Bremsenprüfung beugen hier gefährlichen Überraschungen vor.

Ein Augenmerk ist auch auf Lenkung und Fahrwerk zu richten. Durch die lange Standzeit kommt es vor, dass geschmierte Lenkgetriebe, -gestänge und Fahrwerkskomponenten schwergängig sind. Ursache hierfür ist verharztes Schmierfett. Leichtes Erwärmen mit anschließendem konventionellen Abschmieren mit der Fettpresse, hilft aber zuverlässig, den einwandfreien Zustand dieser Komponenten wiederherzustellen.

Bevor es jetzt wieder auf die Straße bzw. den Acker geht, muss noch die Ausrüstung des Traktors auf Vollständigkeit überprüft werden. Sind Verbandskasten, Sicherheitsweste, Warndreieck (alles besonders in Österreich) und Werkzeug an Bord? Ein Tipp: Vergessen Sie Ihr Handy nicht und sagen einem guten Freund Bescheid, dass sie das erste Mal wieder unterwegs sind. Falls Sie wider Erwarten liegen bleiben, können Sie ihn anrufen, damit er Sie abholen kommt.

Letztlich gehört zum Auswintern auch das fachgerechte Wiedereinfahren des Traktors, da der Motor nach der langen Standpause einige Zeit benötigt, um wieder auf Touren zu kommen. Die ersten zwei oder drei Betriebsstunden sollten daher ruhig und mit niedrigen Drehzahlen absolviert werden, damit sich alle Komponenten wieder aufeinander einspielen können. So vorbereitet, wird der Traktor bis zum nächsten Winter wieder zuverlässig seinen Dienst tun.

Ein kleiner Schmierdienst vor dem Saisonstart trägt zur Langlebigkeit der Lager viel bei.

Keinesfalls sollte der Termin für die nächste HU übersehen werden. War er vielleicht schon im Herbst?

Drei Generationen Batterien: Links noch mit Zellenverbindern, in der Mitte die ersten voll isolierten und rechts wartungsfreie Batterien.

Oldtimer-Batterien für Traktoren

Bei Oldtimer-Traktoren kommt es auf die Details an. Sowohl das äußere Erscheinungsbild, als auch unter dem Blech sollte alles weitmöglich original sein. Gestört wird das klassische Bild aber oft durch moderne Starterbatterien. Doch auch hier gibt oldtimer-adäquaten Ersatz, denn einige Batteriehersteller haben die Bedürfnisse der Oldtimer-Szene erkannt und bieten heute die alten schwarzen Batterien im Gummi-Gehäuse und mit Bleibrücken wieder an. Diese Batterien sehen den alten täuschend ähnlich, bieten aber modernste Technik. Das garantiert, dass Traktoren einerseits auch nach längeren Standzeiten immer wieder zuverlässig anspringen, andererseits aber, auf Treffen einen möglichst guten Original-Eindruck bei Besuchern und Traktorkollegen hinterlassen.

Doch für sein Schätzchen immer die passende Batterie zu bekommen, ist selbst für Traktoren-Profis nicht immer einfach. Oft sind die Einbaumaße im Traktor zu gering, die Leistung nicht ausreichend oder es gibt die passende Batterie nicht in 6 Volt-Ausführung. Wird nämlich von Oldtimerbatterien gesprochen, so meinen viele zunächst die alten 6 Volt-Autobatterien. Sie werden heute wieder in verschiedenen Kapazitätsgrößen angeboten. So laufen sie beim österreichischen Batteriehersteller Banner unter dem Markennamen »Classic Car Bull«. In der 6 Volt-Version mit Hartgummigehäuse und außenliegenden Zellenverbindern (Bleibrücken) gibt es sie in den Kapazitätsgrößen 66, 77 und 84 Ah. Darüber hinaus hat Banner auch 12 Volt-Oldie-Batterien im Programm (mit 60, 62, 66, 70, 72, 80 und 95 Ah), denn nicht jeder Oldtimer-Traktor hat eine 6 Volt-Elektrik. Egal aber, ob 6 Volt oder 12 Volt – beide Batterietypen bieten modernste Technik, denn die negativen und positiven Platten in ihren Zellen, sind aus einer Blei-Kalzium-Silberlegierung gefertigt.

Die Batterien werden an die Kunden trocken vorgeladen verkauft und müssen noch mit Elektrolyt gefüllt werden. Das Befüllen darf heute nur der Handel vornehmen*. Der passende Elektrolyt (verdünnte Schwefelsäure: 38 Prozent) kann ebenfalls bei Banner oder im Autozubehörhandel gekauft werden. Das Befüllen der Batterie erledigt der Kunde selbst. Hierzu müssen lediglich die Zellenverschlüsse herausgedreht werden. Beim Befüllen der Batterie muss man darauf achten, dass die Platten in den Zellen deutlich mit Batteriesäure bedeckt sind. Mehr als ein Zentimeter darüber sollte es jedoch nicht sein, da der Elektrolyt Platz benötigt, um sich im Betrieb ausdehnen zu können. Nach der Erstbefüllung muss man die Batterie eine halbe Stunde ruhen lassen. Danach kann es sein, dass noch mal etwas Säure nachgefüllt werden muss,

* Laut einer neuen EU-Verordnung, welche per 01.02.2021 erlassen wurde, darf keine Batteriesäure mehr an Endverbraucher verkauft werden. Die Batterien werden an die Kunden daher nur noch befüllt und vorgeladen verkauft. Das Einfüllen des Elektrolyts (verdünnte Schwefelsäure: 38 Prozent) erledigt der Batteriehandel. Hierzu werden lediglich die Zellenverschlüsse herausgedreht. Beim Befüllen der Batterie wird darauf geachtet, dass die Platten in den Zellen deutlich mit Batteriesäure bedeckt sind. Mehr als ein Zentimeter darüber sollte es jedoch nicht sein, da der Elektrolyt Platz benötigt, um sich im Betrieb ausdehnen zu können.

da nun alle Luft aus den Zellenzwischenräumen entwichen ist. Theoretisch könnte man jetzt bereits die Batterie in den Traktor einbauen, denn schließlich ist sie vorgeladen. Besser ist es aber, sie noch einmal ans Ladegerät zu hängen, um sie vollständig aufzuladen. Dann hat sie volle Kapazität und es besteht nicht gleich bei einem Traktor, der länger gestanden ist, die Gefahr, sie leer zu orgeln.

Nachdem die Batterie mit Säure aufgefüllt ist und das erste Mal in Betrieb genommen wurde, darf man übrigens keine Säure mehr nachschütten. Das würde sie zerstören, weil die Säuredichten nun unterschiedlich sind. Wenn Elektrolyt fehlt, darf daher nur noch destilliertes Wasser verwendet werden.

Wer mit Batteriesäure umgeht, sollte dies immer mit Gummihandschuhen und einem geeigneten Augenschutz machen, denn sie ist äußerst ätzend. Auch ist es ratsam, immer alte Kleidung dabei zu tragen. Selbst kleinste Tröpfchen verursachen in Stoffen bereits nach wenigen Minuten unschöne Löcher. Wird doch mal was verschüttet, oder die Säure kommt auf die Haut, dann sollte sie sofort mit viel Wasser neutralisiert werden. Im Zweifelsfall aber ist immer umgehend der Arzt aufzusuchen, insbesondere, wenn die Säure ins Auge gekommen ist.

Der Batteriesäurestand (Elektrolyt) sollte vor allem im Sommer regelmäßig und jedes Mal, wenn die Batterie geladen wurde, kontrolliert werden, da durch die Wärme beziehungsweise durch Ausgasen beim Laden, Wasser verloren gehen kann.

Beim Herausdrehen der Zellenverschlüsse muss auf penibelste Sauberkeit geachtet werden, denn Schmutz in den Zellen kann Kurzschlüsse verursachen.

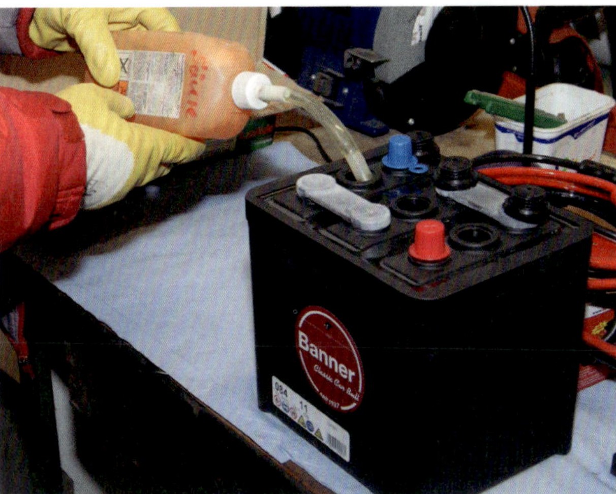

*Beim Befüllen der Batterie müssen immer geeignete Schutzhandschuhe und eine Schutzbrille getragen werden. Das Befüllen darf heute nur der Handel vornehmen.**

Sulfatierung

Seit vielen Jahrzehnten sind Bleibatterien mit flüssigem Elektrolyt kostengünstiger Standard in Fahrzeugen aller Art. Die mit verdünnter Schwefelsäure gefüllten Batterien benötigen regelmäßig Pflege, damit sie einwandfrei funktionieren.

Neben der Kontrolle des Elektrolytstandes muss vor allem der Ladezustand öfters überprüft werden. Wie oft dies geschehen muss, hängt stark von der Umgebungstemperatur und dem Einsatzprofil ab. Der Ladungsverlust kann nämlich zwischen 0,3 und 1 Prozent pro Tag betragen. Ist eine Batterie nach längerer Standzeit tief entladen, hat sich auf den positiven Bleiplatten in den Zellen eine aus grobkristallinem Bleisulfat bestehende Schicht gebildet (sogenannte Sulfatierung).

Im Prinzip stellt jede Entladung einer Batterie eine Sulfatierung dar. Ist die Batterie dabei lediglich nur entladen, wird das Bleisulfat beim Ladevorgang durch den Elektronenfluss von der Plusplatte zur Minusplatte in Blei und einen Säurerest zerlegt. Der Säurerest wiederum spaltet im Elektrolyten ein Wassermolekül in die Bestandteile Sauerstoff und Wasserstoff. Der Sauerstoff verbindet sich auf der Plusplatte mit dem dort vorhandenen Blei zu Bleidioxid. Wird jetzt die Batterie belastet, fließt Strom vom Minuspol über den Verbraucher zum Pluspol. Dabei entlädt sich die Batterie. Das gebildete Bleidioxid wird wieder in Blei und Sauerstoff zerlegt. Der Sauerstoff seinerseits verbindet sich im Elektrolyt mit dem Wasserstoff in der Schwefelsäure zu Wasser. An den Plus- und Minusplatten bildet sich aus dem Säurerest und Blei wieder Bleisulfat.

Bei tief entladenen Batterien verhindert jedoch die übermäßige Anlagerung der Bleisulfat-Kristalle an den Elektroden das Aufladen der Batterie, da die aktive Oberfläche der Bleielektroden verringert ist, was zu einer schlechteren Reaktionsfähigkeit führt. Darüber hinaus können die Kristalle durch Erschütterungen von den Elektroden abfallen. Dabei bildet sich eine Schlammschicht am Zellenboden. Wenn die Schlammschicht zu hoch wird, berührt sie bei billigen Batterien ohne Taschenseparatoren die beiden Elektroden und verursacht einen Kurzschluss, der die Batteriezelle zerstört. Über 80 Prozent der Batterien büßen so ihre Funktionsfähigkeit ein.

Hochwertige elektronisch gesteuerte Ladegeräte oder sogenannte Batteriepulser unterstützen heute das Entsulfatieren durch kurze starke Pulsströme. Die Bleisulfatkristalle werden so zerstört und die Kapazität auch älterer Bleibatterien zumindest teilweise wiederhergestellt.

High-Tech-Ladegerät. Es erkennt selbstständig den Batterietyp und wählt die richtige Ladekennlinie aus.

Nützlich! Kleine Erhaltungsladegeräte halten die Batterie auch bei langen Standzeiten stets vollgeladen und einsatzbereit.

Aufgrund falschen Ladens wurde das Gehäuse dieser wartungsfreien Batterie durch den Druck des dabei entstandenen Wasserstoffgases nach außen gewölbt.

Das Polbild der Batterie stimmt, jedoch ist die Batterie zu klein (6 Volt statt 12 Volt). Vom Stil her passt sie jedoch hervorragend zum Normag Zorge NC 16!

Zur Wartung und Pflege gehört es auch, die Batteriepole mit Polfett einzuschmieren, da dadurch Oxidbildung verhindert wird Das Oxid bildet eine weiße kristallartige Kruste aus. Wird die Schicht vor allem im Kontaktbereich zwischen Kabelklemme und Pol zu dick, erhöht sich zusehends der Übergangswiderstand. Irgendwann wirkt es dann wie ein Isolator und es fließt kaum noch oder gar kein Strom mehr. Hat sich bereits eine Oxidkruste gebildet, weil das Polfett vergessen wurde, ist das kein Problem. Mit einer Drahtbürste und Wasser lässt es sich problemlos entfernen.

Besonders wichtig ist es auch, die Batterie regelmäßig nachzuladen. Voll geladene Batterien können bereits nach drei Monaten leer sein (vgl. hierzu das Kapitel Batterie-Pflege). Speziell Blei-Säure-Batterien mit flüssigem Elektrolyt können am Tag zwischen 0,3 und ein Prozent ihrer Kapazität verlieren. Daher ist es wichtig die Batterie alle vier bis sechs Wochen nachzuladen. Das kann mit einem normalen Autobatterie-Ladegerät erfolgen. Besser ist aber ein teureres Profi-Ladegerät. Diese Geräte verfügen über spezielle an Blei-Säure-Batterien angepasste Ladekennlinien, schalten ab, wenn die Batterie voll geladen ist und haben einen Erhaltungsladungsmodus. Vor allem der Erhaltungsladungsmodus ist ungemein praktisch, denn die Batterie kann einfach am Ladegerät angeklemmt bleiben und wird ständig, wenn die Kapazität abfällt, nachgeladen. Das ist vor allem bei langen Standzeiten sehr nützlich, da die Batterie stets einsatzbereit ist. Wichtig ist hier aber, dass das Ladegerät über eine Kurzschlusssicherung verfügt, falls das Gerät oder die Batterie kurzschließt, denn einen Werkstatt-Brand braucht wirklich keiner!

Die Kurzschlusssicherheit ist besonders bei Oldtimer-Batterien ein wichtiges Thema. Da sie über offene Zellenverbinder verfügen, müssen sie so eingebaut werden, dass über Batteriebefestigungen oder Batterieabdeckungen kein Kurzschluss verursacht werden kann. Zur Befestigung können die Banner-Batterien daher auch eine Bodenleiste haben, in der die Klammern der Batteriehalterungen der Grundplatte greifen können. Aus diesem Grund ist bei Oldtimer-Batterien wichtig, dass sie den originalen Maßen und Typen entsprechen, damit sie entsprechend fest eingebaut werden können.

Auch die Pole der Batterie müssen dabei auf der richtigen Seite liegen, denn es gibt die gleichen Oldtimer-Batterietypen mit entgegen gesetztem Polbild. Was bei der einen Batterie der Pluspol ist, kann, wenn erforderlich, bei der anderen dann der Minuspol sein. Die Einbaulage der Batterie, die bei Blei-Säure-Batterien mit flüssigem Elektrolyten stets senkrecht sein muss, kann so problemlos nach dem Original erfolgen. Zu kurze Anschluss-

Die passende Batterie-Optik

	Baujahre	Gehäuse/Aufbau
Blei-Säure-Batterie mit flüssigem Elektrolyten	Mitte der 1910er-Jahre bis Mitte der 1960er-Jahre	Hartgummigehäuse, offene Zellenverbinder, vergossener Deckel, Verschlussstöpsel
	Ende der 1950er-Jahre	Erste Batteriegehäuse aus Polystyrol (PS), offene Zellenverbinder, vergossener Deckel, Verschlussstöpsel
	1960	Wechsel von 6-Volt- zu 12-Volt-Batterien in Fahrzeugen
	Ende der 1960er-Jahre bis heute	Batteriegehäuse aus Polystyrol (PS) oder Polypropylen, geschlossenes Gehäuse, nicht sichtbare Zellenverbinder, Verschlussstöpsel
	Mitte der 1980er-Jahre bis heute	Transparente Gehäuse, geschlossen, nicht sichtbare Zellenverbinder, Verschlussstöpsel

kabel oder Pole, die durch die verdrehte Einbausituation Massekontakt mit der Karosserie bekommen könnten, sind so ausgeschlossen. Auch sind Batterien (auch die Oldtimer-Batterien) mit verschiedenen Pol-Typen erhältlich. Neben den üblichen Steck/Klemm-Polen gibt es auch solche, an die man die Kabel anschrauben kann.

Zum sicheren Einbau einer Batterie gehört es auch, auf Sauberkeit zu achten. Speziell die Grundplatte, auf der die Batterie befestigt wird, muss gründlich gereinigt werden. Kleine Steinchen, die sich oft bei Traktoren, die im Feld eingesetzt werden, hier ansammeln und dann beim Einbau der neuen Batterie zwischen Grundplatte und Batterieboden eingeklemmt werden, können sich mit der Zeit durch das Gehäuse arbeiten oder dort Sprünge verursachen. Die Folge ist dann eine undichte Zelle und ein unschöner Säureschaden am Traktor.

Die Investition in eine gute Oldtimer-Batterie lohnt sich, denn der Markt für historische Traktoren erfreut sich immer größerer Beliebtheit. Vor allem Sammler- und Liebhaberstücke werden immer begehrter, gerade wenn sie im Originalzustand sind. Dabei beeinflussen die technischen und optischen Details zusehends den Preis. An einer passenden Oldtimer-Batterie sollte man daher auf keinen Fall sparen.

Die selbstgestrickte Batteriehalterung liegt zu dicht an den Zellenverbindern. Ein Kurzschluss wäre absehbar.

Nicht stilecht, aber sicherer! Die Youngtimer-Batterie hat voll isolierte Zellenverbinder. Unter der Haube würde sie zudem auch nicht gleich ins Auge fallen.

Die Plastikkappen (hier demontiert) bieten nur bedingten Polschutz. Batterie-Halterungen dürfen keinesfalls auf ihnen lasten.

Die Befestigung der Batterie an der Bodenleiste ist sicher und zudem für das Gehäuse schonend.

Beim Einbau der Batterie ist auch auf deren Bauhöhe zu achten. Sonst kann es beim Schließen der Haube einen Kurzschluss geben.

Diese Batterie sitzt zwar fest in ihrer Halterung. Der provisorische Spanngurt drückt aber auf das Gehäuse und kann einen Zellenkurzschluss verursachen.

Warum nicht? Durch Entfernen der Aufkleber können schwarze moderne Batterien an den Oldtimer-Traktor stilistisch angepasst werden.

Dieser Primus P 18 litt vor allem an einem maroden Kabelbaum. Die Elektrik musste neu aufgebaut werden.

Elektrik

Die Elektrik eines Traktors ist für viele Hobbyschrauber ein Buch mit sieben Siegeln. Wenn der Traktor jedoch gut funktionieren soll, kommt man meist nicht um die Überholung der Elektrik herum. Schließlich ist die Elektrik das A und O eines zuverlässigen Young- oder Oldtimer-Traktors.

Wer selbst an seinem Traktor schraubt, kennt das Gefühl bei einem Defekt an der Elektrik. Unsicherheit macht sich breit und man fürchtet den Überblick über die dutzenden Kabel, Stecker, Lampen, Sicherungen und Schalter zu verlieren und bei der Reparatur oder Restaurierung schwerwiegende Fehler zu machen. Deshalb wird oft die Arbeit am Traktor-Kabelbaum den Profis überlassen. Abgesehen davon, dass das ziemlich viel Geld kosten kann, ist die Instandsetzung des Kabelbaums aber oft sehr viel leichter, als man denkt. Denn wer die Muße und den Willen hat, sich in die Fahrzeugelektrik einzu-

Der ausgebaute Kabelbaum des Primus P18 dient als Vorlage für einen neuen. Jedes Detail muss dokumentiert werden.

Farbcode (DIN 72551)

Bei den meisten Herstellern sind die Kabelfarben normiert und in acht Grundfarben aufgeteilt. Jedoch sollte man sich auf die Normung nicht immer verlassen, denn einige Hersteller hatten in der Vergangenheit hier oft ihre eigenen Vorstellungen bei der Zuteilung der Farben. Aus diesem Grund kann ein Schaltplan mit entsprechendem Farbschlüssel bei der Restaurierung oft unumgänglich sein.

Farbe	Anschlus
braun	Masse
rot	Dauerplus
schwarz	Plus über Zündschloss geschaltet
schwarz-weiß	Blinker links
schwarz-grün	Blinker rechts
schwarz-violett	Scheibenwischer
schwarz-gelb	Hupe
schwarz-rot	Bremslicht
gelb	Abblendlicht rechts
gelb-schwarz	Abblendlicht links
weiß	Fernlicht rechts
weiß-schwarz	Fernlicht links
grau	Rücklicht und Standlicht rechts
grau-schwarz	Rücklicht und Standlicht links
grau-rot	Instrumentenbeleuchtung
blau-weiß	Fernlichtkontrolle
blau-rot	Ladekontrolle Lichtmaschine
blau-schwarz	Tankanzeige

Vibrationen ließen die Ummantelung dieses Kabelstrangs an der Karosserie leicht anscheuern.

Bei alten Kabelbäumen sollte man vor Reparaturen die fachgerechte Verlegung prüfen. Hier ist alles in Ordnung.

arbeiten und sich einige handwerkliche Grundkenntnisse anzueignen, der kann viele Arbeiten an der Stromversorgung selbst durchführen.

Eine weit verbreitete Meinung ist, dass bei einer Restaurierung des Traktors die Elektrik immer als Ganzes ausgetauscht werden muss. Das ist jedoch in vielen Fällen nicht der Fall. Viele Kabelbäume sind auch nach Jahrzehnten des Betriebs durchaus voll betriebssicher. Deshalb sollte man es sich stets zur Regel machen, erst nach einer eingehenden Prüfung des Allgemeinzustands über einen Komplettaustausch nachzudenken.

Um sich ein umfassendes Bild über den Zustand eines Kabelbaums machen zu können, muss man die Verschleißarten und Einflüsse kennen, denen er im Traktor ausgesetzt ist.

Mit die häufigsten Ursachen für Defekte sind mechanische Belastungen und Schwingungen. Sie treten häufig im Bereich der Lenkung, des Motors oder an exponierten Stellen im Bereich der Kotflügel auf. Hier sind vor allem die Austritte aus Kabeltüllen und -rohren zu kontrollieren, da dort die Kabel stark schwingen können. Mit der Zeit scheuern sich dann die einzelnen Kabel an den Kanten der Austritte durch und verursachen schließlich durch Masseschluss Kurzschlüsse.

Gelegentlich kann es auch passieren, dass durch die Schwingungen an den gleichen Stellen die Litzen innerhalb der Isolierung brechen. Das Tückische an diesem Schaden ist, dass dieser Defekt oft nicht von außen erkennbar ist. Besonders hinterhältig ist ein solcher Kabelbruch dann, wenn die Litze im Kabel gelegentlich Kontakt bekommt und der angeschlossene Verbraucher sporadisch immer wieder funktioniert.

Schwingungen, Vibrationen, heftige Stöße oder Drehbewegungen beim Fahren sind häufig auch die Ursache, wenn Kontakte aus Steckverbindungen rutschen oder ein Kabel von einem Stecker abreißt. Diese Art von Defekten tritt dann auch vermehrt auf, wenn Kabel schon einmal repariert wurden und sie dabei nicht fachgerecht verlegt wurden. Wer seinen Kabelbaum prüft, sollte daher auch immer die fachgerechte Verlegung der einzelnen Kabel genau in Augenschein nehmen.

Doch nicht nur Schwingungen setzen dem Kabelbaum zu – im Bereich des Motors leiden die Kabel zusätzlich noch an Hitze. Die Folge sind verhärtete Isolierungen, die in Verbindung mit mechanischen Belastungen ebenfalls zu Kabelbrüchen führen. Oft liegen dann auch die Kabellitzen frei. Schon bei geringem Kontakt mit der Masse oder den Plusanschlüssen können so Kurzschlüsse verursacht werden.

Daneben setzen dem Kabelbaum auch zahlreiche chemische Einflüsse zu. Luftsauerstoff, Spritzwasser,

Batteriesäure, Luftsauerstoff, Spritzwasser und die Hitze des Motors lassen Kabel besonders leiden.

Brüchige Gummiisolationen lassen sich leicht und schnell durch Drücken mit den Fingern entlarven.

Gute analoge oder digitale Spannungsmessgeräte in Profiqualität gibt es bereits für verhältnismäßig wenig Geld im Kfz-Fachhandel zu kaufen.

Übersicht über die wichtigsten Klemmennummern

Klemmennummer	Anschlus
1	Niederspannung von Zündspule oder Verteiler
4	Hochspannung von Zündspule und Verteiler
15	Geschaltetes Plus hinter Batterie, Ausgang Zündschloss
30	Pluspol Batterie
31	Minuspol Batterie
31b	Rückleitung an Minus (Batterie) oder Masse über Relais oder Schalter
49	Blinkgeber Eingang
49a	Blinkgeber Ausgang
49b	Blinkgeber Ausgang (zweiter Blinkkreis)
50	Startersteuerung
50a	Startersteuerung Ausgang an Batterieumschalter
51	Gleichrichter (Gleichspannung) von Wechselstromlichtmaschine
53	Pluseingang Wischermotor
53a	Wischerpluspol Endabschaltung
53b	Wischer Nebenschlusswicklung
53e	Wischerbremswicklung
53i	Wischermotor mit Permanentmagnet und dritter Bürste für höhere Wischergeschwindigkeit
55	Nebelscheinwerfer
56	Scheinwerfer
56a	Fernlicht und Kontrollleuchte
56b	Abblendlicht
57a	Standlicht
57l	Standlicht links
57r	Standlicht rechts
58	Begrenzungsschlussleuchten und Instrumentenbeleuchtung
58l	Schluss- und Begrenzungsleuchte links
58r	Schluss- und Begrenzungsleuchte rechts; Kennzeichenleuchte
61	Ladekontrolle

Zahlencode

Ähnlich wie die Farben der Kabel folgen auch die Zahlen meist der internationalen Normierung (DIN 72552). Sie sind Kürzel für Klemmen beziehungsweise für die daran angeschlossenen Verbraucher. Wie für den Farbcode, gilt jedoch auch für den Zahlencode: Verlassen Sie sich niemals ausschließlich auf ihn!

Schmutz, sowie der Einfluss von Öl, Benzin und Batteriesäure greifen die Isolierung an. Kommt es dann in Verbindung mit Schwingungen und Hitze zu Isolierungsbrüchen, liegen Stecker und Kabeln frei. Schließlich beginnt auch das Metall der Kabel zu korrodieren. In Folge kommt es dann meist aufgrund eindringenden Wassers anfänglich zu kleinen und oft harmlosen Kurzschlüssen oder kurzzeitigen Überlastungen. Treten diese dann öfters auf, verschmoren die Kabel im Umfeld der Verbraucher. Im harmlosen Fall ist dann die Leitung unterbrochen – im schlimmsten kommt es zu einem Kabelbrand.

Nichtnumerische Bezeichnungen

Kennbuchstabe	Anschlus
B+	Batterieplus am Drehstromgenerator
B–	Batterieminus am Drehstromgenerator
C0	Hauptanschluss für vom Blinkgeber getrennte Kontrollleuchte
D+	Dynamo Plus, auch Klemme 61 an der Ladekrontrollleuchte
D–	Dynamo Minus
DF	Dynamofeld am Generatorregler (Reglerspannung)
W	Drehzahlsignal am Drehstromgenerator
L	Blinker links
R	Blinker rechtss

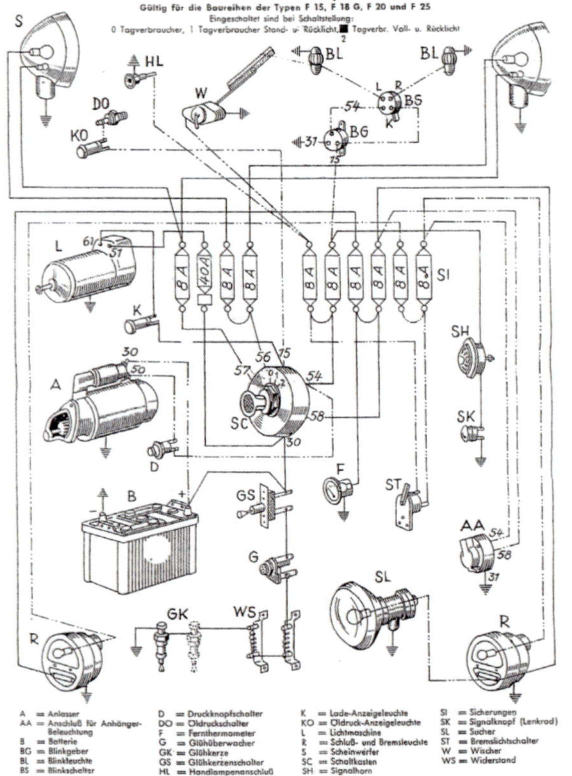

Bereits einfache Schaltpläne helfen bei einem Kabelbaumnachbau die Übersicht zu bewahren.

Solche Sicherungen können nicht mehr funktionieren. Zur Sicherheit muss der ganze Kasten gewechselt werden.

Bei der Zustandsbeurteilung – oder Störungssuche – am Kabelbaum sollten daher zuerst immer die Bereiche in Augenschein genommen werden, die unmittelbar den genannten Einflüssen ausgesetzt sind. Dabei ist auf sämtliche Isolierung, aber auch auf die Steckverbindungen zu achten. Sie müssen unbeschädigt und bruchfrei sein. Untersuchen Sie auch die Gummiisolierungen an den Steckverbindungen. Da sie zu hundert Prozent wasserdicht sein müssen, dürfen sie weder verhärtet sein, noch Risse oder ähnliches aufweisen. Neben der Sichtkontrolle müssen die Kabel deshalb auch in die Hand genommen werden. Durch vorsichtiges Biegen sind Verhärtungen sofort erkennbar. Meist zeigen sich dann auch bereits kleine Brüche im Kunststoff oder Gummi, durch die Wasser bis zur stromführenden Ader eindringen kann.

Zur Beurteilung der Leitfähigkeit der Steckverbindungen müssen sie getrennt und die Steckkontakte auf Oxidation hin untersucht werden. Oft sind Kontakte innerhalb der Stecker auch verschmort. Erkennbar ist dies meist an der verkohlten Isolierungsumgebung innerhalb des Steckers. Ein solcher Schaden weist oftmals auf einen Verbraucher, der aufgrund eines Defekts übermäßig viel Strom zieht.

Zur anschließenden Funktionsprüfung des Kabelbaums benötigt man ein Spannungsmessgerät (mit Ohm-Messfunktion) mit eigener Stromversorgung und idealerweise einen Schaltplan (falls vorhanden), aus dem der Farb-, Zahlen- und Buchstabencode hervorgeht (siehe Infokästen 1 und 2). Bei guten Kenntnissen kann jedoch auch ohne Schaltplan gearbeitet werden. Vor dem Durchmessen des Kabelbaums ist zuerst für die nötige Sicherheit zu sorgen. Hierzu muss der Minuspol von der Batterie abgeklemmt werden. Wenn Sie die Batterie zu Testzwecken wieder anklemmen müssen, achten Sie aber darauf, dass lockere oder nicht isolierte Kabel vor Kurzschluss gesichert sind.

Beim Durchmessen des Kabelbaums muss zuerst geprüft werden, ob Defekte an Verbrauchern vorliegen (zum Beispiel durchgebrannte Lampen, Elektromotoren, elektromagnetische Stellmechanismen o.ä.), eine Sicherung durchgeschmort oder die Batterie defekt ist. Um die Funktion der Verbraucher zu testen, kann eine zweite Batterie mit entsprechender Verkabelung, Sicherung und Klemmkontakten sehr hilfreich sein. Sind die Verbraucher in Ordnung, ist jetzt der Kabelbaum auf Stromfluss zu testen. Die richtigen Kabel für die einzelnen Verbraucher können meist anhand ihrer Farbe oder den Klemmennummern (an Verbrauchern, Lichtmaschine oder Sicherungskasten) identifiziert werden.

Da der Blick auf Kabel und Stecker oft durch Schrumpfschläuche, Plastiktüllen oder auch Gewebebänder beziehungsweise Stoffummantelungen behindert wird und/oder die Zahlenkennungen fehlen, müssen diese zuweilen aufgeschnitten werden, um die Kabel eindeutig den Verbrauchern anhand ihrer Farbe oder Leitungsführung zuzuweisen.

Zur Prüfung des Stromflusses klemmen Sie das Kabel vom Verbraucher ab, schalten den Stromkreis ein und suchen, falls mehrere Kabel in den Verbraucher münden, das oder die stromführenden Kabel mit dem Pluskontakt Ihres Prüfgeräts im Bereich des Steckers. Der Minuskontakt sollte dabei direkt mit dem Minuspol der Batterie verbunden sein. Fließt kein Strom, ist das Kabel defekt. Durch streckenweises Messen des Kabels muss dann der Defekt lokalisiert werden.

Fließt Strom am Verbraucher und das oder die stromführenden Kabel sind identifiziert, ist anschließend der Masseanschluss zu prüfen. Fließt auch hier Strom, bedeutet das aber noch lange nicht, dass die Verkabelung in Ordnung sein muss. Gewissheit bringt erst ein weiterer Test, der bei angeschlossenem Verbraucher wiederholt wird. Denn oft führen Kabel ohne Belastung noch ungehindert Strom. Wird jedoch Leistung gefordert, bricht der Stromfluss zusammen, weil an korrodierten oder schadhaften Kontaktstellen der Übergangswiderstand zu hoch wird. Zur Lokalisierung des schadhaften Kontakts muss mit der Ohmmessfunktion des Messgerätes der Kabelbaum streckenweise auf seinen Widerstand durchgemessen werden. Ist der schadhafte Kontakt gefunden, kann mit Kontaktspray oder feinem Schmirgelpapier versucht werden, ihn zu reinigen. Besser ist es jedoch, den Stecker oder Kontakt durch einen neuen zu ersetzen.

Zeigt sich bei der Zustandsbeurteilung, dass die überwiegende Anzahl der Kabel und Stecker defekt ist, wird man aus Gründen der Sicherheit und Zuverlässigkeit um einen Komplettausch des Kabelbaums nicht herumkommen.

Hierzu braucht es zunächst eine gehörige Portion Geduld, denn bevor ein Kabel gewechselt werden kann, muss man wissen welche Arten von Kabel (siehe Infokasten) und welche Steckverbindungen benötigt werden. Gehen Sie deshalb systematisch vor und dokumentieren jeden Arbeitsschritt, damit Ihnen nicht wichtige Teile entgehen. Das bedeutet vor allem, dass der alte Kabelbaum nicht mit Gewalt einfach aus dem Traktor gerissen werden darf. Im Gegenteil, bevor nur ein Kabel entfernt wird, sind alle Details, wie Kabelfarben, Querschnitte, Kabellängen, Anschlüsse und dazugehörige Verbraucher und Schalter genauestens schriftlich festzuhalten. Zusätzlich sollten zur Sicherheit noch Fotos gemacht und eine Teileliste erstellt werden. Auch wenn Sie das Glück haben sollten, noch einen originalen Schaltplan Ihres Traktors zu besitzen, und deshalb glauben, auf die Dokumentation verzichten zu können, sollten sie alle gesammelten Informationen in einem eigenen Schaltplan zusammenzufassen. Häufig haben nämlich die Traktorenhersteller im Zuge von Modellpflegemaßnahmen die Elektrik verändert, dieses aber nicht im Schaltplan des Handbuchs oder in der Reparaturanleitung vermerkt. Ihr eigener Plan ist deshalb immer Grundlage für den Kauf sämt-

Richtwerte für Kabelquerschnitte

Die Kabelquerschnitte dürfen keinesfalls unterschritten werden, um ein Durchschmoren der Kabel bei Belastung zu verhindern.

3 A: Querschnitt 0, 75 mm^2
6 A: Querschnitt 1 mm^2
8 A: Querschnitt 1,5 mm^2
16 A: Querschnitt 2,5 mm^2
25 A: Querschnitt 4 mm^2
30 A: Querschnitt 6 mm^2
40 A: Querschnitt 10 mm^2
50 A: Querschnitt 16 mm^2

Faustregeln:

- die Dauerbelastung soll pro mm^2 maximal 5 Ampere nicht überschreiten.
- bei Kurzzeitbelastung dürfen pro mm^2 maximal 10 Ampere fließen.

Wiedererkennungseffekt. Die Kabelfarben lassen die stromführenden Leitungen auf den ersten Blick erkennen.

Alle benötigten Kabelfarben und -stärken sollten vor dem Nachbau des Kabelbaums besorgt werden.

Alle Eigenheiten und Informationen des alten Kabelbaums sollten in einer Dokumentation festgehalten werden.

Lüsterklemmen, zum Verbinden von Kabeln, sind sicher nicht original gewesen. Das sollte geändert werden.

Hier wurden Lüsterklemmen als Kabelabzweiger missbraucht. Bei der HU kann dass Ärger bedeuten.

Mit der Zeit lösen sich die Stoffummantelungen der Kabel vollständig auf. Kurzschlüsse sind die Folge.

licher Teile beziehungsweise Anleitung für den Nachbau des eigenen Kabelbaums. Dann ist auch sichergestellt, dass der nachgefertigte Kabelbaum zu hundert Prozent dem originalen entspricht. Eine Einschränkung gibt es hierbei jedoch zu beachten! Denn es könnte durchaus sein, dass Ihr Kabelbaum durch Reparaturmaßnahmen irgendwann einmal in der Vergangenheit des Traktors verändert wurde. Oft stimmen dann die originalen Farbkennungen nicht mehr oder falsche Kabelquerschnitte und Stecker wurden verbaut. Dann bleibt nichts anders übrig, als durch Abgleich mit dem Original-Schaltplan oder Rücksprache mit Experten diesen Veränderungen auf die Schliche zu kommen. Keinesfalls sollte man dann, vor allem wenn der alte Kabelbaum funktioniert hat, den Fehler begehen, die Veränderungen eins zu eins wieder einzubauen. Denn jeder Stecker oder jeder Kabelquerschnitt wurde nämlich einst vom Hersteller so festgelegt, dass sie die Stromstärken und sogar gewisse Überspannungen jederzeit aushalten.

Das wissen übrigens auch die Sachverständigen der Prüforganisationen, denn die Elektrik eines Fahrzeugs, und damit auch die eines Traktors, gehört zu den sicherheitsrelevanten Bauteilen. Hier müssen daher einige Vorschriften beachtet werden, um die nächste Hauptuntersuchung zu bestehen oder Probleme bei der Abnahme des Fahrzeugs zu vermeiden. So müssen zum Beispiel je nach Verbraucher und Kabelführung zwingend immer die richtigen Kabelquerschnitte (siehe Tabelle), Isolierung, Kabeltüllen und Befestigungen verwendet werden. Wird das nicht beachtet, ist Ärger mit dem Prüfer programmiert. Auch kann im Schadensfall die fachgerechte Verlegung und Verwendung des richtigen Kabelmaterials darüber entscheiden, ob zum Beispiel nach einem Kabelbrand die Versicherung zahlt oder nicht. Wer sich daher mit den Bestimmungen nicht sicher ist, sollte immer einen Fachbetrieb um Rat fragen oder die notwendigen Arbeiten dem Profi überlassen.

Auch beim Originalzustand müssen deshalb oft Abstriche gemacht werden. Der Grund sind die bei vielen alten Traktoren oftmals verwendeten stoffummantelten Kabel. Wer einen solchen Kabelbaum in seinem Traktor vorfindet, kommt – auch wenn er noch funktionstüchtig ist – auf kurz oder lang um einen kompletten Austausch nicht herum.

Bei diesen Kabeln ist die stromführende Litze lediglich in Stofffäden eingewebt und diese dann zum Schutz vor Wasser mit Harz oder ähnlichen Substanzen getränkt. In Laufe der Jahre härtet aber das Harz aus und wird sehr brüchig. Die Folge: Die Litze liegt frei und verursacht häufig Kurzschlüsse. Wer trotzdem aus Gründen der Originalität wieder stoffummantelte Kabel verwenden möchte, kann auf speziellen Ersatz zurückgreifen. So bieten auf Oldtimerelektrik spezialisierte Hersteller heute stoffummantelte Kabel an, die unter der Stoffummantelung zusätzlich noch eine moderne Kunststoffisolierung haben. Selbst spezielle Farbkennungen und Muster in der Stoffummantelung werden wieder nachgearbeitet und als Meterware angeboten.

Beim Kauf der Kabel ist jedoch unbedingt auf Qualität zu achten. Meiden Sie Billigware aus Fernost (die gilt auch für Stecker und »gewöhnliche« Kabel)! Wer hier bei der Qualität nicht sicher ist, sollte sich daher bei guten Restaurierungsfachbetrieben erkundigen, welche Kabel sie bei der Rekonstruktion eines Kabelbaums verwenden. Diese speziellen Kabel sind leider nicht gerade günstig, da ihre Herstellung sehr aufwendig ist. Dafür sind sie absolut betriebssicher und gewährleisten, dass bei der Abnahme des Oldtimer-Traktors nichts schief geht und der ganze Kabelbaum nicht ein zweites Mal gewechselt werden muss.

Unabhängig davon, welche Art von Kabelbaum in den Traktor eingebaut werden soll, denken Sie immer mit, bei dem was Sie gerade machen. So kann es unter bestimmten Voraussetzungen nicht immer ratsam sein, die Kabel nach der Originalverlegung wieder einzubauen. Vor allem dann, wenn offensichtlich ist, dass aufgrund zu enger Radien oder Verlegung über scharfkantige Teile, wie es oft aus Gründen der Kostenersparnis bei den damaligen Herstellern zuweilen vorkam, es schnell wieder zu Beschädigungen an den Kabeln kommt.

Selbstverständlich muss aber die Originalverlegung im Restaurierungsbericht festgehalten sein, um sie jederzeit wieder rekonstruieren zu können. Nur bei Museums- oder Sammlerfahrzeugen, die gar nicht oder selten gefahren werden, macht eine Originalverlegung mit allen ihren Unzulänglichkeiten Sinn.

Die einzelnen Kabelstränge sind, wo immer es möglich ist, in Kabelstränge zusammenzufassen. Neben den meist originalen Stoffschläuchen hat sich hierfür besonders sogenannter Schrumpfschlauch bewährt. Er wird über die jeweiligen Kabelstränge gezogen und mit einem Industriefön vorsichtig erhitzt. Dabei zieht sich der Kunststoff zusammen und bündelt die Kabel zu kompakten flexiblen Strängen, die sehr widerstandsfähig und wasserdicht sind. An Stellen, wo der so hergestellte Kabelstrang hohen mechanischen Belastungen ausgesetzt ist, kann zusätzlich noch mit sogenanntem Elektriker-Isolierband eine zweite Schutzschicht um den Kabelstrang gelegt werden. Das Isolierband ist auch überall dort nützlich, wo ein Einziehen der Kabel in Schrumpfschlauch nicht möglich oder sinnvoll ist. Auch Gewebeband kann problemlos um Schrumpfschläuche gewickelt

Vom richtigen Umgang mit dem Kabelbaum

- Schützen Sie sämtliche Steckkontakte vor Spritzwasser. Dichten Sie alle Steckerverbindungen zusätzlich mit elastischer Silikondichtmasse ab. Sie verhindert zuverlässig, dass Wasser in den Stecker eindringen kann.
- Kontakte niemals direkt mit den Fingern berühren. Schweiß enthält Säure, die die Kontaktflächen oxidieren lässt.
- Vermeiden Sie es, Steckkontakte häufig zu öffnen und wieder zu schließen. Zum einem leidet hierunter der Kontakt-Anpressdruck, zum anderen wird Material von den Kontaktflächen abgeschabt. Selbst gute Steckverbindungen sollten nicht öfters als circa 10 Mal geöffnet und geschlossen werden (ist der Kontakt-Anpressdruck doch einmal zu gering, können Sie versuchen, den Kontakt vorsichtig mit einer kleinen Zange oder einem kleinen Schraubendreher nachzubiegen. Diese Maßnahme ist jedoch als Notbehelf zu verstehen. Besser: Wechseln Sie den Stecker bald gegen einen neuen, hochwertigen aus. Ihr Restaurierungsfachbetrieb bzw. der Kfz- oder Elektronikfachhandel wird sie diesbezüglich gerne beraten).
- Kontrollieren Sie regelmäßig die Befestigungen des Kabelbaums am Fahrzeug. Schadhafte Befestigungen sollten umgehend ersetzt werden, um Beschädigungen an der Isolierung oder lockere Steckkontakte zu vermeiden.
- Mindestens einmal im Jahr sollte der gesamte Kabelbaum auf Beschädigungen aller Art untersucht werden.

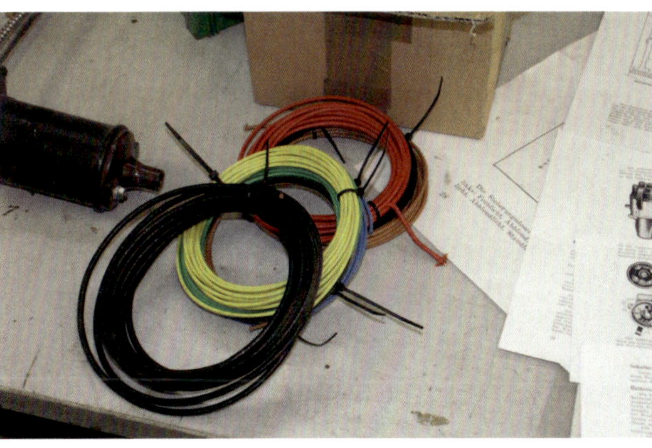

Stoffummantelte Kabel können heute in den richtigen Farben als Meterware gekauft werden.

Gut getarnt! Unter der Stoffummantelung verbirgt sich eine moderne Kunststoffisolierung.

Die Kabel für das Rücklicht wurden zum Schutz vor Spritzwasser und Erde außerhalb des Kotflügels angebracht.

werden. So lässt sich leicht wieder die Original-Optik des Kabelbaums herstellen.

Schrumpfschlauch sollte immer als Meterware in verschiedenen Durchmessern gekauft werden. Achten Sie dabei auf die unterschiedlichen Schrumpfungsgrade und Stärken des Kunststoffs. Der einschlägige Fachhandel berät Sie dabei gerne.

Die Befestigung des Kabelbaums am Traktor sollte, wo es möglich und sinnvoll ist, an den originalen Laschen beziehungsweise in den originalen Tüllen erfolgen. Ist das nicht möglich, kann alternativ hierzu auch mit sogenannten Kabelbindern gearbeitet werden. Sie sollten aus Originalitätsgründen jedoch nur dort verwendet werden, wo sie nicht sofort erkennbar sind. Bei der Auswahl der Kabelbinder – sie gibt es in verschiedenen Materialien, Längen, Breiten und Farben – sind möglichst breite zu bevorzugen, damit sie sich nicht durch Schwingungen in die Isolierung oder den Schrumpfschlauch einschneiden.

Bei den Durchführungen durch Blech- oder Spritzwände sind Gummiringeinsätze sehr nützlich. Sie verhindern, dass sich Kabel oder Kabelstränge an den scharfen Kanten aufscheuern können.

Bei den Steckern können zwei Wege beschritten werden. Auch hier werden viele aus Originalitätsgründen möglichst wieder die originalen Stecker verbauen. Trotzdem kann es auch Sinn machen, vor allem im Spritzwasserbereich, und wenn die Zuverlässigkeit des Traktors besonders im Vordergrund steht, moderne, besonders

Schrumpfschläuche sind nicht immer original. Sie bieten aber einen guten Schutz der einzelnen Kabelstränge.

Original? Schrumpfschläuche können zur »Tarnung« auch mit Gewebeband umwickelt werden.

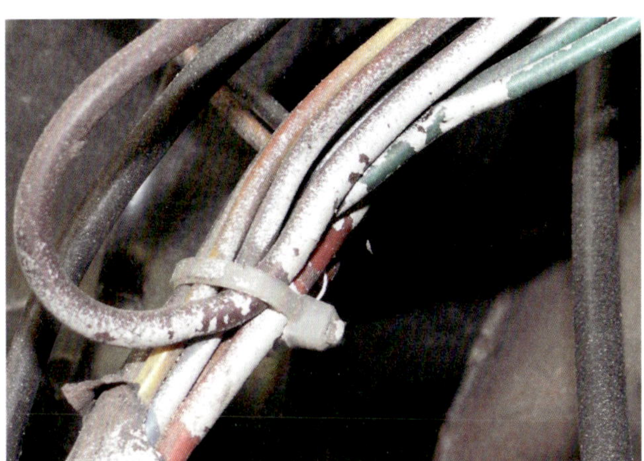

Solche alten Kabelstrangführungen sollten nach ihrer Aufbereitung weiterverwendet werden.

Die Gummiisolierung des Kabelhalters gehört natürlich nach innen. Sonst besteht die Gefahr des Scheuerns.

Zum Schutz der Kabel vor mechanischer Belastung finden sich bei vielen Traktoren flexible Metall-Rohrleitungen.

Kabelbinder haben sich lange schon bewährt. Oft wurden sie auch von den Herstellern verwendet.

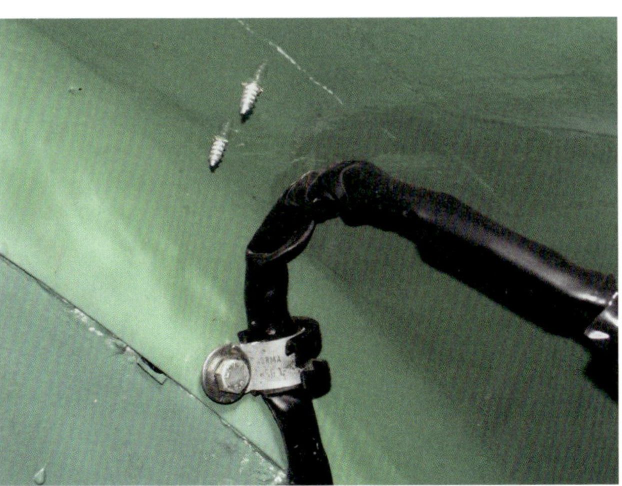

Schrumpfschlauch, Gummidurchführung, Elektriker-Isolierband und eine Lasche – dieser Kabelstrang ist geschützt!

Gummidurchführungen können im Kfz-Handel für wenig Geld als Sortiment gekauft werden.

Werden originale Stecker und Kabelverbinder ersetzt, sollten nur solche in Profiqualität verwendet werden.

Im Spritzwasserbereich sollten moderne spritzwasser-geschützte Stecker zum Einsatz kommen.

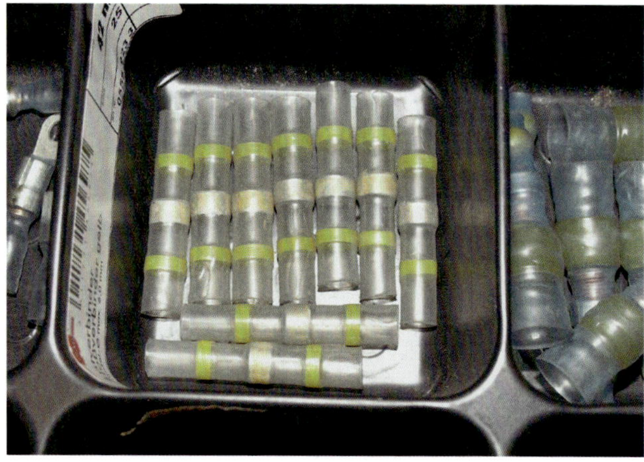

Löten bietet Vorteile. Sind Kabel zu kurz, lassen sie sich mit Lötkabelverbindern professionell verlängern.

Gecrimpte Stecker müssen durch Gummitüllen gegen Feuchtigkeit und Schmutz geschützt werden. Hier fehlen sie.

wasserdichte Steckverbindungen zu verwenden. Solange die Veränderungen im Restaurierungsbericht vermerkt sind und ein Tausch gegen die originalen Stecker leicht möglich ist, steht einem solchem Umbau daher nichts im Wege.

Beim Kabelbaumnachbau wird auch oft die Frage diskutiert: Löten oder Crimpen? Beide Methoden haben Vor- und Nachteile. Gelötete Kabelanbindungen an Stecker neigen im Laufe der Zeit dazu, durch die im Lot enthaltene Säure zu oxidieren und so den Stromfluss negativ zu beeinflussen. Auch tendieren die Kabel am Übergang Lötstelle zum flexiblen Kabel zu Brüchen. Bei gecrimpten (gequetschten) Verbindungen hingegen lockern sich gerne die Kabel. Dies hat gerade bei Kupferlitzen mit einer besonderen Eigenschaft dieses Metalls zu tun. Unter Druck neigt es nämlich dazu im Laufe der Zeit quasi davonzulaufen und so dem Druck auszuweichen. Die Folge sind Kabelanschlüsse, die nur noch eine schlechte Stromverbindung gewährleisten. Wer sich deshalb unsicher ist, wie er hier vorgehen soll, kann sich immer noch seinen alten Originalkabelbaum zum Vorbild nehmen. Hat sich hier Löten oder Crimpen bewährt, sollte auch die jeweilige Methode wieder verwenden.

Nicht zuletzt muss bei Arbeiten am Kabelbaum auch an die eigene Sicherheit gedacht werden. Die Batterie sollte hierzu abgeklemmt und immer komplett ausgebaut werden. Sämtliche Arbeiten an Kabeln und die Montage von Steckern und Verbrauchern haben immer spannungsfrei zu erfolgen. Muss zu Testzwecken einzelner Verbraucher oder Schaltungen die Batterie angeschlossen werden, sollte stets eine Sicherung zwischengeschaltet sein. Sie verhindert, dass der neu verlegte Kabelbaum sich bei Kurzschluss nicht sofort »in Rauch« auflöst. Tragen Sie auch, wenn Sie Stecker montieren, wann immer es möglich ist, Elektriker-Schutzhandschuhe. Sie schützen nicht nur ihre Finger vor scharfen Kabelenden, sondern verhindern auch, dass Körperfett oder Schweiß auf Steckkontakte übertragen wird. Dort fördert beides nämlich mittelfristig Oxidation, die dann wiederum zu Kontaktproblemen führen kann.

Falls Sie einmal an spannungsführenden Kabeln arbeiten müssen, verwenden Sie stets Elektriker-Werkzeug. Alles was Sie hierzu wissen müssen, finden Sie im Kapitel »Handwerkzeug«.

Einen Kabelbaum reparieren oder gar einen ganzen nachbauen ist wahrlich kein Hexenwerk. Wer sich Zeit lässt, sich das nötige Wissen aneignet und dann Schritt für Schritt vorgeht, wird schließlich am Traktor-Stammtisch eines schönen Tages mit berechtigtem Stolz berichten können, dass auch er dieses heikle Problem selbst bewältigt hat.

Grundsätze bei Arbeiten an der Elektrik

- Bei allen Arbeiten an der Elektrik muss stets der Minuspol der Batterie abgeklemmt werden.
- Wer selbst elektrisches Zubehör in seinem Traktor verbaut (zum Beispiel Sitzheizung), muss dieses mit einer eigenen Sicherung absichern. Die Sicherungsgröße muss an den Leitungsquerschnitt und die fließenden Ströme angepasst sein. Vergessen Sie nicht, die Sicherungen zu beschriften oder mit Kennzeichnungen zu versehen. Die Veränderungen sind auch im Fahrzeugschaltplan zu ergänzen. Das erspart bei späteren Reparaturen, wenn man vergessen hat, wofür die Sicherung war, viel Sucherei.
- Die original verbauten Kabel und Sicherungen sind exakt auf die fließenden Ströme abgestimmt und haben kaum Reserven. Werden hieran weitere Verbraucher angeschlossen, müssen meist auch Kabel und Sicherungen gegen größere getauscht werden.
- Alle Kabel sollten möglichst zu Kabelsträngen gebündelt und befestigt werden. Dabei sind ausschließlich nur flexible Leitungen zu verwenden.

Kälte und Streusalz lassen Kabel und Isolierung brüchig werden und Kontakte oxidieren.

Um Kontaktprobleme zu vermeiden, müssen die Polanschlüsse mit Polfett eingestrichen werden.

Die Anschlüsse an der Batterie haben die Nummern 30 (Pluspol) und 31 (Minuspol).

Bei Oldtimern verbergen sich meist in solchen Sicherungskästen sogenannte Torpedosicherungen.

Sicherungen

Für die Betriebssicherheit von Young und Oldtimer-Traktoren sind Sicherungen sehr wichtig. Müssen sie gewechselt werden, ist einiges zu beachten, damit der Kabelbaum keinen Schaden nimmt.

Bis weit in die 1980er-Jahre kamen in europäischen Fahrzeugen hauptsächlich sogenannte Torpedosicherungen mit den Maßen 6 × 25 Millimeter zum Einsatz. Baugröße und Form wurden dabei von der DIN 72581-1 vorgegeben. Technisch bestehen sie aus einem zylindrischen Isolierkörper, in dessen Längsseite eine Nut eingearbeitet ist, die den Sicherungsstreifen aufnimmt. Damit die Torpedosicherungen im Sicherungskasten des Fahrzeugs eingeklemmt werden können, sind sie stirnseitig mit konischen Kontaktflächen ausgestattet.

Für den isolierenden Trägerkörper wird bis zu 5 A Stromstärke meist thermoplastischer Kunststoff verwendet. Für stärkere Ströme muss der Isolator hitzebeständig sein. Hier kommen dann Keramik, eingefärbtes Glas oder spezielle hitzebeständige Kunststoffe zum Einsatz. Obwohl Torpedosicherungen, die auch als ATS- oder Bosch-Sicherungen bezeichnet werden, millionenfach verbaut wurden, haben sie einen großen Nachteil, der immer wieder zu Kontaktproblemen führt: Ihre kleine, konische Kontaktfläche, die bei schwacher Druckkraft der gelochten Haltefedern sehr hohe Übergangswiderstände verursachen kann. Hierdurch kann es zu einer Erwärmung kommen, wodurch eine beschleunigte Oxidation oder Abbrand an der Kontaktstelle verursacht werden. Um dem entgegenzuwirken, sollten die Kontaktflächen der Sicherungen gelegentlich gereinigt und die Federhalterung auf ihre Spannkraft geprüft werden. Hat die Spannkraft bereits merklich nachgelassen, lässt sich die Sicherung meist auch leicht mit den Fingern in ihrer Halterung drehen. Durch vorsichtiges Biegen der Halterung mit einer Spitzzange kann jedoch die Spannkraft wieder erhöht werden. Trotzdem haben sich diese

Sicherungen bewährt, weil sie leicht, schnell und ohne spezielles Werkzeug zu wechseln sind. Zudem kosten sie sehr wenig. Auch ihre Farbkodierung, Signal für die maximalen Nennströme, die die Sicherungen aushalten können, erleichtert den Sicherungswechsel ungemein. Denn selbst wenn man die genaue Stromstärke nicht kennt, muss man lediglich nur die durchgebrannte Sicherung durch eine gleichfarbige ersetzen, damit der Stromkreis wieder optimal abgesichert ist.

Farbkodierung und Nennströme ATS-, Bosch- bzw. Torpedosicherungen	
5 A	gelb
8 A	weiß
16 A	rot
25 A	blau
40 A	Dynamo Minus

Aus diesem Grund darf auch niemals eine andersfarbige Sicherung eingebaut werden. Wird zum Beispiel die empfohlene Stromstärke am jeweiligen Sicherungsplatz unterschritten, kann die Sicherung sehr schnell durchbrennen, obwohl noch gar keine Überbelastung oder sogar ein Kurzschluss vorliegt. Wird hingegen eine Sicherung mit zu hoher Amperezahl eingebaut, kann es richtig gefährlich werden. Tritt nämlich ein Kurzschluss auf, brennt nicht die Sicherung durch, sondern ein elektrisches Bauteil wird zerstört. Im schlimmsten Fall kann es dann sogar zu einem Kabelbrand kommen, bei dem das Fahrzeug völlig ausbrennen kann.

Vorsicht Verwechslungsgefahr! Schon vor der Normierung der Torpedosicherungen gab es sie schon.

Deshalb ist strikt darauf zu achten, dass immer eine richtigfarbige Sicherung mit identischer Amperezahl wieder eingebaut wird.

Achtung! Zum Wechsel einer Sicherung sollte stets die Fahrzeugbatterie abgeklemmt oder eine Spitzzange verwendet werden. Macht man dies nicht, besteht die Gefahr, falls ein Kurzschluss vorliegt, dass man sich beim Einsetzen der neuen die Finger verbrennt, weil diese sofort schmilzt.

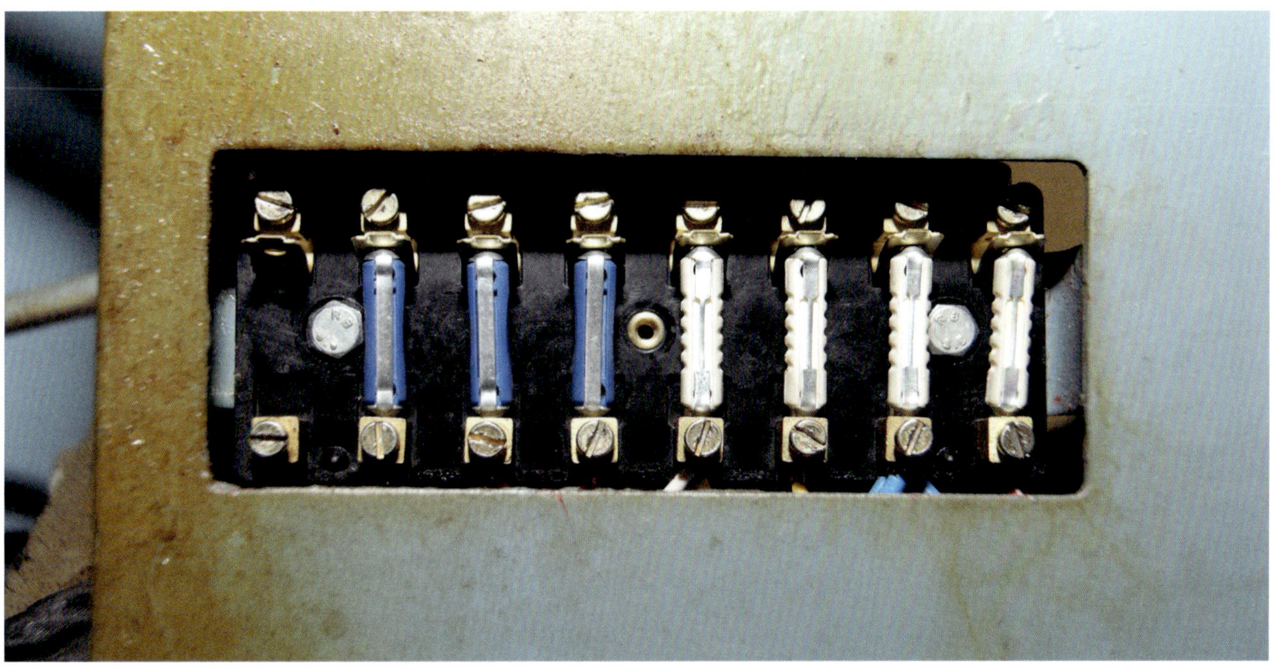

Mit 8 beziehungsweise 25 A sind hier die verschiedenen Stromkreise im Fahrzeug abgesichert.

Ist die Lima Ursache für einen Elektrikdefekt, muss es nicht immer teuer werden. Es gibt sie kostengünstig im Austausch.

Lichtmaschine prüfen

Geht die rote Ladekontrollleuchte an und der Traktor bleibt am helllichten Tag mit einer leeren Batterie liegen, hat ein typischer Schaden zugeschlagen: Das Ladesystem ist defekt. Meist hat dann die Lichtmaschine oder eine ihrer Nebenkomponenten einen Defekt.

Wer Pech hat, muss dann entweder die Lichtmaschine, den Gleichrichter, den Regler oder sogar alles austauschen. Doch manchmal hat man Glück und man muss nicht gleich alles erneuern. Mit ein paar einfachen Tests kann der Schaden eingegrenzt werden.

Um sie durchzuführen, benötigt man ein einfaches Multimeter (analog oder digital), das auf Spannungsmessung (Messbereich: bis 40 Volt) eingestellt wird. Anschließend wird noch vor der Messung die Batterie voll geladen. Ist die Batterie nämlich zu schwach, führt das zu falschen Messergebnissen.

Zuerst wird der Ladestrom geprüft. Dazu startet man den Motor und lässt ihn mit eingeschaltetem Scheinwerfer (Abblendlicht) zwischen 800–1500 U/min laufen. Mit Hilfe des Multimeters kann jetzt die Spannung zwischen den Batteriepolen gemessen werden. Bei zunehmender Drehzahl erhöht sich der Wert von meist 13,2 auf rund 14,5 Volt Gleichspannung. Ohne Licht oder eingeschaltete Verbraucher liegt der Wert sogar etwas höher. Werden diese Werte angezeigt, ist alles in Ordnung und die Batterie wird geladen. Ist der Messwert jedoch geringer oder deutlich höher, muss weiter geprüft werden. Dazu wird das schwarze Kabel des Multimeters an das Gehäuse der Lichtmaschine und sein rotes Messkabel an ihren Plus-Ausgang (B+) angeschlossen (B+ ist auf vielen Limas markiert).

Werden bei laufendem Motor und eingeschalteten Verbrauchern die Sollwerte von 13,2 Volt im erhöhten Standgas und 14,5 Volt bei etwa 2000 bis 2500 U/min erreicht, und sind diese an der Batterie deutlich geringer, muss auch der Spannungsabfall der Lichtmaschine plus- und minusseitig gemessen werden.

Plusseitiges Messen

Hierzu wird das rote Prüfkabel an B+ der Lichtmaschine und das schwarze an den Pluspol der Batterie gehalten. Jetzt den Motor starten, Licht und alle anderen Stromverbraucher einschalten und Gas geben. Der abgelesene

Fehlersuche – die Lichtmaschine

Fehler	Ursachen	Behebung
Ladekontrollleuchte brennt nicht bei eingeschalteter Zündung	a. Lämpchen durchgebrannt b. Masseanschluss lose oder korrodiert c. Batterie entladen d. Unterbrechung in der Verkabelung e. Schleifkohlen-Kontakte liegen nicht am Schleifring an f. Erregerwicklung der Lichtmaschine durchgebrannt	a. Lämpchen austauschen b. Masseanschluss reinigen und/oder festziehen c. Batterie laden bzw. prüfen d. mit Voltmeter Stromfluss prüfen e. Freigängigkeit und Mindestlänge (5 mm) prüfen f. Läufer austauschen
Ladekontrollleuchte erlischt nicht nach Starten des Motors	a. Keilriemen locker b. Regler defekt c Leitung zwischen Regler und Lichtmaschine unterbrochen	a. Keilriemen spannen b. Regler prüfen und/oder austauschen c. Leitung und Kontakte prüfen, falls nötig, Kabel ersetzen
Ladekontrollleuchte brennt bei ausgeschalteter Zündung	Kurzschluss in Plusdiode der Diodenplatte	Diodenplatte prüfen und gegebenenfalls tauschen

Sollwert sollte kleiner als 0,5 V sein. Ist der Wert größer, dann ist das Kabel zwischen Lichtmaschine und Batterie auf Stromfluss und Übergangswiderstände zu prüfen oder zu erneuern.

Minusseitiges Messen

Das rote Prüfkabel wird an den Minuspol der Batterie und das schwarze Prüfkabel an das Gehäuse der Lichtmaschine gehalten. Wieder den Motor starten, Licht und alle Verbraucher einschalten und Gas geben. Der am Multimeter abgelesene Sollwert sollte kleiner als 0,25 V sein. Ist der Wert jedoch größer, dann sind die Masseverbindungen genau zu prüfen. Meist hilft das Reinigen der Verschraubungen, um Übergangswiderstände zu reduzieren und den Kontakt wiederherzustellen. Modernere Lichtmaschinen sind übrigens häufig gummigelagert. Hier ist dann das Massekabel zu prüfen.

Lichtmaschine?

Die Bezeichnung Lichtmaschine hat ihren Ursprung in den jungen Jahren des Automobilbaus. Genau betrachtet, ist sie heute falsch, da Lichtmaschinen bereits seit vielen Jahrzehnten in Fahrzeugen nicht mehr ausschließlich den Strom für die Fahrzeugbeleuchtung liefern, sondern Energie für alle elektrischen bzw. elektronischen Komponenten, wie zum Beispiel Kraftstoffpumpe, Dieselvorglühung, Scheibenwischer, Sitzheizung, Hupe oder Zündelektronik liefern. Zusätzlich hat sie die Aufgabe, die Starterbatterie zu laden, damit der Motor jederzeit gestartet werden kann.
Will man den Stromerzeuger an Bord eines Fahrzeugs korrekt bezeichnen, müsste man ihn Generator nennen, da er, in derselben Weise wie in einem großen Kraftwerk, Strom erzeugt. Bis heute hat sich aber die Bezeichnung Lichtmaschine gehalten, insbesondere weil sie griffig klingt und sie sich leicht mit »Lima« abkürzen lässt.

Schwellenwert 13,2 Volt

Liegt die Spannung der Lichtmaschine deutlich unter 13,2 Volt, liegt der Fehler bei der Lichtmaschine oder dem Regler. Ist die Lichtmaschine defekt, kann dies wie-

Leuchten die Kontrollleuchten bei eingeschalteter Zündung im Stand nicht, dann ist die Batterie leer.

Dieses Ladegerät mit Ladezustandsanzeige beweist: Die Batterie ist leer. Ursachensuche ist angesagt.

Verschiedene Systeme

In Oldtimertraktoren sind meist Lichtmaschinen verbaut, die nach dem Gleichstrom- oder Wechselstromprinzip funktionieren. Seit den 1970er-Jahren jedoch haben sich aber zusehends bei allen Fahrzeugherstellern Drehstrom-Lichtmaschinen durchgesetzt. Gleichgeblieben ist jedoch ihr »antiquierter« Antrieb. Bis heute geschieht er häufig mittels eines Keil- oder Zahnriemens, der wiederum selbst meist direkt von der Kurbelwelle des laufenden Motors angetrieben wird. Heute gibt es zahlreiche unterschiedlich große und leistungsstarke Lichtmaschinen für die verschiedensten Fahrzeugausführungen.

derum an einem eingelaufenen Schleifring, abgenutzten Kohlen oder an durchgebrannten Dioden oder Wicklungen liegen. Meist kann man abgenutzte Kohlen selbst wechseln. Bei allen anderen Defekten an der Lichtmaschine hilft nur der versierte Kfz-Profi oder aus Kostengründen der Austausch der ganzen Lichtmaschine.

Bevor die Ladeleistung der Lima aussagekräftig getestet werden kann, muss die Batterie aufgeladen werden.

Macht die Lima mahlende Geräusche, muss man sie ausbauen und die Lager auf Verschleiß testen.

Häufige Ursache für zu wenig Ladeleistung sind abgenutzte Lima-Kohlekontakte. Sie sind schnell gewechselt.

Der Keilriemen der Lima muss in den Riemenrädern genau fluchten, sonst quietscht er und verschleißt übermäßig.

Steigt hingegen die Spannung sehr weit über 13,8 Volt, lässt sich der Defekt auf den Regler eingrenzen. Ist ein separater Regler verbaut, muss er meist als Ganzes getauscht werden, da eine Reparatur nicht lohnt. Ist der Regler jedoch in der Lichtmaschine integriert, sollte die Lichtmaschine zur Reparatur in eine Kfz-Elektrik-Werkstatt gegeben werden. Besonders bei seltenen und teureren Lichtmaschinen kann sich hier eine Überholung rechnen.

Macht die Lichtmaschine jedoch mahlende Geräusche während des Betriebs, so weist dies auf defekte Lager beziehungsweise einen zu lockeren oder zu straffen Keilriemen hin. Da zum Wechsel der Lima-Lager Spezialwerkzeuge benötigt werden, ist man meist wieder auf die Hilfe einer Werkstatt angewiesen.

Beim Keilriemen sieht das etwas anders aus. Wenn er die Kraft des Motors nicht auf die Lima überträgt, da er rutscht, kann das erhebliche Leistungs- beziehungsweise Ladungsverluste nach sich ziehen. Nicht in jedem Fall muss man dabei dann das für einen lockeren Keilriemen typische Keilriemenpfeifen hören. Geräuschlos rutscht er durch, wenn er sehr locker oder stark verölt ist.

Auf jeden Fall sollte man immer auch den Zustand und Verschleiß des Keilriemens prüfen, bevor er gespannt wird. Ist er stark verölt, ist auf Ursachensuche zu gehen, weil ansonsten auch ein neuer Keilriemen schnell wieder verölt. Überprüfen Sie dann, ob der Kurbelwellendichtring hinter der Riemenscheibe dicht ist.

Im nächsten Kapitel erfahren Sie alles, was man zum Thema Keilriemen wissen muss.

Stimmt die Spannung des Keilriemens nicht, rutscht er und viel Ladeleistung geht verloren.

Keilriemen wechseln

Keilriemen sind eine geniale Erfindung. Sie sehen einfach aus, und doch steckt in ihnen eine Menge Knowhow. Technisch betrachtet, sind Keilriemen sogenannte Treibriemen mit trapezförmigem Querschnitt, die in Riementrieben oder -getrieben verbaut sind.

Die Kraftübertragung erfolgt mittels Reibschluss (Kraftschluss) der Flanken des Riemens auf die keilförmige Rille des Riemenrades und umgekehrt. Die hierfür erforderliche Anpresskraft (Normalkraft) wird durch Vorspannung des Riemens erzeugt. Sie richtet sich nach der Größe des zu übertragenden Drehmoments. Dabei sind Keilriemen durch ihre V-förmige Form in der Lage, bei gleichem Platzbedarf wesentlich höhere Drehmomenten zu übertragen als zum Beispiel bandförmige Treibriemen. Dies liegt auch am Zugmoment, das den die Kraft übertragenden Riemen in den V-Ausschnitt des jeweiligen Riemenrades zieht. Bei sachgemäßer Antriebsauslegung und einwandfrei gearbeiteten Scheiben kann ein Wirkungsgrad von mindestens 95 Prozent erreicht werden.

Treibriemen werden heute für gewöhnlich aus Gummi hergestellt, in den eine Textil-, Nylon- oder Stahlseileinlage eingearbeitet ist. Der Gummi überträgt dabei die Kraft durch Reibung, die Textil, Nylon oder Stahlseileinlagen sorgen für die nötige Zugfestigkeit. Im Vergleich zu den urtümlichen Flachriemen belasten keilförmige Treibriemen die Lager der Wellen wesentlich weniger, jedoch wird dieser Vorteil durch einen etwas geringeren Wirkungsgrad »erkauft«. Dafür können jedoch geringere Umschlingungswinkel (= kleinere Riemenräder) realisiert werden.

Bei einigen Traktoren werden daher mehrere Keilriemen nebeneinander angeordnet, um hohe Kräfte zu übertragen. Müssen solche Parallel-Keilriemen ge-

Der Keilriemen des Eicher ED 22 muss überprüft werden. Keiner weiß, wann er das letzte Mal gewechselt wurde.

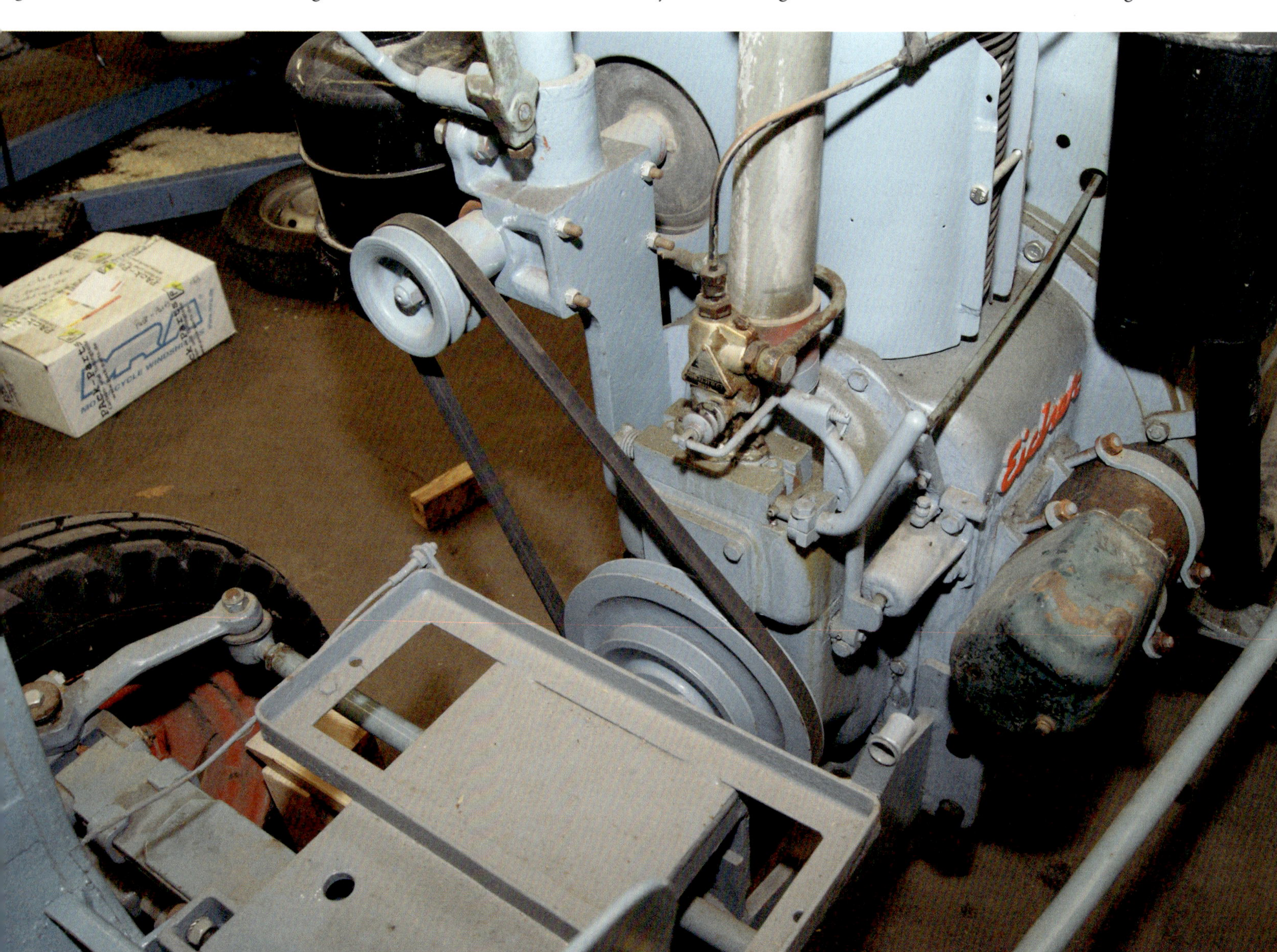

wechselt werden, ist es für eine gleichmäßige Kraftübertragung sehr wichtig, dass stets alle Riemen gleichzeitig getauscht werden.

An unserem Beispiel, einem Eicher ED 22, treibt jedoch nur ein Keilriemen den Lüfter an. Die hierfür nötige Kraft wird über ein Riemenrad an der Kurbelwelle bereitgestellt. Dennoch ist dieser Keilriemen hoch belastet, da von der Lüfterwelle aus über ein doppeltes Riemenrad noch die Lichtmaschine angetrieben wird (Die Lima war, genauso wie ihre Halterungen zum Zeitpunkt, als die Fotos entstanden sind, nicht angebaut, da die Lichtmaschine überholt werden musste). Umso wichtiger ist es, dass der Haupt-Keilriemen im einwandfreien Zustand ist.

Bevor man den Keilriemen ausbaut, muss immer erst die Flucht der Riemenräder überprüft werden. Sie müssen in einer Linie stehen und dürfen weder Versatz haben noch schräg stehen. Wäre das der Fall, ist der Keilriemen Torsionsbelastungen und/oder einseitigem erhöhten Verschleiß ausgesetzt. Am Eicher ED 22 stehen die Riemenräder jedoch in einer Linie.

Um den Keilriemen auszubauen, muss seine Spannvorrichtung gelockert werden.

An Traktoren findet man verschiedene Ausführungen von Spannvorrichtungen. Technisch aufwendige Konstruktionen haben meist zwei Schrauben, mit denen einerseits der Keilriemen gespannt oder gelockert werden kann, anderseits die Flucht des Riemenrads eingestellt wird.

Hingegen wird bei den sehr einfachen Konstruktionen der Keilriemen gespannt, indem die Halterungen als schlitzförmige Löcher ausgelegt sind. Sie ermöglichen es dann, den Keilriemen durch hin und herschieben des jeweiligen Aggregats zu spannen oder zu lockern. Am ED 22 ist eine solch einfache Spannkonstruktion mit Schlitzlöchern am Lüfter verbaut. Es sind hier lediglich zwei Schrauben zu öffnen, um den Keilriemen zu lockern. Die obere der beiden Schrauben öffnet man dabei ganz, so dass sich die Kontermutter mit der Hand drehen lässt. Die untere wird nur leicht gelockert, so dass sie gerade noch Druck ausübt und den Lüfter halten kann. Mit leichter Kraft wird anschließend der Lüfter etwas nach unten gedrückt, um so den Keilriemen zu lockern. Danach kann der Keilriemen aus dem Riemenrad gehoben werden. Das klingt aber einfacher, als es tatsächlich ist. Einerseits ist nur wenig Spielraum da, den Keilriemen anzuheben, anderseits muss er speziell beim Eicher ED 22 über das zweite Riemenrad ausgefädelt werden.

Um den Keilriemen schonend auszubauen, drückt man ihn daher, bevor er das Riemenrad erreicht, etwas

Die Flucht der beiden Riemenräder ist einwandfrei. Der Keilriemen läuft ohne Torsion und verschleißarm.

Zum Wechsel des Keilriemens müssen die obere und und die untere Halteschraube am Lüfter geöffnet werden.

Der Lüfter wird ganz nach unten gedrückt, damit der Keilriemen zur Demontage gelockert wird.

Gewebeummantelte Keilriemen werden durch Biegen in jede Richtung auf Beschädigungen geprüft.

Bei flankenoffenen Keilriemen ist die Innenseite oft gezahnt. Solche Keilriemen sind für kleine Umlenkungen geeignet.

Sieht ein Keilriemen so brüchig und alt aus, darf noch nicht einmal mehr der Motor gestartet werden.

Deutlich ist der Rand dieses Keilriemens beschädigt. Die Ursache sind nicht fluchtende Riemenräder.

zur Seite und dreht dabei gleichzeitig mit der Hand am Riemenrad. Damit bewirkt man, dass der Keilriemen von den Flanken des Riemenrads angehoben und in das zweite Riemenrad eingezogen wird. Dort wird der Vorgang wiederholt, bis der Keilriemen frei ist. Anschließend bleibt noch, den Keilriemen vom Riemenrad der Kurbelwelle zu lösen. Da zwischen Batteriehalter und Kurbelwellen-Riemenrad nur wenig Platz ist, muss man ihn hier vorsichtig ausfädeln, damit nichts beschädigt wird.

Erst wenn der Keilriemen ausgebaut ist, kann er auf seinen Zustand eingehend untersucht werden. Hierzu wird der Keilriemen in die Hand genommen und in jede Richtung gebogen. So lässt sich leicht feststellen, ob das Gummi brüchig geworden ist oder Risse vorhanden sind. Schon bei kleinsten Rissen oder Brüchen muss der Keilriemen gewechselt werden. Gleiches gilt, wenn die Flanken des Riemens ausgefranst sind. Dieses Verschleißmerkmal weist übrigens auf nicht fluchtende Riemenräder hin. Der Keilriemen unseres Eicher ED 22 scheint jedoch in Ordnung zu sein. Eine Prüfung muss er aber noch über sich ergehen lassen. Denn auch wenn Keilriemen noch gut aussehen, können sie verschliessen sein, weil ihre Flanken bereits stark abgerieben sind. Um den Verschleißzustand der Flanken zu prüfen, muss er ins Riemenrad gelegt werden. Lässt er sich dabei ganz in die Rille des Riemenrads drücken, muss er gewechselt werden, da die Flanken verschlissen sind. Neuwertige Keilriemen stehen über die Rille des Riemenrads immer gut einen Millimeter über.

Ist der Keilriemen verschlissen und die Maßangaben sind unleserlich, oder er fehlt gar ganz, hat man bei alten Traktoren oft das Problem, herausfinden zu müssen, welcher Typ Riemen verbaut war. Jedoch kann man sich selbst behelfen, indem man die ursprünglichen Maße ermittelt. Dazu werden beim ausgebauten alten Keilriemen mit einem Messschieber zunächst die Höhe und dann die Breite (oben und unten) an mehreren Stellen gemessen. Aus den Ersatzteillisten der Keilriemenhersteller können dann die Profilmaße ausgesucht werden, die den gemessenen Werten am nächsten liegen. Zu beachten ist hier aber, dass speziell bei der Messung der Breite am alten Keilriemen mit einem Verschleißzuschlag von zwei oder drei Prozent gerechnet werden muss, der auf die Breite aufgeschlagen werden muss, um die ungefähren Maße des neuen Keilriemens zu haben. Fehlt übrigens der Keilriemen gänzlich, muss die Breite der Rille der Riemenscheibe gemessen werden. Die dazugehörige Höhe lässt sich dann für klassische Keilriemen nach DIN 2215 aus dem Höhen-Breiten-Verhältnis von 1 : 1,6 errechnen.

Ferner braucht man natürlich auch noch die Nenn-

Kennt man die Größe des Keilriemens nicht, muss seine Breite, Höhe und Nennlänge gemessen werden.

Lässt sich der Keilriemen, wie hier im Bild, im Riemenrad ganz versenken, dann sind seine Flanken verschlissen.

Ein nicht verschlissener Keilriemen steht am Rand des Riemenrades gut einen Millimeter über.

Riemenräder dürfen keine Beulen, Verbiegungen, scharfe Kanten oder Rost haben. Sonst sind sie zu wechseln.

Einige Riemenradwellen können mit Fett geschmiert werden. Das Abschmieren gehört zum Keilriemenwechsel.

Beim Einbau wird der Keilriemen zuerst um das größte Riemenrad gelegt. Meist ist es das an der Kurbelwelle.

Durch Drehen und seitliches Drücken wird der Keilriemen über den Rand des Riemenrades eingefädelt.

länge (= Innenlänge). Hier misst man den gestreckten Keilriemen und zieht von dem gemessenen Wert zwei Mal die Profilhöhe sowie zusätzlich etwa 3 Prozent der gemessenen Länge (= Verschleißdehnung) ab. Mit diesem Ergebnis sucht man sich aus der Angebots- bzw. Preisliste einer Herstellerfirma die nächstliegende Abmessung aus.

Natürlich geht es am einfachsten, wenn man die genaue Typbezeichnung oder sogar die Bestellnummer des Keilriemens hat. Die Typbezeichnung steht meist (falls noch leserlich) auf dem alten Keilriemen oder geht aus der Betriebsanleitung oder Dem Werkstatthandbuch des Traktors hervor. Es ist aber trotzdem ratsam, den

Das Übersetzen des Keilriemens von einem Riemenrad auf das andere erfolgt ebenfalls durch Drehen und Drücken.

Zum Spannen des Keilriemens verwenden Kfz-Profis oft einen Wagenheber, mit dem der Lüfter mach oben gedrückt wird.

Mit Gefühl werden die beiden Muttern des Lüfters angezogen. Hier muss darauf geachtet werden, dass die Riemenräder fluchten.

alten Keilriemen erst dann wegzuwerfen, wenn man den neuen hat und dieser dann auch wirklich passt!

Zu beachten ist hier auch, dass sich Keilriemen – abhängig von ihrem Einsatz – auch von der Bauart unterscheiden können. Sogenannte Schmalkeilriemen sind mit einer Gewebelage ummantelt. Hingegen verzichten flankenoffene Keilriemen darauf. Bei flankenoffenen Keilriemen kann die Innenseite gezahnt sein, um geringere Umlenkdurchmesser realisieren zu können. Die Verzahnung vermindert dabei Walkbewegungen innerhalb des Keilriemens und reduziert so die Wärme- und Geräuschbildung und somit auch den Verschleiß.

Nicht vergessen darf man bei einem Keilriemenwechsel auch, sich die Riemenräder näher anzusehen. Hier kontrolliert man, ob scharfe Kanten, Rost oder gar Dellen an den Riemenrädern zu erkennen sind. Kanten und Rost können mit der Flex oder Schleifscheibe egalisiert werden. Verbeulte oder verbogene Riemenräder sind jedoch immer zu wechseln. Nachdem an unserem Eicher hier alles in Ordnung ist, geht es wieder an den Einbau des Keilriemens. Hier wurde der alte wieder eingebaut, da sein Verschleiß noch weit innerhalb der Toleranz lag. Nicht vergessen darf man übrigens, die Lagerung der Riemenscheibenwellen (Lüfterwelle und Kurbelwelle) auf Spiel zu kontrollieren. Falls hier ein Defekt vorliegt, muss dieser noch behoben werden. Oftmals genügt es aber, die Lager abzuschmieren. Manche Riemenscheibenwellen haben hierzu ein Lager, das mit Fett geschmiert werden muss. Zu erkennen sind sie an einem Schmiernippel oder einer Verschraubung. In beiden Fällen sollte sie mit der Fettpresse abgeschmiert werden, bevor der neue Riemen verbaut wird.

Die Montage des Keilriemens geschieht in umgekehrter Reihenfolge wie ihr Ausbau. Zuerst wird der Keilriemen in die große Riemenscheibe an der Kurbelwelle gelegt. Durch Drehen und seitliches Drücken fädelt man ihn dann in die hintere Riemenscheibe des Lüfterantriebs ein.

Danach wird der Keilriemen wieder gespannt. Viele Mechaniker behelfen sich hier mit einem Wagenheber, der den Lüfter samt Riemenscheibe nach oben drückt, während die beiden Halteschrauben angezogen werden.

Ob die Keilriemenspannung stimmt, ermittelt man mit der »Daumendruckmethode«. Dabei sollte sich der Keilriemen in der Mitte der beiden Riemenräder maximal zwei bis drei Zentimeter eindrücken lassen (genaue Angaben finden sich im jeweiligen Werkstatthandbuch). Bedeutend exakter kann die Spannung jedoch mit Hilfe von Spezialgeräten ermittelt werden, die der Fachhandel anbietet. Da hierzu aber bei alten Traktoren meist die Werte fehlen und das Dehnungsverhalten weitgehend vom Material des Keilriemens und seiner Konstruktion bestimmt wird, wollen wir es hier bei der Daumendruckmethode belassen. Ohnehin muss die Keilriemenspannung noch einmal nach einer kurzen Einlaufzeit und dann bei nicht wartungsfreien Exemplaren in größeren Zeitabständen immer wieder geprüft und gegebenenfalls korrigiert werden. Geschieht das nicht, läuft man Gefahr, dass durch den erhöht auftretenden Schlupf (Quietschen) der Keilriemen durch Beschädigung der Gewebeumhüllung oder des Gummis sowie übermäßige Wärmeeinwirkung reißt. Auch ist bei zu lockeren Keilriemen mit einer erheblichen Verringerung seines Wirkungsgrades zu rechnen, was bei Lüftern fatale Folgne für den Motor haben kann.

Bleibt noch zu klären, wie lange ein Keilriemen hält. Die Antwort ist einfach: Das kommt sehr auf die Einsatzbedingungen und die Wartung des Keilriemens an. Wer aber alle paar Wochen den Keilriemen kurz kontrolliert und ihn bei Bedarf (hoher Verschleiß) gleich wechselt, der wird kaum wegen einem gerissenen Keilriemen mit seinem Traktor liegen bleiben.

Ausschlaggebend für die Lebensdauer ist übrigens auch die Konstruktion des Riemenantriebs. Wird der Keilriemen um mehr als zwei Riemenräder geführt, und hat er dadurch eine hohe Biegefrequenz, ist seine Lebenserwartung sehr viel kürzer. Unter Biegefrequenz verstehen Kfz-Profis die Anzahl der Biegebewegungen pro Sekunde (eine Biegebewegung = Umlauf um ein Riemenrad). Für klassische Keilriemen nach DIN 2215, wie sie häufig in alten Traktoren verwendet werden, wird die Grenze der zulässigen Biegefrequenz zwischen 40 bis 60 Biegungen pro Sekunde angegeben. Für Schmalkeilriemen nach DIN 7753 liegt sie zwischen 80 bis 100 Biegungen pro Sekunde.

Die Biegefrequenz ist übrigens auch der Grund, weshalb Motorenkonstrukteure gerne auf Spannrollen bei Keilriemen verzichten, da sie die Biegefrequenz mit erhöhen. So muss sich ein Keilriemen, der von einer von innen nach außen wirkenden Spannrolle gespannt wird, bei einem Umlauf dreimal krümmen und wieder strecken. Drückt die Spannrolle von außen auf den Keilriemen (sogenannte Rückenspannrolle), wird er sogar gegen seinen »natürlichen« Aufbau gekrümmt. Dies führt zu sehr hohem Verschleiß. Solche Rückenspannrollen werden daher von Kfz-Profis gerne mal als »Genickschussrolle« bezeichnet.

Zum Schluss noch ein Pflegehinweis: Auf die Anwendung von Riemenwachs, Haftverstärkern oder ähnlichem, um die Haftreibung zu erhöhen, sollte man gänzlich verzichten. Sie sind bei einem gut eingestellten Keilriemen völlig überflüssig. Im Gegenteil sogar, können solche Mittel sogar den Verschleiß fördern.

Mit der allseits bekannten Daumendruckmethode kann die Spannung des Keilriemens geprüft werden.

Ob die Flucht der Riemenräder richtig eingestellt ist, lässt sich mit einer geraden Eisenstange leicht überprüfen.

Müssen hohe Kräfte übertragen werden, wie hier am Geräteantrieb, werden oft zwei parallele Keilriemen verbaut.

Wenn Spannrollen verbaut sind, sollten sie von innen auf den Keilriemen drücken, um Verschleiß zu reduzieren.

Die Lichtanlage muss bei der Hauptuntersuchung (HU) funktionieren, ansonsten kann die Plakette verweigert werden.

Lichtvorschriften

Egal, wie alt ein Traktor ist, er benötigt gemäß StVZO eine Lichtanlage. Der TÜV, aber auch die anderen Prüforganisationen, prüfen hier bei der HU Zulässigkeit, Funktion und die richtige Montage der Beleuchtungsanlage.

Oft ist die erste Frage bei der Anmeldung zur Hauptuntersuchung, ob alle Lichter am Traktor funktionieren. Nichts ist nämlich ärgerlicher für den Besitzer eines Oldtimer-Traktors, wenn er wegen defekter Lampen nach Hause geschickt werden muss. Dabei ist es ganz einfach, die Lichtanlage auf Funktion und Zulässigkeit selbst zu prüfen.

Die meisten TÜV-Prüfer fangen bei der Prüfung der Lichtanlage mit dem Standlicht bzw. den Begrenzungsleuchten an.

Hier sind von der StVZO § 51 zwei vorne und zwei hinten vorgeschrieben. Dabei spielt es keine Rolle, ob die so genannten Begrenzungsleuchten im Schweinwerfer integriert sind, oder nicht. Wichtig ist es jedoch, dass sie vorne weiß strahlen und eine Einschaltkontrolle am Armaturenbrett vorhanden ist.

Vorgeschrieben ist als Kontrolle ein grünes Kontrolllicht am Armaturenbrett. Was jedoch die wenigsten wissen,: Es genügt aber auch die Instrumentenbeleuchtung als Kontrolle des Standlichts bzw. der Begrenzungsleuchten. Die grüne Kontrollleuchte ist dann nicht zwingend vorgeschrieben.

Paragraf 50 der StVZO schreibt vor, dass jedes zweispurige Fahrzeug im Straßenverkehr zwei Abblendscheinwerfer haben muss. Es spielt dabei keine Rolle, ob es ein Bilux- oder H4-Scheinwerfer ist. Wichtig ist nur, dass er original und bauartgenehmigt ist. Die Umrüstung eines Bilux-Scheinwerfers auf H4 durch Tauschen des Leuchtmittels ist verboten, da es das Leuchtverhalten des Scheinwerfers unzulässig beeinflussen würde. Eine Umrüstung eines Bilux auf H4 ist nur dann zulässig, wenn der gesamte Scheinwerfer bzw. der Reflektor und das Streuglas getauscht werden.

Probleme gibt es hingegen mit der H-Zulassung, wenn ein LED-Scheinwerfer verbaut wurde, anstatt des Originalen, auch wenn der LED-Scheinwerfer eine Typgenehmigung hat. Hier kommt man nämlich mit den Richtlinien für die H-Zulassung bzw. mit denen zum Erhalt des H-Kennzeichens in Konflikt. Das kann sogar soweit gehen, dass bei Montage eines LED-Scheinwerfers die H-Zulassung aberkannt wird, weil es solche Scheinwerfer damals noch nicht gab. Ist der Scheinwerfer original, muss er auch auf der Streuscheibe das Prüfzeichen »HC« und eine E-Kennung tragen.

Eine Fernlichtfunktion ist gemäß §50 StVZO für Traktoren hingegen erst ab einer bauartbedingten Höchstgeschwindigkeit von mehr als 30 km/h vorgeschrieben. Ist aber ein Fernlicht im Traktor verbaut, auch wenn er langsamer ist, muss es funktionieren. Als Fernlicht dürfen entweder in den beiden Abblendlicht-Scheinwerfern Doppelfadenbirnen mit Fernlichtfunktion verbaut sein,

Begrenzungsleuchten (Standlicht) müssen nicht in den Scheinwerfern integriert sein. Hier sind sie am hinteren Kotflügel montiert.

oder für das Fernlicht werden zusätzlich zwei Fernlicht-Scheinwerfer an der Front des Traktors montiert. Als Funktionskontrolle am Armaturenbrett ist ein blaues Kontrolllicht vorgeschrieben. Ob ein Scheinwerfer als Fernlicht verwendet werden darf, erkennt man am Prüfzeichen »HR« auf der Streuscheibe.

Nur die wenigsten Traktoren haben einen Nebelscheinwerfer. Auch hier gilt: Sind die beiden Nebelscheinwerfer montiert, müssen sie auch funktionieren. Paragraf 52 der StVZO lässt es übrigens offen, ob sie weiß oder hellgelb strahlen. Wichtig ist aber bei ihrer Montage, dass sie nicht höher als das Abblendlicht angebracht sind. Auch muss das Streuglas das Prüfzeichen »B« aufweisen. Eine Einschaltkontrolle ist, im Gegensatz, zur weit verbreiteten Meinung, nicht zwingend vorgeschrieben, aber zulässig.

Paragraf 54 der StVZO schreibt für alle motorisierten Fahrzeuge zwei Fahrtrichtungsanzeiger vorne und zwei

Weiße Rückstrahler dürfen nur vorne am Traktor montiert werden. Sie sind keine Pflicht.

hinten vor. Das Blinkerglas muss gelb sein und das Prüfzeichen »1a« tragen. Für Fahrzeuge, also auch Traktoren, die vor dem 1. Januar 1970 zugelassen wurden, können die Blinkergläser hinten auch rot eingefärbt sein. Die Blinkfrequenz muss um die 60 Hertz liegen, also 60 Blinkimpulse in der Minute. Auf eine so genannte Einschaltkontrolle kann am Armaturenbrett verzichtet werden, wenn die Blinker vom Fahrersitz aus erkennbar sind, oder die Schaltstellung des Blinkerschalters eindeutig zu erkennen ist.

Die Blinkanlage ist immer kombiniert mit dem Warnblinker. Eine Warnblinkanlage ist für alle Arten von Traktoren, egal welchen Alters, vom Gesetzgeber (StVZO § 53a) zwingend vorgeschrieben. Ist keiner montiert, weil zum Beispiel der Traktor gerade im Ausland gekauft wurde, muss sie nachgerüstet werden. Hier braucht es dann auch eine Einschaltkontrolle mit integrierter Lampe. Wie für gewöhnliche Blinker, liegt auch die Blinkfrequenz des Warnblinkers bei 60 Hertz.

Wenn die Beleuchtungseinrichtungen vorne in Ordnung sind, müssen die am Heck geprüft werden. Hier wird zuerst die Vollständigkeit geprüft. Ein Rückfahrscheinwerfer muss jedoch nicht montiert sein. Er ist nach § 52a zulässig, aber nicht vorgeschrieben. Das gilt auch für eine Rückfahrkontrollleuchte im Armaturenbrett. Sie ist ebenfalls zulässig, aber nicht vorgeschrieben. Sind Rückfahrscheinwerfer montiert, sind sie so zu schalten, dass sie nur mit dem Einlegen des Rückwärtsgangs aktiviert werden können. Zudem müssen sie weiß strahlen und das Prüfzeichen »AR« im Streuglas tragen.

Danach wird bei einer HU immer die Funktion der Bremsleuchte geprüft. Gemäß § 53 der StVZO sind zwei Bremsleuchten am Heck vorgeschrieben. Zusätzlich dürfen aber noch eine oder zwei weitere am Heck montiert sein. Ihre Farbe ist zwingend rot. Wurde der Traktor bereits vor dem 1. Juli 1961 zum Straßenverkehr zugelassen, reicht auch eine Bremsleuchte am Heck. Bei einer Zulassung vor dem 1. Januar 1983 kann die Farbe der Bremsleuchte auch gelb sein. Übrigens – für Traktoren, die langsamer als 25 km/h sind und vor dem 1. Januar 1988 zugelassen wurden, braucht es keine Bremsleuchte.

Was muss man noch wissen? Die Gläser der Bremsleuchte müssen das Prüfzeichen »S« aufweisen!

Ähnlich den Bremsleuchten sind auch nach § 53 StVZO zwei Schlussleuchten vorgeschrieben. Zwei weitere können am Heck montiert sein. Sie müssen jedoch alle zusammen mit dem Park- bzw. Fahrtlicht geschaltet sein. Das Glas ist rot eingefärbt und muss das Prüfzeichen »R« tragen.

Traktoren oder Unimogs, mit einer bauartbedingten Höchstgeschwindigkeit über 60 km/h benötigen gemäß § 53d StVZO ab einer Erstzulassung 1. Januar 1991 eine oder zwei Nebelschlussleuchten. Eine gelbe Kontrollleuchte am Armaturenbrett ist vorgeschrieben. Genauso wie das Prüfzeichen »F« im Glas der Nebelschlussleuchte. Letztlich schreibt die StVZO im § 53 hinten noch zwei rote Rückstrahler (»Katzenaugen«) vor. Zwei weitere können montiert werden. Sie müssen rund oder rechteckig sein.

Achtung! Dreieckige Rückstrahler sind Anhängern vorbehalten.

Zu den roten Rückstrahlern am Fahrzeug können zusätzlich noch zwei weiße vorne montiert werden. Jedoch kennt die StVZO weiße Rückstrahler nicht, weswegen sie nicht geprüft werden. Wer wissen will, ob seine Rückstrahler zulässig sind, muss nur nach dem Prüfzeichen »IA« sehen.

Hier enden bereits die Vorschriften der StVZO. Doch es gibt weitere Beleuchtungseinrichtungen an einem Traktor, die bei der HU geprüft werden. Hier ist die Kennzeichenbeleuchtung, die gemäß FZV § 10 vorhanden sein muss (Fahrzeug-Zulassungsverordnung), zu nennen. Sie muss so montiert sein, dass sie das Kennzeichen vollständig ausleuchtet und es noch in 20 Meter Entfernung lesbar ist. Sie wird mit dem Park- bzw. Fahrtlicht kombiniert geschaltet. Das Licht der Parkleuchte muss weiß strahlen. Es darf jedoch nicht nach hinten leuchten. Dies wird durch seine Ausrichtung nach unten und eine vorgeschriebene Streuscheibe erreicht. Oft fehlt aber die Streuscheibe der Kennzeichenbeleuchtung, denn besonders bei alten Rückleuchten fällt sie gerne schon mal aus dem Gehäuse. Da man diesen Defekt meist nicht gleich sieht, sollte jeder, der zur HU fährt, hier mal einen Blick drauf werfen, ob die Streuscheibe noch vorhanden ist.

Die Sachverständigen sind auch angehalten, sogenannte Arbeitsleuchten zu prüfen. Das sind Scheinwerfer, die den Arbeitsbereich vor, seitlich oder hinter dem Traktor ausleuchten. Sie werden gerne auf dem Überrollbügel montiert. Sie sind generell zulässig, egal wie viele verbaut sind. Sie dürfen jedoch nicht während der Fahrt eingeschaltet werden, sondern nur im Stand, wenn zum Beispiel in der Nacht am Traktor gearbeitet werden muss. So paradox es klingen mag: Zulässig als Arbeitsleuchte sind nur Scheinwerfer, die keine Bauartgenehmigung bzw. ein Prüfzeichen tragen. Der Grund ist einfach, wie einleuchtend. Wird zum Beispiel ein Fernlichtscheinwerfer als Arbeitsleuchte auf dem Überrollbügel seitlich montiert, müsste der Sachverständige ihn als falsch montierten Fernlichtscheinwerfer bemängeln. Hat er kein Prüfzeichen, ist es aber klar, dass es sich bei ihm um einen Arbeitsscheinwerfer handelt.

Letztlich weisen die Prüfer immer darauf hin, dass alles, was am Traktor als Beleuchtung verbaut ist oder ab Werk verbaut war, auch funktionieren muss. Das be-

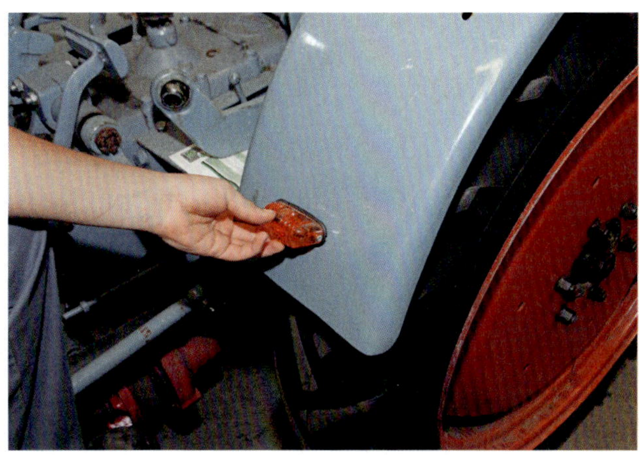

Die vorderen Fahrtrichtungsanzeiger können am vorderen Teil des hinteren Kotflügels montiert werden.

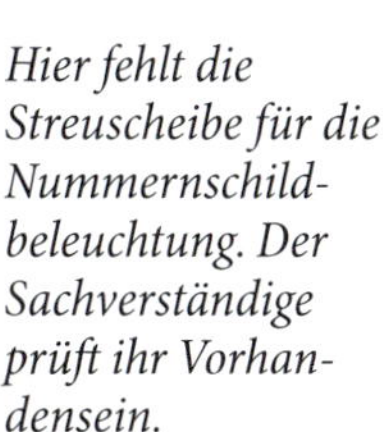

Hier fehlt die Streuscheibe für die Nummernschildbeleuchtung. Der Sachverständige prüft ihr Vorhandensein.

Bei der HU werden vom Sachverständigen stets alle Funktionen der Beleuchtungsanlage getestet. Hier die Blinker.

Gemäß § 53 der StVZO sind zwei Bremsleuchten am Heck vorgeschrieben. Ihre Farbe ist zwingend rot.

deutet aber auch, dass man nicht einfach was wegbauen kann, was original ab Werk am Traktor verbaut war. Über die genauen Typbeschreibungen wissen die Prüfer nämlich sehr genau, was an einem Traktor an Beleuchtung alles vorhanden sein muss. Fehlt etwas, kann das die HU kosten.

Letztlich bleibt noch die Frage, wo man erfährt, wie und wo die Beleuchtungsanlage am Traktor montiert werden muss. Hierzu braucht man nur die hier genannten Paragrafen der StVZO nachzulesen. Dort stehen alle Maße und Werte. Bei Zweifeln kann man aber auch bei einer der Prüforganisationen anrufen. Die freundlichen Sachverständigen werden Ihnen gerne hierzu Auskunft geben.

Dreieckige Rückstrahler sind nur an Anhängern jeglicher Bauart erlaubt. Auch sie müssen rot sein.

Sogenannte Arbeitsleuchten dürfen per Gesetz kein Prüfzeichen haben oder bauartgenehmigt sein.

Bei einer HU werden, falls vorhanden, auch die Kontrollleuchten am Armaturenbrett auf Funktion geprüft.

Jeder Traktor, egal wie alt, muss einen Warnblinker haben. Gegebenenfalls muss nachgerüstet werden.

Der Rückstrahler (auch Katzenauge genannt) am Heck eines Traktors muss rund und rot sein.

Wenn es so aus dem Auspuff raus-raucht, kann das ein Zeichen für ein oder mehrere defekte Einspritzdüsen sein.

Einspritzdüsen-Überholung

Ein schlechtes Startverhalten, ruckelnder Motorlauf und schwarzer Qualm sind untrügliche Zeichen, dass etwas mit der Diesel-Einspritzung nicht stimmt. Oft liegt die Ursache bei den Einspritzdüsen. Arbeiten die Einspritzdüsen korrekt und sind richtig eingestellt, merkt man das sofort an einem runden und ruhigen Motorlauf. Der Motor hat dann die beste Leistung, wird nicht zu heiß und benötigt nur wenig Kraftstoff. So sollte es natürlich immer sein!

Leider unterliegen auch die Einspritzdüsen im Motor einem kontinuierlichen Verschleiß. Vor allem, wenn sie, wie bei vielen alten Motoren, direkt den Kraftstoff in den Brennraum einspritzen (sogenannte Direkt-Einspritzung). Dort müssen sie dann hohe Drücke und Temperaturen aushalten. Das ist eine enorme Belastung für das Material. Vor allem die Regelung des Einspritzdrucks leidet hierunter, zumal sie früher mechanisch zusammen mit der Einspritzpumpe vorgenommen wurde. Hier kann es dann durch Verschleiß zu Defekten kommen. Heute wird übrigens Einspritzdauer und -druck durch ein Piezo- oder Magnetventil gesteuert. Diese Technik ist sehr zuverlässig. Ist so ein elektronisch gesteuerter Injektor (so werden heute die Einspritzdüsen genannt) defekt, braucht es immer die Hilfe von Kfz-Profis, denn ohne Motordiagnosegerät geht hier nichts mehr. Wir konzentrieren uns hier daher auf die mechanischen Einspritzdüsen.

Doch auch bei diesen muss man einiges wissen, bevor man sich an eine Reparatur wagt. Vor allem sollte man sich zuerst sicher sein, dass tatsächlich die Einspritzdüsen die Ursache für den schlechten Motorlauf sind und nicht doch etwas anderes. Deshalb sollte zuerst immer kontrolliert werden, ob der Luftfilter verstopft oder der Ansaugtrakt an irgendeiner Stelle undicht ist. Im ersten Fall würde der Motor sehr stark rußen, bei Fremdluft jedoch sehr heiß werden. Kann dies als Ursache ausgeschlossen werden, kontrolliert man als nächstes die Kraftstoffversorgungsleitungen auf Durchfluss und Dichtheit. Ist hier alles im grünen Bereich, kann eine verstellte Einspritzpumpe eine mögliche Ursache für schlechten Motorlauf sein. Deshalb muss geprüft werden, ob die Einstellung der Einspritzpumpe der Werks-

Ansaugsystem und Luftfilter

Sogenannte Nass-Ölfilter können zur Reinigung leicht ausgebaut werden. Sie sind an vielen alten Traktoren Standard.

Das Filterelement besteht zumeist aus einem Metallgeflecht. In einem Bad aus Waschbenzin kann es leicht gereinigt werden.

Der Bodensatz im Nass-Ölfilter beweist deutlich, dass der letzte Filterservice viele Jahre zurückliegt.

Kompression

Öltropfen am Endrohr der Motorentlüftung sind oft ein untrügliches Zeichen für Kompressionsverlust.

Ein dynamischer Kompressionstest am Motor gibt schnell Auskunft darüber, wie es um den Motor steht.

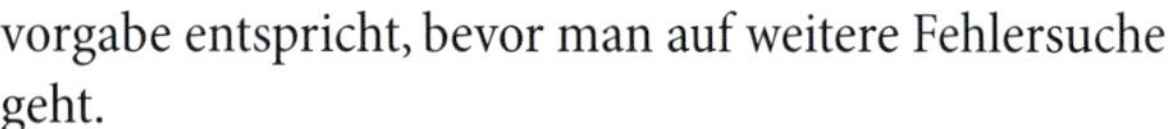

vorgabe entspricht, bevor man auf weitere Fehlersuche geht.

Oftmals sind verstellte Ein- oder Auslassventile ein Grund, weshalb ein Motor nur unwillig starten will oder keine Leistung bringt. Läuft der Motor, sollte man ihn gründlich abhören. Haben die Ventile zu viel Ventilspiel, dann hört man deutlich ein Klackern aus dem Zylinderkopf. Bei zu wenig Spiel hört man gar nichts. Das kann dann sehr gefährlich für den Motor werden, da die Ventile, wenn sie nicht mehr richtig schließen, die aufgenommene Wärme nicht an den Ventilsitz ableiten können und schließlich irgendwann durchbrennen oder abreißen.

Eine letzte Möglichkeit, die schlechten Motorlauf bedingt, ist ein starker Kompressionsverlust. Um dies sicher zu diagnostizieren, hilft meist nur ein statischer oder dynamischer Kompressionsverlust-Test. Ein deutlicher Hinweis hierfür ist meist übermäßiger Ölverlust an der Motorentlüftung. Jedoch kann auch ein defektes Motorentlüftungsventil zu einem solchen deutlichen Ölverlust über die Entlüftungsleitung führen, so dass man letztlich nicht um den Kompressionstest herumkommt, wenn

man Gewissheit haben möchte. Sind alle diese Gründe sicher auszuschließen, müssen die Einspritzdüsen ausgebaut werden.

Hierzu sind zuerst die Kraftstoffleitungsanschlüsse und ggf. die Rücklaufleitungen von den Einspritzdüsen abzuschrauben. Meist werden die Einspritzdüsen von Schraubklammern und Stehbolzen, der sogenannten Pressbrücke, an Ort und Stelle gehalten. Sie müssen demontiert werden. Wichtig ist jetzt, dass man sich die genaue Einbaulage der Einspritzdüsen merkt oder besser noch am Zylinderkopf markiert. Wer das nicht macht, wird beim Wiedereinbau Probleme bekommen, da die Ausrichtung der Einspritzdüsen dann nicht mehr stimmt und Kraftstoffleitungsanschlüsse nur schwer zu montieren sind bzw. neu angepasst werden müssen. Ein Nachkorrigieren der Einspritzdüsen-Ausrichtung ist zwar prinzipiell immer möglich, es sollte jedoch vermieden werden, da sonst die Abdichtung im Zylinderkopf beschädigt werden könnte. Undichtheiten wären dann die Folge. Doch bevor man versucht, Einspritzdüsen zu ziehen, sollte man sich vergewissern, dass es sich nicht um verschraubte Einspritzdüsen handelt (z. B. MAN B18 A1). Diese lassen sich meist recht leicht herausschrauben.

Probleme bereiten hingegen oft eingepresste Einspritzdüsen. Sie müssen gezogen werden. Wer hier nicht das richtige Werkzeug hat, sollte es lieber lassen, da eine Beschädigung der Düsen bzw. des Zylinderkopfes dann ziemlich sicher ist. Hingegen ist für einen Werkstattprofi der Ausbau meist reine Werkstatt-Routine – in einer Stunde ist die Arbeit mit dem Schlagabzieher (auch »Gleithammer« genannt) bei einem Vierzylindermotor erledigt. Doch oft lässt der Blick auf den Motorblock Schlimmes ahnen – die Einspritzdüsen sind mit dem Zylinderkopf regelrecht »verbacken«. Ohne geeignetes Spezial-Ausziehwerkzeug geht dann nichts mehr. Die Gefahr, den Düsensitz zu beschädigen, ist zu groß. Bisher musste in solchen Fällen der Zylinderkopf demontiert werden, um dann mit verschiedenen Spezialwerkzeugen, die Einspritzdüsen ohne Beschädigung des Kopfes ausziehen zu können.

Das kostet wertvolle Arbeitszeit und produziert erhebliche Mehrkosten, vor allem in Form von Dichtungen und Reinigungsmittel. Besser ist es mit Profi-Demontagewerkzeug zu arbeiten. Dabei handelt es, sich um eine universell einsetzbare Demontage-Zugbrücke, mit der extrem festsitzende Diesel-Injektoren aus ihren Sitzen gezogen werden können. Kernelemente des aus hochfestem Stahl gefertigten Demontagewerkzeugs sind ein circa 60 Zentimeter langer Brückenbalken und zwei circa 30 Zentimeter lange Trägerbalken. Um den Brückenbalken in waagerechter Position über den Injektor in Position bringen zu können, sind dem Werkzeugsatz insgesamt vier Stützfüße beigelegt, die sich durch Schrauben und verschiedene Module in der Höhe

Ventile

Läuft der Motor, ist es sinnvoll, ihn mit dem Schaft eines Schraubendrehers auf ungewöhnliche Geräusche abzuhören.

Das Ventilspiel ist ausschlaggebend darüber, wie gut der Motor läuft. Die genauen Einstellmaße für Ein- und Auslassventil müssen dem Handbuch entnommen werden.

Einspritzung

Damit ein Dieselmotor kraftvoll laufen kann, muss die Einspritzpumpe korrekt eingestellt sein.

Einspritzdüsen-Ausbau

Um die Einspritzdüsen ausbauen zu können, müssen zuerst die Kraftstoffleitungen an Düsen und Pumpe abgeschraubt werden.

Auch die Diesel-Rücklaufleitungen müssen vollständig demontiert werden, um an die Einspritzdüsen heran zu kommen.

Nach Demontage der Pressbrücken liegen die Einspritzdüsen offen im Zylinderkopf und können gezogen werden.

Mit einem speziellen Gleithammer, der in die Einspritzdüse eingeschraubt werden kann, lässt sie sich leicht ziehen.

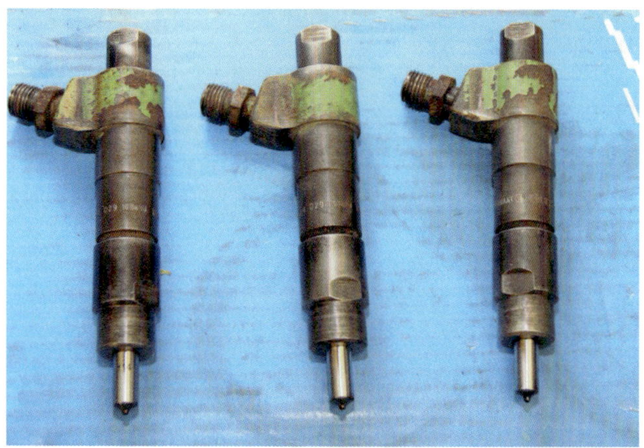

Einspritzdüsen-Prüfung

Um die Einspritzdüsen ausbauen zu können, müssen zuerst die Kraftstoffleitungen an Düsen und Pumpe abgeschraubt werden.

Sieht das Spritzbild der Einspritzdüse so fein vernebelt wie hier aus, ist alles im grünen Bereich.

Hier zeigt der Prüfdruck 150 bar an. Das ist genau im Soll. Wäre er höher oder niedriger müsste er eingestellt werden.

Festsitzende Einspritzdüsen – Spezialwerkzeug

Nach Jahrzehnten sitzen Einspritzdüsen meist wie festgebacken im Zylinderkopf. Für solche Fälle gibt es spezielles Werkzeug.

Eine Zugspindel, die in einem Lager auf der Stützbrücke läuft, sorgt dafür, dass die Einspritzdüse mit einem Schraubschlüssel herausgezogen werden kann.

Luxus-Lösung. Der Zugkopf für die Zugspindel kann auch pneumatisch oder elektrisch betrieben werden.

variieren lassen. In Kombination mit den beiden Trägerbalken kann die Brücke durch Verschieben der einzelnen Füße jeder Motor- beziehungsweise Zylinderkopfkontur zusätzlich noch in Länge und Breite angepasst werden. So ist einerseits sichergestellt, dass die Brücke nur auf geeigneten Abstützpunkten am Motor, wie zum Beispiel Zylinderkopfschrauben, zu liegen kommt und andererseits die Zugvorrichtung absolut waagerecht über der zu demontierenden Einspritzdüse ausgerichtet ist. Die Anwendung der Zugbrücke ist dabei denkbar einfach. Im ersten Arbeitsschritt müssen Federventil, Düsennadel und Kleinteile vom Injektor ausgebaut werden. Wer hierfür übrigens nicht das passende Werkzeug hat, braucht meist schon wieder Spezialwerkzeug zum Zerlegen der Einspritzdüsen. Ist das geschehen, kann ein passender Adapter in die Einspritzdüse eingeschraubt und gegebenenfalls durch eine zweite Überwurfmutter gesichert werden. Nach Setzen und Ausrichten der Zugbrücke wird schließlich eine passende Zugspindel in den Adapter bis auf Anschlag »Zugspannung« eingedreht. Danach kann mit einem geeigneten Gabel-, Ring- oder Ratschenschlüssel die Einspritzdüse mechanisch oder pneumatisch herausgezogen werden.

Hat man schließlich die Einspritzdüsen in der Hand, muss von Fall zu Fall geprüft werden, ob sich eine Reparatur lohnt. Der Wechsel der defekten Teile gegen ein Neuteil ist natürlich die schnellste, aber meist auch die teuerste Lösung (je nach Art können hier je Einspritzdüse bis 200 Euro fällig werden). Kostengünstiger ist der Austausch gegen ein Teil aus dem Austauschteile-Programm oder eine Reparatur. Bei einer Reparatur kann es mit einer einfachen Reinigung getan sein, doch meist müssen die Einspritzdüsen überholt werden.

Zu Verunreinigungen an den Einspritzdüsen kommt es durch Schmutz im Kraftstoff. Dieser lagert sich dann an den heißesten Stellen der Einspritzdüsen an. Irgendwann sind dann die Ablagerungen so dick, dass sie die Funktion beeinträchtigen oder gar die kleinen Bohrungen der Düse verstopfen. Dann hilft nur die Reinigung der Düse mit entsprechenden Lösemitteln oder ein Ultraschallbad. Ist allerdings Verschleiß vorhanden, was man oft erst nach der Reinigung feststellen kann, kommt man um eine Überholung oder den Tausch der defekten Einspritzdüse nicht herum.

Doch aufgepasst – es gibt unterschiedliche Ausführungen von Einspritzdüsen (z. B. Zapfendüsen für Vor- und Wirbelkammermotoren sowie Mehrlochdüsen für Direkteinspritzer). Nicht bei jeder ist eine Reparatur oder Überholung so ohne Weiteres möglich. Und meist geht, wie oben erwähnt, ohne Spezialwerkzeug nichts. Dann sollte man lieber die Einspritzdüsen einem Fachbetrieb zur Überholung geben. Diese können eine defekte Einspritzdüse zerlegen, die defekten Bauteile wechseln sowie die Einspritzdüse reinigen und prüfen.

Doch aufgepasst: Vorher sollte man aber immer einen Kostenrahmen ausmachen, denn oft sind Neuteile günstiger, als die Überholung der Altteile! Eigentlich beschränkt sich die Überholung von Einspritzdüsen zumeist auf das Austauschen von Verschleißteilen. Dabei werden die Düsenkörper, die Düsennadeln und die Federn getauscht. Nach dem Überholen ist das erneute Einstellen des erforderlichen Einspritzdrucks, des Einspritzzeitpunkts und der Einspritzmenge erforderlich.

Einbau Einspritzdüsen

Alle Bauteile müssen gereinigt sein, bevor die Einspritzdüsen wieder in den Zylinderkopf gesetzt werden.

Die Pressbrücken werden zuerst noch locker auf die Einspritzdüsen gesetzt, so dass sich diese noch ausrichten lassen. Die Muttern sind nur handwarm angezogen.

Das Durchblasen der Kraftstoffleitungen sorgt dafür, dass kein Schmutz mehr in den Leitungen vorhanden ist, der die Düsen verstopfen kann.

Die in Form belassenen Kraftstoffleitungen zeigen bei ihrer Montage, ob die Einspritzdüsen richtig ausgerichtet sind.

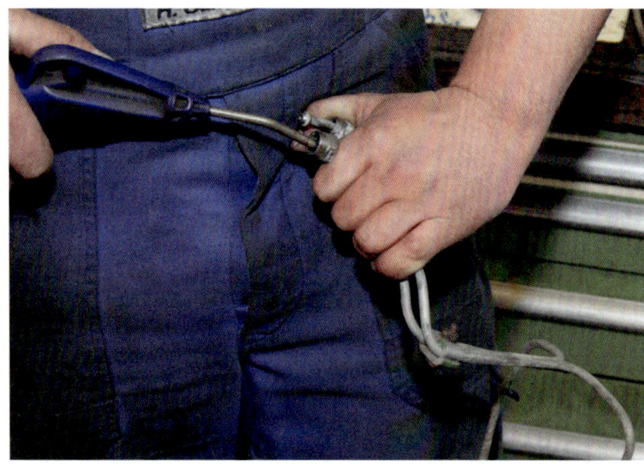

Die Kraftstoffleitungen werden zunächst nur handwarm an der Einspritzpumpe und den Einspritzdüsen verschraubt.

Auch die Kraftstoffleitungshalter werden noch nicht ganz angezogen.

Erst wenn alle Verschraubungen der Kraftstoffleitungen spannungsfrei sitzen, werden sie schließlich alle angezogen.

Das Wichtigste ist aber das Spritzbild. Dazu benötigt man ein Prüfgerät für Einspritzdüsen, mit dem man das Spritzbild kontrollieren kann. Dabei handelt es sich um eine Art Handpumpe, mit deren Hilfe Kraftstoff durch die Düse gepresst werden kann, um in einem Gefäß die Zerstäubung des Kraftstoffs beurteilen zu können. Ein Manometer zeigt dabei den Druck an, der irgendwo, je nach Düsentyp und Alter des Traktors, zwischen 100 und 200 Bar liegen sollte. Der Kraftstoff sollte dabei sehr fein zerstäubt werden. Wenn die Sprühstrahlen jedoch ungleichmäßig in verschiedene Richtungen sprühen, der Kraftstoff nicht zerstäubt wird oder die Düse nachtropft, kann dies zu ernsten Motorschäden führen. Unverbrannter Kraftstoff setzt sich dann am Kolbenboden oder am Zylinderkopf ab und verbrennt dort unkontrolliert. Das kann zu erheblichen Hitzeschäden führen.

Natürlich ist auch der Öffnungsdruck in der Düse wichtig. Hierzu ist innerhalb der Einspritzdüse eine starke Feder, die auf ein kleines Kegelventil drückt und so sicherstellt, dass die Düse bei geringen Drücken keinen Dieselstrahl abgibt. Und genau diese Federkraft kann mittels eines Innensechskants bei einigen Düsenbauarten verstellt werden. Hineindrehen des Innensechskants bedingt einen höheren Öffnungsdruck, Herausdrehen einen geringeren Öffnungsdruck. Bei den Einspritzdüsen mit Düsenhaltern der Firma Bosch braucht man jedoch spezielle unterschiedlich dicke Einstellscheiben, die oberhalb der Druckfeder eingeschoben werden. Diese Scheiben sind nur bei den Bosch-Diensten erhältlich und entsprechend teuer. Problem ist auch, dass man vorher nicht weiß, wie dick die Einstellscheibe zur Einstellung des richtigen Drucks sein muss. Deshalb braucht man immer einen kompletten Satz Einstellscheiben, um die Einspritzdüsen einstellen zu können.

Das alles hier ist lediglich nur eine einfache Beschreibung, aber kennt man den Öffnungsdruck aus dem Werkstattbuch genau, kann mit Hilfe des Manometers die Düse ziemlich genau eingestellt werden. Ein Arbeitssicherheitshinweis noch am Rande: Auf keinen Fall darf der Dieselstrahl mit der Haut in Berührung kommen! Der Diesel wird so fein vernebelt und der Druck ist so hoch, dass der Diesel quasi durch die Haut in die Blutgefäße »geschossen« wird. Das ist lebensgefährlich!

Stimmen das Zerstäubungsbild und die Öffnungsdrücke der Düsen auch untereinander überein, kann es wieder an die Montage gehen. Hier gibt es verschiedene Methoden, die Düsen wieder zu montieren. Hier geht ohne Werkstatthandbuch nichts, denn bei einigen Motoren muss der Zylinderkopf erwärmt werden, um die (kalten) Einspritzdüsen wieder zu setzen. Bei anderen Motoren genügt es hingegen, die Einspritzdüsen im kalten Zustand einzupressen, bei wieder anderen werden sie mit einem bestimmten Drehmoment eingeschraubt.

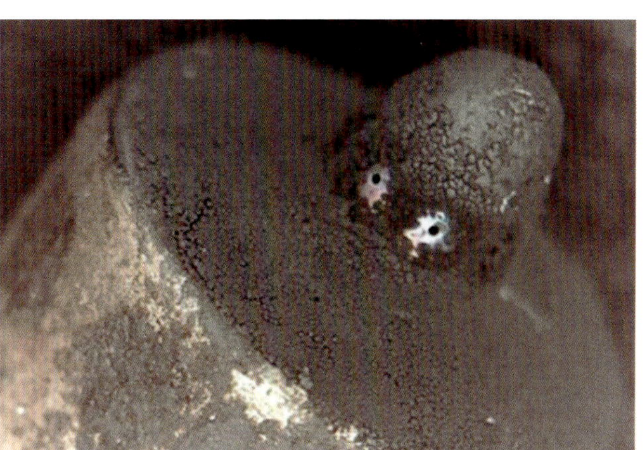

Vorbeugen mit Additiven

Hier sind die Ablagerungen an den Düsenauslässen bereits so stark, dass sie diese beinahe verstopfen.

Die Reinigungs-Additive haben geholfen und die Auslassöffnungen der Einspritzdüsen sauber gehalten.

Sind die Einspritzdüsen wieder an ihrem angestammten Platz, können im nächsten Arbeitsschritt die Kraftstoffleitungen an die Einspritzpumpe und an die jeweiligen Einspritzdüsen angeschraubt werden. Dazu bläst man die Kraftstoffleitungen vor der endgültigen Montage stets noch einmal mit Pressluft durch und bringt sie dann am Motor in der richtigen Position an, bevor sie an der Einspritzpumpe und den Einspritzdüsen handwarm verschraubt werden. Erst wenn ihre Ausrichtungen stimmen und die Leitungen spannungsfrei liegen, zieht man zuerst die Klemmungen und dann die Anschlüsse an den Einspritzdüsen und an der Einspritzpumpe fest. Im letzten Arbeitsgang der Kraftstoffleitungsmontage müssen noch die Muttern der Press-Brücken an den Einspritzdüsen angezogen werden. Sie werden zunächst mit einem gewöhnlichen T-Schlüssel verschraubt, bevor man sie mit dem Drehmomentschlüssel abschließend festzieht. Zum Schluss muss dann noch das System entlüftet werden.

Bei den meisten Traktoren sind die Einspritzdüsen gut erreichbar. So dauert eine Reparatur oder der Austausch meist nicht sehr lange. Eine Verschleppung der Reparatur kaputter Einspritzdüsen bzw. Injektoren kann

Technik Einspritzdüse

Einige Einspritzdüsen sind in den Zylinderkopf eingeschraubt. Das erleichtert oft die Demontage

Mechanische Einspritzdüsen sind relativ einfach aufgebaut. Deshalb sind sie so robust, trotz härtester Belastungen. (Bild: MAN)

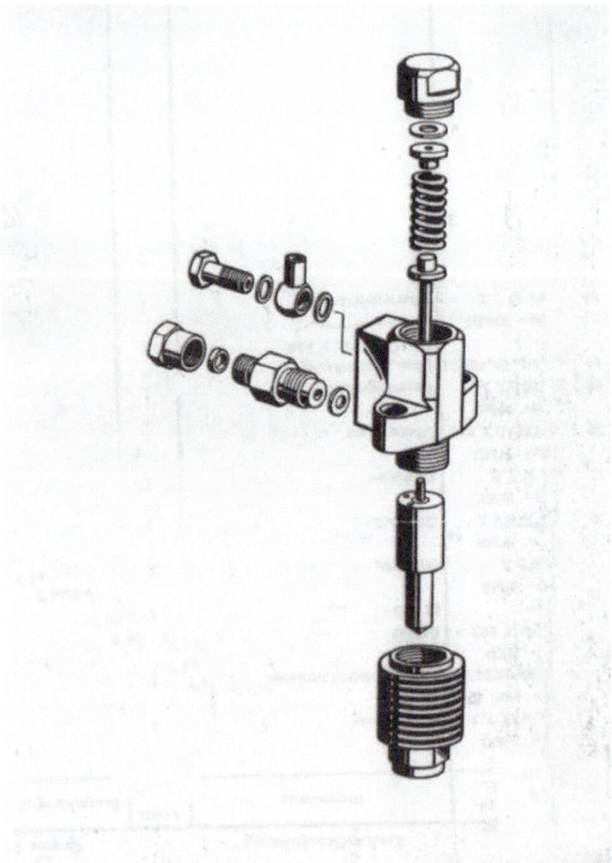

jedoch sehr teuer werden. Nicht nur, dass verunreinigte und kaputte Einspritzdüsen die Leistung des Traktors stark beeinträchtigen, auch steigt der Verbrauch und die Abgaswerte verschlechtern sich dramatisch. Mit einem solchen Defekt würde ein Traktor zudem die AU (Abgasuntersuchung) im Rahmen der Hauptuntersuchung nicht bestehen. Das gilt natürlich nur für Traktoren, die auch AU-pflichtig sind!

Falls man den Verdacht hat, dass Einspritzdüsen defekt sind, sollte man eine professionelle Diagnose in einer Landmaschinen- oder Kfz-Werkstatt durchführen lassen. Das ist allemal billiger, als ein Motorschaden!

Zum Schluss noch ein Tipp: Um Verschmutzungen innerhalb der Brennkammern und an den Einspritz- sowie Einlassventilen vorzubeugen, können Brennraumreiniger-Additive, die dem Kraftstoff beigemischt werden, recht nützlich sein. Sie säubern den Motor von Ablagerungen. Wenn man sie regelmäßig verwendet (etwa alle 50 Betriebsstunden), kann man den Brennraum des Motors, Ansaugtrakt und Einspritzdüsen relativ sauber halten.

Kühler-Reparatur (Kühlernetz)

Wenn der Kühler aus dem letzten Loch pfeift, ist guter Rat oft teuer. Denn viele Kühlertypen gibt es nicht mehr als Ersatzteil. Doch das ist kein Grund, den Traktor stillzulegen oder gar zu verzweifeln, denn es gibt Firmen, die auf die Reparatur von Kühlern spezialisiert sind.

Der undichte Kühler eines Carraro-Traktors aus den frühen 1990er-Jahren dient uns hier als Beispiel, wie eine solche Reparatur durchgeführt wird. Carraro-Traktoren werden bei uns vor allem im Weinanbau-Gebieten eingesetzt. In ihrer Heimat Italien (aus der Gegend um Padua) gehören sie zu den populärsten Traktoren.

Vor der Reparatur des Kühlers steht immer seine Begutachtung an, um abschätzen zu können, was alles repariert werden muss. Das sogenannte Kühlernetz ist an mehreren Stellen beschädigt. Ursache sind meist Äste, die in den Kühler eingedrungen sind. Da der Kühler ansonsten keine Beschädigungen hat, rechnet sich die Reparatur, da sie ca. 40 bis 50 Prozent günstiger ist, als vergleichbare Ersatzteile. Auch ist zumeist die Qualität des Kühlers nach der Reparatur um ein Vielfaches besser. Das liegt an der sorgfältigen Handarbeit bei der Überholung eines Kühlers.

Wichtigstes Arbeitsinstrument bei der Überholung ist zunächst der Kühlerhalter. Dabei handelt es sich im Prinzip, um eine in alle Raumlagen drehbare, überdimensionierte Klemmgabel, zwischen deren beiden gepolsterten Klemmtellern der Kühler fixiert wird. Genauso wichtig ist aber auch der Autogen-Brenner, mit dessen Hilfe der Kühler zerlegt, aber auch wieder zusammengebaut wird. Die Brennerflamme dient jedoch nicht dazu, den Kühler damit zu zerschneiden, sondern nur, um das Zinn, mit dem das Messing oder Kupfer des Kühlers »zusammengeklebt« ist, zu verflüssigen. Weiß man, wie ein Kühler aufgebaut ist, dauert es nur wenige Minuten, einen Kühler mit der Autogen-Brennerflamme in seine Teile zu zerlegen.

Doch bevor dies geschehen kann, muss vorher noch der Kühlerrahmen abgeschraubt werden. Mit seiner Hilfe kann man den Kühler im Traktor fest einbauen. Bei manchen Kühlern ist der Halterahmen lediglich verschraubt, bei anderen Kühlertypen fest mit den Kühlerwannen verlötet. Beides zu zerlegen und wieder zusammenzubauen, ist aber kein Problem.

Da der Kühler vom Kühlerhalter am Kühlernetz mittig gehalten wird, wird mit der Flamme das Zinn der beiden Kühlerwannen am oberen und unteren Ende des Kühlernetzes wegeschmolzen. Kühlernetze gelten als empfindlichstes Teil des Kühlers und werden deshalb als Verschleißteil angeboten. Aus diesem Grund kann man sie

Der Rahmen kann abgeschraubt und wiederverwendet werden. Er muss nur gereinigt und lackiert werden.

Zwischen Rahmen und Kühlernetz hat sich im Laufe der Zeit viel Schmutz angesammelt.

Mit einem Autogen-Brenner wird vorsichtig das Zinn vom Rand der Kühlerwannen abgeschmolzen. Das Zinn wird unter dem Kühler in einer Wanne aufgefangen.

Die Einlässe zu den Kühlerrohren im Kühlernetz sind nur geringfügig verschmutzt.

Die untere Kühlerwanne wird auf die gleiche Weise vom Kühlernetz entfernt, wie die obere.

Beide Kühlerwannen sind dicht und können nach ihrer Überarbeitung problemlos weiterverwendet werden.

Das kaputte Kühlernetz landet nach einer eingehenden Untersuchung im Recyclingcontainer.

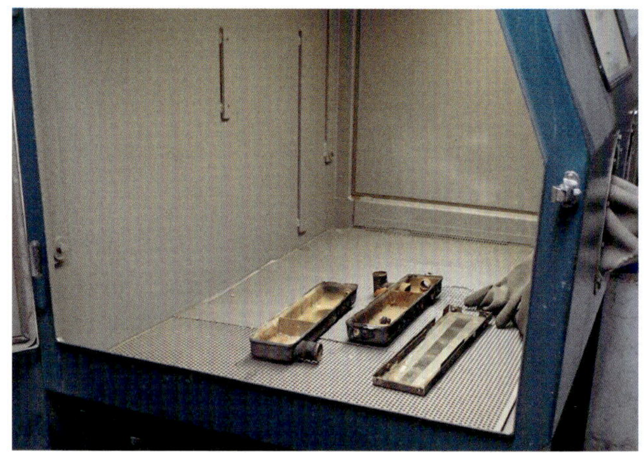

Das neue Kühlernetz ist in den Halter eingespannt. Netze bekommt man als Ersatzteil.

Zur Lackiervorbereitung werden alle Kühlerteile in einer Sandstrahlkabine sandgestrahlt.

Nach dem Sandstrahlen werden die Kühlerrahmenteile mit Kühlerlack lackiert

bei klassisch aufgebauten Kühlern leicht wechseln. Die Kühlernetze gibt es heute in allen erdenklichen Formen und Auslegungen zu kaufen. Sogar zuschneiden kann man sie, um sie passend zu machen.

Hingegen sind die Kühlerwannen von ihrer Form her und auch von der Lage der Kühlerschlauchanschlüsse oft speziell an die Gegebenheiten eines Traktors angepasst, so dass sie meist das eigentliche Problemteil am Kühler sind. Deshalb versucht man sie bei einer Kühlerüberholung stets zu erhalten. Da sie aber aus Messing oder Kupfer gearbeitet sind, lassen sie sich leicht reparieren, falls sie mal verbeult oder undicht sind.

Wenn die beiden Kühlerwannenteile ausgelötet sind, kann das alte Kühlernetz von innen begutachtet werden. Neben dem Schaden sind meist sehr starke Kalk- und Schmutzablagerungen am unteren Teil des Kühlernetzbodens zu erkennen. Sie lassen Rückschlüsse auf das übrige Kühlsystem des Motors zu. Haben solche Verschmutzungen oder Rost schon zum Zusetzen des Kühlers geführt, ist es wichtig, nach den Ursachen im Motor zu suchen und den Kühlkreislauf komplett zu reinigen, bevor der neue Kühler am Motor angeschlossen wird. Ansonsten kann es passieren, dass der Kühler sich erneut zusetzt und die Kühlleistung rapide zurückgeht, so dass es zu einem Motorschaden kommen kann.

Bei unserem Beispiel hat sich lediglich außen zwischen Rahmen und Kühlernetz etwas Schmutz angesammelt. Dieser dürfte aber kaum Einfluss auf die Kühlleistung gehabt haben. Vor dem Verlöten der Kühlerwannen mit dem neuen Kühlernetz werden sie noch gereinigt und sandgestrahlt. Vor allem aufgeklebte Plastik- und Moosgummiteile, die zum Vibrationsschutz am Rahmen und den Wannen angebracht sind, müssen vorher noch entfernt werden. Danach wird die Farbe mit dem Autogen-Schweißgerät vom Blech gebrannt. Das erleichtert das Sandstrahlen, da der sehr zähe Kühlerlack auf diese Weise ganz leicht vom Blech gestrahlt werden kann. Nach dem Sandstrahlen werden die Teile dann noch gewaschen und getrocknet, um sie dann zu lackieren. Die mattschwarze Kühlerfarbe wird zum Schutz des Metalls vor Korrosion aufgebracht. Auch das Kühlernetz und die Wannen werden später noch mit dieser Farbe lackiert. Sie hilft vor allem dabei, die Wärmeabgabeleistung des Kühlers zu erhöhen.

Zum Zusammenbau des Kühlers wird das neue Kühlernetz in den Kühlerhalter eingespannt und senkrecht nach oben ausgerichtet. In dieser Position können die beiden Kühlerwannen angelötet werden. Zur Vorbereitung der Teile werden sie an den Rändern mit sogenannter Lötessenz benetzt und anschließend mit dem Wannenrand in rund 300 Grad heißes Zinn getaucht.

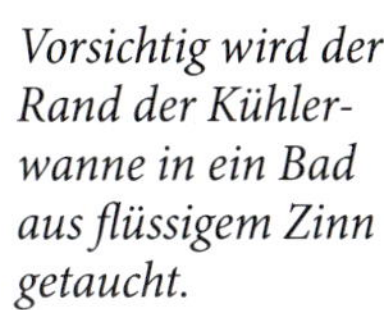

Vorsichtig wird der Rand der Kühlerwanne in ein Bad aus flüssigem Zinn getaucht.

Die so vorbereitete Kühlerwanne wird auf das Kühlernetz gesetzt. Es passt, wie angegossen!

Mit einer Schraubzwinge wird die Kühlerwanne fixiert und mit dem Kühlernetz mit flüssigem Zinn verlötet.

Die erste Lage Zinn hält bereits die Kühlerwanne fest auf dem Kühlernetz. Eine zweite Lage folgt.

Die Zugabe von Lötessenz stellt sicher, dass das Zinn auch in die feinsten Ritzen eindringt.

Mitsamt dem Kühlerhalter wird der neu aufgebaute Kühler im Wasserbecken versenkt.

1, 5 bar Prüfdruck zeigt, wie hier, recht schnell, wo noch kleinste Löcher im Kühler sind.

Nachdem der Kühler dicht und trocken ist, werden noch kleine Retuschearbeiten an ihm vorgenommen.

Beim Rausziehen aus dem Becken erkaltet das Zinn sehr schnell. Um beide Kühlerwannen mit dem neuen Kühlernetz zu verlöten, werden sie auf die Enden des Kühlernetzes gesetzt und mit einer großen Schraubzwinge fixiert. Auf diese Art befestigt, liegt die Kühlerwanne plan auf dem Kühlernetzboden auf. Jetzt können sie mit dem Autogen-Schweißer, unter Zugabe von reichlich Zinn, mit dem Kühlernetz verlötet werden. Da sich bereits Zinn und Lötessenz auf der Innenseite der Kühlerwannen befindet, gelingt dies sehr einfach, da lediglich Zinn unter Zugabe von Lötessenz in den Spalt zwischen Kühlerwanne und dem Rand des Kühlernetzboden fließen muss.

Auch die Anschlussstutzen für die Kühlwasserschläuche und für den Kühlerdeckel werden bei diesem Arbeitsschritt nochmals nachgelötet. Wenn alles erkaltet ist, wird an allen Lötstellen ein zweites Mal Lötzinn hinzugegeben. Dadurch sind die Kühler stabiler und halten im Betrieb sehr viel länger dicht. Industriell gefertigte Kühler sind hingegen nur einmal verlötet.

Nach dem Zusammenbau, muss der reparierte Kühler noch auf Dichtheit geprüft werden. Dies geschieht in speziellen Wasserbecken. Dazu wird der Traktorkühler mit Gummistöpseln abgedichtet und an einem der Stutzen ein Anschluss für Pressluft angebracht. Über eine Haltevorrichtung wird der so vorbereitete Kühler dann im Wasserbecken versenkt. Da 1,5 bar Prüfdruck im Kühler anliegt, sieht man sofort anhand der Blasen, ob irgendwo Luft austritt. Ist der Kühler dicht, werden mit der Schleifmaschine noch ein paar optische Retuschen am Kühler vorgenommen, um ihn dann nach dem Trocknen endgültig zusammenzubauen. Bei sehr alten Kühlern wird hierzu, wie damals üblich, der Befestigungsrahmen auf die Wannen der Kühler gelötet. Wird hier schlecht gearbeitet, reißen die Haltelaschen irgendwann während des Betriebs und der Kühler wackelte im Rahmen. Im schlimmsten Fall wird er sogar an der Bruchstelle undicht. Um dies zu vermeiden, muss die Wanne gut heiß sein und sich genügend Lötessenz zwischen Wanne und Lasche befinden. Dies alles stellt sicher, dass das heiße Lötzinn zwischen Lasche und Wanne fließt und wie Klebstoff die Teile miteinander verbindet. Um genügend Lötzinn an allen Stellen zugeben zu können, sind Löcher in der Lasche. Solange noch das Lötzinn flüssig ist, hält eine Spannzange die Lasche an Ort und Stelle. Zusätzlich kann mit einem Schraubendreher oder ähnlichem die Lasche auf die Wanne gedrückt werden, bis das Zinn erkaltet ist. Wichtig ist hier, dass der Rahmen den Kühler ohne Spannungen umfassen muss, da ansonsten der Kühler im Betrieb, wenn er heiß wird, sich durch das thermische Ausdehnen im Rahmen verspannen kann. Dies führt dann irgendwann zu Rissen.

Der Lack dient nicht nur zur Optik, er schützt den Kühler auch vor Umwelteinflüssen und verbessert die Wärmeabfuhr.

Der fertig lackierte Kühler wird nach dem Trocknen mit dem Kühlerhalter verschraubt.

Mit Gefühl werden die Schrauben angezogen. Zuviel Spannung könnte den Kühler verletzen.

Zum Schluss noch ein Wort zu den Kühlernetzen. Es gibt sie in allen Größen und Stärken. Beim Carraro-Traktor ist serienmäßig ein Hochleistungskühlernetz verbaut. Erkennbar sind sie, an den versetzten Kühlrohren und dass sie meist mehr als drei Rohrreihen haben. Wer denkt: »Sowas brauche ich auch. Damit wird mein Traktor nie mehr überhitzen«, liegt jedoch falsch, da es sehr wichtig ist, dass die Kühlleistung dem Motor angepasst ist. Bei zu kleinen Kühlern, wird der Motor zu heiß, bei zu großen kommt er nicht auf Betriebstemperatur. Aus diesem Grund sollte immer der Originalkühler das Vorbild sein, wenn er mal ausgetauscht oder neu aufgebaut werden muss. Experimente bergen nur die Gefahr von kapitalen Motorschäden.

An sehr alten Kühlern ist der Kühlerrahmen meist an die Kühlerwanne angelötet.

Damit die Lötlasche bündig an der Kühlerwanne anliegt, wird sie mit einer speziellen Klemme fixiert.

Durch gleichmäßiges Erhitzen und Zugabe von Lötessenz fließt das Lötzinn zwischen Lasche und Kühlerwanne und verklebt beides.

Hier bricht nichts in den nächsten Jahren. Die Lasche ist fachmännisch verlötet.

Kühlerschlauch-Reparatur

Das Problem ist altbekannt. Der gerissene oder undicht gewordene Kühlerschlauch muss repariert werden. Besonders ärgerlich ist dies, wenn der passende Ersatzschlauch nicht mehr lieferbar ist oder der Schaden während einer Ausfahrt auftritt.

Undichte Kühlerschläuche oder Lecks im Kühlsystem sind bei alten Traktoren keine Seltenheit. Grund sind Materialermüdungen oder spröde gewordene Gummis und Dichtungen. Ist offensichtlich ein Kühlerschlauch undicht, sollte man immer gleich das ganze Kühlsystem auf Leckagen checken. Hierzu muss der Motor zunächst gründlich warmlaufen, damit sich im Kühlsystem genügend Druck aufbauen kann. Gibt es weitere undichte Stellen, werden sie sich spätestens bei betriebswarmem Motor zeigen. Für das Warmlaufen sollte man sich immer genügend Zeit nehmen. Gut 20 Minuten sollten es schon sein, bis die Betriebstemperatur von rund 85 Grad Celsius erreicht ist. Noch während der Motor warmläuft, kann man die Zeit nutzen, das Kühlsystem genauer anzusehen, um sich über die Dichtheit aller relevanten Bauteile, wie Wasserpumpe, Thermostat, Schläuche, Kühler und Temperaturfühler einen Überblick zu verschaffen.

Ist die leckende Stelle sicher auf den Kühlerschlauch eingekreist, muss kontrolliert werden, ob der Schlauch selbst oder ein Anschluss undicht ist. Oft sind es nämlich die Schlauchanschlüsse zum Thermostat, Kühler oder zur Wasserpumpe, die undicht werden.

Auch wenn nur ein Schlauch undicht ist, muss bei Leckagen das gesamte Kühlsystem gecheckt werden.

Fast idealer Frostschutz: Bis Minus 29 Grad Celsius ist das Kühlsystem dieses Fahr D 177 S gegen Einfrieren geschützt.

Wenn keine Spuren von Öl in der Kühlflüssigkeit sind, ist das Kühlsystem innerhalb des Motors dicht.

Um ganz sicher zu gehen, dürfen auch im Motoröl keine Spuren von Kühlflüssigkeit zu finden sein.

Durch Drücken lässt sich leicht feststellen, ob ein Schlauch bereits brüchig ist. Hier muss getauscht werden.

Dann kann es sein, dass lediglich die Schlauchschellen nachgezogen werden müssen, damit das Kühlsystem wieder dicht ist. Dabei sollte man aber immer den Zustand des Schlauchs genau in Augenschein nehmen. Ist er im Anschlussbereich spröde und zeigt Risse, muss er getauscht werden. Doch bevor man drangeht, den Schlauch zu wechseln, sollte der Motor erst wieder abkühlen, damit am Kühlsystem gefahrlos gearbeitet werden kann. Ist der Motor kalt, ist der Kühlflüssigkeitsstand zu überprüfen. Unabhängig davon, ob Kühlflüssigkeit fehlt oder nicht, muss kontrolliert werden, ob noch genügend Frostschutz vorhanden ist. Durch das stetige Nachschütten von Wasser aufgrund des Flüssigkeitsverlustes kann sich das Frostschutzmittel erheblich verdünnt haben, so dass kein Frostschutz mehr gewährleistet ist. Spätestens nach dem Austausch des defekten Kühlerschlauchs muss daher das Frostschutzmittel ergänzt werden. Gemessen wird die Konzentration des Frostschutzes mit einem Kühlflüssigkeit-Frostschutzprüfer. Für wenige Euro sind solche Geräte bereits im Baumarkt zu bekommen. Für unsere Breiten genügt ein Frostschutz bis ca. -30 Grad Celsius völlig. Dabei liegt die optimale Mischung des Frostschutzmittels (meist Äthylenglykol) mit Wasser in der Regel bei 1:1. Der Frostschutz bewahrt die Kühlflüssigkeit übrigens nicht nur vor Einfrieren, sondern beugt auch Korrosion- und Kalkbildung im Kühlsystem vor. Auch verhindert er die so genannte Kavitationserosion. Sie tritt immer bei starken Änderungen der örtlichen Flüssigkeitsgeschwindigkeiten auf. Dabei bilden sich in Bereichen sehr hoher Flüssigkeitsgeschwindigkeiten durch Druckabsenkung mit Überschreitung der zugehörigen Siedetemperatur Dampfblasen, die in Bereichen mit steigendem Druck und Unterschreitung der Siedetemperatur schlagartig wieder zusammenfallen. Solche

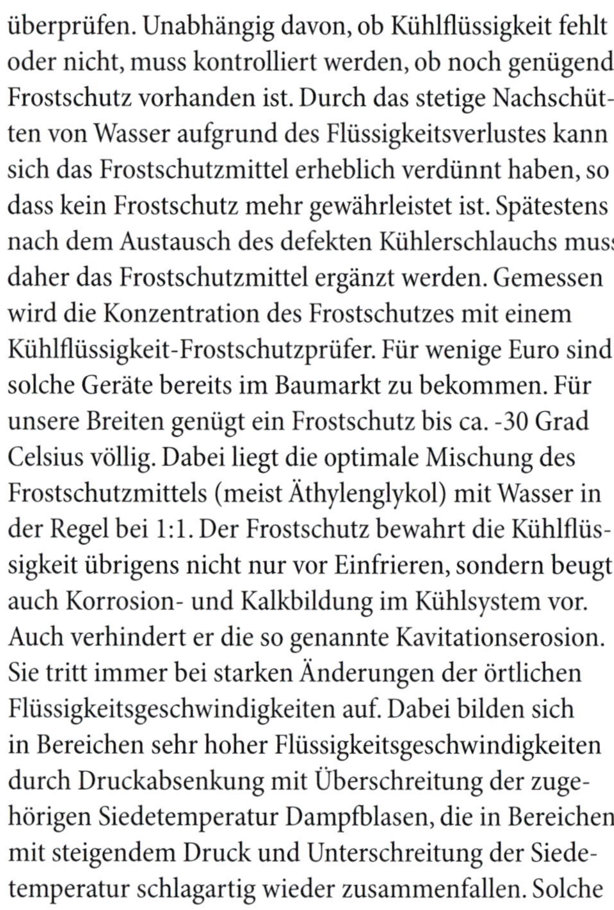

An solchem Stückwerk treten an Schläuchen und Schlauchanschlüssen häufig Undichtheiten auf.

Dampfblasen sind mit Druckschlägen vergleichbar, die bei der Einleitung von Dampf in kaltes Wasser auftreten können. Implodieren diese Dampfblasen (Kavitationsblasen) zum Beispiel an den Pumpenschaufeln der Wasserpumpe, können sie diese auf kurz oder lang stark schädigen.

Die Kühlflüssigkeit sollte unbedingt auch auf Ölspuren überprüft werden. Besonders dann, wenn Kühlflüssigkeit verschwindet, ohne dass man ein sichtbares Leck entdeckt. Grund könnte dann eine defekte Zylinderkopfdichtung oder ein Riss im Motorblock sein. Um hier sicher zu gehen, öffnet man den Motoröl-Einfülldeckel und sieht sich seine Unterseite näher an. Ist Wasser im Motoröl, erkennt man es hier sofort als sulzig-schmierige helle Ablagerung. Ganz Vorsichtige können noch zusätzlich den Ölmessstab herausziehen und die Konsistenz des Motoröls prüfen. Wie beim Öleinfülldeckel darf das Motoröl am Ölmessstab nicht sulzig oder emulsionsartig trüb wirken.

Liegt die Leckage eindeutig an einem der Schläuche, sind stets alle auf ihren Zustand zu überprüfen. Brüchige Schläuche erkennt man durch Zusammendrücken. Solche Schläuche sind sofort zu tauschen, auch wenn sie noch dicht sind. Beim Austausch dürfen nur geeignete ölbeständige Kühlerschläuche (DIN 73411) mit dem richtigen Innendurchmesser verwendet werden, sonst riskiert man platzende Schläuche und einen ungenügenden Kühlmittelfluss.

Oft jedoch sind aber passende Ersatzschläuche nicht mehr zu bekommen oder nicht gleich lieferbar. Abhilfe schaffen dann Kühlerschlauch-Reparatursets, wie sie häufig im Kfz-Fachhandel angeboten werden. Mit ihnen lassen sich schnell und problemlos alle Fahrzeugkühlerschläuche, auch die von Traktoren, unabhängig von Fahrzeugmarke oder Motorenfabrikat reparieren. Dazu wird das schadhafte Schlauchstück herausgeschnitten und mit Hilfe der meist mitgelieferten Schlauchstutzen und Kupplungen durch ein neues Schlauchstück ersetzt. Für dauerhaft dichte Verbin-

Beim Austausch von Kühlerschläuchen ist auf die DIN 73411 zu achten. Nur sie sind druck-, öl- und hitzebeständig.

In Profi-Kühlerschlauch-Reparatursets ist alles enthalten, um Kühlerschläuche professionell zu dichten.

Originalitäts-Fanatiker werden bei diesem Anblick weinen. Technisch ist das aber eine gute Lösung.

Für die schnelle Reparatur unterwegs kann auch so genanntes »ResQ-Tape« verwendet werden (www.rescue-tec.de). Es ist gegen Kraftstoffe, Lösungsmittel, Öle, Salzwasser, Säuren und UV-Strahlung resistent, widersteht Temperaturen von minus 60 bis 260 Grad Celsius und ist sogar in der Lage, einem Druck von bis zu 8 Bar standzuhalten. Das »MacGyver-Allzweck-Reparaturband«, das einst von der amerikanischen Firma Harbor Products ehemals für das amerikanische Militär entwickelt wurde, besteht zu 100 Prozent aus Silikon und geht nur mit sich selbst eine Verbindung ein. Klebstoff wird daher nicht gebraucht. Bei der Anwendung muss man jedoch beachten, dass man das Band beim Umwickeln des zu reparierenden Bauteils reichlich dehnt und sich die Lagen dabei überlappen. Nach wenigen Sekunden verschweißt sich dann das Tape und stellt eine wasser- und luftdichte Ummantelung her. Das Besondere dabei: Es funktioniert auch auf nassem, öligem oder schmutzigem Untergrund. Es eignet sich daher speziell für Notreparaturen defekter Wasser-, Öl-, Kühl- oder Benzinleitungen, aber auch zum Isolieren von Kabeln.

Mit ResQ-Tape lässt sich unterwegs zuverlässig ein undichter Kühlerschlauch reparieren.

dungen sorgen entsprechende Verbindungsstutzen mit beidseitiger Sicke, die zusammen mit den beiliegenden Schneckengewinde-Schellen ein Abrutschen des Schlauches zuverlässig verhindern.

Auch wenn ResQ-Tape dauerhaft hält, muss die provisorische Reparatur irgendwann ordentlich angegangen werden. Dann, so verspricht es der Hersteller, lässt sich das Tape leicht von jeder Oberfläche wieder rückstandsfrei entfernen.

Kupplung wechseln

Wenn die Kupplung nicht mehr trennt oder beim Anfahren durchrutscht, ist das Ausrücklager oder die Reibscheibe defekt. Dann muss der Traktor zerlegt werden, um die Kupplung zu wechseln. So auch im Fall eines Bungartz T8/34 Schmalspur-Kleintraktors aus dem Weinbau. Obwohl der kleine Traktor eine herrliche Patina und gesunde Technik hat, leidet er gerade stark an Trennungsangst, denn, trotz Widerstand am Kupplungspedal, trennt die Kupplung nicht mehr.

Geht man an den Kupplungswechsel, ist eines sehr wichtig: Zeit – denn der Ausbau der Kupplung kann mehrere Stunden dauern. Die Vorbereitungen zum Zerlegen einer Kupplung sollten daher bereits früh morgens beginnen. Da zudem viel geschraubt werden muss, steht der Traktor sicherlich auch einige Tage zerlegt in der Werkstatt. Die Reparatur sollte daher an einem Ort geschehen, wo man keine anderen Arbeiten blockiert. Auch sollte man bedenken, dass man viel Kraft benötigt, immerhin wiegt schon der kleine Bungartz, der hier als Beispiel dient, fast eine Tonne. Ein zweiter Mann (oder Frau) kann daher sehr nützlich sein.

Vor dem Zerlegen sollte man sich, wenn man keine Reparaturanleitung hat, den Traktor erstmal genau ansehen. Dabei kann man sich genau jeden Arbeitsschritt überlegen. Noch bevor es dann loslegt, wird aus Sicherheitsgründen zuerst die Batterie abgeklemmt, um Kurzschlüsse zu vermeiden. Dann sollte Platz geschaffen werden. Schrauben Sie zuerst Karosserieteile, wie Motorhaube oder Motorverkleidungsteile, ab. So verschafft man sich einen Überblick über wichtige Schrauben und erreicht diese sehr viel leichter. Auch schützt man gleichzeitig das Blech der Motorhaube und der Verkleidungsteile vor Beschädigungen.

Eigentlich ist der Abbau einer Motorhaube kein Problem. Beim unserem Bungartz gibt es aber Probleme, da die Steckachse am Bug durch zahlreiche kleine Rempler stark verbogen ist. Um sie aus den Achstüllen zu ziehen, muss zuerst die Elektrik für die Scheinwerfer auf der Innenseite der Motorhaube abgeklemmt werden, damit die Kabel bei der Demontage der Haube nicht abreißen. Danach kann mit Kriechöl und Drehen der Achse mit einem Ringschlüssel versucht werden, sie zu lösen. Ergebnis: Ein abgebrochener Achsen-Sechskantkopf. Jetzt helfen nur noch ein passender Durchtreiber und ein schwerer Hammer. Nach weiteren 15 Minuten Arbeit ist die Steckachse endlich raus und die Motorhaube kann abgehoben werden.

Danach werden E-Starter und Auspuff demontiert. Der Auspuff muss runter, da sonst der E-Starter nicht von der Kupplungsglocke abschraubt werden kann. Und hier taucht schon das nächste Problem auf. Weder die Schrauben an der Klemmschelle des Auspufftopfs noch die beiden Schrauben an der Verbindung Auspuffrohr/Krümmer lassen sich öffnen. Sie sind stark verrostet und bereits rund gedreht. Um sich Zeit zu sparen, wird daher kurzerhand der gesamte Auspuff am Krümmer vom Motor abgeschraubt.

Die Kupplung des Bungartz T8/34 Schmalspur-Kleintraktors (Baujahr 1968) trennt nicht mehr.

Danach wird das Starterkabel entfernt und der E-Starter von der Kupplungsglocke getrennt. Dabei kann bereits der Zustand des Starterritzels geprüft werden. Es ist hier im guten Zustand und zeigt keinen Verschleiß. Der Starterkranz an der Kupplung kann später nach seiner Demontage geprüft werden. Bereits jetzt sieht man einen Teil davon durch das Flanschloch des E-Starters. Man könnte den Starterkranz in diesem Stadium des Zerlegens durch Drehen des Motors überprüfen. Dies macht aber nur Sinn, wenn die Kupplung nicht geöffnet wird.

Anschließend werden alle Schrauben der Kupplungsglocke geöffnet. Dies kann am Bungartz gefahrlos geschehen, da ein Hilfsrahmen unterhalb des Motors und des Getriebes den Kraftstrang zusammenhält. Ist kein Hilfsrahmen vorhanden, müssten Motor und Getriebe sicher abgestützt werden, bevor alle Verbindungen getrennt werden.

Damit beim späteren Öffnen der Kupplungsglocke nichts beschädigt oder zerrissen wird, müssen jetzt die Elektrik, das Gasgestänge, die Schubstange der Lenkung und diverse andere mechanische, hydraulische und elektrische Komponenten, die gleichermaßen mit Vorder-

Die Klemmschelle des Auspufftopfs und die Muttern der Rohranbindung an den Krümmer lassen sich hier nicht zerstörungsfrei öffnen.

Der E-Starter kann nach Abklemmen der Kabel und Herausdrehen der zwei Halteschrauben leicht ausgebaut werden.

Deutlich ist die Verzahnung des Starterkranzes an der Schwungscheibe der Kupplung zu erkennen.

Die Zu- und Rücklaufleitungen der Hydraulik können an dieser Stelle getrennt werden.

und Hinterbau des Traktors verbunden sind, sorgfältig demontiert werden.

Beim weiteren Demontieren sollte man systematisch vorgehen und sich quasi einmal rund um die Kupplungsglocke arbeiten. Zuerst wird das Gasgestänge auf der linken Seite des Motors entfernt. Anschließend wird es noch vom Gaspedal auf der rechten Seite des Motors demontiert. Dann sind die Hydraulikschläuche an der Reihe. Bevor man sie auseinanderschraubt, sollte eine genügend große Öl-Auffangschüssel unter den Traktor gestellt werden. Zum Öffnen der Hydraulik-Schraubverbindung werden zwei gut passende Maulschlüssel benötigt. Einer zum Kontern, der andere zum Drehen. Sonst besteht die Gefahr, dass die Hydraulikleitungen beschädigt werden.

Nach Trennen der Zu- und Rücklaufleitungen läuft das Hydrauliköl aus. Während es ausläuft, kann die Lenkschubstange abgebaut werden. Hier braucht es Spezialwerkzeug, denn nach Herausziehen des Sicherungssplints und Öffnen der Kranzmutter muss das Gummi-Kugelgelenk mit einem speziellen Ausdrücker aus seiner Aufnahme gedrückt werden.

Nachdem die Lenkung getrennt ist, wird es kompliziert, denn das Armaturenbrett muss raus. Ohne Schaltplan ist das bei jedem Traktor eine Arbeit nur für Experten. Wer es dennoch wagt, sollte mit dem Lösen der Kabel am Verteilerkasten beginnen. Hier ist oftmals zu beachten, dass im Laufe der Jahre der Kabelbaum mehrfach repariert wurde und daher die Kabelfarben ggf. nicht mehr stimmen. Ist das der Fall, muss man sich die Farben genau aufschreiben, damit alles hinterher wieder stimmt.

Hier ein Tipp: Machen Sie gute Bilder mit einer Digitalkamera vom Kabelbaum. Das beschleunigt die Arbeit.

Da sich am Bungartz alles im Originalzustand befindet, ist die spätere Zusammenführung der richtigen Kabel jedoch kein Problem.

Nach der etwas komplizierteren Demontage des Armaturenbretts müssen zuletzt noch der Blinkerstock und der Zug für das Abstellen des Motors entfernt werden.

Jetzt sind sämtliche Verbindungen zwischen Traktor-Vorder- und -Hinterbau getrennt. Der Motor wird jetzt mit einem Motorkran an speziellen Ösen des Traktors gesichert. Noch hält zwar der Hilfsrahmen Vorder- und Hinterteil zusammen, doch wenn die Schrauben am Vorderbau herausgedreht werden, muss der Hilfsrahmen, der am Hinterteil verbleiben wird, so unterstützt werden, dass das Heck des Traktors nach hinten weggezogen werden kann. Große Holzblöcke unter dem Hilfsrahmen und ein Lkw-Wagenheber zur Sicherung lösen das Stütz-Problem. Anschließend kann mit Hilfe einer Eisenstange und Ziehen an den Hinterrädern der Traktor auseinandergezogen werden.

Die Ursache für das Nicht-Trennen der Kupplung liegt jetzt offen. Zwei der drei Ausrückgabeln der Einscheiben-Schraubenfederkupplung sind gebrochen.

Zur Reparatur wird die Kupplungseinheit daher komplett auseinandergebaut. Beim Lösen der Schrauben des Kupplungsautomaten muss aber vorsichtig vorgegangen werden, denn die sechs Schrauben stehen unter Federdruck. Sie sind daher möglichst gleichmäßig rundherum herauszudrehen.

Ist der Kupplungsautomat heraus, fällt einem die Reibscheibe in die Hand. Sie ist auf Verschleiß zu prüfen. Als Richtwert für das Verschleißmaß können hier die Befestigungsniete des Belags der Reibscheibe herangezogen werden. Sie müssen deutlich versenkt unter dem Reibbelag liegen. Ein bis zwei Millimeter sollten es sein. Egal jedoch, wie der Verschleißzustand der Reibscheibe ist, empfiehlt es sich immer, diese, wenn die Kupplung schon mal offen ist, zu wechseln, denn auch vermeintlich gute Reibscheiben können wegen Überalterung zu rutschender Kupplung führen.

Nicht vergessen darf man auch, den Ausrückmechanismus in der Kupplungsglocke genauer in Augenschein zu nehmen. Hier ist zunächst das Spiel der Wellenlagerung des Ausrückgelenks zu prüfen. Hat es Spiel, ist ein exaktes Einkuppeln nicht möglich. Auch dürfen die Rückstellfedern weder gebrochen noch verbogen sein. Im Zweifelsfall immer austauschen. Selbstverständlich ist auch die Leichtgängigkeit des Mechanismus zu überprüfen (fetten nicht vergessen!). Wichtig ist der Gleitring des Ausrücklagers. Er muss plan sein und darf keine Riefen haben. Der nächste Prüfpunkt ist die Verzahnung der Getriebeeingangswelle. Hat sie leichte Grate, müssen sie vorsichtig gefeilt werden. Ausgeschlagene Wellen beziehungsweise Verzahnungen sind sofort zu tauschen, da sonst die Kupplungsreibscheibenverzahnung nicht auf der Wellenverzahnung gleiten kann. Da die Reibscheibe hier getauscht wird, kann deren Verzahnung außer Acht gelassen werden. Wäre sie ausgeschlagen, führt das im Betrieb sonst zu einer rupfenden Kupplung. Wäre zudem der Schaltautomat des Bungartz in Ordnung, müsste die Druckplatte noch auf Verzug geprüft werden. Hierzu muss die Druckplatte lediglich auf eine plane Platte (Glasscheibe o.ä.) gelegt werden. Dies entfällt hier aber, da sie ohnehin getauscht wird.

Der Zustand der Reibfläche der Druckplatte kann jedoch erst nach ihrer Reinigung beurteilt werden. Schlierspuren vom Belagabrieb sind dabei durchaus normal. Riefen, raue Stellen, aber auch bläuliche Verfärbungen, die von Überhitzung herrühren, bedeuten jedoch das

Ohne starken Motorkran geht nichts. Er hält den Motor, wenn später das Heck nach hinten weggezogen wird.

Die Schrauben des Hilfsrahmens werden auf der linken und rechten Seite des Traktors gelöst.

Alle Leitungen sind getrennt. Jede Schraube ist gelöst. Nun kann der Bungartz auseinandergezogen werden.

Die Kupplung ist jetzt frei zugänglich. Diagnose: Zwei der drei Ausrückgabeln der Einscheiben-Schraubenfederkupplung sind gebrochen.

Wären die Ausrückgabeln nicht gebrochen, könnte die Druckplatte sicherlich weiterverwendet werden.

Das Verschleißmaß der Reibscheibe ist in Ordnung. Trotzdem wird sie ausgetauscht.

Der neue Kupplungsautomat und die Reibscheibe sind von den Maßen identisch mit den alten Kupplungsteilen.

Aus für die Druckplatte. Selbstverständlich ist auch die Druckplatte in der Schwungscheibe zu kontrollieren. Für sie gilt das Gleiche. Auch sie muss plan und ohne Beschädigungen und Verfärbungen sein.

Abschließend wird noch der Anlasser-Zahnkranz an der Schwungscheibe kontrolliert. Er zeigt sich am Bungartz in einem guten Zustand. Weder sind Zähne schräg verschlissen noch sind welche gebrochen. Ansonsten müsste er gewechselt werden. Zur Sicherheit sollte auch die Verschraubung der Schwungscheibe mit dem Kurbelwellenstumpf geprüft werden. Sie muss fest und die Sicherungsbleche der Schrauben vorhanden sein.

Ein Wort zur Reinigung: Vermeiden Sie es, die Kupplung mit Pressluft auszublasen. Die Kupplungsbelagstäube können speziell bei alten Traktoren Asbest enthalten. Aus diesem Grund sollte bei Arbeiten an der Kupplung immer eine Atemschutzmaske getragen werden. Die Reinigung erfolgt am besten zuerst mit Bremsenreiniger und anschließend mit Seife und Wasser. Erst dann darf man die Kupplung zum Trocknen (Rostvermeidung) mit Pressluft abblasen.

Nachdem die Schadensursache feststeht, können die nötigen Ersatzteile bestellt werden. In unserem Fall der gesamte Kupplungsautomat mit Druckplatte – den die hieran verbauten, gebrochenen Ausrückgabeln gibt es nicht einzeln. Nach ein paar Tagen sind die Teile dann auch in der Post. Bestellt wurden sie übrigens bei der Wilhelm Fricke GmbH, besser bekannt unter dem Namen Granit (www.granit-parts.com). Der überregionale Landmaschinen-Teilehändler aus Heeslingen hatte in seinem Lager noch den passenden Kupplungsautomaten für unseren Bungartz.

Wie beim Zerlegen, sollte man sich auch beim Zusammenbau viel Zeit nehmen. Bevor mit dem Zusammenbau begonnen wird, sind zuerst die Ersatzteile auf Passgenauigkeit zu prüfen. Denn manchmal passen zwar vermeintlich richtige Ersatzteile und lassen sich auch problemlos einbauen, nur funktionieren wollen sie dann nicht, weil im Zuge irgendeiner Modellpflegemaßnahme bei wichtigen Funktionskomponenten die Baumaße vom Hersteller verändert wurden. Doch das von Granit gelieferte Teil ist absolut identisch mit dem Altteil und kann ohne Bedenken eingebaut werden.

Doch Stopp! Viele Ersatzteile sind mit einem Konservierungsöl gegen Rost eingesprüht. Das muss runter, sonst rutscht die Kupplung. Mit Bremsenreiniger und einem sauberen Lappen lässt sich der neue Kupplungsautomat aber problemlos reinigen. Danach reinigt man noch die Schwungscheibe mit Druckplatte und Anlasserkranz.

Bevor es jetzt an den Zusammenbau geht, ist zuerst noch der sichere Stand des Motorkrans und der korrekte Sitz der Tragketten zu kontrollieren. Die Überprüfung ist wichtig, da der Motor seit geraumer Zeit am Kran hängt. Der Hydraulikdruck im Kran könnte nachgelassen haben. Tatsächlich war der Motor hier um wenige Zentimeter nach unten abgesackt und lag jetzt auf den Sicherheitsböcken auf. Mit wenigen Pumpbewegungen am Motorkran war dieses Problem jedoch schnell behoben. Danach werden noch die Holzböcke geprüft. Auf ihnen liegt der Hilfsrahmen, der mit dem Heck des Bungartz verschraubt ist, bereits auch längere Zeit. Sie könnten deshalb durch den Druck gebrochen sein. Ihre Prüfung zeigt jedoch, dass hier alles in Ordnung ist.

Danach legt man sich Werkzeug und alle Teile zurecht. Vor allem Altteile sind nochmals zu begutachten. Wichtig ist, dass sie alle sorgsam gereinigt sind. So lassen sich einerseits beschädigte Schrauben leichter erkennen und aussortieren, andererseits kann das flüssige Schraubensicherungsmittel, dass bei Kupplungsverschraubungen aufgetragen werden muss, eine bessere Wirkung entfalten. Natürlich sind auch für alle Schrauben neue Unterlegscheiben – in unserem Fall Sprengringe – zu verwenden.

Im nächsten Arbeitsschritt wird die Verzahnung der Getriebeeingangswelle mit einem speziellen Hochdruck-Wälzlagerfett abgeschmiert, damit sich die Verzahnung der Kupplungsscheibe im Betrieb ohne Hakeln auf der Welle leicht axial bewegen kann. Beim Einschmieren der Getriebeeingangswellenverzahnung ist darauf zu achten, nicht zu viel Fett aufzutragen, da es sonst im Betrieb durch die Zentrifugalkraft auf die Reibfläche der Kupplungsscheibe geschleudert werden könnte.

Danach können die Reibscheibe und der Kupplungsautomat in die Schwungscheibe eingefädelt werden. Dabei ist darauf zu achten, dass die Reibscheibe richtig herum montiert wird. Beim Bungartz muss das kürzere Ende der Verzahnungstülle der Reibscheibe zur Schwungscheibe hin montiert werden. Da der gesamte Kupplungsautomat im montierten Zustand unter Federspannung steht, werden zunächst alle sechs Befestigungsschrauben »handwarm« festgezogen. Dann wird die Reibscheibe zentriert, um dann anschließend mit einem Drehmomentschlüssel mit dem richtigen Anzugsmoment über Kreuz den Automaten nach und nach anzuziehen. Während der gesamten Montage des Kupplungsautomaten muss man stets darauf achten, dass sich dieser beim Anziehen der Schrauben keinesfalls verzieht, noch dass er sich irgendwo verkantet. Der Kupplungsautomat ist erst dann richtig montiert, wenn er ringsherum plan auf der Schwungscheibe aufliegt und keinen Verzug aufweist.

Hier noch ein Hinweis zum Zentrieren der Reibscheibe: Eigentlich benötigt man hierzu einen passenden Dorn, der in die Verzahnung der Reibscheibe und in ein Widerlager am Kurbelwellenstumpf gesteckt wird. In Ermangelung dieses Spezialwerkzeuges greifen viele Profis gelegentlich auf die Schraubendreher-Methode

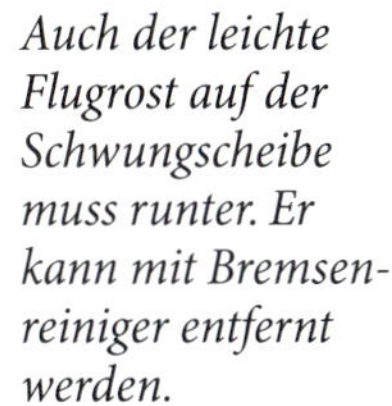

Auch der leichte Flugrost auf der Schwungscheibe muss runter. Er kann mit Bremsenreiniger entfernt werden.

Die Getriebeeingangswelle wird mit speziellem Lagerfett eingestrichen. Das gewährleistet ein ruckfreies Einkuppeln.

Die Schrauben des Kupplungsautomaten werden zunächst handwarm angezogen.

Das Anziehen der Schrauben darf nur mit einem Drehmomentschlüssel mit dem richtigen Anzugsmoment erfolgen.

Bereits beim ersten Versuch des Zusammenschiebens fädelt die Getriebeeingangswelle in die Verzahnung der Reibscheibe ein.

Wichtig: Die Distanzstücke müssen noch vor dem endgültigen Zusammenschieben von Bug und Heck eingefädelt werden.

Die Schrauben des Hilfsrahmens werden nur handwarm angezogen. Das erleichtert das Einschrauben der Kupplungsglockenverschraubung.

An der Kupplungsglockenverschraubung ist auch der E-Starter mit befestigt. Er muss deshalb auch gleich montiert werden.

zurück. Sie setzt jedoch viel Erfahrung und Fingerspitzengefühl voraus. Um die Reibscheibe auf diese Art in der Kupplung zu zentrieren, muss der Kupplungsautomat gerade so fest angezogen werden, dass sich die Reibscheibe noch von außen mittels eines Schraubendrehers verschieben lässt. Das geschieht, indem man das Schraubendreher-Blatt von außen in den Spalt zwischen innerer Reibscheibe und inneren Rand des Kupplungsautomaten steckt und mit dem Schraubendreherblatt dann vorsichtig hebelt. Das macht man an mehreren Stellen, bis die Reibscheibe ringsherum überall den gleichen Abstand zur inneren Schwungscheibe hat (Der Abstand lässt sich hier sehr leicht mit dem Schaft von Bohrern messen). Erst dann wird die Verschraubung des Kupplungsautomaten endgültig, wie oben beschrieben, angezogen. Ob beim Zentrieren der Reibscheibe mit dieser Methode sauber gearbeitet wurde, wird sich dann beim Zusammenschieben von Heck und Bug des Bungartz zeigen. Das Zusammenschieben beginnt damit, den Bug des Traktors an der Höhe des Heckteils auszurichten. Auch hier gibt es einen Profitrick: Bug und Heck werden zunächst soweit zusammengeschoben und aufeinander ausgerichtet, dass die Bohrlöcher der Kupplungsglockenverschraubung in etwa fluchten. Um dann das exakte Fluchten von Bug und Heck zu erreichen, wird eine genau passende Stahlstange durch die gegenüberliegenden Verschraubungslöcher der beiden Kupplungsglockenhälften geschoben. Lässt sich die Stahlstange durch alle (zugänglichen) Verschraubungslöcher ohne Verkanten durchstecken, fluchten beide Teile und das Einfädeln der Getriebeeingangswellenverzahnung in die Verzahnung der Reibscheibe kann beginnen.

Auch hier gibt es einen Profi-Trick, damit sich die Verzahnungen beim Zusammenschieben von Bug und Heck nicht verkanten. Dazu dreht ein Helfer vorsichtig an der Verschraubung der Riemenscheibe am Bug des Motors mit einem passenden Steckschlüssel, während ein zweiter Mann gleichzeitig mit viel Kraft Bug und Heck zusammenschiebt.

Wurde alles sorgfältig vorbereitet, fädelt meist beim ersten Versuch die Verzahnung der Getriebeeingangswelle in die der Reibscheibe ein.

Um sich bei der weiteren Montage Kraft zu sparen, können jetzt alle Schrauben der Kupplungsglocke in ihre Bohrungen gesteckt werden, um sie dann gleichmäßig rundherum anzuziehen. Dabei ziehen sich Heck und Bug zusammen, bis die Kupplungsglocke wieder komplett geschlossen ist. Beim Bungartz muss man bei dieser Methode darauf achten, dass die Distanzstücke der unteren Kupplungsglockenverschraubung vor dem endgültigen Festziehen bereits eingefädelt werden. Sonst kann man

Die Verschraubung der Kupplungsglocke muss über Kreuz erfolgen. Nur so öffnen sich die Schrauben nicht im Betrieb.

Die zahlreichen Winkel- und Haltebleche des Armaturenbretts sind schwer zu montieren. Eine dritte Hand kann hier hilfreich sein.

sie später nicht mehr montieren und muss alle Schrauben wieder öffnen.

Sind Bug und Heck wieder vereint, kann der Hilfsrahmen verschraubt werden. Danach lassen sich Motorkran und alle Holzböcke entfernen. Danach steht der Bungartz wieder auf allen seinen vier Rädern.

Eigentlich endet das Kapitel hier mit dem Hinweis, dass die restliche Montage der übrigen Teile in umgekehrter Reihenfolge wie bei der Demontage erfolgen kann. Doch wer sich unter Umständen viel Arbeit sparen will, sollte vor der Endmontage zuerst alle Teile montieren, die unmittelbar mit der Funktion der Kupplung zusammenhängen. Deshalb wird zuerst die Kupplungspedalerie festgeschraubt und ihr Spiel provisorisch eingestellt. Der Grund hierfür ist schnell erklärt: So kann die korrekte Funktion der Kupplung sofort geprüft werden. Würde sich jetzt nämlich herausstellen, dass irgendwas nicht stimmt, müssen nicht erst wieder viele Anbauteile demontiert werden, um den (Einbau-) Fehler zu beheben. Zum Testen der Kupplung, setzt man sich auf den Traktor, legt einen Gang ein, drückt das Kupplungspedal durch und bittet den Helfer, den Traktor anzuschieben. Ist dann alles zur Zufriedenheit, kann daran gegangen werden, alles wieder zusammenzubauen.

Zum Schluss wird noch vorsichtig die Batterie angeklemmt. Jetzt heißt es, den Motor zu starten und die Kupplung im Fahrbetrieb zu testen. Nach drei Startversuchen läuft der 34 PS starke 4-Zylinder-Perkins-Diesel des Bungartz. Jetzt heißt es: Kupplung drücken. Meist kann nur unter deutlichem Krachen der erste Gang eingelegt werden. Trotz durchgedrücktem Pedal schiebt der kleine Traktor ganz leicht nach vorne. Grund ist das Kupplungsspiel an der Pedalerie, das nochmals nachgestellt werden muss. Es wurde aufgrund des defekten alten Kupplungsautomaten restlos verstellt. Nach ein paar Minuten Einstellarbeiten trennt die Kupplung des Bungartz jetzt wieder einwandfrei.

Beim Einbau der Elektrik sollte sorgfältig geprüft werden, ob die Kabel alle richtig angeschlossen sind.

Auch die zahlreichen Bowdenzüge, wie hier vom Abstellmechanismus, müssen zurück an ihren Platz.

Endspurt bei der Montage der Elektrik. Hier wird die Verkabelung an den E-Starter angeschlossen.

Das verbogene Kupplungsgestänge der Pedalerie muss noch gewechselt und nochmals eingestellt werden.

Die Heckhydraulik des Bauernschleppers Deutz F2L 612/54-I, Baujahr 1956, wurde nach 13 Jahren Standzeit zur Ölquelle.

Dichtung selbst anfertigen (Kork und Papier)

Undichte Dichtungen nerven extrem! Vor allem, wenn der Traktor frisch geputzt ist und wie aus dem Ei gepellt aussieht. Eine Dichtung ist schnell gewechselt! Aber was tun, wenn die Original-Dichtung nicht mehr erhältlich ist? Ganz klar – wir machen uns eine selber. Wie das geht, soll hier an einem alten Bauernschlepper vom Typ Deutz F2L 612/54-I (Baujahr 1956) gezeigt werden. Er steht schon viele Jahre und viele seiner Dichtungen sind völlig verhärtet.

Besonders undicht ist der Bakelitdeckel der Heckhydraulik. Seine Korkdichtung lässt zu allen Seiten Öl auslaufen.

Um die Deckeldichtung zu ersetzen, könnte man die Heckhydraulik im Deutz eingebaut belassen. Dennoch wird sie hier komplett ausgebaut, weil auch noch andere Arbeiten an der Hydraulikeinheit durchgeführt werden müssen. Der Ausbau ist leicht und nach 20 Minuten liegt das Teil auf der Werkbank. Auch die vier Schrauben des Bakelitdeckels sind schnell aufgeschraubt. Die alte Korkdichtung ist, wie bereits vermutet, völlig zerquetscht. Ursache dürfte wohl ständiges Nachziehen der Schrauben gewesen sein. Da die Dichtung ausgehärtet ist, lässt sie sich ohne Probleme von der Dichtfläche abheben. Oft aber sind Dichtungen, wenn sie viele Jahre verbaut waren, zur Gänze mit der Dichtfläche verklebt. Dann muss man sie mit Hilfe eines chemischen Dichtungslösers ablösen und anschließend die Reste mit einem stumpfen Schabeisen vorsichtig von der Dichtfläche abschaben. Letzte »Schatten« lassen sich abschließend noch mit einem Schleifgummi der Körnung 300 (oder feiner) problemlos »wegradieren«.

Die Dichtung der Heckhydraulik ist heute zwar noch lieferbar, dennoch geht es manchmal schneller, sie selbst anzufertigen.

Bevor es losgeht, muss man zuerst wissen, welches Material für die alte Dichtung verwendet wurde. Meist bestehen Dichtungen aus unterschiedlich starkem Dichtungspapier, manchmal aus Aluminium, Kupfer, Asbest, Gummi oder, wie in unserem Fall, aus Kork.

Steht das Material fest, muss die Stärke der alten Dichtung ausgemessen werden. Bei einer Korkdichtung müssen hier dann gut 50 Prozent dazugegeben werden, da dies in etwa dem Quetschverhalten von Kork entspricht. Bei anderen Dichtungsmaterialien kann es manchmal schwer sein, die ursprüngliche Stärke zu ermitteln.

Die Dichtung des Bakelitdeckels der Heckhydraulik ist undicht. Die Schrauben wurden bereits über Kreuz geöffnet.

Der Deckel ist runter und das Hydrauliköl abgelassen. Die Dichtung konnte leicht abgezogen werden.

Deutlich zu erkennen: Die Dichtung ist zerquetscht, brüchig und völlig mit Öl vollgesogen.

Ein Tipp: Manchmal haben Dichtungen am Rand Überstände, die nicht gequetscht sind von den Dichtungsflächen. Wenn hier gemessen wird, kommt man sehr nahe an die ursprüngliche Stärke der Dichtung.

Nachdem Material und Dicke bekannt sind, benötigt man ein genügend großes Stück Dichtungsbogen, um die neue Dichtung hieraus ausschneiden zu können. Dabei muss man darauf achten, dass zunächst gut zwei Zentimeter Überstand am Rand verbleiben. Anschließend wird, wie in unserem Beispiel, der Deckel auf das Korkmaterial gelegt und mit einem wasserfesten Filzstift sein Außenmaß nachgezeichnet. Im nächsten Schritt muss die Breite der Dichtfläche ermittelt werden. Dazu misst man die Breite der Dichtfläche aus und überträgt diese auf das neue Dichtungsmaterial. Mit einem Lineal können die Linien für die Innenkante der Dichtung nachgezeichnet werden. Dabei müssen bei unserer Deckeldichtung in den Ecken Tangenten gezeichnet werden, weil hier die Löcher für die Schrauben durchgestanzt werden müssen.

Zum Ausstanzen wird zunächst ein Stanzeisen verwendet, das etwas kleiner ist, als der Durchmesser des Lochs. Es lässt sich so genauer die Mitte der notwendigen Verschraubungslöcher treffen. Als »Matrize« wird hier der Bakelitdeckel verwendet. Jetzt, wo die genaue Position feststeht, kann der Deckel weggenommen werden und mit einem passenden Stanzeisen (ca. 1 mm größer als der Schraubendurchmesser) die Verschraubungslöcher zentrisch auf Maß herausgeschlagen werden. Anschließend lässt sich mit einem Cutter-Messer das überflüssige Material aus dem Innern der Dichtung herausschneiden. Hier ist es sehr wichtig, ein wirklich scharfes Messer zu verwenden, damit die Dichtung nicht reißt oder am Rand ausfranst. Da in unserem Fall das Innere der Dichtung nur aus geraden Linien besteht, macht es nur wenig Mühe, das Material herauszuschneiden. Müssten Rundungen geschnitten werden, ist es jedoch besser, ein Skalpell zu verwenden. Damit lassen sich leichter Rundungen schneiden.

Zum Schluss muss jetzt nur noch die Außenkante der Dichtung hergestellt werden. Mit einer guten Werkstattschere kein Problem. Damit lassen sich auch die runden Außenecken der Dichtung bequem herausschneiden. Danach kann die Dichtung probehalber auf die Dichtfläche gelegt werden. Alle Dichtflächen und die Verschraubungslöcher sollten deckungsgleich mit der Dichtung sein. Auch darf kein Dichtungsmaterial nach innen oder außen überstehen. Sonst muss nachgearbeitet werden.

Zum Schluss sollte man sich die Dichtflächen noch mal näher ansehen. Hier dürfen keine Reste der alten Dichtung vorhanden sein, ansonsten sind diese vor-

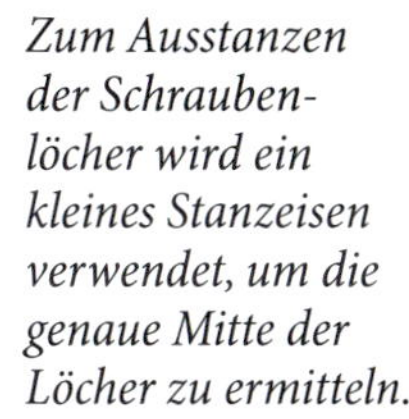

Zum Ausstanzen der Schraubenlöcher wird ein kleines Stanzeisen verwendet, um die genaue Mitte der Löcher zu ermitteln.

Die Linien beweisen es: Die Schraubenlöcher sitzen mittig an den richtigen Stellen.

Mit einem circa einen Millimeter größeren Stanzeisen als der Schraubendurchmesser, werden die Löcher endgültig ausgestanzt.

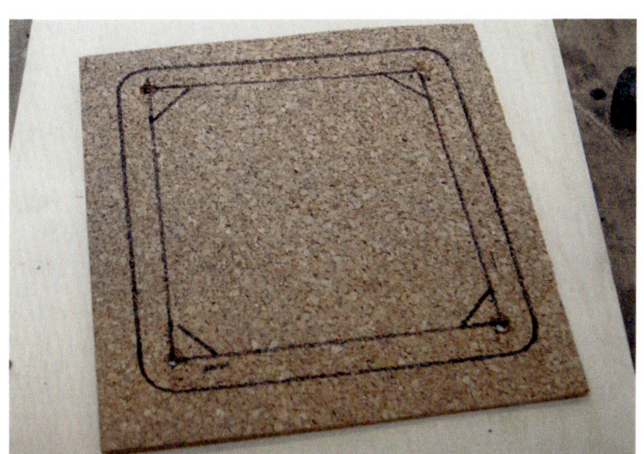

Mit einem wasserfesten Filzstift wird die Außenkontur der Dichtung am Rand des Deckels nachgezogen.

Die nachgezeichneten Konturen der Dichtung müssen deutlich und sauber erkennbar sein.

Die Breite der Dichtung richtet sich nach der Breite der Dichtfläche und wird deshalb am Deckel ausgemessen.

Für die Schraubenlöcher müssen Tangenten in die Ecken der Dichtung gezeichnet werden.

Die Löcher sitzen perfekt. Jetzt muss noch das überflüssige Material weggeschnitten werden.

Mit dem Cutter-Messer wird das innere überschüssige Material aus der Dichtung herausgeschnitten.

Sind die Schnitte sauber gesetzt, lässt sich das Material leicht aus dem Dichtungsinneren herausnehmen.

Mit einer guten Werkstattschere wird die Außenform der neuen Dichtung herausgeschnitten.

Die neue Dichtung ist fertig. Wer möchte, kann die Kanten noch mit feinem Sandpapier nachbearbeiten.

Anprobe. Die Schraubenlöcher und Ränder müssen mit der Dichtfläche genau fluchten.

Damit es auch wirklich dicht wird, werden mit dem Schabeisen noch die letzten Reste der alten Dichtung entfernt.

sichtig mit einem Schabeisen wegzukratzen. Um Kratzer oder Scharten zu vermeiden, muss man hierbei das Schabeisen möglichst im spitzen Winkel ansetzen, um die Dichtungsreste zu entfernen. Danach sind die Dichtflächen noch mit Waschbenzin zu reinigen. Danach kann die Dichtung eingebaut werden. Hier ist darauf zu achten, dass die Schrauben gleichmäßig über Kreuz mit dem Drehmomentschlüssel angezogen werden.

Speziell bei Korkdichtungen müssen die Schrauben, da sich die Dichtung im Betrieb noch setzen wird, nach ein paar Wochen noch mal nachgezogen werden. Vergisst man dies, wird die Dichtung wieder schnell undicht. Dann hilft auch kein Nachziehen mehr, da sich das Dichtungsmaterial mit Öl vollgesogen hat.

Die Anfertigung von Papierdichtungen erfolgt ähnlich. Es gibt jedoch kleine – aber feine – Unterschiede, die es zu beachten gilt, wenn man zum Beispiel eine Papierdichtung anfertigen möchte, die die Einspritzpumpe zum Motorblock hin abdichtet. Bei dieser Art von Dichtung ist wichtig, dass sich die Einspritzpumpe für Einstellarbeiten noch bewegen lässt. Ansonsten könnte sie nicht eingestellt werden. Für diesen Typ Dichtung ist daher besonders festes Dichtpapier nötig.

Zum Abnehmen der Maße drückt man das Dichtungspapier leicht auf die Dichtfläche der Pumpe. Vorher wurde diese noch etwas mit Öl eingestrichen. Das ergibt einen Stempelabdruck, der zeigt, wo die Bohrungen innen liegen, die man ansonsten von außen nicht nachzeichnen kann. Die Kontur außen kann hingegen mit einem dünnen Filzstift nachgezeichnet werden. Der Innenkreis der Dichtung, in unserem Fall der Flansch der Pumpe, der in den Motor reicht, sollte dabei immer als erstes ausgeschnitten werden. Das Ausschneiden muss mit einer sehr scharfen Schere erfolgen. Langlöcher, wie sie hier für die Verschraubungsbolzen nötig sind, können idealerweise mit einer Nagelschere herausgearbeitet werden. Sie müssen ganz sauber ausgeschnitten sein, da ansonsten beim Einstellen der Pumpe die Dichtung reißen könnte. Die Dichtung selbst ist in wenigen Minuten hergestellt. Damit sie aber wirklich dichthält, wenn die Pumpe beim Einstellen verdreht wird, sollte sie mit einer speziellen, nicht aushärtenden Silikon-Dichtmasse eingestrichen werden. Wichtig ist dabei, dass man die Vorder- und Rückseite der Dichtung mit der Masse einstreicht. Sonst könnte sie mit der Pumpe oder mit dem Motor verkleben und wiederum reißen. Wird dies alles beachtet, hält die Dichtung auch das Einstellen der Pumpe zwei oder drei Mal aus, bevor sie undicht werden würde. Das genügt völlig, die Einspritzpumpe endgültig einzustellen.

Gewöhnliche Papierdichtungen, die lediglich zwei Bauteile zueinander dichten, werden genauso hergestellt.

Der Deckel muss über Kreuz angezogen werden, damit die Dichtung gleichmäßig angepresst wird.

Und jetzt zur Papierdichtung

Für die Einspritzpumpen-Dichtung eines MWM-Motors braucht es spezielles, sehr hartes Dichtungspapier, damit es nicht zerreißt.

Eine Metall-Matrize dient als Vorlage zum Ausschneiden des Flanschkreises im Inneren der Dichtung.

Die äußere Kontur der Dichtung wird durch einen wasserfesten Filzstift nachgezeichnet.

Auch die Langlöcher wurden sorgfältig abgezeichnet. Sie sind für das Einstellen der Einspritzpumpe wichtig.

Damit sich die Langlöcher leichter mit der Schere ausschneiden lassen, werden zuerst runde Löcher eingeschlagen.

Nach den Langlöchern wird die Außenkontur der neuen Dichtung mit einer scharfen Schere ausgeschnitten.

Die »Nachbau-Dichtung« kann von der originalen nicht unterschieden werden.

Sie benötigen übrigens nur in den seltensten Fällen zusätzlich Dichtmasse. Sind sie sauber gearbeitet und die Dichtflächen plan, halten sie lange Jahre zuverlässig dicht. Lediglich wenn ein so genanntes »Dreiländer-Eck« gedichtet werden muss, also drei Bauteile aufeinanderstoßen, sollte zusätzlich Dichtmasse zum Einsatz kommen.

Wenn Sie beim nächsten Mal keine Dichtung zur Hand haben, überlegen Sie, ob es nicht zukünftig günstiger ist, sich seine Dichtungen selbst anzufertigen. Das macht Spaß und spart obendrein viel Geld für irgendwelche »Spezialdichtungen« aus dem Zubehörhandel. Dichtungsbögen gibt es übrigens im Kfz-Fachhandel oder im Internet in allen erdenklichen Stärken und Maßen. Sie auf Vorrat zu haben, lohnt sich.

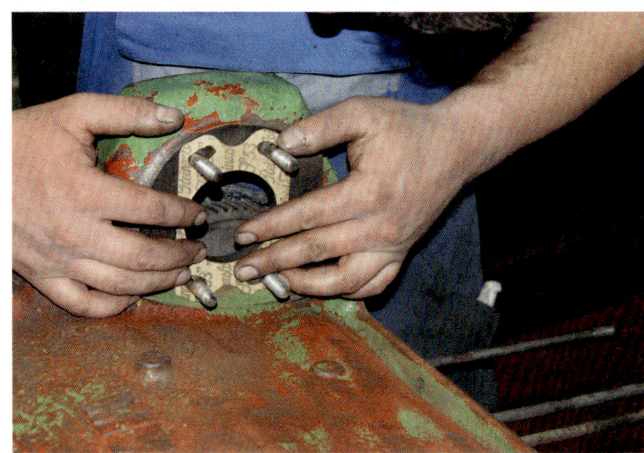

Anprobe. Hier wird getestet, ob sich die Dichtung über ihre Langlöcher etwas verdrehen lässt.

Nachdem alles passt, wird die Dichtung auf beiden Seiten mit einer nicht aushärtenden Dichtmasse eingestrichen.

Die Dichtmasse muss ganz fein auf der Dichtung verteilt werden. Zuviel an einer Stelle und es wird undicht.

Erst wenn sich die Einspritzpumpe drehen lässt, ohne dass die Dichtung zerreißt, werden die Schrauben angezogen.

Ein typisches Hakengestänge, wie man es an vielen alten Traktoren für Gas oder Kupplung, aber auch Zündverstellung finden kann.

Bevor das Hakengestänge überprüft werden kann, muss es zerlegt und gereinigt werden.

Offen liegende Gestänge sind sehr rostanfällig. Ihr einziger Rostschutz ist gut haftendes Schmierfett.

Auch die Bohrung im Hebel sollte gründlich gereinigt werden. Mit Werkstattpapier geht das sehr leicht.

Kraftübertragungsgestänge am Traktor prüfen und pflegen

Traktoren sind mächtige Geräte. Um sie zu kontrollieren, müssen die sogenannten Steuerungsgestänge einwandfrei funktionieren. Dazu gehören vor allem das Gasgestänge, die Kupplungsübertragung, aber auch bei einigen Traktoren das Bremsgestänge mit seinen Einzelradbremsen. Funktionieren nämlich diese Gestänge nicht richtig, macht Traktor-Fahren keinen Spaß.

Den Gestängen wird beim Fahren sehr viel abverlangt. Zig tausende Mal müssen sie zum Teil sehr hohe Kräfte übertragen – und das sehr präzise. Ist ein Übertragungsgestänge jedoch ausgeschlagen, dann reagiert der Traktor beispielsweise auf Gasstöße nicht mehr präzise. Das kann dann sehr ärgerlich sein, wenn man das Gas sehr genau dosieren muss, weil man zum Beispiel einen Hänger aus dem Dreck ziehen will. Kommt dann noch ein Kupplungsgestänge mit viel Spiel hinzu, macht der Traktor überhaupt keinen Spaß mehr. Im Gegenteil, dann kann es sogar gefährlich werden.

Dabei ist es gar nicht schwer, die Übertragungsgestänge zu prüfen, sie zu pflegen und ggf. wieder in Stand zu setzen. Vorausgesetzt, man weiß wie. Dazu muss man zunächst wissen, welche Arten von Gelenken die Traktorenbauer damals für die Gestänge verwendet haben. Wenn es kostengünstig sein musste, wurden lediglich Eisenstangen verwendet, deren umgebogenes Ende, wie ein Haken in einem Hebel sitzt. Damit das Gestänge nicht vom Hebel rutschen kann, ist es meist durch einen Splint gesichert.

Die aufwendigeren Konstruktionen hingegen haben sogenannte Kugelkopfgelenke. Hier wird die Kraft auch durch Eisenstangen übertragen. Jedoch sind an deren Enden Kugelkopflager aufgeschraubt, die, wenn sie ausgeschlagen sind, auch getauscht werden können. Diese Art Lager bestehen aus dem sogenannten Kugelkopf und aus ihrem Gegenstück, die Pfanne. Damit der Kugelkopf nicht aus der Pfanne springen kann, ist er an seinem Hals mit einem Splint gesichert.

Beide Konstruktionstypen haben Vor- und Nachteile. Die simplen Haken-Konstruktionen sind sehr robust, die Kugelkopf-Konstruktionen hingegen lassen sich einfacher einstellen und sind präziser in der Führung. Zudem sind die Kugelköpfe besser in der Lage, Kräfte quasi auch versetzt zu übertragen. Gepflegt werden müssen aber beide sehr intensiv, sonst verschleißen sie recht schnell und werden unpräzise.

An vielen und vor allem kleinen Traktoren aus den 1950er- und 1960er-Jahren sind Hakengestänge verbaut. Sie sind sehr billig in der Fertigung und genügen zudem völlig, die hier auftretenden Kräfte zu übertragen. Die einfache Konstruktion hat mitgeholfen, damals die Preise für die Traktoren geringer zu halten, denn ebenso wie heute hat jeder Pfennig gezählt.

Um die Gestänge zu prüfen, sollten sie zuerst immer komplett zerlegt und gereinigt werden. Das Zerlegen funktioniert recht einfach. Man muss meist nur die Sicherungssplinte ziehen, dann kann man die Hakengestänge aushängen. Auch das Überprüfen geht mit etwas Schraubertalent sehr schnell. Dazu reinigt man alle Gestängekomponenten zuerst mit Werkstattpapier und anschließend mit etwas Motorreiniger.

Dann muss geprüft werden, ob die Gestänge verbogen sind. Das sieht man sehr schnell, denn in der Regel sind zur besseren Kraftübertragung die Gestänge gerade. Bögen oder gar Knicke wären ungewöhnlich, da sie bei der Kraftübertragung federn würden. Die Konstrukteure haben nämlich darauf geachtet, dass die einwirkende Kraft möglichst direkt beim sogenannten Stellglied (das kann die Kupplung oder die Drosselklappe sein) ankommt.

Anschließend wird der Verschleiß an den Hakengelenken überprüft. Hier darf kein zu großes Spiel in den Löchern der Aufnahmen vorhanden sein. Mit der Zeit schlagen die Aufnahmen oval aus. Dies geschieht meistens, wenn nicht regelmäßig geschmiert wurde. Dann kann es vorkommen, dass sich die Gelenke verkanten und in Folge verbiegen. Hier hilft dann nur noch, die Gelenkstange neu auszurichten und die Gelenkaufnahme neu zu buchsen. Wichtig ist hier auch, auf die Ausrichtung der Gelenkstangen zu achten. Ist die Übertragung ideal konstruiert, sollten die Kräfte möglichst senkrecht auf den oder die Stellhebel wirken. Abweichungen davon führen immer zu erhöhtem Verschleiß. Lässt sich eine Stange nicht mehr geradebiegen, oder die Hakenaufnahme ist verschlissen, kann sie einfach aus Stangenware nachgefertigt werden. Man sollte hier aber auf gute Stahlqualitäten achten, damit sich das Gestänge nicht gleich wieder verbiegt.

Ist alles gereinigt und instandgesetzt, sind beim Zusammenbau sämtliche Lagerpunkte abzuschmieren. Die Übertragungsgestänge, egal ob Kupplung, Gasgestänge oder anderes, stellen die Schmierstoffe vor schwere Aufgaben. Einerseits liegen die zu schmierenden Stellen sehr exponiert, anderseits sind sie meist recht klein, so dass selten genügend Schmierstoff von außen aufgetragen werden kann. Um eine sichere Schmierung zu erreichen, müssen sie deshalb immer im zerlegten Zustand geschmiert werden.

Da sämtliche Steuerungsgestänge sehr zuverlässig arbeiten müssen, sollte hier bevorzugt Bremsen-Antiquietsch-Paste verwendet werden. Sie ist sehr druck-

Die Schmierpaste muss gleichmäßig von allen Seiten auf den ausgebauten Haken aufgetragen werden.

Auch die Bohrung im Hebel sollte vor der Montage gründlich geschmiert werden.

Hier sieht man deutlich, wie die Paste die Schmierstelle vollständig vor Schmutz und Wasser schützt.

Kugelkopfgelenke sind die Luxusvariante der Übertragungsgestänge. Sie lassen sich sehr genau einstellen.

Aufgepasst! Der Sicherungssplint steht meist unter Spannung und springt beim Rausziehen gerne davon.

Deutlich ist am Kugelkopf Metallabrieb zu erkennen. Fetten ist hier dringend notwendig.

Nach der Reinigung genügt ein erbsengroßer Fettklumpen, um das Gelenk zu schmieren.

Beim Zusammenbau des Kugelkopflagers wird überschüssiges Fett aus der Pfanne gedrückt.

Die Einstellgewinde der Kugelkopflager sollten regelmäßig mit Kriechöl behandelt werden.

Bremsgestänge sind oft über Einstellgewinde in der Länge einstellbar, um Spiel und Verschleiß zu kompensieren.

Die Bremsgestänge-Einstellmutter ist immer gegen Verdrehen mit einer Kontermutter gesichert.

stabil, witterungsbeständig und fließt nicht. Letztere Eigenschaft hält den Schmierstoff zuverlässig an der Schmierstelle. Übrigens sollte man sich von dem Namen des Schmierstoffs nicht irritieren lassen. Obwohl sie »Bremsen-Antiquietsch-Paste« heißt, wird sie nicht, wie man vermuten könnte, zur Schmierung der Rückseite von Bremsbelägen verwendet. Hier hat die Paste partout nichts verloren, da nicht ausgeschlossen werden kann, dass sie doch bei heißer Bremse auf den Bremsbelag kommt. Vielmehr dient sie dazu, Bremsgestänge zu schmieren. Hier entstehen übrigens meist auch die unangenehmen Quietschgeräusche beim Bremsen, die durch den Schmierstoff gepuffert werden. Was gut ist für das Bremsgestänge, ist natürlich auch gut für die anderen Gestänge. Deshalb sollte die Bremsen-Antiquietsch-Paste auch hier (z.B. Gasgestänge) zum Einsatz kommen.

Im Gegensatz zu den Hakengelenken, sind die mit Kugelkopf quasi die Luxusvariante der Übertragungsgestänge. Ihr Vorteil ist, dass sie sich aufgrund von Einstellgewinden sehr genau ausrichten lassen. Auch sind die Kugelkopflager in der Lage, Kräfte in verschiedenen Winkeln weiterleiten zu können. Ihr Nachteil ist ihre hohe Schmutzempfindlichkeit, vor allem wenn die Kugelköpfe sehr exponiert am Traktor liegen.

Sind am Traktor solche Gelenklager verbaut, sollten sie mindestens einmal im Jahr gereinigt und neu geschmiert werden. Vor allem die kleinen Kugelkopflager werden hierzu zerlegt, da sie keine Schmiernippel, wie sie zum Beispiel ihre größeren Varianten am Fahrwerk haben, besitzen. Das Zerlegen geht sehr einfach, da hierzu lediglich ein Sicherungssplint am Rand der Pfanne gezogen werden muss. Ist er heraus, kann der Kugelkopf aus der Pfanne gehebelt werden. Anschließend wird sowohl der Kugelkopf, als auch die Pfanne gründlich mit Bremsenreiniger gereinigt. Sind die Teile sauber, muss ihr Verschleiß überprüft werden. Sowohl die Oberfläche des Kugelkopfes als auch das Gegenstück, die Pfanne, muss einwandfrei sein. Wichtig zu wissen ist, dass dieser Lagertyp weniger an Verschleiß als vielmehr unter Rost leidet. Er zerfrisst die Oberfläche und lässt in Folge das Gelenk schwergängig werden. Aus diesem Grund ist es sehr wichtig, das Gelenk gut zu fetten, damit kein Wasser zwischen Kugelkopf und Pfanne eindringen kann. Hier empfiehlt sich ein sogenanntes Wälzlagerfett, das druckstabil sein sollte und Korrosionsschutz bietet. Das Spiel zwischen Kugelkopf und Pfanne wird übrigens immer im gefetteten Zustand überprüft. Ohne Fett hat dieser Lagertyp immer leichtes Spiel, da in den Spalt zwischen Kugelkopf und Pfanne noch das Fett passen muss.

Wichtig ist auch die Pflege der Einstellgewinde auf der Druckstange. Mit ihnen kann das Spiel des gesamten Gestänges eingestellt werden. Das Gewinde auf der Gelenkstange sollte daher möglichst rostfrei und freigängig sein. Ist es verrostet, hilft ein Gewindeschneider. Zur Rostvorsorge kann Kupfer- oder Keramikpaste verwendet werden. Das Spiel sollte damit so eingestellt werden, dass die Übertragungsgelenke im Ruhezustand leichtes Spiel haben. Es gibt jedoch Übertragungsgestänge, die auf Spannung gesetzt werden müssen. Meist ist dann eine Feder verbaut, die auf das Stellglied drückt. Gemeint sind damit beispielsweise Drosselklappen, die ansonsten im Gasstrom vibrieren könnten, oder ein Bremsgestänge, dass sonst nicht in seine Ausgangsstellung zurückspringt. Auch diese Federn sind zu prüfen, ob sie noch die nötige Spannkraft haben. Funktioniert so eine Feder nicht mehr richtig, ist sie umgehend zu wechseln, da sie unter Umständen ein erhebliches Sicherheitsrisiko sein kann.

Das Überprüfen der Übertragungsgestänge und der Gelenke dauert nur wenige Minuten. Selbst eine Reparatur ist kein Hexenwerk! Etwas Pflege, und der Traktor macht gleich doppelt Spaß! Wann haben Sie das letzte Mal Ihre Gas-, Kupplungs- oder Bremsgestänge gewartet?

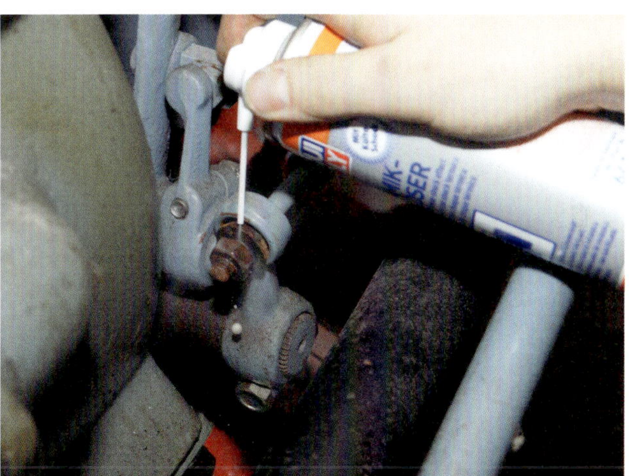

Kriechöl löst den Rost an bzw. unterwandert ihn. Die Einstellschraube lässt sich so leicht öffnen.

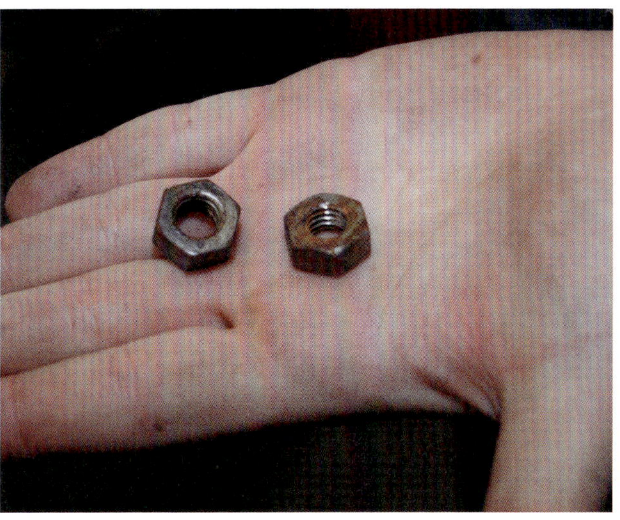

Obwohl die beiden Muttern oberflächlich etwas Rost zeigen, können sie problemlos weiterverwendet werden.

Die Kupferpaste wird gleichmäßig um das Gewinde herum aufgetragen.

Nicht vergessen! Die Muttern müssen auch von innen mit der Kupferpaste bestrichen werden.

Es schadet nicht, die Muttern von außen auch etwas mit Kupferpaste gegen Korrosion einzustreichen.

Bremsbacken selbst belegen

Herrscht im Ersatzteillager des Traktor-Ersatzteilhändlers bei den Bremsbelägen Ebbe, ist Eigeninitiative gefragt. Besonders, wenn es sich um nicht mehr lieferbare Teile handelt. Grund für diese Ebbe ist schlicht, dass viele Traktorenhersteller in den vergangenen Jahrzehnten Pleite gemacht haben. Hierzu gehört auch Eicher. Seit die deutsche Firma im Jahr 1992 Insolvenz anmelden musste, wurden wichtige Ersatzteile immer knapper. Benötigt man dann so genannte Service-Parts, also Teile, die der Hobbyschrauber landläufig als Verschleißteile bezeichnen würde, und sind diese nicht mehr im Ersatzteilhandel erhältlich, kann das bedeuten, dass ein Traktor stillgelegt werden muss. Wenn es sich dann auch noch um Bremsenteile handelt, wie Bremsbeläge der hinteren Trommelbremse, kann guter Rat sehr teuer sein.

Diese Erfahrung machte auch der Besitzer eines Eicher ES 200, Baujahr 1963, denn die speziellen Bremsbacken von Betriebs- und Handbremse sind nicht mehr aufzutreiben. In so einem Fall bleibt nichts anderes übrig, als alle Bremsbacken wieder neu zu belegen und an die Bremstrommel anzupassen. Doch allein mit dem einfachen Aufkleben oder Nieten neuer Bremsbeläge auf die Backen ist es nicht getan. Hier muss aus Sicherheitsgründen sehr viel mehr beachtet werden. Daher vorab ein dringender Warnhinweis an Sie, lieber Leser: Das Aufkleben oder Nieten von Bremsbelägen ist, wenn Sie es noch nie gemacht haben, reine Profi-Sache. Die Gefahr, dass man Fehler macht und sich die Bremsbeläge im Betrieb ablösen oder lockern und die Bremse versagt, ist schlicht zu groß. Trotzdem wollen wir Ihnen nicht vorenthalten, wie sowas geht.

Sowohl bei geklebten als auch genieteten Belägen müssen zunächst die Reste des alten Belags von den Bremsbacken sauber abgeschliffen bzw. abgemeißelt werden. Zum Schutz der Gesundheit ist ein geeigneter Atemschutz zu tragen, denn Bremsstäube sind lungengängig und können im schlimmsten Fall Krebs auslösen. Vor allem, wenn es sich noch um alte asbesthaltige Bremsbeläge handelt. Um Stäube beim Schleifen zu vermeiden, sollte deshalb prinzipiell nur nass geschliffen werden. Bei vernieteten Bremsbelägen genügt es, wenn nicht geschliffen werden muss, die Beläge vorher mit Öl einzusprühen. Nach dem Abschleifen bzw. Heruntermeißeln der alten Beläge wird die Krümmung (Bogenmaß) des Belagträgers gemessen (falls nicht vorher schon geschehen), um anhand dieses Maßes das richtige Belagmaterial auszuwählen. Dabei ist auf die Länge, Breite, Höhe und Krümmung des Reibbelags zu achten. Vor allem das Bogenmaß muss exakt passen. Breite, Länge und Höhe können hingegen etwas Übermaß aufweisen.

Die hinteren Bremsbeläge (Betriebs- und Handbremse) dieses Eicher ES 200 sind völlig verschlissen und verölt.

»Dank« Öl ist die Bremstrommel noch im guten Zustand. Sie hat weder Rost noch Riefen und ist maßhaltig.

Dann muss der Belag später durch Schleifen am Belagträger angepasst werden.

Wichtig ist auch der Reibbeiwert (abhängig vom Material der Bremstrommel) des neuen Belagmaterials.

Zum Entfernen der alten Beläge werden sie idealerweise in einen Schraubstock gespannt.

Beim Abheben der alten Beläge vom Belagträger ist darauf zu achten, dass dieser nicht beschädigt wird.

Keinesfalls darf man vergessen, nach dem Entfernen der alten Beläge, die Nietenreste aus den Nietlöchern zu entfernen.

Der Belagträger ist ölig. Bevor er neu belegt wird, muss er gewaschen und geschliffen werden.

Vorsicht beim Schleifen. Die Rückstände der alten Beläge könnten Asbest enthalten.

Wer Bremsbeläge kauft, sollte immer auch gleich die passenden Nieten mitkaufen.

Zum Nieten der Bremsbeläge können spezielle Nieteisen notwendig werden. Wer sie nicht hat, sollte sie auch gleich mitkaufen.

Er ist für die aufzuwendende Bremskraft von Bedeutung. Weiche Beläge, zum Beispiel, haben eine deutlich höhere Bremswirkung, sie verschleißen aber deutlich schneller. In Anbetracht der niedrigen jährlichen Fahrleistung und geringen Geschwindigkeit, des verbesserten Bremsverhaltens und der geringeren Fußkraft sind sie aber ideal für Hobby-Fahrer.

Noch bevor der neue Belag mit dem Belagträger vernietet bzw. verklebt wird, kann es sein, dass er noch abgelängt werden muss. Das Längenmaß kann einfach vom alten Belag abgenommen werden. Manchmal hat man aber Glück und kann gleich von Länge, Breite und Höhe passende bestellen. So auch in unserem Beispielfall. Hier passen sogar die Nietlöcher.

Wer Bremsbeläge zum Nieten kauft, darf auch nicht vergessen, die passenden Niete gleich mitzubestellen, denn bei vernieteten Belägen dürfen nur spezielle Bremsbelag-Niete verwendet werden. Ihre Köpfe sind flach und passen genau in die Nietaussparung der Bremsbeläge. Zudem bestehen sie aus einer speziellen zähen Metalllegierung, die ein Abscheren der Niete verhindert.

Das Vernieten muss sehr sorgfältig erfolgen. Wird zu wenig Druck aufgewendet, lockert sich der Belag im Betrieb. Wird zu Fest genietet, besteht die Gefahr, dass der Belag an der Nietstelle bricht. Auch muss der Belag nach dem Nieten bündig auf dem Belagträger aufliegen.

Müssen hingegen die Beläge geklebt werden, benötigt man einen speziellen Klebstoff, der auch bei hohen Temperaturen sicher hält. Hier bietet der Markt Dutzende Produkte an. Wer unsicher ist, sollte sich auf jeden Fall Rat im Fachhandel holen, bevor man aufs Geratewohl im Netz den falschen Klebstoff bestellt.

Beim Verkleben ist es sehr wichtig, dass der Belag formschlüssig auf den Träger aufgepresst wird. Profis verwenden hierzu Presshölzer, die der jeweiligen Krümmung des Belages genau folgen. Sie werden mit Schraubzwingen unter hohem Druck auf den Belag gepresst, um eine formschlüssige Verklebung zu gewährleisten. Nach mehreren Stunden Abtrocknung kann dann der Belag weiterbearbeitet werden.

Sind die Bremsbeläge fertig vernietet beziehungsweise verklebt, kann es im nächsten Arbeitsschritt nötig sein, dass der seitliche Belagüberstand auf die Größe des Belagträgers abgeschliffen werden muss. Dies geschieht mit der Feile oder am Schleifbock. Auch wenn es sich meist um modernes Belagmaterial handelt, sollten auch diese Stäube nicht eingeatmet werden. Tragen Sie auch hier einen Atemschutz und saugen hinterher Ihre Werkstatt gründlich aus.

Sehr viel aufwendiger ist jedoch die Wiederherstellung der Belaghöhe. Die Höhe des Belages wird vom

Die beiden oberen Bilder: Zum Nieten der Spezialnieten spannt Jürgen das konkave Nieteisen in den Schraubstock und schlägt von oben mit dem konvexen Gegenstück auf den Kopf des Niets.

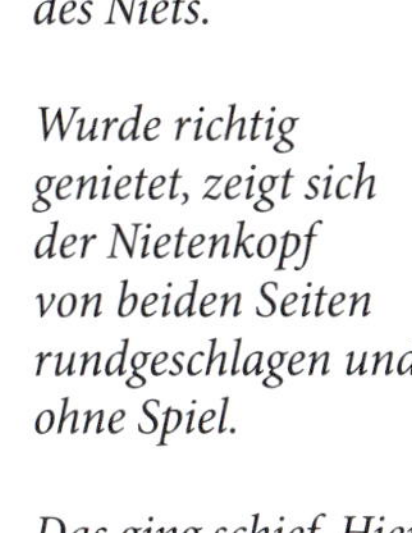

Wurde richtig genietet, zeigt sich der Nietenkopf von beiden Seiten rundgeschlagen und ohne Spiel.

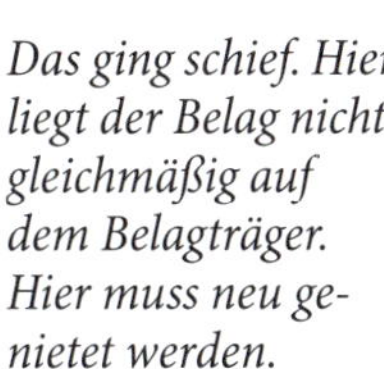

Das ging schief. Hier liegt der Belag nicht gleichmäßig auf dem Belagträger. Hier muss neu genietet werden.

Manche Beläge sind zu hoch. Um die Belaghöhe zu reduzieren, braucht es eine Drehbank.

Das Abdrehen erfolgt in kleinsten Schritten und kann schon mal mehrere Minuten dauern.

Die Kanten der Beläge müssen vor dem Drehen abgefast werden, damit der Drehmeißel sich nicht verhakt.

Nach dem Abdrehen müssen die Nieten noch tief genug in ihren Aussparungen sitzen. Nur so ist ausreichend Verschleißmaterial vorhanden.

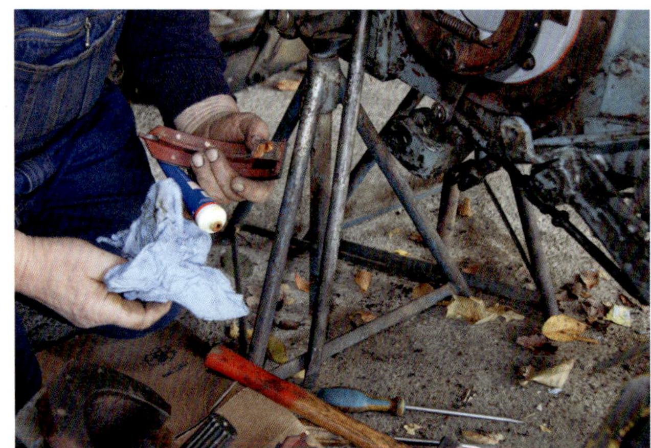

Bevor die neu belegten Beläge verbaut werden, sind sie nochmals gründlich in Augenschein zu nehmen.

Zuerst werden die Bremsbeläge der Handbremse eingebaut. Der Handbremsträger ist leicht zugänglich.

Vor dem Einbau werden die Nockenflächen der Bremsbeläge noch mit Kupferpaste eingestrichen.

Die Bremstrommel flutscht über die Beläge. Die Höhe der Bremsbeläge wurde vorher noch gemessen.

Die Bremstrommeleinheit kann jetzt über die Handbremsbeläge auf das Differenzial des Eichers geschoben werden

Die Bremstrommeln sind fertig eingebaut. Wenn der Traktor zusammengebaut und fahrfähig ist, müssen die Bremsen noch eingestellt werden.

Innendurchmesser der Bremstrommel genau bestimmt. Um ihn zu ermitteln, misst man zuerst den Innendurchmesser der Bremstrommel. Anschließend werden die neu belegten Bremsbacken auf die Bremsankerplatte montiert. Die Bremsnocken müssen dabei auf UT (unterer Totpunkt = gelöste Bremse) stehen. Jetzt kann der Durchmesser des Reibbelagkreises auf der Ankerplatte in Null-Stellung der Beläge gemessen werden. Da viele Beläge Höhenübermaß haben, sind sie mit Sicherheit zu hoch und passen kaum in die Bremstrommel. Um sie auf das richtige Maß zu bringen, muss man die Ankerplatte mit den montierten Belägen in eine Drehmaschine einspannen. Beim Abdrehen der Beläge auf das Innenmaß der Bremstrommel ist jetzt darauf zu achten, dass die Wegeinstellung stimmt. Faustformel sind hier 1, 5 Millimeter Hubunterschied, den die Bremsnocke bis zum Anliegen der Beläge an die Bremstrommel überbrücken muss. Das Abdrehen muss sehr vorsichtig und gefühlvoll erfolgen, da sich sonst das Werkzeug an den Belagkanten fangen kann. Um dies zu verhindern, werden die Anlaufseiten der Beläge vor dem Abdrehen mit der Feile oder Sandpapier abgekantet beziehungsweise rund geschliffen. Nebenbei verhindert dies auch, dass die Bremse im Betrieb rupft.

Da asbestfreie Bremsbeläge eher als die alten Ausführungen zum Quietschen neigen, sägen Profis manchmal noch einen diagonalen Schlitz in den Belag. Er verhindert störende Schwingungen. Bei weichen Belägen und sehr langsamen Fahrzeugen, wie Traktoren, kann hierauf jedoch verzichtet werden.

Nach dem Abdrehen muss dann noch einmal gemessen werden. Wurde exakt gearbeitet, stimmt die Beläghöhe und liegt genau 1,5 Millimeter unter dem Innendurchmesser der Bremstrommel.

Das Neubelegen von Bremsbacken macht natürlich nur Sinn, wenn die Bremsmechanik und die Bremstrommel noch einwandfrei sind. Ihr Zustand hat maßgeblich Einfluss auf die Höhe beziehungsweise Wegeinstellung der Beläge. Bremsnocken und ihre Lagerung in der Ankerplatte müssen deshalb verschleißfrei sein. Ebenso die Bremstrommel. Ist sie im schlechten Zustand, muss sie vorher ersetzt oder, falls möglich, ausgedreht werden.

Wurde die Trommel ausgedreht, dürfen auch hier die neuen Beläge 1, 5 Millimeter Hubweg nicht überschreiten. Deshalb sind diese Arbeiten immer vor dem Neubelegen der Bremsbacken zu erledigen.

Nach dem Zusammenbau der Bremsanlage bleibt dann noch, die Bremstrommeln exakt einzustellen. Dies geschieht im Fahrversuch über die Wegeverstellung der Bremsseile an den jeweiligen Bremstrommeln. Neue Bremsbeläge müssen immer etwas eingefahren werden, bevor sie ihre maximale Bremsleistung entwickeln. Man kann dies etwas beschleunigen, wenn man die Bremse auf den ersten 100 bis 150 Metern Fahrstrecke etwas drückt und gleichzeitig Gas gibt. Dann schleifen sie sich auf die Bremstrommel ein. Dabei muss man jedoch aufpassen, dass die Bremse nicht überhitzt, sonst verglasen die Beläge sofort und man muss sie wieder neu belegen.

Für Traktoren, wie den Eicher ES 200, Baujahr 1963, werden einige Ersatzteile knapp. Das Nachfertigen und Aufarbeiten von Teilen hilft hier weiter.

Die Lenkung dieses Hela D16, Baujahr 1955, ist bei Kälte extrem schwergängig und hat massiv Spiel.

Traktorlenkung: Prüfen und einstellen

Die Lenkung eines Traktors muss funktionieren. Sie darf weder zu viel Spiel haben, noch zu streng zu lenken sein. Bei unserem Beispiel, einem Hela D16, Baujahr 1955, machte die Lenkung erhebliche Probleme. Sie war schwergängig und verursachte seltsame Geräusche.

Zur Durchsicht und Wartung der Lenkung muss diese immer entlastet werden. Deshalb muss der Traktor zuerst unter der Vorderachse mit einem geeigneten Profi-Stempelwagenheber aufgebockt werden. Haben die Vorderräder keinen Kontakt mehr zum Boden, muss sich die Lenkung über seitlichen Druck auf die Vorderräder leicht bewegen lassen. Mit diesem ersten Test kann man leicht feststellen, ob Spiel in den einzelnen Lenkungskomponenten an der Vorderachse vorhanden ist. Würde man aber hinter dem Lenkrad sitzen und dort die Lenkung betätigen, ließe sich nichts feststellen oder sehen, wo sich Spiel in den vorderen Bauteilen der Lenkung befindet.

Um das Spiel in den Kugelgelenken der Lenkung sicher zu überprüfen, legt man zusätzlich seine Hand an die jeweiligen Teile und bewegt sie ruckartig hin und her. Gleichzeitig wird die Lenkung über das Vorderrad bewegt. Ist Spiel in einem der vorderen Lenkungsteile, kann dieses so leicht gefühlt und sogar lokalisiert werden. Der Test gibt zudem darüber Auskunft, ob eines der Lenkungsteile schwergängig ist. Würde man jedoch am Lenkrad drehen, lassen sich schwergängige Teile nur sehr schlecht feststellen, da diese aufgrund der Lenkungsübersetzung leichtgängig erscheinen.

Da die Räder entlastet in der Luft sind, können bei der Überprüfung der Lenkung auch die beiden vorderen Radlager getestet werden. Ist eines sehr schwergängig oder sogar festgelaufen, kann es der Grund dafür sein,

Erster Arbeitsschritt: Zur Prüfung der Lenkung wird der Traktor mit einem geeigneten Wagenheber unter der Vorderachse angehoben.

Lässt sich die Lenkung auch über die Vorderräder bewegen? Wenn ja – ein gutes Zeichen!

Spiel an den einzelnen Gelenken der Lenkung prüft man am besten mit der Hand.

Das Radlagerspiel hat großen Einfluss auf das Lenkverhalten – immer prüfen!

Hier fehlt schon lange die Nabenabdeckung. Die Mutter wurde zudem vermurkst aufgeschraubt.

Das Lenkgetriebe des Hela D16 liegt gut zugänglich hinter den Pedalen.

Ist das Lenkgetriebe dicht? Oft sind die Filzdichtringe verschlissen. Hier ist alles in Ordnung.

Die Lenkschubstange ist freigängig. Sie wurde immer gut geschmiert.

Das ist gut! Auch am Lenkhebel fehlt der Sicherungssplint der Mutter nicht.

Einfache Hebelei. Die Achsfaust, die Lenkschubstange, die beiden Lenkhebel und das Spurstangenrohr.

Bei der Durchsicht der Lenkung wird gerne der Achsbolzen (Achsauge) an der Vorderachse vergessen. Hier fehlt etwas Fett.

Kein Quell der Freude. Beim Öffnen des Lenkgetriebes kommt Wasser entgegen.

Glück gehabt! Die Ölfüllung des Lenkgetriebes hat es trotz Wasser vor Korrosion bewahrt.

dass der Traktor auf ebener Strecke leicht in die eine oder andere Richtung zieht.

Das Radlagerspiel kann bequem durch seitliches Ruckeln am Rad überprüft werden. Es darf kein fühlbares Spiel vorhanden sein. Um den Zustand des Radlagers zu testen, dreht man das Rad in Laufrichtung. Dabei muss es ruhig und gleichmäßig laufen. Hört man ein metallisches oder gar schabendes Laufgeräusch, ist das Radlager entweder defekt oder es fehlt gehörig an Schmierfett. Bei unserem Hela D16 wurden am rechten Vorderrad sowohl ein erhebliches Spiel als auch sehr laute Laufgeräusche festgestellt. Ob das Radlager defekt ist, zeigt sich erst nach dem ersten Abschmieren. Auch wenn es dann ruhig laufen sollte, empfiehlt sich jedoch immer, einen Blick auf das geöffnete Lager zu werfen. Sollte das Radlagerspiel leicht erhöht sein, kann man bei einem Rollenlager (Wälzlager) versuchen, es nachzustellen. Kugellager müssen hingegen bei Spiel immer getauscht werden.

Zur Lenkungsprüfung gehört es auch, den Lenkstock in Augenschein zu nehmen. Wichtig ist, dass der gesamte Lenkstock gerade und das Lenkrad richtig ausgerichtet mit der Lenkspindel verschraubt ist. Hier ist speziell auf die obere Lenkradverschraubung zu achten. Bei unserem Hela D16 fehlte hier die Nabenabdeckung, so dass die darunter liegende Lenkradmutter zu sehen ist. Dass die Abdeckung bereits seit langer Zeit fehlt, zeigt die korrodierte Mutter im Nabengehäuse. Zudem erbrachte die weitere Untersuchung des Lenkstocks, dass im Zuge einer unfachmännischen Reparaturmaßnahme, die Lenkradmutter auf das Lenkspindelgewinde schräg aufgeschraubt wurde. Das Gewinde ist daher mit Sicherheit defekt und muss nachgearbeitet bzw. repariert werden. Das sollte bei ausgebautem Zustand erfolgen, da zum Gewindeschneiden die Lenkspindel gut in einem Schraubstock fixiert werden muss. Sonst ist die Gefahr zu groß, wieder ein schiefes Gewinde zu schneiden. Da das Lenkrad sich ohne Schleifen am Lenkrohrgehäuse bewegen ließ, muss die Ursache der Schwergängigkeit im Lenkgetriebe gesucht werden.

Es liegt beim Hela D16 direkt bei den Pedalen im Fußraum. Bei dem Lenkgetriebe handelt es sich um ein einfaches und robustes Schneckengetriebe. Diese Art Getriebe gehört zur Kategorie der Schraubwälzgetriebe und besteht aus einer schraubenförmigen sogenannten Schnecke, die bei Drehbewegung ein in dieses greifendes Zahnrad (Schneckenrad) dreht. Die Achsen der beiden Komponenten sind um 90 Grad versetzt und ermöglichen so beim Hela D16, aber auch bei vielen anderen Traktortypen mit identischen Lenkgetrieben, die Umlenkung über einen Hebel auf die Lenkschubstange. Diese wirkt wiederum auf den vorderen Lenkhebel, der bei unserem Hela D16 oberhalb der linken Achsfaust montiert ist. Um die Lenkbewegung synchron auch auf das rechte vordere Rad zu übertragen, ist oberhalb der linken Achsfaust ein zweiter nach hinten ausgerichteter Lenkhebel montiert, der über ein Kugelgelenk mit einem Spurstangenrohr verbunden wird. Das Spurstangenrohr seinerseits wirkt über ein weiteres Kugelgelenk so auf den Lenkhebel des rechten vorderen Rades.

Noch bevor das Lenkgetriebe geöffnet wird, sollte man zuerst alle Kugelgelenke auf gute Schmierung und Leichtgängigkeit prüfen. Bei der Durchsicht sind auch alle Einstellschrauben der Lenkungshebelei in Augenschein zu nehmen. Sind alle Verschraubungen fest angezogen? Fehlen keine Kontermuttern an den Hebeln?

Wichtig ist auch, da die Lenkung ein sicherheitsrelevantes Bauteil ist, dass auch alle Splinte zur Sicherung der Einstellmuttern noch vorhanden sind.

Bei der Durchsicht wird gerne der Achsbolzen (Achsauge) an der Vorderachse vergessen. Durch kräftiges Ziehen an der Achse kann hier einfach kontrolliert werden, ob er eventuell Spiel hat. Die Durchsicht dieser Lenkungsteile ergab aber erfreulicherweise, dass hier beim Hela D16 alles im grünen Bereich ist. Auch die Fettreste an den Lagerstellen der Lenkungs-Kugelgelenke zeigen, dass hier regelmäßig abgeschmiert wurde. Lediglich der Achsbolzen braucht etwas Fett. Auch sind alle Sicherungssplinte an den Einstellmuttern dort, wo sie hingehören.

Zur weiteren Fehlersuche muss das Lenkgetriebe auf seinen Zustand hin überprüft werden. Um es zu öffnen, wird der Revisionsdeckel an der rechten Lenkgetriebeseite abgeschraubt. Schon beim Herausdrehen der sechs Schrauben wird die Fehlerursache für die schwergängige Lenkung im Winter ersichtlich: Wasser, das im Winter gefroren war und deshalb das Lenkgetriebe fast blockierte. Auch wie das Wasser in das Lenkgetriebe kam, ist offensichtlich: über die offene Lenkradnabe. Die Abdeckung der Lenkradnabe dient nämlich nicht nur als Zierde, sonder auch als Schutz davor, dass Wasser und Schmutz über den Lenkstock in das Lenkgetriebe gelangen kann. Da sie sicher bereits seit Jahren fehlt, sammelte sich bei jedem Regen immer mehr Wasser im Lenkgetriebe an, bis es schließlich voll war.

Nach der Reinigung konnte auch der Zustand der Schnecke und des Schneckenrades im Lenkgetriebe besser beurteilt werden. Die Schnecke zeigte in der Mittelstellung – also, wenn geradeaus gefahren werden soll – deutliche Abnutzungsspuren. Die Dicke des Schneckengewindes ist dort deutlich geringer, als bei Rechts- oder Linkseinschlag. Damit erklärt sich auch das große Lenkradspiel beim geradeaus Fahren. Ein Einstellen oder Wegdrehen der verschlissenen Stelle durch Wegdrehen

Erst nach einer gründlichen Reinigung kann der Zustand der Schnecke und des Schneckenrades im Lenkgetriebe beurteilt werden.

Zur Reinigung des Lenkgetriebes eignet sich Motorreiniger. Ein Auffanggefäß unter dem Traktor verhindert, dass giftige Stoffe in die Umwelt geraten.

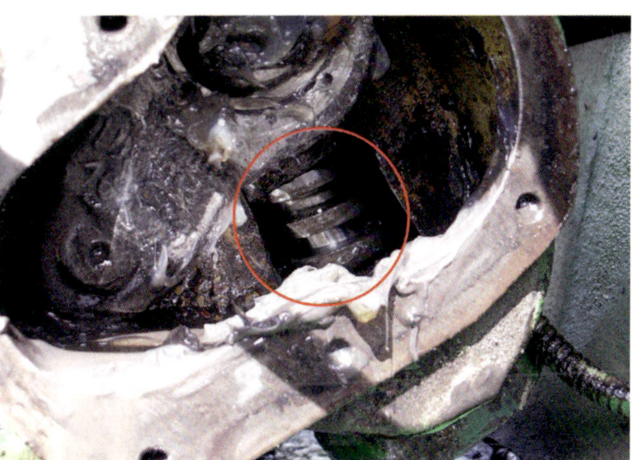

Das Gewinde der Schnecke ist in der Mittenstellung deutlich eingelaufen. Ein Nachstellen bringt nichts mehr (roter Kreis).

Um den Verschleiß an der gesamten Schnecke zu kontrollieren, muss die Lenkung ganz eingeschlagen werden.

Seitliches Spiel der Schnecke und des Schneckenrades kann an dieser Schraube korrigiert werden.

Wenn das seitliche Spiel eingestellt werden soll, nur in kleinen Schritten an der Schraube drehen und immer wieder zwischendurch das Spiel in allen Lenkstellungen überprüfen. Anziehen der Sicherungsschraube nicht vergessen!

Zur Einstellung des Höhenspiels des Schneckenlenkgetriebes werden verschieden dicke Unterleg- bzw. Dichtungsscheiben zwischen das längs geteilte obere und untere Getriebegehäuse gelegt.

Alle Lager, die direkt oder indirekt mit der Lenkung zu tun haben, müssen regelmäßig abgeschmiert werden.

Wenn das neue Fett aus dem Lagersitz quillt, ist genug geschmiert!

Dem Schmiernippel des rechten Radlagers fehlt die Dichtungskugel. Ein Draht hilft, die Öffnung zu reinigen.

Der Schmiernippel des Achsbolzens sitzt versteckt unter dem Motorblock. Aus diesem Grund hat man ihn wohl gelegentlich vergessen, ihn zu schmieren.

der Lenkspindel macht hier keinen Sinn mehr. Bestenfalls verschiebt sich das Lenkradspiel dann auf die eine oder andere Seite. Versucht man hingegen, dass Spiel in der Mitte der Schnecke (geradeaus fahren!) einzustellen, geht die Lenkung dann sowohl beim Links- als auch Rechtseinschlagen sehr schwer, weil die beiden Schnecken zueinander bei diesen Stellungen kein Spiel mehr haben und sich hier im schlimmsten Fall sogar pressen. Bei solchem Verschleiß hilft daher nur das Austauschen des Lenkgetriebes samt Lenkspindel. Eine Reparatur der Lenkspindel wäre nur unter großem Aufwand möglich. Da jedoch auch die Lenkradverschraubung defekt ist, kommt mit Sicherheit ein Neuteil billiger, als die Überholung.

Ein Einstellen des Lenkgetriebes wäre übrigens, vorausgesetzt der Verschleiß ist im Rahmen, gar nicht so schwer. Hierzu befindet sich nämlich auf der linken Seite des Lenkgetriebes eine gesicherte Einstellschraube. Durch Verdrehen dieser Schraube kann das seitliche Spiel der Schnecken ausgeglichen werden. Um das wichtigere Höhenspiel einzustellen, müssen hingegen verschieden dicke Unterleg- bzw. Dichtungsscheiben zwischen das längs geteilte obere und untere Getriebegehäuse gelegt werden. Mehr Scheiben bedeuten hier weniger Spiel. Die Einstellung stimmt, wenn kein horizontales und vertikales Spiel in den Schnecken mehr fühlbar ist und sich das Lenkrad in allen Positionen leicht drehen lässt. Aber wie gesagt, das funktioniert nur, wenn die Schnecken gleichmäßig verschlissen sind.

Wer lediglich das Öl im Lenkgetriebe wechseln möchte, sollte sich hier immer hinsichtlich Füllmenge und Ölqualität an die Vorgaben des Herstellers halten. In der Regel kommen bei Oldtimertraktoren unlegierte, sehr dickflüssige, mildlegierte Getriebeöle oder sogar spezielle Getriebefette zum Einsatz.

Kennt man den Zustand der Lenkung, und der Verschleiß liegt im Soll, müssen alle Kugelgelenke, der Achsbolzen, die Achsfäuste und die Radlager mit einer Fettpresse abgeschmiert werden. Wie das geht, lesen Sie ab Seite 264.

Danach müssen Sie noch den Radsturz und die Spur der Vorderräder einstellen. Auch dies können Sie ab Seite 234 nachlesen.

Zum Schluss bleibt noch, wenn nicht bereits schon vorm Spur-Vermessen geschehen, den Reifenluftdruck aller Räder zu prüfen und ggf. zu korrigieren. Dann steht einem unbeschwerten (zielgenauen) Fahrvergnügen nichts mehr im Weg.

Nach dem Abschmieren aller Lenkungsteile wird das Lenkgetriebe verschlossen. Damit der Deckel dicht bleibt, neue Dichtung einbauen und Schrauben über Kreuz anziehen.

Die Öleinfüllöffnung des Lenkgetriebes sitzt gleich rechts neben dem Lenkstock.

Doch Korrosion! Das Wasser im Lenkgetriebe hat die Ölverschlussschraube leicht korrodieren lassen.

Modernes Getriebeöl im Lenkgetriebe. Seine Korrosionsschutzadditive schützen das Getriebe bis zur weiteren Überholung der Teile.

In den letzten Jahrzehnten hat sich niemand um den Sitz gekümmert. Der Originallack ist noch zu erkennen.

Sitzschale restaurieren

Restaurierungsarbeiten umfassen vielen Kleinigkeiten. Eine davon ist zuweilen die Restaurierung der Sitzschale. Was hier alles gemacht werden muss, zeigen wir Ihnen an unserem Eicher ED 22, der hier öfters schon als Beispiel gedient hat.

An diesem Traktor sind viele Reparaturen alles andere als professionell durchgeführt worden. Das zeigt sich leider auch am alten Blechschalensitz. Er wurde noch nie nachlackiert – geschweige denn – repariert. Sein Zustand ist entsprechend schlecht. Die originalen Farbreste zeigen aber, dass der Sitz einst mit einem Grundrot lackiert war, dass dem RAL 3001 (Signalrot) gleichkommt. Zum besseren Halt der Farbe, die ursprünglich mit dem Pinsel aufgetragen wurde, hat man damals noch eine helle Grundierung aufgetragen.

Da der Eicher möglichst original restauriert werden soll, wird dieser Lackaufbau wieder zur Anwendung kommen. Auch wird die Farbe, wie damals, mit einem Pinsel beziehungsweise, um eine glattere Oberfläche zu erreichen, mit einer Rolle aufgetragen. Doch bevor überhaupt an die Lackierung gedacht werden kann, muss der Sitz zuerst vom Eicher abgeschraubt werden. Die zwei Schrauben, die den Sitz auf dem Federgestell halten, sind schnell geöffnet. Nach wenigen Handgriffen ist die Blechschale demontiert. Jetzt erst sieht man genau, dass die Schale im Bereich der Halterung stark verrostet ist. Die Rostlöcher müssen zugeschweißt werden, bevor lackiert werden kann. Vorher muss aber zuerst die Sitzschale abgewaschen werden, um Fett und Straßenstaub zu entfernen. Damit aber nicht genug! Zur Schweiß-Vorbereitung gehört es auch, dass die gesamte Umgebung um die Schweißstelle gründlich von alten Farbresten und Rost gesäubert wird. Am einfachsten geht das mit dem Sandstrahlgerät. Wer hierzu nicht die Möglichkeit hat, kann auch eine Schleifmaschine mit einem Schleifpad (ca. 200er Körnung) verwenden. Farbbeize ist jedoch in Anbetracht des hohen Alters der Farbreste sicherlich das langwierigste Verfahren. Auch beim Sandstrahlen muss das richtige Strahlgut verwendet werden. Hier ist es feiner Korund, mit dem die Umgebung der Schweißstelle gründlich abgestrahlt wird.

Nur wenige Minuten dauert das Sandstrahlen und im Umkreis von gut zehn Zentimetern um die Rostlöcher glänzt das Metall beinahe wie neu. Doch bevor jetzt die Rostlöcher zugeschweißt werden können, muss noch das Sitzblech ausgerichtet werden. Diese Arbeiten sollten auf einem Amboss geschehen. Zum Ausrichten des Bleches genügt ein gewöhnlicher Schlosserhammer. Diese Arbeit setzt jedoch etwa Erfahrung voraus, da man sonst das relativ weiche Blech mit dem Hammer zerdengeln könnte. Deshalb sollte man sich auch etwas Zeit zum Ausrichten nehmen.

Danach wird das Schutzgas-Schweißgerät vorbereitet. Wichtig ist die richtige Einstellung des Schweißgerätes. Stromstärke und Drahtvorschub müssen so eingestellt sein, dass das Blech des Sitzes nicht wegschmilzt und gleichzeitig genügend Schweißmaterial zugeführt wird. Da jede Stahllegierung und auch jede Blechstärke ihre eigene Einstellung benötigt, damit das Schweißen gelingt, braucht es hier Erfahrung, vor allem, wenn man, wie in unserem Fall, die Legierung des Bleches nicht kennt. Profi-Schweißer stimmen das Schweißgerät deshalb zunächst nach Gefühl ab und nehmen kurze Schweißversuche vor. Hat man die richtige Einstellung gefunden, kann das Zuschweißen der Löcher beginnen.

Nach dem Schweißen wird kontrolliert, ob die Löcher vollständig aufgefüllt sind. Wichtig ist, dass die so genannte Schweißraupe gleichmäßig durchgezogen ist. Auch an der Materialverfärbung um die Schweißstelle herum, kann man die Qualität einer Schweißung erkennen. Je gleichmäßiger die Verfärbung der Form der Schweißstelle folgt, desto besser ist die Schweißung. Der Energieeintrag in das Blech ist dann an allen Stellen gleich gewesen. Verzug oder eine ungleichmäßige Veränderung des Materialgefüges können dann ausgeschlossen werden. Doch auch wenn die Schweißnaht recht gut gelungen ist, muss man sie von beiden Seiten des Blechs mit dem Winkelschleifer »putzen«. Mit einer Fächerscheibe der Körnung 180 geht das sehr schnell und genau. Bei dieser Arbeit ist darauf zu achten, nicht zu tief in das Blech zu schleifen und die Übergänge vom alten zum neuen Material möglichst glatt hinzubekommen.

Anschließend kann der Blechsitz für die Lackierung vorbereitet werden. Hierzu werden alle Reste der alten Farbe entfernt. Sofern noch nicht geschehen, kommt hier wieder die Sandstrahlbox oder die Schleifmaschine zum Einsatz. Danach wird die Pinsellackierung vorbereitet.

Hierzu wird die Blechschale zuerst gründlich mit Pressluft abgeblasen, um sie dann mit einem tensidhaltigen Seifenreiniger von den letzten Fettspuren zu befreien. Danach benötigt man einen handelsüblichen Haftgrund, der aufgrund seiner Konsistenz auch kleine Unebenheiten kaschieren kann und schnelltrocknend ist. Da der Lackgrund mit der Rolle aufgetragen wird, braucht es keinen Verdünner. Dieser wäre nur nötig, wenn mit der Spritzpistole gearbeitet wird. Damit der Farbgrund besser mit der Rolle aufgenommen werden kann, empfiehlt es sich, nachdem er gründlich durchgerührt wurde, ihn in eine Farbschale zu geben. Auch bei der Farbrolle ist auf gute Qualität zu achten. Sie sollte aus fusselfreiem Lammfell bestehen. Das garantiert einen glatten und tropfenfreien Farbauftrag. Das Grundieren des Sitzes mit der Farbrolle dauert nur wenige Minuten. Für Vertiefungen und Stellen, die nur schwer mit der Rolle erreichbar sind, wird ein gewöhnlicher Lackpinsel verwendet. Um Pinselschlieren im Lackbild zu vermeiden, rollt man abschließend, so lange die Grundierung noch feucht ist, die Übergänge zur Pinsellackierung mit der Rolle glatt. Nachdem beide Seiten des Sitzes grundiert sind, heißt es gut zwanzig Minuten warten, bis diese soweit getrocknet ist, dass mit dem Farbauftrag begonnen werden kann. Im Gegensatz zur Grundierung muss die Farbe, da es sich um einen unverdünnten Karosserielack handelt, mit Verdünner eingestellt werden. Würde man den Lack unverdünnt mit der Rolle auftragen, zieht er Schlieren, die sich deutlich im Lackbild abzeichnen würden. Ist er hingegen verdünnt, verläuft er nach dem Rollenauftrag zu einer glatten Oberfläche. Auch die Lackierung mit der Rolle geht, abgesehen von den längeren Trocknungszeiten des Decklacks, sehr schnell. Wie bei der Grundierung kommt auch hier wieder für die Stellen, die mit der Rolle nicht erreicht werden können, ein Pinsel zum Einsatz. Da die Farbe länger zum Trocknen benötigt, kann die Rückseite der Sitzschale erst lackiert werden, wenn die Oberseite getrocknet ist. Bei Gegenständen, die von allen Seiten lackiert werden müssen, ist dies ein erheblicher zeitlicher Nachteil gegenüber Lackierungen mit der Spritzpistole. Hier ist es nämlich möglich, diese an so genannten Lackiergestellen aufzuhängen, um sie von allen Seiten in einem Arbeitsgang besprühen zu können. Bei einer Lackierung mit der Farbrolle geht das

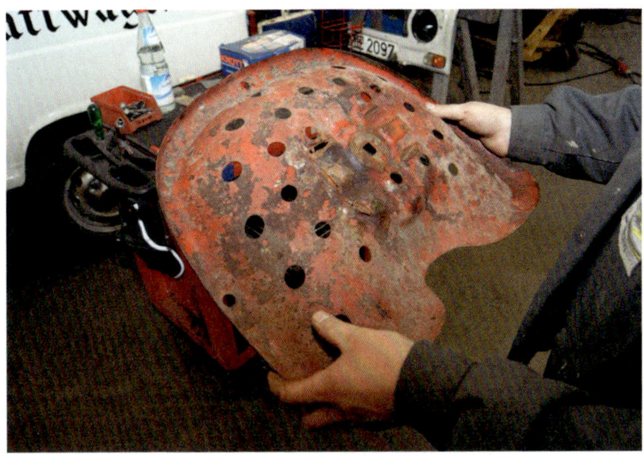

Nach der Demontage des Sitzes zeigen sich im Bereich seiner Verschraubung starke Rostlöcher.

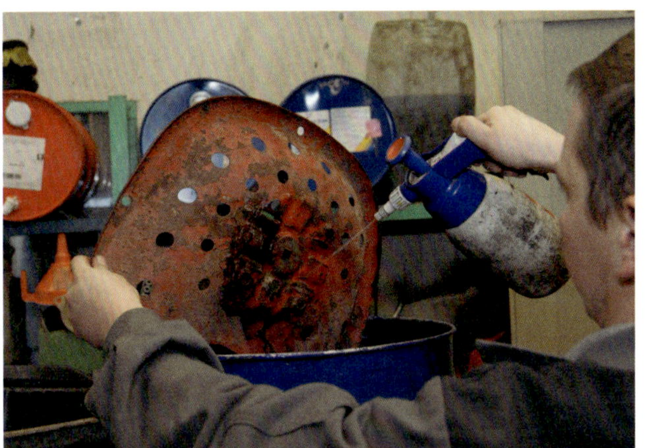

Bevor am Sitz gearbeitet werden kann, muss er zuerst gründlich von Fett und Schmutz befreit werden.

Die Sitzschale wird in einer Sandstrahlbox um den Bereich der Sitzverschraubung mit Sand gestrahlt.

Nach wenigen Minuten Sandstrahlen ist der Sitz im Bereich der Sitzverschraubung rost- und lackfrei.

Bevor geschweißt werden kann, müssen die verbogenen Stellen des Sitzes noch ausgerichtet werden.

Das Zuschweißen von Löchern setzt Erfahrung voraus. Wichtig ist die richtige Einstellung des Schweißgerätes.

Auch von der Rückseite ist die Schweißung gelungen. Nichts vom Material des Sitzes ist weggeschmolzen.

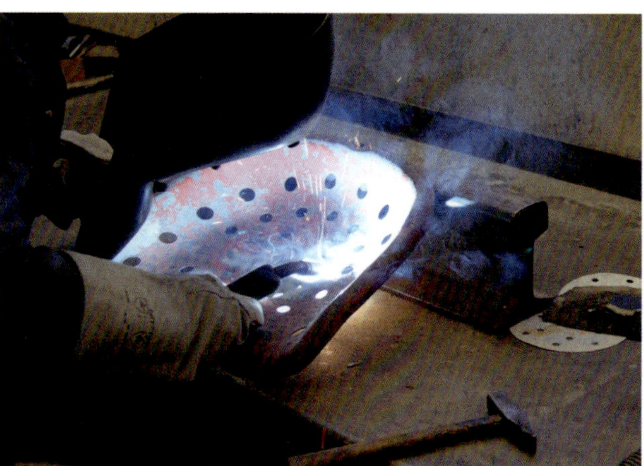

Mit dem Winkelschleifer und einer 180er-Schleifscheibe wird die Schweißstelle vorsichtig »geputzt«.

Nach dem Schleifen: Beide Seiten sind glatt verschliffen. Nach dem Lackieren wird man sie nicht wieder erkennen können.

Nochmals muss der Sitz sandgestrahlt werden, um ihn von Schweißschlacke und dem restlichen Lack zu befreien.n.

leider nicht, da für ein gleichmäßiges Lackbild die Rolle fest aufgedrückt werden muss.

Nach dem Trocknen des Lacks ist eigentlich die Restaurierung des Sitzes abgeschlossen. Wer jedoch eine makellose glatte Lackoberfläche wünscht, kann jetzt noch den Lack mit Farbpolituren polieren. Da dies jedoch dem Original-Lackbild nicht entspricht, sollte hierauf bei alten Traktoren verzichtet werden. Vor allem bei einer Restaurierung, die möglichst dem Originalzustand nahekommen soll, ist dies angeraten, denn damals war der Lackauftrag auf Landmaschinen oder andere Fahrzeuge, nicht so makellos, wie wir das von heutigen Fahrzeugen gewohnt sind.

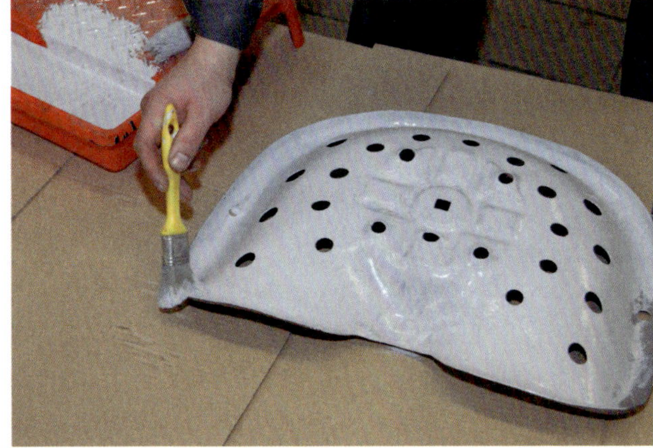

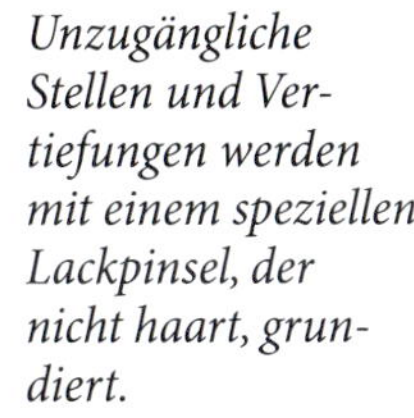
Unzugängliche Stellen und Vertiefungen werden mit einem speziellen Lackpinsel, der nicht haart, grundiert.

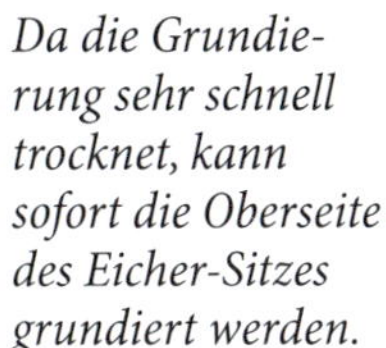
Da die Grundierung sehr schnell trocknet, kann sofort die Oberseite des Eicher-Sitzes grundiert werden.

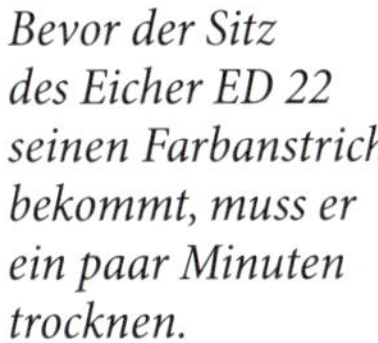
Bevor der Sitz des Eicher ED 22 seinen Farbanstrich bekommt, muss er ein paar Minuten trocknen.

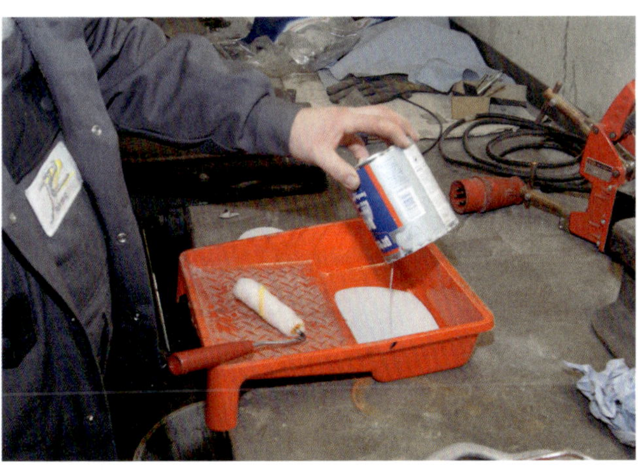

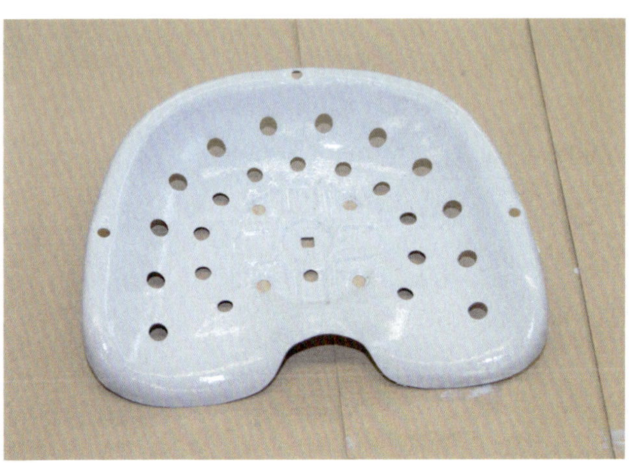

Der fertig gestrahlte Sitz darf keine Spuren von Rost oder Lack mehr haben. Sonst muss nachgearbeitet werden.

Das sorgsame Abwaschen von Fett und Strahlresten ist Pflicht, um einen optimalen Lackiergrund zu erreichen.

Die Grundierung wird unverdünnt in die Farbschale geschüttet. Ihre dicke Konsistenz gleicht Unebenheiten aus.

Mit einer Profi-Lammfell-Rolle wird die Grundierung fusselfrei auf die Sitzschale aufgetragen.

Das Grundrot des Farbauftrages wird verdünnt aufgerollt, damit die Farbe besser verlaufen kann.

Wie bei der Grundierung müssen Kanten und Vertiefungen mit dem Pinsel lackiert werden.

Die Grundierung der Oberseite des Sitzes kann erst nach dem Abtrocknen der Farbe auf der Rückseite erfolgen.

Der Sitz ist beinahe fertig lackiert. Die letzten Korrekturen an der Lackierung erfolgen mit dem Pinsel.

Noch glänzt der Lack feucht. In gut 24 Stunden ist er getrocknet. Wer will, kann dann den Lack noch polieren.

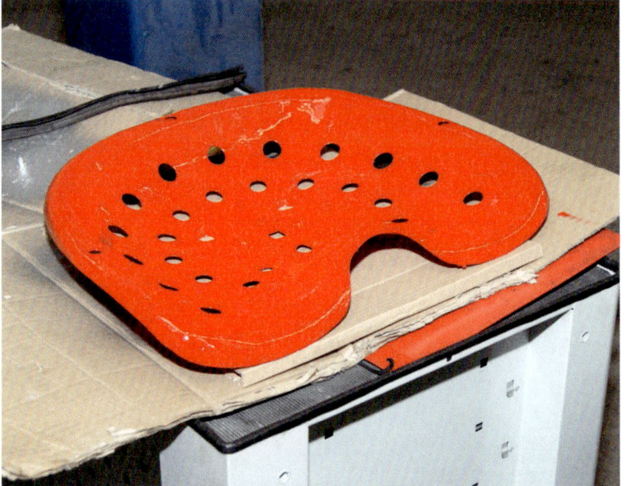

Sitzpolster herstellen

Ist ein Traktor bereits viele Jahre im Einsatz, ist sein Sitz viele tausend Stunden Stößen, Reibung, Kälte, Hitze, Staub und Nässe ausgesetzt gewesen. Selbst der beste Qualitätsbezug und das widerstandsfähigste Polster geben da irgendwann einmal auf. So auch bei unserem Deutz D 6006 (Typ: F 4 L 914) der Klöckner-Humboldt-Deutz AG, Baujahr 1971. Er war viele Jahre im harten Feldeinsatz. Sein Sitzpolster ist daher vollständig verschlissen. Der Bezug zeigt große Löcher und ist völlig versprödet. Auch das Schaumstoffpolster hat massiv gelitten und löst sich allmählich in feine Krümel auf.

Einen solchen Sitz kann man zwar restaurieren, aber dann ist er nur noch ein Anschauungsobjekt, das keinen Gebrauchsnutzen mehr hat. Die Wiederherstellung der Originalsubstanz macht deshalb nur für Museumsobjekte Sinn. Da der Deutz aber noch gefahren werden soll, hat sich sein Besitzer entschieden, den Sitz nach Original-Muster wiederaufbauen zu lassen.

Bei dem Sitz handelt es sich um einen Auterhoff-Gesundheitssitz, ein zeitgenössisches Nachrüstteil für rückengeplagte Landwirte. Der Sitz ist sicherlich das Beste, was es seiner zeit zu kaufen gab. Das allein macht es schon interessant, den damals sehr teuren Sitz wieder neu aufzubauen. Da sein Federgestell und auch die einstellbare Rückenstütze – sie verbirgt sich hinter dem Rückenpolster – völlig in Ordnung sind, müssen lediglich die Polster und Bezüge ersetzt werden.

Das, was so leicht gesagt ist, bedeutet aber, dass sämtliche Bezüge und Polster aus identischem Material ausgeschnitten und neu vernäht werden müssen! Dazu muss man zuerst die alten Sitzpolster vom Gestühl des Deutz demontieren. Da das Sitzpolster mit nur vier Schrauben an der Sitzschale angeschraubt ist und das Rückenpolster lediglich von einer Stulpe an der Rückenlehne gehalten wird, benötigt man hierfür keine fünf Minuten.

Etwas mehr Demontage-Aufwand bereiten die beiden Wangenabdeckungen aus Leder, die rechts und links am Auterhoff-Gesundheitssitz befestigt sind, um die

Der ehemalige Besitzer des Deutz D 6006 hat einen provisorischen Kunstlederbezug angefertigt.

Das Sitzkissen ist mit vier Blechschrauben mit der Sitzschale verschraubt. Sie sind schnell geöffnet.

Die beiden Wangenabdeckungen sind mit der Sitzschale vernietet. Zum Entfernen müssen die Nieten aufgebohrt werden.

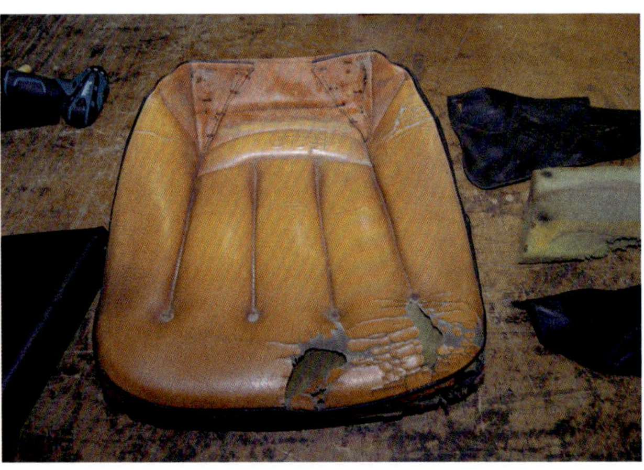

Deutlich sind die Schäden am Rückenpolster zu erkennen. Auch der Polsterkern hat gelitten.

darunterliegenden Schwingachsen abzudecken. Sie sind durch jeweils drei Niete mit der Sitzschale verbunden. Um sie entfernen zu können, müssen die Nieten mit einem kleinen Akkubohrer aufgebohrt werden. Die alten Bezüge werden benötigt, um von ihnen das Schnittmuster der neuen Bezüge abnehmen zu können. Doch bevor die Bezüge als Muster verwendet werden können, muss man sie vom alten Polster abziehen beziehungsweise unzählige Tackerklammern lösen. Zum Teil ist es sogar nötig, Nähte aufzutrennen, damit das Schnittmuster ersichtlich wird.

Danach benötigt man das richtige authentische Bezugsmaterial. Bei der Materialauswahl können große Fehler gemacht werden, vor allem, wenn der Kunde vom Sattler hören muss, dass es das entsprechende Material nicht mehr gibt, und man deshalb auf ein modernes Ersatzmaterial ausweichen muss. Wer so etwas zu hören bekommt, kann jedoch sicher sein, dass dies so viel bedeutet wie, »Mein Lieferant ist nicht in der Lage, das Material zu beschaffen«, oder »Ich habe keine Lust, auf die Suche danach zu gehen«. Für die Restaurierung eines originalgetreuen Sitzes kann man einen solchen Sattler getrost vergessen, denn heute gibt es unzählige verschiedenste Stoff- und (Kunst-)Lederbezüge und Polstermaterialien. Man muss nur den Willen haben, danach auch im wirklich riesigen Angebot zu suchen. Um einen Überblick hierüber zu bekommen, halten gute Sattler deshalb zahlreiche Herstellerkataloge bereit, aus denen mit dem Kunden zusammen, der am besten geeignete Bezug, der dem Original am nächsten kommt, herausgesucht werden kann. Hat man den richtigen Bezug gefunden, ist man aber noch lange nicht am Ziel. Er muss sich nämlich auch technisch für den Traktor-Einsatz eignen. So ist es wichtig, dass der Bezug UV-beständig, wasserdicht, strapazierfähig, schmutzresistent und farbecht ist.

Ein Tipp noch für diejenigen, die die Suche nach dem richtigen Bezug selbst in die Hand nehmen möchten: Neben den üblichen Quellen, wie Internet oder der nächste Autosattler, kann man durchaus auch bei auf Ledermöbel spezialisierten Fachhändlern fündig werden. Diese betreiben oft Ledermöbelreparaturen und halten deshalb verschiedenste (Kunst-)Leder vorrätig, die sich zum Teil hervorragend für Fahrzeugsitze eignen.

Zu einem Problem kann tatsächlich jedoch die Suche von Bezügen mit einem markanten Prägemuster, zum Beispiel in Form von Linien oder Rauten o.ä., werden. Doch auch hier können Sattler weiterhelfen – aber nur, wenn sie über geeignete Prägewerkzeuge verfügen. Dann können sie die Prägemuster von Hand nacharbeiten. Es empfiehlt sich hier, immer seinen Sattler vor Auftragsvergabe zu fragen, ob er in der Lage ist, die Original-Prägungen anzufertigen. Sie dienen im Übrigen nicht nur einer besseren Optik, sie verhindern auch das lästige Hin- und Herrutschen auf dem Sitz.

Lässt sich das Problem mit der Oberflächenprägung meist noch zufriedenstellend lösen, wird es bei Sitzen, die zum Beispiel mit den Marken- oder Typnamen bedruckt sind, wirklich schwierig. Um diese anzufertigen, muss der neue Bezug nämlich bereits vor der Bearbeitung bedruckt werden. Der Sattler braucht hierzu eine spezielle Farbprägemaschine mit entsprechenden Druckstempeln. Da die verschiedenen Beschriftungen sehr unterschiedlich sein können, verfügen nur wenige Sattler über das passende Equipment, da sich deren Anschaffung nur für auf einige Marken spezialisierte Fachbetriebe rechnet. Einige Sattler lackieren daher die Schriftzüge mit Hilfe eigens hierfür angefertigter Schablonen und mit speziell für (Kunst-) Leder geeignete Farben auf den Bezug. Ist der Sattler jedoch nicht in der Lage, die Schriftzüge anzufertigen, muss man ihm aber nicht gleich den Auftrag entziehen. Denn es besteht die Möglichkeit, dass eine Druckerei die begehrten Schriftzüge auf den neuen Bezug druckt. Doch auch hier muss erst eine Druckerei gefunden werden, die diesen Einzelauftrag auch gerne annimmt. Da ein erfahrener Sattler sicherlich bereits öfters mit diesem Problem zu tun hatte, wird er hier aber auch mit Sicherheit weiterhelfen können.

Doch zurück zu unserem Gesundheitssitz. Das richtige Bezugsmaterial ist gefunden – auch der passende Keder war gleich zur Hand. Jetzt muss zuerst die Schaumstofffüllung der Rückenlehne angefertigt werden. Hierfür sollte ausschließlich hochwertiges Schaumstoffpolstermaterial, so wie es üblicherweise in Fahrzeugsitzen zum Einsatz kommt, zur Verwendung kommen. Da das Material lediglich 25 Millimeter stark ist, wurde hier zwei Mal die gleiche Form aus der Meterware ausgeschnitten, um die gewünschte Dicke zu erhalten. Mit Sprühkleber werden dann die beiden Schaumstoffkerne zusammengeklebt. Anschließend kann die Form noch mit einem elektrischen Brotschneidemesser korrigiert werden. Es gibt tatsächlich nichts Besseres, um Schaumstoff formgenau zu bearbeiten (Wer es nicht glaubt, sollte es selber ausprobieren. Der Autor hats gemacht und war begeistert, wie leicht es geht). Nachdem die Form des Kerns mit dem Original nochmals abgeglichen wurde, kann der ersten Bezug zurechtgeschnitten werden. Hierzu legte man den Schaumstoffkern auf das Bezugsmaterial und zeichnet seine Form ab. Danach kann die Oberseite des neuen Bezugs ausgeschnitten werden. Dabei lässt man am unteren Ende, so wie es das Original vorgibt, gut 15 Zentimeter Material überstehen. Dieser Teil sollte später unter das Sitzkissen reichen und so ein Verrutschen des

Damit die alten Bezüge als Vorlage verwendet werden können, muss man alle Klammern und Nähte öffnen.

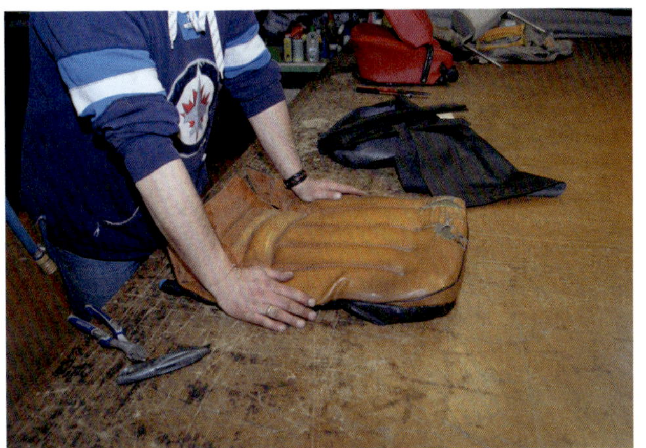

Am durchgesessenen Polster können Sattler gut abschätzen, wie dick die Polsterfüllung einst war.

Polstermaterial ist Meterware. Um passende Stücke zu erhalten, muss geschnitten werden.

Damit der Polsterkern die richtige Dicke bekommt, werden zwei Lagen Polstermaterial verklebt.

Die Ränder werden mit einem elektrischen Brotschneidermesser auf Kontur gebracht.

Das neue Poster ist gut fünf Zentimeter dick. Es dienst jetzt als Vorlage für die Größe der Bezüge.

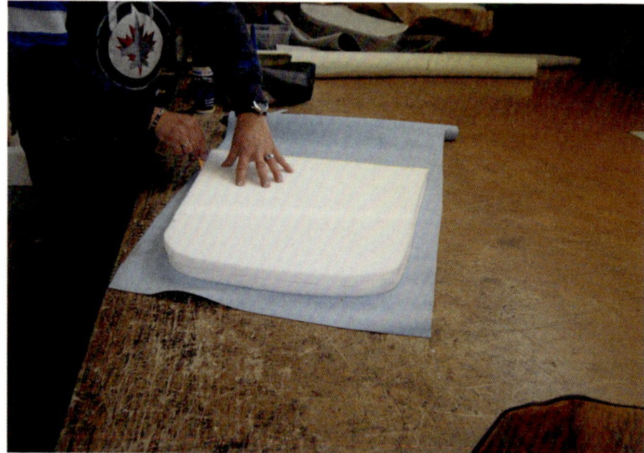

Die Maße des Polsters werden mit einem Bleistift direkt auf die Rückseite des Kunstlederbezugs übertragen.

Die Maße des Polsterbezugs dienen auch als Vorlage für den Bezug auf der Rückseite.

Rückenpolsters verhindern. Damit der neue Bezug auch völlig symmetrisch wird, knickt man ihn in der Mitte und legt die Seiten übereinander. So sieht man, ob er spiegelbildlich ist. Kleine Ungenauigkeiten werden mit der Schere korrigiert. Der so entstandene Bezug diente dann auch als Vorlage für die Rückseite des Rückenpolsters. Hier muss jedoch am Deutz schwarzes Kunstleder verwendet werden, ansonsten ist die Form identisch.

Auch ein kleines Stück schwarzes Kunstleder wurde noch passend für die an der Rückseite des Polsters angebrachte Stülptasche zugeschnitten. Noch bevor sich die beiden Seiten miteinander vernähen lassen, müssen noch die Steppnähte der Sitzfläche ausgemessen und mit einem Bleistift auf die Sichtseite des oberen Sitzbezugs aufgezeichnet werden. Danach geht es ans Nähen. Hierzu legt man die Unter- und Oberseite »auf links« aufeinander. Während die Nähmaschine läuft, wird auch das Kederband zwischen beiden Teilen eingefädelt. Das Zusammennähen von zwei Lederteilen mit dazwischenliegenden Kederband erfordert von einem Sattler höchste Konzentration, weil sonst das Kederband wellig eingenäht werden könnte. Nachdem beide Teile zusammengenäht sind, wird der Bezug auf rechts gedreht, und noch das Teil für die Stülptasche angenäht, in das dann der neue Schaumstoffkern hineingestopft wird.

Für das jetzt folgende Nähen der Steppnähte braucht es eine leistungsstarke Sattler-Nähmaschine. Immerhin muss die Nadel samt Faden durch zwei Lederbezüge und den Schaumstoffkern stechen können. Entsprechend anstrengend ist es auch, die Steppnähte durch das dicke Polster zu nähen. Mit allen Abnähern dauert es gut 30 Minuten, bis alle Nähte gezogen sind. Doch damit ist das Rückenpolster aber noch nicht fertig – es fehlen noch die Steppknöpfe. Sie müssen selbstverständlich die gleiche Farbe haben, wie das Leder, also Braun für die Vorder- und Schwarz für die Rückseite des Sitzes. Das ist für einen guten Sattler aber kein Problem. Sie können individuell mit dem jeweilig verwendeten Leder als Überzug angefertigt werden.

Zur Herstellung der Knöpfe gibt es die sogenannte Knopfpresse und zahlreiche verschieden große Knopfrohlinge. Die Rohlinge bestehen aus zwei Teilen, zwischen denen das Leder beim Pressen eingeklemmt wird. Der untere Teil des Knopfrohlings hat eine stabile Drahtschlaufe, an dem der fertige Knopf später angenäht werden kann. Wichtig ist, dass man aus dem Leder passende runde Stücke ausschneidet, die genau in das Presswerkzeug beziehungsweise über den Knopfrohling passen. Sattler verwenden hierzu ein spezielles Stanzeisen, mit dem sich passende kreisrunde Lederteile ausstanzen lassen. Dieses Lederteil wird anschließend zusammen

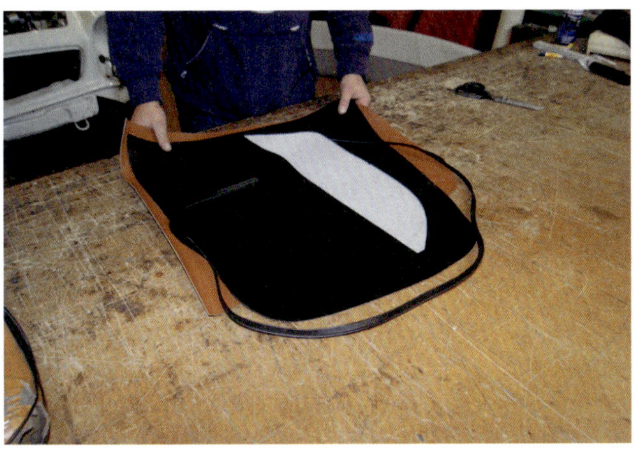

Die Steppnähte verbinden verrutschsicher die Vorder- und Rückseite des Bezugs mit dem Polsterkern.

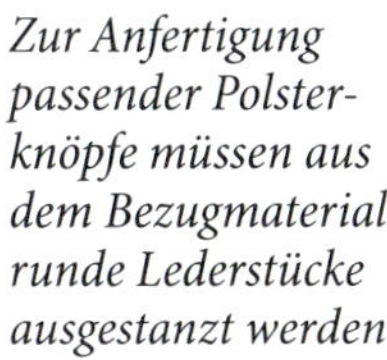

Zur Anfertigung passender Polsterknöpfe müssen aus dem Bezugmaterial runde Lederstücke ausgestanzt werden.

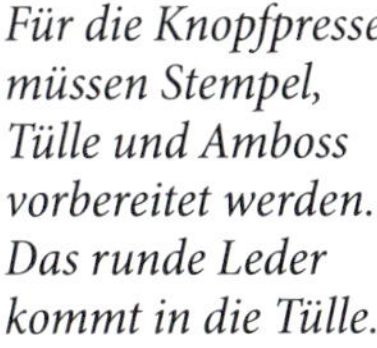

Für die Knopfpresse müssen Stempel, Tülle und Amboss vorbereitet werden. Das runde Leder kommt in die Tülle.

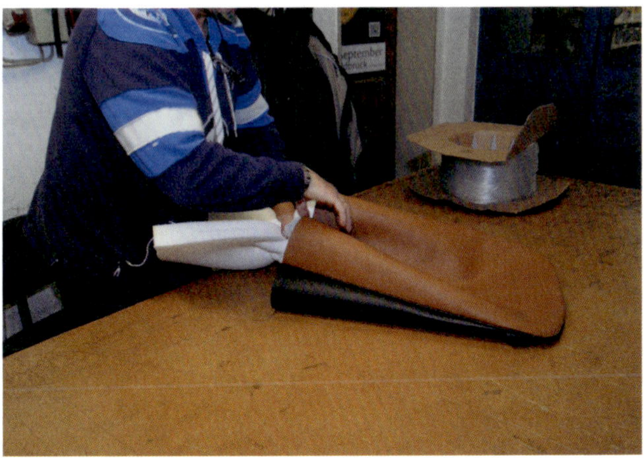

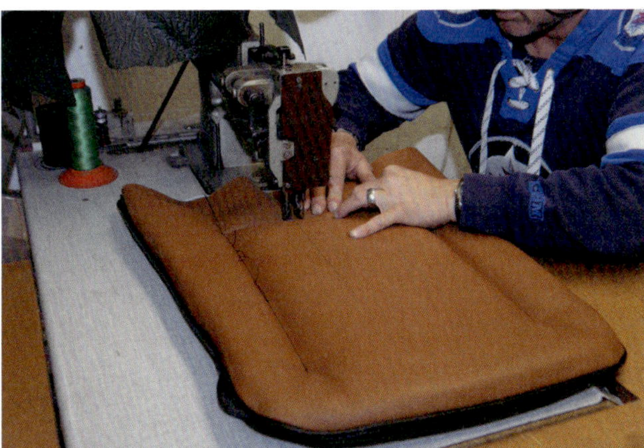

Für die Rückseite wird hier schwarzes Kunstleder verwendet, so wie es das Original vorgibt.

Auf »links« werden die Vorder- und Rückseite des Polsterbezuges mitsamt Kederleiste zusammengenäht.

Anschließend wird mit etwas »Nachdruck« der neuen Polsterkern in den Polsterbezug geschoben.

Um die Steppnähte zu nähen, braucht es eine besonders starke Sattler-Nähmaschine mit starker Nadel.

Die Knopfrohlinge bestehen aus einer Vorder- und Rückseite. Auf der Rückseite ist auch eine Drahtöse.

Zusammen mit dem Oberteil des Knopfrohlings wird das runde Lederteil in die Tülle gesteckt.

Das Knopfunterteil des Rohlings muss mit der Öse nach unten auf den Amboss der Knopfpresse gelegt werden.

Damit der Stempel das Knopfunterteil nicht seitlich vom Amboss schieben kann, wird eine weitere Tülle benötigt.

mit dem Knopfoberteil in eine Presstülle gesteckt. Dann muss das Knopfunterteil auf den Amboss des Presswerkzeugs gelegt und eine zweite Presstülle zur Führung darüber gesteckt werden. Die Presstülle mit dem Lederstück und dem Knopfoberteil wird dann auf den Pressstempel der Knopfpresse gesteckt. Nun braucht man nur noch den Hebel der Knopfpresse drehen und über ein Schneckengewinde fährt der Stempel auf den Amboss nieder. Dabei wird das Lederstück zwischen Knopfunter- und -oberteil gezogen und alles miteinander verpresst. Auf diese Art werden vier braune und vier schwarze Knöpfe hergestellt. Um sie am Polster anzunähen, wird Garn durch die jeweiligen Knopfösen gezogen und verknotet. Dann sticht man mit einer großen Polsternadel am Ende der Steppnaht durch das Rückenpolster und zieht den Knopf bis auf das Polster herunter. Damit er sich nicht mehr lösen kann, muss auf der Rückseite des Polsters der zweite Knopf in das hier herausstehende Garn eingefädelt und schließlich beide Knöpfe fest angezogen und verknotet werden. Nachdem alle vier Polsterknöpfe vernäht sind, ist das Rückenpolster fertig und kann probehalber montiert werden. Da alles passt, kann das Polster der Sitzfläche hergestellt werden. Die Arbeitsschritte zur Herstellung des Polsters und des Bezugs sind dabei ähnlich, wie beim Rückenpolster. Einziger Unterschied ist die Grundplatte. Auf sie wurde das Schaumstoffpolster aufgeklebt und danach der neue Bezug darüber gezogen. Zur Fixierung des Bezugs wird er schließlich noch mit Heftklammern auf der Grundplatte angetackert. Beim Tackern muss darauf geachtet werden, dass der Bezug straff über das Polster gezogen ist und keine Falten wirft. Nachdem auch das Sitzkissen fertig ist und es einwandfrei in die Sitzschale passt, müssen noch beide Wangenabdeckungen überarbeitet werden. Sie sind von der Substanz noch sehr gut. Lediglich am Rand waren beide jeweils an einer Stelle etwas eingerissen. Es genügt daher völlig, die Risse zu nähen, damit sie nicht weiter einreißen können. Danach werden die Wangen noch mit etwas Lederfett behandelt, damit sie wieder geschmeidig sind. Letztlich müssen sie noch an den Sitz des Deutz wieder angenietet werden. Für einen Kfz-Profi ist das kein Problem.

Zum Abschluss der Arbeiten muss natürlich noch probegesessen werden. Erst wenn man der Meinung ist, dass es sich jetzt wieder sehr bequem auf dem Sitz aushalten lässt, sind die Arbeiten abgeschlossen.

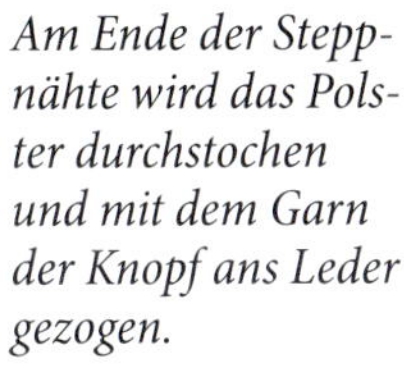

Am Ende der Steppnähte wird das Polster durchstochen und mit dem Garn der Knopf ans Leder gezogen.

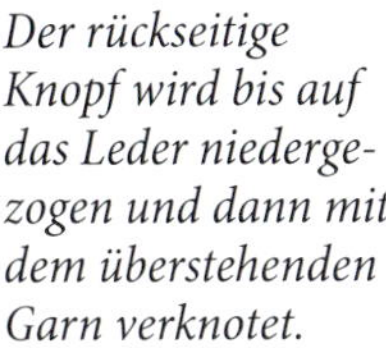

Der rückseitige Knopf wird bis auf das Leder niedergezogen und dann mit dem überstehenden Garn verknotet.

Das neue Sitzpolster passt zwar, aber der Fahrer hat keinen seitlichen Halt. Das wird jetzt mit einem überarbeiteten Schaumstoffkern verbessert.

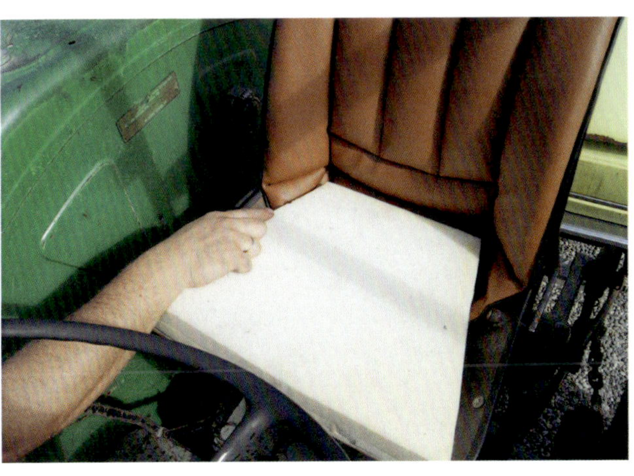

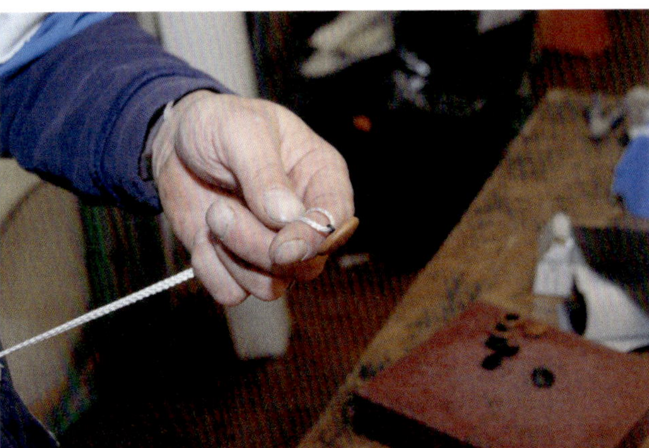

Nachdem die obere Tülle auf den Stempel geschoben wurde, ist die Knopfpresse fertig bestückt.

Dreht man am Hebel, wird der Stempel durch ein Schneckengewinde nach unten gedrückt.

Nach 30 Minuten Arbeit sind vier schwarze und vier braune Polsterknöpfe angefertigt.

Zum Annähen am Polster wird starkes Garn durch die Öse des neuen Lederknopfes gefädelt.

Bevor das Polster bearbeitet werden kann, muss man sehr genau die Außenmaße vermessen.

Die Sitzwangen werden aus Meterware ausgeschnitten und zu einem dreilagigen Paket zusammengeklebt.

Die Sitzwangen werden seitlich an das Polster geklebt. Durch die Sitzschalenform werden sie später nach oben gedrückt.

Damit die Wangen später auch tatsächlich passen, muss man am Traktor die Maße überprüfen.

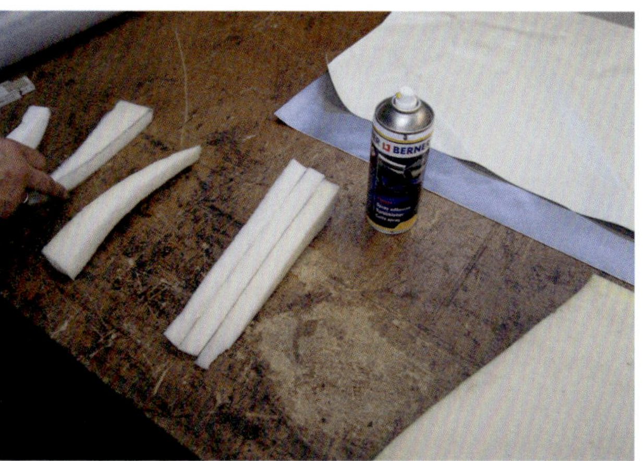

Durch die Wangen ist die Bezugsform wesentlich komplizierter. Hier werden daher Orientierungspunkte markiert.

Die Polsterbezüge für die Seitenwangen bestehen jeweils aus zwei Teilen und einem Keder.

Mit einem Luftdruck-Tacker wird der Bezug gut gespannt an der Grundplatte des Sitzes befestigt.

Die Rundungen passen. Die Seitenwangen drücken sich nach oben, sobald ein Fahrer Platz genommen hat.

Der Sitz ist fertig. Es fehlen lediglich noch die beiden Wangenabdeckungen an den Seiten.

Wie es das Original vorgibt, werden die Wangenabdeckungen wieder mit Nieten befestigt.

Gute Sattler halten Kataloge mit verschiedensten Lederproben vor. Hier ist es Glattleder.

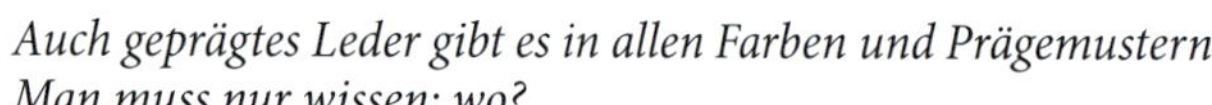

Auch geprägtes Leder gibt es in allen Farben und Prägemustern. Man muss nur wissen: wo?

Der Unterschied zwischen echtem und Kunstleder ist deutlich. Links: echtes Leder.

Das Prägen von Prägemustern in Kunstleder geschieht mit einer heißen Prägeschiene.

Namensschriftzüge, wie dieser Eicher-Schriftzug, werden von guten Sattlern angefertigt.

Gutes Kederband hat in seinem Inneren ein Nylonseil zur Verstärkung.

Flugrost sitzt dort, wo Metall blank liegt. Kommt Säurenebel hinzu, kann man dem Metall beim Rosten zusehen.

Rostbeseitigung

Nichts bereitet dem Traktorfan mehr Kummer, als Rost am Fahrzeug. Deshalb heißt das Motto: Wehret den Anfängen und stets ein Auge auf den Traktor haben. Denn Rost lässt sich nicht vermeiden. Selbst wenn ein Fahrzeug eben restauriert worden ist, beginnt es schon wieder irgendwo zu rosten. Das ist frustrierend, aber leider die Wahrheit. Denn sobald Luftsauerstoff zusammen mit Feuchtigkeit auf blankes Metall stößt, geht es los mit der Korrosion. Und die Voraussetzungen hierfür sind einfach, denn meist reicht bereits ein winziger Riss im Lack oder im Rostschutz, damit die Korrosion ihren Lauf nimmt. Umso wichtiger ist es daher, den Traktor regelmäßig auf Rost zu untersuchen.

Dazu sollte man sich zuerst Gedanken machen, wo Rost am häufigsten am Traktor entsteht. Genau genommen, können Traktoren überall rosten. Die Klassiker sind jedoch exponierte Stellen, wie die Unterseite, die Frontpartie der Motorhaube, die Bleche der Kabine und die Kotflügel. Hier sind es oft die Folgen von Steinschlägen, die das Metall an winzigen Stellen frei legt. Aber auch an verborgenen Stellen kann ein Traktor rosten. Oft geschiehts dies im Tank, am Armaturenbrett, in der Umgebung der Batterie oder, falls vorhanden, am Kühler. Nichts ist sicher vor der braunen Pest!

Vor allem alter und damit rissiger Lack schützt das darunterliegende Metall nicht mehr. Hier greift der Rost unmerklich an winzigen Stellen an, um sich dann mit der Zeit immer heftiger auszubreiten. Dabei unterwandert der Rost Beschichtungen, wie Unterbodenschutz oder Lack, großflächig. Das Fatale daran: Man erkennt die Rostunterwanderung zunächst nicht. Erst wenn sich der Lack abhebt oder der Unterbodenschutz wellig wird, und die Oberfläche an einen Blumenkohl erinnert, erkennt man den Schaden. Dann ist es aber meist schon zu spät, weil das Metall darunter bereits »blättrig« verrostet ist.

Weitere Korrosionsnester sind Falze und Hohlräume zum Beispiel in der Motorhaube, den Kabinen-Türen oder im Rahmen. Hier sammelt sich über lange Zeit Wasser und Schmutz an. Selbst wenn eine Hohlraumversiegelung in Form von Wachs vorhanden ist, kann das Wasser zusammen mit dem Schmutz auf Dauer diese allmählich »aufweichen«. Beschleunigt wird dies noch durch Säuren, die über die Luft als Aerosole (kleine mikroskopische Tröpfchen) in die Hohlräume eindringen und dort zusammen mit Wasser, das dort durch Kondensation an den kalten Oberflächen entsteht, aggressive Säuren bildet. Sind dann im Schmutz noch Salze (z. B. Streusalz) enthalten, zerstört dieser Chemie-Cocktail mit der Zeit jede Hohlraumversiegelung und greift schließlich das Metall an. Verstärkt wird dieser Effekt auch noch durch in Ecken und Falzen über die Jahre angesammelten Straßen- und Ackerstaub, der beinahe wie ein Schwamm den flüssigen Chemikaliencocktail bindet. So gibt es Stellen in Hohlräumen und Falzen, die quasi niemals abtrocknen, wobei gleichzeitig die Konzentration der Säuren steigt. Das erklärt, warum die meisten Fahrzeuge von innen nach außen durchrosten. Es braucht daher schon eine sehr gute Hohlraumversiegelung, wenn das Metall dauerhaft geschützt sein soll.

Bevor jedoch eine Hohlraumversiegelung aufgebracht wird, empfiehlt es sich, alle Hohlräume gründlich mit Wasser zu spülen. Das mag paradox klingen, doch das Wasser hilft, dem Rost vorzubeugen, da Staub und die darin gebundenen Säuren aus den Hohlräumen gespült werden. Doch bevor dann eine Hohlraumversiegelung aufgebracht werden kann, müssen die Hohlräume gut abtrocknen – idealerweise in einer gut beheizten und belüfteten Garage oder Werkstatt. Auch warme Sommertage sind zum Abtrocknen der Hohlräume ideal. Dafür sollte man sich Zeit einplanen. Ein, zwei Wochen kann das Trocknen schon mal dauern.

Bei der Hohlraumversiegelung sollte man auf Bewährtes setzen. Billige Versiegelungen werden mit der Zeit steinhart und brüchig. Das dürfen sie aber nicht, da dann wieder das darunterliegende Metall mit dem Luftsauerstoff und Wasser in Berührung kommt und es sofort zu korrodieren beginnt. Vielmehr muss eine Versiegelung in der Lage sein, die Bewegungen der Karosserie oder des Rahmens, thermische Ausdehnungen und leichte »Verletzungen« auszugleichen.

Früher hat man Traktoren deshalb mit altem Motoröl von allen Seiten und in den Hohlräumen regelmäßig

Auch das massive Schutzblech dieses Deutz wird vom Rost nicht verschont. Hier sind es die Kanten, die zuerst rosten.

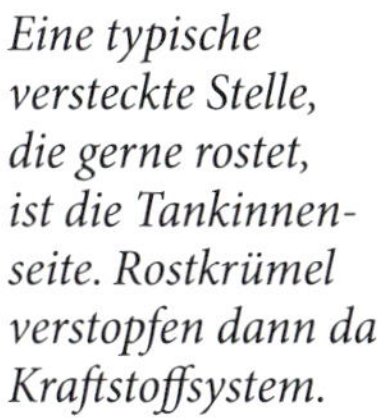

Eine typische versteckte Stelle, die gerne rostet, ist die Tankinnenseite. Rostkrümel verstopfen dann das Kraftstoffsystem.

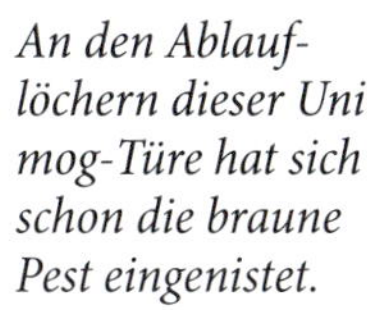

An den Ablauflöchern dieser Unimog-Türe hat sich schon die braune Pest eingenistet.

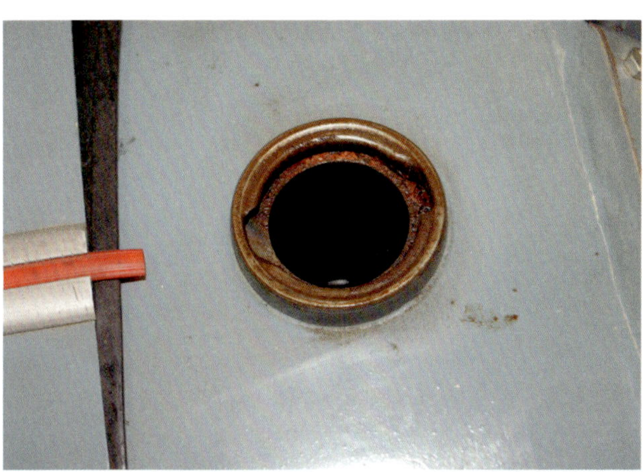

Hier an der Tankdeckel-Innenseite geht der Flugrost bereits in eine tiefersitzende Rostschicht über.

Solche Stellen, wo Karosserieteile aneinanderreiben, sind prädestiniert für Flugrost.

Selbst das Armaturenbrett bleibt von Rost nicht verschont. Hier ist der Rost zum Teil schon tiefersitzend.

Wie lange wird dieser Kühler noch dicht sein? An den Sicken und Kanten sitzt der Rost.

Hier hält nur noch die Farbe das Blech zusammen. Wird sie abgeschliffen, ist bereits ein Loch darunter.

Von außen erkennt man an dieser Deutz-Motorhaube lediglich eine Farbabblätterung. Darunter sitzt Blattrost.

Diese Motorhaubenkante hat sich bereits völlig aufgelöst. Hier hilft nur noch ein Neuteil oder Schweißen.

Ein Kandidat für Blattrost sind bei Kabinen auch die Fensterrahmen. Hier sieht man schon Spuren von Rostwasser.

eingesprüht und ist dann anschließend über einen staubigen Feldweg gefahren. Staub und Öl haben dann eine Schutzschicht gebildet, die das Metall geschützt hat. Das geht heute allein schon aus Umweltschutzgründen nicht mehr. Trotzdem enthält die alte Methode sehr viel Richtiges. Wie zähes Öl sollten nämlich auch moderne Konservierung in der Lage sein, selbst noch in die engsten Falze und Hohlräume einzudringen. Auch darf sie nie völlig aushärten und lange eine wachsartige Konsistenz beibehalten. Die wichtigste Eigenschaft ist jedoch die »Selbstheilungskraft«. Darunter verstehen Oldtimer-Profis, dass die Konservierung, wenn sie zum Beispiel durch Steinschlag beschädigt wird, sich durch allmähliches Zusammenfließen wieder schließt. Das setzt voraus, dass sie auch höchst alterungsbeständig ist. Nur wenige Konservierungsmittel haben diese Eigenschaft. Nur solche auf Bienenwachs-Basis oder reines Bienenwachs können dies. Um sie aufzutragen, werden sie erwärmt und dann mit dem Pinsel oder Pressluft aufgebracht. Auch manche Hohlraumfette erfüllen diesen Zweck. Doch auch wenn qualitativ hochwertige Konservierung verwendet wurde, sollte man den Schutz regelmäßig kontrollieren und ggf. verletzte Stellen ausbessern.

Das Aufbringen von Versiegelungen macht aber nur Sinn, wenn das Metall noch nicht rostig ist. Daher gilt es zunächst einmal, wenn man Rostbefall feststellt, den Rostgrad abzuschätzen.

Die *erste Stufe* ist der Flugrost. In der Regel kann er noch leicht vom Metall abgewischt werden und ist deshalb (noch) harmlos. Aufsprühen von Kriechöl konserviert hier bereits die Oberfläche.

Bei der *zweiten Stufe* des Rostbefalls hat sich der Rost schon in die Oberfläche des Metalls gefressen. Da die Rostschicht aber noch sehr dünn ist, haben sich noch keine Rostschichten gebildet. Der Rost kann chemisch (Rostumwandler) oder mechanisch, zum Beispiel mit rotierenden Drahtbürsten, entfernt werden.

Die *dritte Stufe* ist der so genannte Blattrost. Hier sitzt der Rost schichtartig auf dem Blech und kann mechanisch in kleinen blattartigen Schichten vom Metallgrund abgehoben werden. Der Rostschaden ist bereits so groß, dass sich eine Reparatur bzw. ein Erhalt des verbliebenen Blechs nicht mehr lohnen. Das befallene Metallstück muss dann großflächig ausgeschnitten und durch ein neues ersetzt werden.

In der *vierten Stufe* des Rostbefalls hat sich das Metall vollständig in Rost umgewandelt. Meist ist nur noch ein großes Loch in der Karosserie übrig.

Wer die Anfänge des Rostbefalls verhindern will, muss regelmäßig die Blechteile und den Rahmen seines Traktors prüfen. Verändert sich die Lack- oder Beschichtungsoberfläche – und ist die Änderung auch noch so klein –, kann dies ein Zeichen für Rost sein. Man muss manchmal tatsächlich sehr genau hinsehen, um beginnende Unterrostungen zu erkennen. Ein Anzeichen sind kleine Risse oder raue picklige Lackflächen. Sieht man solche Stellen, sitzt der Rost schon darunter.

Die zweite Stufe lässt sich sehr viel leichter erkennen. Hier hat der Lack blumenkohlartige Erhebungen, jedoch bedeckt er noch das rostige Metall. Um den Rost zu bekämpfen, wird die befallene Stelle zunächst vom alten Lack befreit. Das geht leicht mit einer in die Bohrmaschine eingespannten Tellerbürste. Sind Lack und Rost entfernt, darf das Metall keine Rostnarben mehr zeigen. Erkennbar sind diese an kraterförmigen dunklen Vertiefungen in der Metalloberfläche – die sogenannten Rostnester. Werden sie nicht restlos entfernt, fängt es bald wieder an zu rosten. Doch leichter gesagt, als getan. Sicherlich wird jetzt der eine oder andere Leser hier mit Rostumwandler arbeiten, doch besser ist es, den Rost mechanisch vollständig zu entfernen. Das Problem mit Rostumwandler ist nämlich, dass man nie sicher sein kann, ob er allen Rost erwischt hat. Um Rostnarben restlos zu entfernen, kann man aber mit Spezialdrahtbürsten (sogenannter »Turbo-Igel«) oder mit kleinen Sandstrahlpistolen arbeiten. Solche kleinen Sandstrahlpistolen sind bereits für knapp 20 Euro im Werkzeugfachhandel zu bekommen. Da sie nur mit einer kleinen Sandstrahldüse ausgerüstet sind, lassen sie sich auch problemlos mit einem kleineren Kompressor betreiben. Es ist nur darauf zu achten, da das Strahlgut nicht aufgefangen wird, dass das Strahlen möglichst im Freien geschieht und Arbeitsschutzkleidung (Schutzbrille, Handschuhe, ggf. Gehörschutz) getragen wird. Ist das Blech danach wieder völlig blank, sollte es zügig entweder wieder lackiert oder Unterbodenschutz aufgetragen werden. Löcher müssen jedoch geschweißt werden.

Wer die kleinen Anzeichen für Rost frühzeitig erkennt und kleine Schäden sofort behebt, der wird lange Jahre von seinem Traktor behaupten können, dass er im rostfreien Original-Zustand ist. Deshalb sollte man es niemals versäumen, mindestes viermal im Jahr seinen Acker-Klassiker auf Rost zu prüfen.

Man will es kaum glauben, aber auch die massiven Sitzschalen unserer Traktoren können durchrosten.

An diesem Unimog-Einstieg hat der Rost sein Werk vollbracht. Hier helfen nur Reparaturbleche.

Schon regelmäßig aufgesprühtes Kriechöl kann Rost auf blanken Metallen verhindern.

Rostumwandler verhindert zuverlässig Rost.

Bienenwachs kann entweder mit dem Pinsel oder einem Tuch aufgetragen und anschließend poliert werden.

Wer großflächig Rost entfernen möchte, sollte mit einer rotierenden Stahlbürste arbeiten.

Karosserie-Profis arbeiten mit kleinen Sandstrahlpistolen mit Vorsatzdüse. So können sie punktgenau Rost entfernen.

Massiven Rost schneidet man großflächig mit der pneumatischen oder elektrischen Flex aus dem Blech.

Die Kanten des Loches sind mit der rotierenden Stahlbürste bis auf das blanke Metall abzuschleifen.

Nur wenn die Karosserieblechkanten so blank sind, wie hier, kann ein neues Blech eingeschweißt werden.

Beim Einschweißen ist darauf zu achten, dass die Bleche gepunktet werden. Schweißnähte sind tabu.

Reparaturbleche sind nicht immer günstig. Sie sparen aber massiv Arbeitszeit und damit Geld.

Bevor die Kabine dieses Unimog 401 »Froschauge«, Baujahr 1954 neu lackiert werden kann, ist viel Arbeit nötig. Bild: Peter Pfundt

Lackieren

Über das Lackieren lässt sich viel schreiben. Das reicht von den verschiedenen Lacken, die es zu kaufen gibt, über unterschiedliche Lacksysteme, den Lackaufbau, die Einstellung des Lacks, wie Glanz- oder Mattgrade herzustellen sind und, vor allem, was man für Lackierwerkzeuge benötigt. Ganz abgesehen davon, wie lackiert werden muss. Vielen Hobbyrestauratoren geht das alles aber viel zu weit. Und meist haben sie damit auch recht. Denn wenn es darum geht, ein paar Kleinteile wieder in Silber oder Mattschwarz »erstrahlen« zu lassen, dann genügt oftmals auch eine schnöde Spraydose. So mancher macht sich jedoch den Aufwand und geht mit seinem 50-Liter-Kompressor an die Lackierung heran.

Wenn die Flächen nicht allzu groß sind, unterscheidet sich das Lackierergebnis jedoch kaum von dem mit der Spraydose. Will man jedoch großflächig lackieren, braucht man zunächst einen möglichst staubfreien Raum mit einer effektiven Absaugung, um ein gutes Lackierergebnis zu erzielen. Den haben aber die Wenigsten. Man kann aber seine Garage ausräumen und sie bei geschlossenem Garagentor mit einem Gartenschlauch im Sprühmodus aussprühen. Das schafft zumindest eine vergleichsweise staubarme Atmosphäre.

Wer jetzt lackiert, darf aber nicht vergessen, dass man auch reine Luft zum Atmen braucht, denn Lacknebel ist äußerst gefährlich, da krebserregend. Wer seine Gesundheit schonen will, sollte deshalb eine Vollgesichtsatemmaske aufsetzen. Die ist aber auch nicht gerade billig. Manch einer soll sie aber schon beim US-Warenhändler im Bahnhofsviertel voll funktionstüchtig für ein paar Euro erstanden haben.

Auch an die Beleuchtung muss man denken. Gute helle LED-Leuchten, die so genanntes Tageslicht abgeben, sind ideal, da sie die Lackierung zeigen, wie sie tatsächlich ist. Wer diese Hürden genommen hat, scheitert aber meist an der Lackiertechnik. Für eine ordentliche Lackierung braucht es einen echt guten und damit teuren Kompressor, der mindestens 600 Liter Luft oder mehr in der Minute bereitstellen kann – und das dauerhaft über mehrere Minuten Dauerlackierens. Hat man den nicht, muss man immer wieder bei großen Flächen absetzen, weil die Lackierpistole keinen ordentlichen, feinen Sprühnebel mehr erzeugt. Im Gegenteil, sie kleckert dann, was hinterher auch deutlich im Lackierbild zu erkennen ist. Auch sind die Absetzkanten im Lackbild deutlich zu erkennen, weil

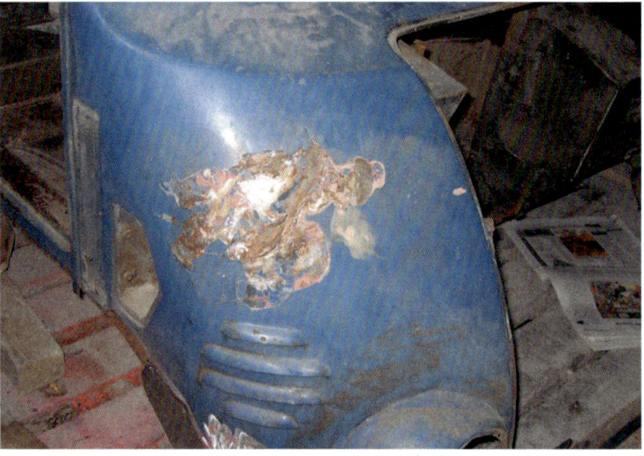

Lack, Spachtel, Grundierung und Rost müssen vom alten Blech komplett runter.

An der Motorhaube des Unimog 401 »Froschauge« finden sich viele kleine Rostpunkte durch Steinschlag.

Beulen, Fehlstellen oder Übergänge im Blech werden am besten mit Zinn egalisiert.

Die Kabine kommt gerade vom Sandstrahlen. Das Blech ist jetzt völlig rostfrei und kann nun grundiert werden.

Alle Bilder: Peter Pfundt

immer wieder neu angesetzt werden muss, aber der Lack zwischenzeitlich schon angetrocknet ist.

Selbst wenn man einen guten Kompressor und eine Qualitätslackierpistole besitzt, ist das keine Garantie, dass die Lackierung glückt. Zunächst mal muss man nämlich wissen, wie man eine gute Lackierung vorbereitet. Und das heißt in der Regel schleifen, schleifen und nochmals schleifen. Die zu lackierenden Bauteile müssen wirklich glatt, wie der sprichwörtliche Kinderpopo sein. Vorher hat es keinen Sinn, zu lackieren. Im Klartext heißt das, alter Lack runter bis aufs Blech, Filler oder Grundierung aufsprühen, trocknen lassen, Dellen mit Feinspachtel füllen und dann schleifen. Zunächst mit dem 100er, dann 200er, anschließend 400er und schließlich ganz fein, mit dem 1200er und abschließend 2000er Schmirgelleinen, und das, möglichst nass, damit es nicht so staubt. Zwischendurch kann es nötig werden, dass nochmals gefillert oder gespachtelt werden muss. Hat man endlich eine glatte Oberfläche, wird eine Grundierung auflackiert, damit eine farblich homogene Oberfläche entsteht. Das ist wichtig, da sonst der Farblack unterschiedlich dunkel und hell wirkt. Nicht vergessen darf man jetzt, die Lackierpistole auf den Farblack abzustimmen. Je nach Lacksystem, Leistung des Kompressors und Größe der Fläche, müssen der Lackierdruck (Vernebelung des Lackes) und der Sprühwinkel (das ist der Fächer des Sprühstrahls) eingestellt werden. Von diesen Vorgaben ist letztlich der Helligkeitsgrad des Lackbilds abhängig.

Dann erst darf nach dem Abtrocknen der Grundierung (ggf. muss hier sogar nochmals geschliffen werden) die Farbschicht aufgetragen werden. Meist sind hierzu zwei bis drei Farbschichten, die bei großen Flächen jeweils horizontal und senkrecht abwechselnd lackiert werden, notwendig. Erst dann erreicht man eine vollständige Deckung ohne »Schattenwurf«.

Ist der Farblack angetrocknet, darf mit Klarlack lackiert werden. Auch hier können mehrere Lackschichten notwendig werden, um den Glanzgrad einzustellen. Bei Mattlackierungen fällt Klarlack immer weg, es sei denn, es ist ein matter Klarlack. Jedoch muss man dann auch mit mattem Farblack lackieren. Danach sollte der Lack bei möglichst 40 bis 60 Grad »einbrennen«. Bitte hierzu keinen Katalytofen oder jegliche Art offenen Feuers zum Heizen verwenden. Durch die Ausdünstungen des Lacks besteht höchste Explosionsgefahr. Ist der Lack, abhängig vom Lacktyp, nach 6 bis 24 Stunden ausgehärtet, wird er vom Profi oftmals nach einer gewissen weiteren Trockenzeit poliert, um ihn auf Hochglanz zu bringen. Diese Kunst muss man beherrschen, da man sonst »Hologramme« in den Lack poliert. Das sind kreisrunde Schleifspuren mit Vertiefungen. Wer das macht, der kann gleich wieder von vorne beginnen. Erst jetzt ist die Lackierung fertig.

Übrigens, wer Streifen oder Aufkleber auf den Lack aufbringen möchte, sollte ein paar Wochen damit warten, da sonst der Kleber den Lack dauerhaft beschädigen könnte. Wer Wasserabziehbildchen in den Klarlack einlackieren will, darf diese zunächst auch erst aufbringen, wenn der Farblack mindestens drei oder vier Tage bereits getrocknet ist. Nach dem Aufbringen des Wasserabziehbildchens muss man dann wieder gut eine Woche warten, bis man mit Klarlack lackiert. Ansonsten wellt sich der Klarlack im Bereich des Wasserabziehbildchens, da immer noch Wasser verdunstet.

Den Traktor selber lackierten, bedeutet in der Regel sehr, sehr viel Arbeit. Natürlich kann das Spaß machen. Doch wer Wert auf ein gutes Finish legt, muss vorher viel üben. Deshalb sollte man, bevor man das erste Mal versucht, seinen Traktor selbst zu lackieren, viel an Blechen üben. Das spart Zeit und unter Umständen viel Geld.

Nach dem Sandstrahlen muss das Blech auf Verzug geprüft werden. Ist es verzogen, ist jetzt Zeit, es auszurichten.

Die Kabine des Unimog 401 »Froschauge« wurde mehrfach grundiert und immer wieder geschliffen.

Nachdem alles gut abgeklebt wurde, kann der Lackierer seine Arbeit beginnen. Das eigentliche Lackieren geht sehr schnell.

Bei rund 60 Grad wird der Lack mehrere Stunden eingebrannt. Auch danach benötigt er noch etwas Zeit zum völligen Aushärten.

Der Unimog 401 »Froschauge«, erstrahlt im originalen Farbton. Nur mit Lack kann dieser wiederhergestellt werden.

Mit modernen Lacken lässt sich heute jeder Farbton anmischen. Auch Glanz-, Matt- und Verwitterungsgrad können eingestellt werden.

Alle Bilder – außer rechts unten: Peter Pfundt

Für die Standardfarbtöne (sogenannte RAL-Farben) halten Lackierer und Farbenlieferanten Musterkarten zum Abgleich bereit.

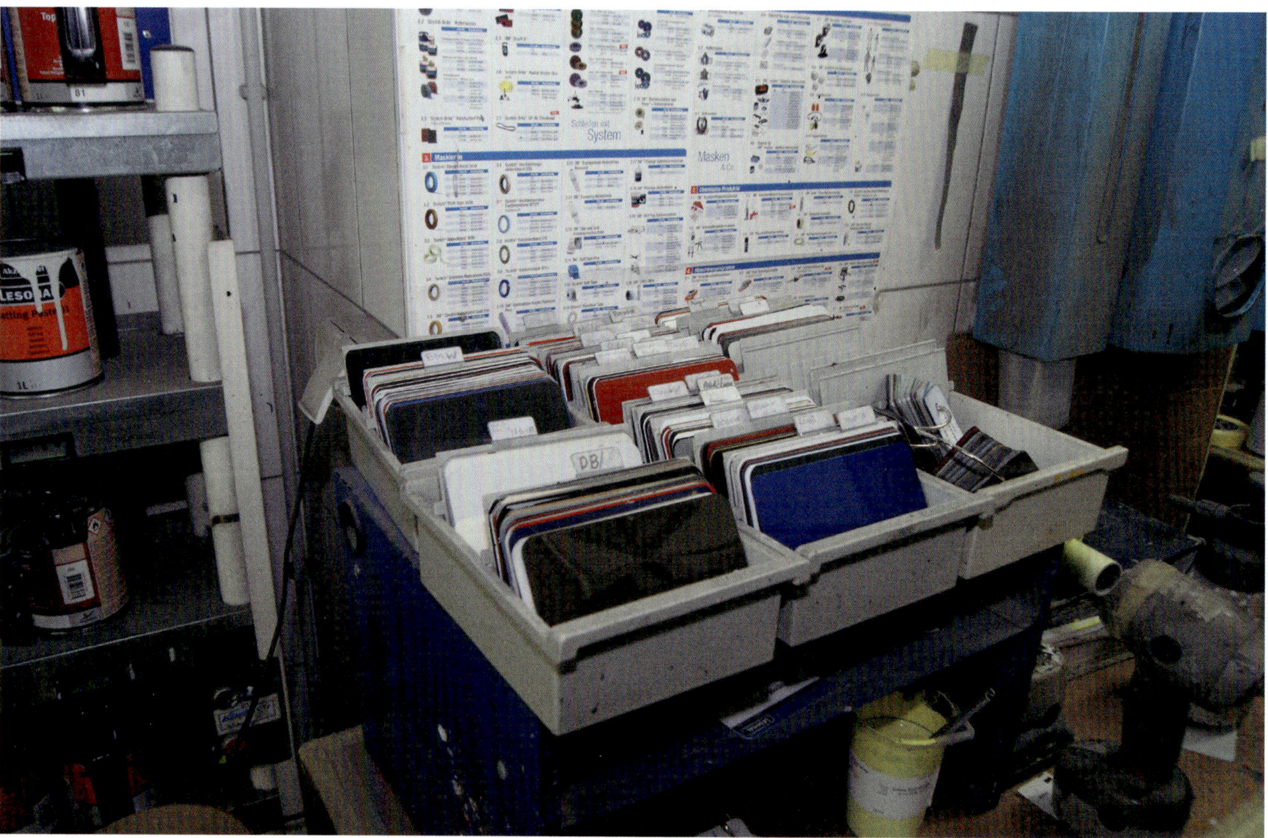

Was passiert, wenn ein und derselbe Lack mit unterschiedlichen Lackiertechniken aufgetragen wird, zeigt diese Musterkarte.

Eine Atemmaske ist Pflicht beim Lackieren. Wer sie nicht benutzt, riskiert, an Krebs zu erkranken

Pulverbeschichten vs. Lackierung

Ist der Lack ab, verkratzt oder sind Oberflächen stumpf geworden, wird oft zur Farbpistole gegriffen oder galvanisch veredelt, was das Zeug hält. Nicht nur, dass beides richtig Geld kostet, in vielen Fällen sind Lackierungen und galvanische Beschichtungen aus technischen Gründen nicht machbar oder dauerhaft genug. Pulverbeschichten ist hier eine echte Alternative.

Jede Art von Oberflächenbeschichtung – und nichts anderes ist Lack oder eine galvanische Beschichtung – muss zwei Aufgaben erfüllen. Zum einen soll sie das Bauteil vor Korrosion schützen, zum anderen eine optisch ansprechende Oberfläche erzeugen. Natürlich soll das Ganze auch möglichst lange halten – doch hier fangen die Probleme besonders beim Traktor schon an.

So können Lacke auf dynamisch oder statisch hoch beanspruchten Teilen, wie Stoßdämpferfedern, Felgen, Fahrwerkskomponenten, Rahmen oder Ackerschienen bereits nach wenigen Monaten sehr alt aussehen, da sie nach ihrer Aushärtung früher oder später spröde werden. Dann kommt es, wie es kommen muss! Der teuer und mühsam aufgebrachte Lack zeigt durch Steinschlag, Reibbeanspruchung, häufiges Waschen oder Witterungseinflüsse sehr schnell Beschädigungen. Sind die kleinen Abplatzer vorhanden, dauert es meist auch nicht mehr lange, bis das darunterliegende Metall zu korrodieren, sprich zu rosten beginnt. Dann muss, um dem Rost Einhalt zu gebieten, erneut lackiert werden.

Galvanische Beschichtungen, landläufig auch als Verchromung bekannt, sind da schon dauerhafter und halten meist viele Jahre. Doch sie haben einen entscheidenden Nachteil. Speziell Teile, die hoch mechanisch belastet sind, dürfen galvanisch nicht behandelt werden, weil sie durch die Oberflächenbehandlung (Polieren) und durch die aufgebrachte galvanische Schicht ein verändertes Zug- und Bruchverhalten gegenüber dem unbehandelten Teil aufweisen. Der Materialexperte spricht hier von einer Gefügeveränderung. Die meisten Prüforganisationen lehnen daher galvanisch überarbeitete Komponenten im Fahrwerks- oder Bremsenbereich kategorisch ab und verweigern die Zulassung beziehungsweise das Prüfsiegel, sprich man fällt durch bei der Hauptuntersuchung. In den letzten Jahren kam hinzu, dass galvanische Beschichtungen sehr teuer geworden sind. Das liegt an den immer strenger werdenden Umweltauflagen. Viele Galvanikbetriebe haben daher für immer geschlossen. Die wenigen, die es noch gibt, wird es wahrscheinlich auch nicht mehr lange geben. Derzeit wird daher nach Alternativen für das galvanische Beschichten gesucht, Blechteile oder Oberflächen von Metallteilen dauerhaft zu versiegeln oder zu verschönern. Die Lösung, die hier immer öfters genannt wird, ist Pulverbeschichten. Obwohl diese Methode seit vielen Jahren erfolgreich in der Industrie in verschiedensten Bereichen angewendet wird und sich dort auch bestens bewährt hat, wird sie von vielen Besitzern klassischer Fahrzeuge strikt abgelehnt. Als Begründungen werden hier meist das kunststoff- bzw. plastikartige Finish der Oberflächen und die zu geringe Farbauswahl genannt.

Dabei haben sich die Möglichkeiten des Pulverbeschichtens sseit ihren Anfängen in den 1970er-Jahren

Pulver	Lack
Felgen	Motorhaube
Fahrwerkskomponenten	Kotflügel
Kleine Verkleidungsteile und Abdeckungen	Lampengehäuse
Scharniere und Halter	Armaturenverkleidungen
Verdeckspriegel und Überrollbügel	Auspuff
Motor-, Getriebe und Antriebstrang-Gehäuse	Tank
Federn	Großflächige Kisten und Sitzschale

Das Pulvern von Bauteilen ist nicht in jedem Fall sinnvoll. Die Übersicht zeigt, was besser gepulvert, und was besser lackiert werden sollte.

Zum Pulverbeschichten bieten sich alle massiven Teile am Traktor an. Temperaturbeständig sollten sie sein.

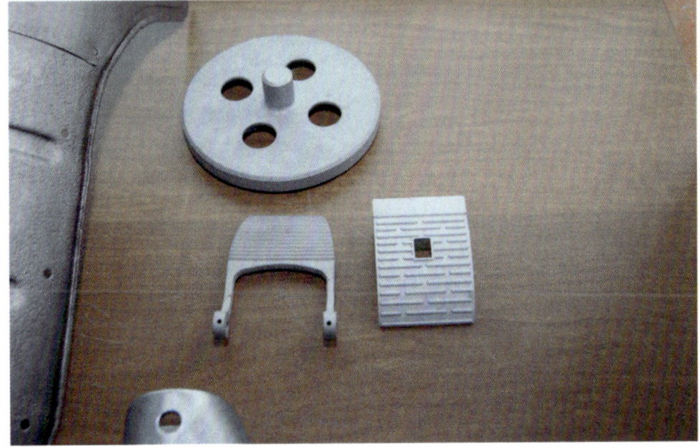

Auch Kleinteile, wie Pedale oder Schwungräder, bieten sich für das Beschichten mit Pulver an.

Sind Gewinde oder Passungen im Bauteil vorhanden, müssen diese vor dem Beschichten sorgsam abgedeckt werden.

Bei Spezial- oder Zollgewinden können spezielle temperaturbeständige Gummistöpsel verwendet werden.

Dieser Werkzeugkasten ist mit Nitrolack lackiert. Mit Sandstrahlen würde sich das Metall verziehen.

Fahrzeugteile lassen sich auch mit speziellen Beizen entlacken. Das schont das Metall.

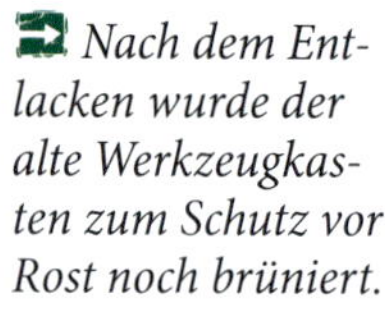

Nach dem Entlacken wurde der alte Werkzeugkasten zum Schutz vor Rost noch brüniert.

Einige Bauteile, wie kleine Rahmenhalter, werden vor dem Farbpulverauftrag mit speziellem Haftgrund behandelt.

Das Metall ist mit hellem Haftgrund überzogen. Es bietet guten Halt für die eigentliche Pulverbeschichtung.

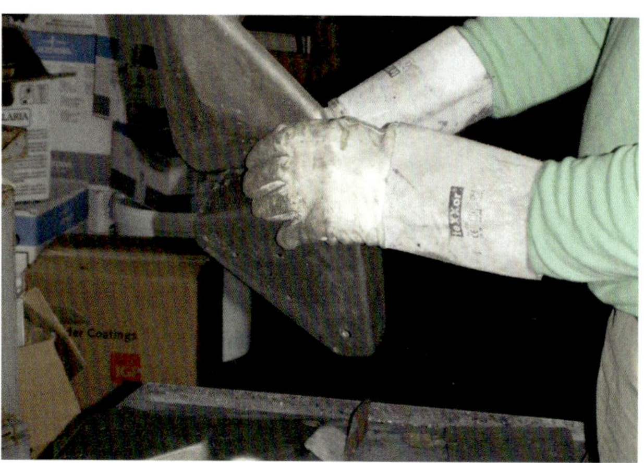

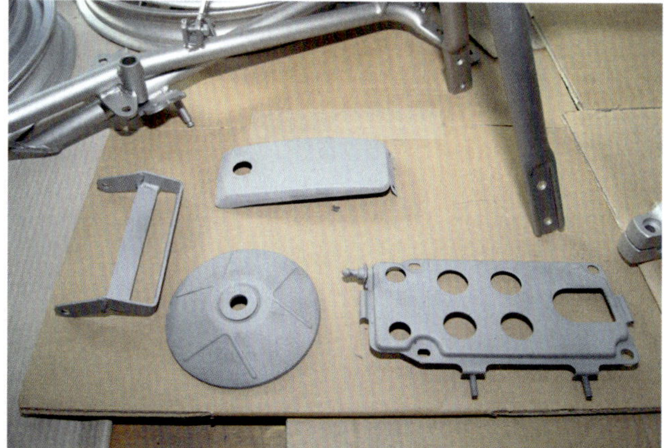

Technische Merkmale	Pulverbeschichtung	Lackierung
Größe Werkstück	abhängig vom Brennofen	»unendlich« groß
beschichtbare Werkstoffe	in der Regel nur elektrisch leitfähige Werkstoffe	alle Werkstoffe
Vorbereitungsaufwand	hoch	gering bis hoch*
Farbauswahl	nur RAL- und einige Sonder-Farbtöne. Mischfarben auf Anfrage	alle Farben
Glanzgrad	matt, seidenmatt, glänzend	matt, seidenmatt, glänzend (Zwischenglanzgrade möglich)
Farbstruktur	Fein- und Grobstruktur	alle Struktur-Abstufungen möglich
Kantendeckung	sehr hoch (beim ersten Auftrag)	hoch (nach mehrfachem Auftrag)
Schichtdicke	je nach Auftrag, 40 bis 180 µm im ersten Arbeitsgang	90 bis 120 µm bei Nasslacken (2 bis 3 Arbeitsgänge notwendig)
mechanische Beständigkeit	sehr hoch	mittel bis hoch*
chemische Beständigkeit	sehr hoch	mittel
UV-Beständigkeit	Pulver auf Epoxid-Basis: gering Pulver auf Polyester-Basis: hoch	mittel bis hoch*
Farbbeständigkeit	hohe Farbbeständigkeit im Langzeitverhalten	mittlere bis hohe Farbbeständigkeit im Langzeitverhalten*
Korrosionsschutz	sehr hoch	mittel bis hoch*
elektrische Isolation	sehr hoch	mittel
Trocknungszeit	sofort nach Abkühlung verwendbar	6 Stunden bis mehrere Tage*
Schrumpfung	gering	gering bis mittel*
Lösemittelreste	keine	gering bis hoch*
Umweltverträglichkeit	sehr hoch	mittel bis schlecht*
Preis/Leistung	gut	gut

Pulverbeschichten versus Lackieren

**abhängig vom Lacksystem*

enorm erweitert. So ist das Vorurteil, dass Pulverbeschichtungen wie Plastik oder Kunststoffüberzüge aussehen, längst überholt. Das Finish der Beschichtungen gleicht einer sehr guten Lackierung. Dabei sind sowohl matte als auch glänzende Oberflächen möglich. Auch bieten die Hersteller der Pulverlacke heute die gesamte Palette der RAL-Farbtöne an. Selbst Lackeffekte wie Hammerschlag und Metallic bei fein oder grob strukturierten Oberflächen sind möglich. Sogar Zwischen-Farbtöne, also solche, die zwischen den RAL-Farbtönen liegen, können mit Pulverlacken mittlerweile umgesetzt werden.

Eine Einschränkung muss jedoch beim Pulverbeschichten beachtet werden. Denn im Gegensatz zum Lackieren können die meisten Pulverbeschichter nur elektrisch leitfähige Werkstoffe (in der Regel Metall), die temperaturbeständig sind, mit Pulver beschichten. Doch auch hieran arbeiten die Pulverlackhersteller und haben bereits einen so genannten Primer entwickelt, der als Haftvermittler für die Farbpartikel dient. An diesem haftet das Pulver nach dem Aufblasen an. Danach geht es weiter wie gewohnt: Die beschichteten Teile wandern in den Wärmeofen. So können auch temperaturbeständige Kunststoffe pulverbeschichtet werden. Doch was so einfach klingt, bedarf sorgfältiger Vorbereitung.

Die Vorgehensweise ähnelt zunächst sehr der Vorbereitung beim Lackieren, denn zuerst muss das Werkstück von seinem alten Lack beziehungsweise seiner alten Beschichtung befreit werden. Dies geschieht meist durch

Ein Blick in die Farbtüte. Das Pulver ist sehr fein und wird durch ein spezielles Ansaugrohr angesogen.

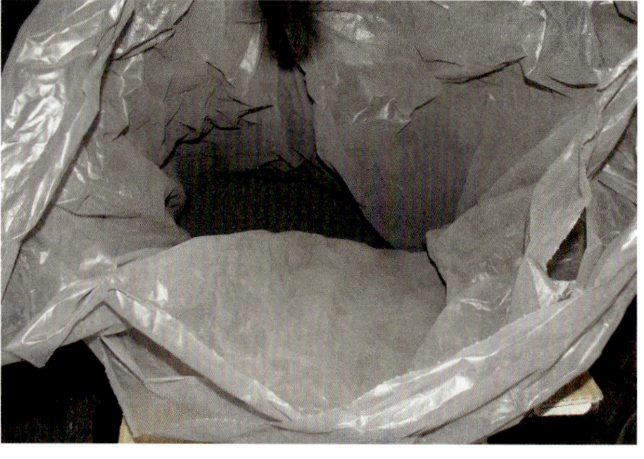

Am Farbpulverstand kann die Pulvermenge, die Aufladung und der Sprühdruck genau eingestellt werden.

Die statische Aufladung des Farbpulvers findet direkt in der speziellen Farbpulversprühpistole statt.

➡ Das Aufhängen der Teile im Pulverstand will durchdacht sein. Die Haken müssen so eingehängt werden, dass die Teile vollständig gepulvert werden können.

Die beiden mittleren Bilder: Die elektrostatisch geladenen Pulverteilchen werden vom Metall der Sitzschale angezogen. Das wenige, was vorbeigeht, wird abgesaugt.

Wichtig ist, dass das Farbpulver auf dem Bauteil überall gleichmäßig aufgetragen wird.

Abbeizen oder Abschleifen. Anschließend werden noch die letzten Farbreste und eventuell vorhandene Korrosion durch Sandstrahlen entfernt. Das Entfernen noch so kleiner Farbreste von der Farboberfläche ist sehr wichtig. Würden kleine Reste verbleiben, könnten diese beim Einbrennen der Pulverlackierung im Ofen aufkochen und Blasen im Überzug verursachen.

Sind alle Farbreste beseitigt, erfolgt bei Bedarf und um einen dauerhaften Rostschutz zu gewährleisten das sogenannte Phosphatieren, bei dem das Werkstück entweder in ein Metallphosphatbad getaucht oder mit Metallphosphatlösung besprüht wird. Bei diesem Vorgang bildet sich auf der Oberfläche eine ca. 7 bis 15 µm dünne Metallphosphatschicht, die mit dem Grundwerkstoff fest verbunden ist. Je nach Verfahren handelt es sich hierbei um eine Eisen-, Mangan-, Nickel- oder Zinkphosphatschicht. Die so entstandene Metallphosphatschicht dient dem Pulverlack zusätzlich als Haftgrund und verhindert zuverlässig ein Unterrosten der Beschichtung.

Wird die Korrosion jedoch nur mit Sandstrahlen entfernt, muss das Werkstück anschließend noch gründlich gereinigt und gegebenenfalls gut entfettet werden. Damit die sandgestrahlten Teile dauerhaft vor Rost geschützt sind, muss dann aber noch vor der eigentlichen Farbpulverbeschichtung ein spezieller Pulverlackhaftgrund aufgetragen werden. Das Aufbringen des Haftgrundes ist vom Vorgang her identisch mit der eigentlichen Farbpulverbeschichtung.

Damit das Pulver jedoch überhaupt am Werkstück haften bleibt, bedient man sich eines simplen, aber sehr wirkungsvollen Tricks, der auch erklärt, warum nur Teile aus Metall beschichtet werden können. Voraussetzung hierfür ist nämlich die Stromleitfähigkeit des Werkstückes, damit es im Pulverlackierstand elektrisch geerdet werden kann. In der Druckluft-Pulversprühpistole hingegen wird das Pulver elektrostatisch geladen. Aufgrund des sich so bildenden elektrischen Feldes von rund 100 Kilovolt werden die positiv geladenen Pulverteilchen vom negativ geladenen Werkstück angezogen und bleiben daran haften. Gleichzeitig wird überschüssiges Farbpulver (Overspray) im Lackierstand abgesaugt. Am Werkstück aber bleibt nur eine sehr gleichmäßige Pulverschicht zurück.

Anschließend wird das bepulverte Teil vorsichtig in eine Einbrennkammer gehängt. Dort vernetzt sich das Pulver bei Temperaturen zwischen 150 und 200 Grad Celsius zu einer Kunststoffschicht und bildet in rund 20 Minuten seine endgültige glatte Oberfläche aus. Nach dem Abkühlen, können die Teile dann ohne weiteren Trocknungsprozess oder Nachbehandlung sofort eingebaut werden.

Das feine Pulver würde sich auch in Gewinde und Passungen anlegen, wenn diese nicht verschlossen wären.

Die beiden mittleren Bilder: Im Ofen vernetzt sich das Pulver bei rund 180 bis 200 Grad Celsius innerhalb von 20 Minuten zur fertigen Beschichtung.

Asuch wenn es nicht so aussieht, das wird Mattschwarz. Noch sind die Teile aber heiß und glänzen.

Nach ca. 15 Minuten wird manchmal eine zweite Pulverschicht auf die heißen Bauteile aufgetragen, um eine glattere Oberfläche herzustellen.

Auch die zweite Schicht muss gut 20 Minuten brennen, damit sie eine gleichmäßige Schicht auf dem Bauteil bildet.

Nach dem »Brennen« sind die Teile nach einer kurzen Abkühlphase fertig und können sofort eingebaut werden.

Das gehört auch zum Service: Nach dem Abkühlen werden das Abdeck-Klebeband und Schrauben entfernt, bevor die Teile an den Kunden gehen.

Und noch etwas unterscheidet Pulverbeschichten von Lackieren. Zur Oberflächenbearbeitung können keine Füller oder Spachtel verwendet werden. Warum dürfte klar sein – sie würden beim Einbrennvorgang schlicht verbrennen. Vor der Beschichtung müssen sich die Teile daher entweder in einem einwandfreien Zustand befinden, oder die Metalloberfläche muss mühsam geglättet oder verzinnt werden. Kleine Unebenheiten oder Kratzer lassen sich aber durch mehrfaches Beschichten oder durch den Auftrag einer abschließenden Klarlackpulverbeschichtung ein wenig kaschieren.

Zu den Vorbereitungen gehört auch, alle vorhandenen Gewindebohrungen, Passungen und Masseanschlüsse sehr sorgfältig zu verschließen beziehungsweise abzukleben, da sonst hinterher die Beschichtung unter hohem mechanischem Aufwand entfernt werden muss. Das Abkleben bzw. Abdecken übernehmen die Pulverlackierbetriebe meist selbst, weil hierzu spezielle temperaturbeständige Klebebänder und Verschlusskappen notwendig sind. Falls Kunden ihre Teile mit der Post schicken, empfehlen die Betriebe, alle Flächen und Gewinde, die nicht beschichtet werden dürfen, zu kennzeichnen und sich mit ihnen genauestens abzusprechen. Auch sollte man gleich klären, ob auch Kleinaufträge zuverlässig und schnell abgearbeitet werden. Denn Hobbyschauber haben meistens nur wenige Teile zum Beschichten. Es kann daher ratsam sein, sich mit anderen zusammenzutun, damit sich der Auftrag für den Beschichter auch rechnet.

Im Einzelfall kann eine Pulverbeschichtung im Vergleich zum Lackieren einen gewissen Mehraufwand bedeuten. Dieser lohnt sich aber, denn gegenüber konventionellen Lackierungen verbessert die Pulverbeschichtung merklich die Oberflächeneigenschaften des Werkstoffs, ohne dabei eine dickere Schicht als herkömmlicher Lack auszubilden. Die Flächen sind dauerhaft vor Korrosion geschützt (Korrosionsschutz, bis zur Korrosionsklasse C5), kratzfest, hoch schlagfest, chemikalienbeständig, witterungsfest und abriebfest. Darüber hinaus ist die Beschichtung flexibel, so dass sich die Methode zum Beispiel auch für Stoßdämpferfedern anbietet.

Auch temperaturbeständige Pulverbeschichtungen für hoch wärmebelastete Teile wie Auspuffanlagen oder Motorkomponenten werden angeboten. Diese basieren auf Silikonharz und halten Temperaturen bis ca. 550 Grad Celsius aus, ohne dass es zu Vergilbungen kommt. Jedoch sind bisher nur die Farbtöne Silber, Grau und Schwarz als Strukturlack oder seidenglänzend erhältlich. Die Beschichter raten daher meist ab, Auspuffkomponenten mit Pulver zu beschichten. Wird nämlich die Maximaltemperatur nur geringfügig überschritten, kann die Beschichtung flüssig werden. Besser ist, hier mit sogenannten Ofenlacken, die spielend 800 bis 900 Grad aushalten, zu arbeiten. Wer hingegen Teile beschichten lassen möchte, die nicht heißer als 315 Grad Celsius werden, der kann bedenkenlos auf das RAL-Programm zurückgreifen.

Obwohl Pulverbeschichtungen sehr viel länger halten als Lackierungen, kommt auch für sie einmal der Tag, wo sie unansehnlich werden. Wer jetzt denkt, dass die Beschichtung dann nur unter sehr viel Mühen mit der Hand oder dem Schleifpapier entfernt werden kann, der irrt. Zur Entfernung alter Beschichtungen gibt es spezielle Lösungen. Innerhalb weniger Stunden weichen sie die Beschichtung so weit auf, dass sie problemlos und ohne Beschädigung des Teils mit einem Plastikspachtel abgezogen werden können.

Die Vor- und Nachteile des Pulverbeschichtens liegen klar auf der Hand. Die Methode bietet sich speziell für Fahrwerks-, Rahmen- und diverse Motorteile, aber auch Kleinteile, wie Griffe, Verblendungen oder Halter an. Soll hier eine dauerhafte, mechanisch hochbelastbare Oberflächenversiegelung erreicht werden, sollte man auf jeden Fall über eine Pulverbeschichtung nachdenken.

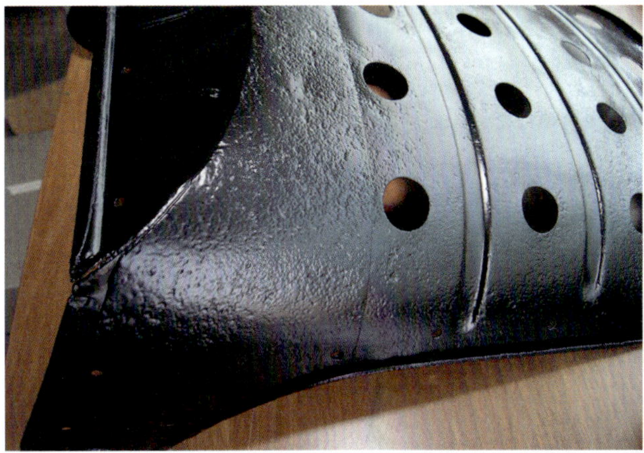

Selbst kleinste Rostpocken werden nach dem Beschichten sichtbar. Wer eine glatte Oberfläche wünscht, muss verzinnen oder schleifen.

Dieser Überrollbügel für einen Sitz wird Dank der Beschichtung mindestens die nächsten 10 Jahre wie neu aussehen.

Eine Pulverbeschichtung ist auch für diverse Fahrwerks- und Verkleidungsteile ein idealer Schutz vor Rost.

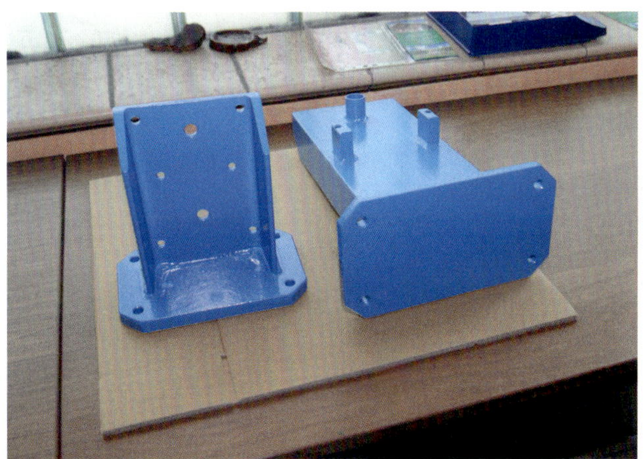

Für massive Rahmenteile ist Pulverbeschichten ideal, da die Beschichtung extrem schlagfest ist.

Nach Öffnen der Motorhaube kommt man bei vielen Traktoren sehr leicht an den Ventiltrieb. Ölundichtheiten am Zylinder und Zylinderkopf sollten vorher noch beseitigt werden.

Ventile einstellen

Damit ein Traktormotor volle Leistung abgeben kann, ist es sehr wichtig, dass die Ventile im Zylinderkopf technisch einwandfrei und exakt eingestellt sind. Den technischen Zustand des Ventiltriebs zu beurteilen und das Einstellen der Ventile ist bei gutem Willen und etwas technischem Sachverstand nicht übermäßig schwer. Auch Reparaturen sind zumeist kein großer Akt. Das liegt an der zumeist einfachen Bauweise der alten Traktoren. Speziell der oder die Zylinderköpfe liegen meist nach dem Öffnen der Motorhaube fast schon einladend gut zugänglich vor einem. Das soll so sein, denn kaum ein Landwirt – und das wussten die Traktorenhersteller schon immer – hat Lust, für Wartungs- und Reparaturarbeiten erst stundenlang Anbauteile und komplizierte Technik zu demontieren.

Die einzige Voraussetzung, die man aber bei Arbeiten am Zylinderkopf mitbringen sollte, ist eine gesunde Selbstkritik. Lieber einmal zu vorsichtig, als einen kapitalen Motorschaden riskieren. Ganz wichtig ist auch, nur einwandfreies Werkzeug zu verwenden. Keinesfalls sollte improvisiert werden. Und weiß man wirklich mal nicht weiter, sollte man ruhig die Arbeit einem Spezialisten überlassen.

Der Ventiltrieb im Zylinderkopf verursacht die lautesten mechanischen Geräusche im laufenden Motor. Sie muss der Traktorist genau kennen, und gesunde von ungesunden unterscheiden lernen. So sollte einem, bevor man den oder die Ventildeckel eines Traktormotors demontiert, die Technik des Ventiltriebs vertraut sein. Die meisten Old- und auch viele Youngtimer-Traktormotoren sind mit Stoßstangen-Ventiltrieben mit Kipphebel ausgerüstet. Diese Art von Ventiltrieb ist, wenn das Ventilspiel zu groß ist, naturgemäß sehr laut und verursacht tickende, klappernde oder klopfende Geräusche – je nachdem, wie gut der Ventiltrieb gewartet oder verschlissen ist. Aus diesem Grund kontrollieren Traktor-Profis beim Service und bei jeder Reparatur am Zylinderkopf immer zuerst das Ventilspiel. Hierzu gehört es auch, vor dem Einstellen der Ventile den Motor gründlich zu begutachten. Ist er dicht, oder ölt er? Im Bereich der Zylinderköpfe müssen Motoren immer trocken sein. Findet sich Öl in diesem Bereich, muss das Ölleck gesucht werden, bevor an den Ventil-Service zu denken ist.

Vor allem an verdreckten Motoren kann die Öllecksuche für den Hobbyschrauber problematisch sein, da Öl vom Staub wie ein Schwamm gebunden wird und sich so über den gesamten Motor verteilt. Eine Motorwäsche mit anschließender längerer Probefahrt kann hier jedoch sehr hilfreich sein, denn am sauberen Motor zeigt sich deutlich, wo die Ölquelle ist.

Oft sind bei luftgekühlten Motoren die Kopfdichtungen undicht. Bei wassergekühlten Motoren ist hingegen nur selten Ölnebel am Zylinderkopf zu sehen. Hier muss man das Kühlwasser kontrollieren. Findet sich im Kühlkreislauf Öl, ist entweder die Zylinderkopfdichtung undicht oder der Motor hat einen Riss im Bereich des Zylinderkopfes. Dann sollte auch das Motoröl überprüft werden. Wasser im Öl erkennt man meist schon am sulzig weißen Schlamm, der sich am Öleinfülldeckel bildet.

Liegt ein solcher oder ähnlicher Schaden vor, kann man sich die Kontrolle des Ventilspiels sparen, da der oder die Zylinderköpfe jetzt ohnehin demontiert werden müssen, um das oder die Lecks mit einer neuen Dichtung zu dichten. Ist der Motor hingegen dicht und verursacht dennoch laute Laufgeräusche, sind jetzt die Ventile zu kontrollieren, um nach der Ausschlussmethode weiterreichende Schäden zu erkennen oder auszuschließen.

Tipp: Vor Beginn der Einstellarbeiten am Ventiltrieb sollte man schon alle Dichtungen, wie z. B. Ventildeckel- und ggf. Kopfdichtungen besorgen.

Doch nicht nur hinsichtlich der Laufgeräusche des Motors ist die korrekte Einstellung der Ventile wichtig, sondern auch für seine Leistungsentfaltung. Zu großes Ventilspiel führt zu einer Verkleinerung des Ventilhubs und damit zu einem zu späten Öffnen und Schließen des jeweiligen Ventils. Die Folgen sind eine geringere Füllung des Verbrennungsraumes und/oder eine schlechte Restgasentleerung nach der Verbrennung durch die verkürzten Öffnungszeiten.

Hingegen verursacht zu geringes Ventilspiel Kompressionsverluste bei gleichzeitiger Rückschlaggefahr, da das Ventil immer einen kleinen Spalt offensteht. Bei längerer Unachtsamkeit können sogar die Ventilkegel der Auslass- und sogar der Einlassventile verbrennen oder abreißen, da die notwendige Wärmeabfuhr über die Ventilsitzringe nicht mehr gewährleistet ist. Dann züngeln ungehindert die heißen Verbrennungsgase um den oder die Ventilkegel und wirken dort ähnlich einem Schneidbrenner.

Um solche Schäden und Leistungsverluste zu vermeiden, müssen die korrekten Ventil-Einstellwerte bekannt sein. Sie finden sich immer im jeweiligen Reparatur- bzw.- Wartungshandbuch.

In der Regel muss zum Einstellen der Ventile der Motor kalt sein. Ist er eben noch gelaufen, muss man mindestens zwei Stunden warten (an heißen Tagen manchmal sogar länger), sonst ist das Metall des Motors aufgrund der Wärme noch ausgedehnt und das Ventilspiel damit schlecht oder nicht messbar. Nach Lösen der Ventildeckelverschraubung, löst sich der Deckel oft nicht mit Handkraft ab, da er an der Dichtung klebt. Leichte, vorsichtige Schläge mit einem Gummi- oder Kunststoffhammer an den Rand des Deckels überzeugen ihn aber meist, seinen angestammten Platz zu räumen. Doch Achtung! Bei luftgekühlten Motoren ist hier darauf zu achten, dass man eventuell vorhandene Kühlrippen nicht abschlägt.

Ist der Deckel runter, wird er gereinigt und ggf. die alte Ventildeckeldichtung entfernt. Ist sie stark mit der Dichtfläche verbacken, empfiehlt es sich Dichtungslösemittel zu verwenden. Wer vorsichtig arbeitet, kann auch ein Schabeisen zur Hand nehmen. Keinesfalls aber darf die empfindliche Dichtfläche beschädigt werden. Übrigens! Die alte Dichtung sollte man, falls sie noch heil ist, auch nicht gleich wegwerfen, denn für Notfälle ist sie oft noch gut zu gebrauchen.

Ist der Ventildeckel runter, dreht man die Kurbelwelle, in Motorlaufrichtung, so weit, dass für den Zylinder, dessen Ventile eingestellt werden, der Kolben auf OT (Oberer Totpunkt) steht. Zur Ermittlung des OT gibt es an allen Motoren, entweder an der Kupplung (Starterkranz oder Schwungscheibe) oder an der Kurbelwellen-Riemenscheibe eine Markierung. Wo diese genau ist, steht auch im Reparaturhandbuch. Sie muss bei korrekter Einstellung mit einer Referenzmarkierung (meist am Kurbelgehäuse) übereinstimmen. Aber Achtung! Die Drehrichtung der Kurbelwelle zum Erreichen des OT für das Einstellen der Ventile ist bei vielen Traktormotoren vom Hersteller zwingend vorgegeben. Grund sind

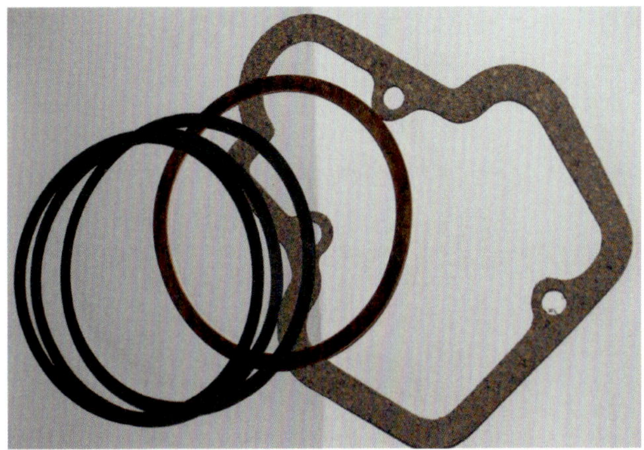

Bevor die Ventile eingestellt werden, sollte man die nötigen Dichtungen besorgt haben.

Als Erstes muss der Ventildeckel runter. Gutes fassendes Werkzeug ist hier Pflicht.

Oft ist der Ventildeckel mit dem Zylinderkopf verklebt. Ein paar sanfte Hammerschläge genügen jedoch, ihn zu lösen.

Den Deckel vorsichtig abheben und auf seine Einbaulage und, bei Mehrzylindermotoren, Position achten.

Am schmierigen Öl sieht man hier deutlich, dass der letzte Ölwechsel sehr lange her ist.

Um Kolben und Ventile auf OT zu bringen, kann der Motor mit der Starterkurbel gedreht werden.

An dieser geöffneten Kupplungsglocke kann man an der Kupplungsschwungscheibe deutlich die OT-Markierung erkennen.

Hier wird die Mechanik für den Dekompressionshebel geöffnet, damit das Ventilspiel geprüft werden kann.

Kein gutes Zeichen! Das linke Gewinde der Ventilspiel-Einstellschraube steht weiter heraus.

So sieht ein gesunder Ventiltrieb aus. Die Einstellschrauben sind nicht ausgenudelt und stehen gleich hoch hervor.

Geht nur auf OT: das Prüfen des axialen und radialen Kipphebelspiels durch Drücken und Ziehen.

Bevor das Ventilspiel eingestellt wird, muss zuerst der Ist-Zustand kontrolliert werden.

die so genannten Anlauframpen der Nockenwellen, die nicht immer symmetrisch sind. Werden sie entgegen der gewöhnlichen Laufrichtung des Motors angesteuert, stimmen die OT-Markierungen am Schwung- oder Riemenrad nicht mit der tatsächlichen Stellung der Nockenwelle überein. Obwohl dann die Markierungen den OT anzeigen, ist die tatsächliche OT-Stellung der Nockenwelle noch einige Winkelminuten davon entfernt. Die Folge ist, dass das Ventilspiel falsch eingestellt wird.

Das Drehen der Kurbelwelle kann mit der Starterkurbel oder mit einer geeigneten Ratsche an der Kurbelwellen-Riemenscheibe erfolgen. Steht der Kolben auf OT, sind die Ventile des einzustellenden Zylinderkopfes geschlossen. Die Kipphebel liegen jetzt lose auf den Ventilschäften auf.

Zur Ermittlung des korrekten Ventilspiels wird eine nach den Vorgaben des Herstellers entsprechend dicke Fühlerlehre mit leichtem Druck zwischen Ventil und Kipphebel hindurch geschoben. Bei korrekter Einstellung lässt sich diese satt-saugend durchziehen – ansonsten müssen die Ventile neu eingestellt werden. Meist befindet sich hierzu am Kipphebel eine Einstellschraube mit Kontermutter. Nach dem Lösen der Kontermutter kann die Einstellschraube verdreht werden, bis die Fühlerlehre genau in den Spalt passt. Dabei sollte die Fühlerlehre in dieser Stellung festgehalten und anschließend die Kontermutter mit Gefühl angezogen werden.

Soviel zur Theorie! Es passiert oft, dass sich die Einstellschraube nur sehr schwer drehen lässt. Dann wurde sie in der Vergangenheit irgendwann einmal durch zu festes Anziehen der Kontermutter am Gewinde beschädigt. In einem solchen Fall muss der Kipphebel ausgebaut und die Einstellschraube ersetzt und das Gewinde im Kipphebel nachgeschnitten werden. Ansonsten besteht die Gefahr, dass die Einstellschraube abreißt. Dann kommt es zwangsweise zu einem kapitalen Motorschaden.

Vor dem Einstellen der Ventile ist auch noch darauf zu achten, wie weit die Einstellschrauben bereits herausgedreht sind. Die Kipphebel-Einstellschrauben von Ein- und Auslass sollten immer in etwas gleich weit herausgedreht sein. Ist aber eine weiter herausgedreht, ist das ein Zeichen, dass sich das entsprechende Ventil in den Ventilsitz eingeschlagen hat. Zwei oder drei Gewindeumdrehungen über der Kontermutter sind hierbei jedoch meist normal. Stehen eine oder mehrere Einstellschrauben zu weit heraus, muss der Ventilsitz möglichst bald überarbeitet werden. Ansonsten droht hier auch Undichtheit mit den oben beschriebenen Folgen.

Nächster Kontrollpunkt ist das axiale Kipphebelspiel. Es ist oft auch Ursache für klappernde Geräusche. Dabei muss der Kolben ebenfalls auf OT stehen. Messen

Das Einstellen des Ventilspiels muss mit Gefühl erfolgen, sonst kann das Gewinde der Einstellschraube abreißen.

Die Fühlerlehre muss sich satt-saugend durch den Spalt zwischen Kipphebel und Ventilkopf ziehen lassen.

Lässt sich die Einstellschraube nicht leicht drehen, muss sie bei ausgebautem Kipphebel getauscht werden.

Bild 1 und 2: Wenn der Kipphebelkopf bereits so stark eingelaufen ist, dann ist auch zumeist der Ventilschaftkopf verschlissen.

Zur Demontage des Kipphebels muss ein Sicherungsring mit der Sicherungsringzange entfernt werden.

Der Sicherungsring hat eine Fase, die zu den Distanzscheiben des Kipphebels weisen muss.

Sie dann mit der Fühlerlehre das seitliche Spiel zwischen Kipphebel und Lagerbock. Das Spaltmaß muss den Angaben des Herstellers entsprechen. Ist zu viel Spiel vorhanden, kann es bei vielen Traktoren durch Distanzscheiben ausgeglichen werden. Doch Vorsicht! Die Original-Distanzscheiben sind oft gehärtet und auf genaues Maß geschliffen. Deshalb nur Original-Ersatzteile verwenden.

Problematischer ist hingegen radiales Kipphebelspiel. Dann müssen die Kipphebelachse und der Kipphebel ausgebaut werden. Bei einigen Motorentypen ist hierzu die Sicherungsschraube der Kipphebelachse zu lösen. Sie kann sich außerhalb des Ventiltriebgehäuses oder am Kipphebelbock befinden. Bei anderen Motorkonstruktionen wird die Achse vom Stehbolzen gehalten. Löst man hier die oberen Muttern, kann die Kipphebelachse mit samt den Kipphebeln aus dem Ventiltriebgehäuse gehoben werden.

Unabhängig von der Konstruktion sollte man, bevor die Kipphebel von der Achse gezogen werden, darauf achten, ob Distanzringe zum Ausgleich des seitlichen Kipphebelspiels verbaut sind. Sind sie vorhanden, merken sich Kfz-Profis die Reihenfolge der Kipphebel und der Distanzringe auf der Achse. So kann man sich, vorausgesetzt das seitliche Kipphebelspiel und der Verschleiß der Teile lässt es zu, beim späteren Zusammenbau das langwierige Ausdistanzieren sparen. Oft sind die Kipphebel auf der Kipphebelachse zusätzlich noch mit einem Sprengring gesichert. Er wird mit einer passenden Sprengringzange gelöst. Beim Öffnen des Sprengrings kann seine genaue Einbaulage wichtig sein. Sprengringe können zwei unterschiedliche Seiten haben: eine scharfkantige und eine abgerundete. Die abgerundete Seite des Sprengrings wird Fase genannt und muss immer zur bewegten Komponente zeigen. Die Abrundung verhindert Einlaufspuren an den Distanzringen oder am Kipphebel. Manche Kipphebelachsen haben zur Ölversorgung der Kipphebel schräg gebohrte Ölbohrungen, die genau auf die Kipphebel ausgerichtet sind, damit Öl fließen kann. Ist eine solche Achse verbaut, befindet sich oft an deren Stirnseite ein Körnerpunkt als Lagemarkierung. Je nach Motorentyp muss dieser nach oben oder unten zeigen. Wer hier sicher gehen will, dass die Ölbohrung bei der späteren Montage wieder richtig liegt, der sollte die Kipphebellagerung zunächst nur soweit zerlegen, dass man die Bohrung für den Ölfluss erkennen kann. Erst wenn man sich die genaue Lage notiert hatte, sollten die Kipphebel von der Achse gezogen werden.

Zur Prüfung auf Verschleiß sind die demontierten Teile zunächst gründlich zu reinigen. Die Kipphebelachse darf keinerlei Einlaufspuren zeigen. Oft zeigt jedoch

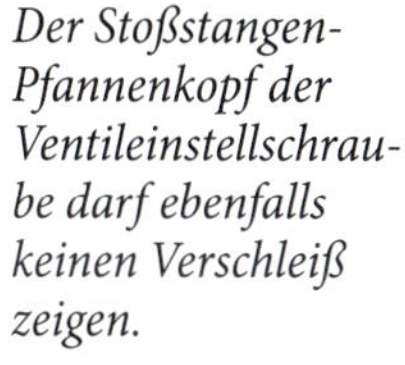

Der Stoßstangen-Pfannenkopf der Ventileinstellschraube darf ebenfalls keinen Verschleiß zeigen.

An einer speziellen Schleifmaschine kann der Kipphebelkopf nachgeschliffen und später ggf. noch gehärtet werden.

Die Komponenten des Kipphebelbockes müssen wieder an ihrem angestammten Platz verbaut werden.

Beim Abziehen des Kipphebels kommt darunter entweder ein Gleit- oder Nadellager zum Vorschein.

Vorsicht beim Abziehen des Nadellagerkäfigs, damit keine Nadeln verloren gehen oder in den Motor fallen.

Deutlich sind hier Einlaufspuren des Nadellagerkäfigs auf der Kipphebelachse zu erkennen.

Auch die Lagerbuchse des Kipphebels ist verschlissen. Alles muss überarbeitet oder getauscht werden.

Auch die Kipphebelbockeinheiten kommen wieder an ihren angestammten Platz. Sie wurden vorher markiert.

Die Stoßstangen, die die Kipphebel mit der Nockenwelle verbinden, müssen gerade und verschleißfrei sein.

Nach Montage und Einstellen des Ventiltriebes folgt der abschließende Akustikcheck.

die Härteschicht an der Unterseite der Achse deutliche Einlaufspuren oder Riefen. Ist das der Fall, hilft nur der Austausch oder die Überarbeitung der Achse. Hierzu muss sie neu nitriert und auf Maß geschliffen werden. Auch in der Kipphebelbohrung dürfen sich keinerlei Verschleißspuren zeigen. Sind beide Teile ohne Verschleiß, ist das Spiel zwischen Achse und Kipphebel zu kontrollieren. Hierzu wird jeweils der entsprechende Kipphebel auf seinen »Arbeitsplatz« auf der Achse gesteckt. Durch seitliches Drücken des Kipphebels lässt sich jetzt selbst geringes Spiel leicht feststellen. Bei Spiel sollten Kipphebel und Achse ausgetauscht oder überarbeitet werden, da hierdurch sonst die exakte Einstellung der Ventile beeinflusst wird. Zudem hört man im Betrieb auch das kleinste Achsspiel sehr deutlich. Bei den Kipphebeln ist auch der Zustand der Ventildruckfläche zu prüfen. Sie darf keinen Druckspuren zeigen. Einlaufspuren sind deutlich als halbkreisförmige Vertiefungen oder Abplatzungen der Härteschicht zu erkennen. Prinzipiell können solche Schäden nachgearbeitet werden. Sind sie jedoch sehr tief, sollte man den Kipphebel tauschen.

Ist hier alles in Ordnung, heißt es, nach dem Einstellen der Ventile, den Motor einige Male mit der Hand durchzudrehen, um dann nochmals das Ventilspiel zu messen. Dabei ist zu kontrollieren, ob der Ventiltrieb einwandfrei arbeitet. Ist alles korrekt, wird der Motor, falls vorhanden, mit dem Anlasser durchgedreht. Dabei nochmals alles kontrollieren! Erst jetzt kann der Ventildeckel wieder montiert werden. Hierzu wird auf die gereinigte Dichtfläche eine neue Dichtung gelegt und dann der Ventildeckel mit den vom Hersteller vorgegebenen Anzugsmomenten montiert. Sind hier vier oder mehr Stehbolzen oder Schrauben vorhanden, sind diese über Kreuz anzuziehen.

Bei der Montage, speziell bei Mehrzylinder-Motoren mit getrennten Zylindern und verschiedenen Ventildeckeln, ist auch darauf zu achten, dass sich immer der richtige Ventildeckel auf seinem Zylinder befindet. Manchmal sind sie technisch unterschiedlich oder gar spiegelverkehrt. Werden Deckel vertauscht, können sie undicht sein, die Kipphebel an den Deckel stoßen oder die Entlüftungsbohrungen passen nicht mehr aufeinander.

Nachdem die Ventile eingestellt sind, sollte man sich noch vergewissern, dass bei Motoren mit Steuerkette, diese einwandfrei arbeitet. Hierzu wird der Motor gestartet. Ist er betriebswarm, folgt das so genannte Abhören. Hierfür gibt es zwar spezielle Werkzeuge, für uns tut es aber auch ein Schraubendreher mit langer Klinge. Das Heft an den Knorpel des Gehörganges gedrückt und die Klinge an die verschiedenen Bereiche des Steuerkastens gehalten, hilft bei etwas Übung problemlos, die Laufgeräusche der Steuerkette abzuhören. Dazu braucht es natürlich etwas Übung. Wer aber regelmäßig seinen Motor auf diese Art abhört, lernt die Laufgeräusche bald gut kennen. Eine gesunde Steuerkette verursacht leicht schwirrende Geräusche. Ist sie hingegen ausgeschlagen, hört man unregelmäßige rumpelnde und kratzende Geräusche aus dem Steuerkasten. Dann ist sie entweder ausgeschlagen oder der Steuerkettenspanner ist defekt. Eine Reparatur bzw. ein Austausch der Steuerkette ist dann unumgänglich. Dies kann man dann entweder selbst machen, oder einen Motoreninstandsetzer beauftragen. Gemacht werden, muss es aber! Eine Liste dieser Betriebe findet sich auf der Homepage des VMI (Verband der Motoreninstandsetzungsbetriebe e. V.; www.vmi-ev.de).

Bremsen einstellen

Irgendwann merkt man es. Die Bremse funktioniert nicht richtig. Entweder sie zieht stark in eine Richtung oder ihre Wirkung hat nachgelassen. Nicht immer sind dann die Beläge runter. Eine einfache Einstellung kann Wunder wirken.

Wer an der Bremse seines Traktors arbeitet, muss wissen, was er tut. Da unsere alten Traktoren meist nur an der Hinterachse eine Bremsanlage haben, ist es nochmals lebenswichtiger, seine Fähigkeiten bei Reparaturen oder Einstellarbeiten an der Bremse keinesfalls zu überschätzen. Wer hier nur die geringsten Zweifel hat, sollte den Rat eines Fachmannes hinzuziehen oder die nötigen Arbeiten gleich in der Werkstatt seines Vertrauens machen lassen. Ebenso wichtig ist der Gesundheitsschutz bei Arbeiten an der Bremse. Vor allem wer eine Trommelbremse an seinem Traktor hat, weiß, wieviel Staub sich im Laufe der Zeit in der Bremstrommel ansammeln kann. Dass Stäube generell nicht gerade gesundheitsfördernd sind, weiß mittlerweile jedes Kind. Und die Bremsstäube können noch eine zusätzliche Gefahr bergen – Asbest. Wer denkt, dass das übertrieben ist, muss wissen, dass bis 1990 Asbest den Bremsbelägen zugemischt werden durfte. Da der Verschleiß von Bremsbelägen bei Traktoren eher niedrig ist, können durchaus noch Beläge mit Asbest in den Bremstrommeln oder in der Feststellbremse eingebaut sein. Die Wahrscheinlichkeit wird umso höher, je länger der Traktor in den letzten Jahren stand, um auf seine Wiederbelebung zu warten. Wer hier unsicher ist, darf keinesfalls eine Bremse mit Pressluft reinigen. Besteht auch nur der geringste Zweifel über die Zusammensetzung der Bremsbeläge, sollten sie gewechselt werden. Dabei ist das Tragen einer Staubschutzmaske und die Verwendung von viel Wasser zum Auswaschen der Trommelbremse obligatorisch. Wenn Sie das im Freien oder in Ihrer Werkstatt machen, sorgen Sie auch dafür, dass das Waschwasser vollständig in der Kanalisation verschwindet und nicht auf Ihrem gepflasterten Hof oder dem Werkstattboden verdunstet. Dann hätten Sie nämlich nichts erreicht und die aus der Bremstrommel ausgeschwemmten Asbeststäube würden nach dem Abtrocknen schön verteilt auf dem Boden liegen. Jedes Mal, wenn ein Lüftchen weht, würde dann die Luft mit Asbeststaub angereichert werden.

Natürlich geht auch beim Einstellen der Trommelbremse nichts ohne gutes Werkzeug. Wer mit einer alten rostigen Rohrzange und einem ausgenudelten Schraubendreher hier Hand anlegt, sollte es lieber gleich lassen. Die Gefahr, hier mehr Schaden anzurichten, als Nutzen, ist schlicht zu groß. Wer vorab wissen möchte, welches Werkzeug notwendig ist, erfährt dies aus dem Werkstatt-

Öl auf den Bremsbelägen ist ein KO-Kriterium. Hier braucht man nichts mehr einstellen.

Auch der Zustand der Bremstrommel sollte vor dem Einstellen der Bremse eingehend geprüft werden.

Wurde das Bremsgestänge lange nicht mehr geschmiert, führt das zu Bremskraftverlusten in der Bremstrommel.

handbuch seines Traktors. Es soll übrigens Traktoren geben, für deren Bremstrommeln man tatsächlich spezielle Schraubendreher braucht. Praktisch ist auch eine Dose Rostlöser. Denn oft lassen sich Gewinde zum Einstellen der Bremsgestänge nicht auf Anhieb lösen. Das bedeutet aber andererseits auch, viel Zeit zum Einstellen mitzubringen. Denn muss der Rostlöser angewendet werden, braucht er Zeit zum Wirken. Traktor-Profis raten auch dringend davor ab, mit einem Gasbrenner Gewinde am Bremsgestände wieder gangbar zu machen. Gefragt weshalb, ist die Antwort eindeutig: Damit zerstört man das Gefüge des Metalls. Dies geschieht spätestens dann, wenn es glüht. Dann kann es passieren, wenn man irgendwann einmal fest in die Bremse steigt, dass das Bremsgestänge plötzlich bricht. Profis arbeiten daher, wenn sie Wärme zum Lösen verrosteter Gewinde einsetzen, mit Industrieföns. An diesen Geräten lässt sich die Temperatur einstellen, so dass keine Gefahr besteht, das Materialgefüge des Metalls zu zerstören.

Oft braucht man auch zum Einstellen der Bremse einen Wagenheber, Unterstellböcke und Demontagewerkzeug für die Räder, da man direkt an der Bremstrommel arbeiten muss.

Sind die Grundvoraussetzungen für das Einstellen der Bremstrommeln geklärt, kann es losgehen. Die Betriebsbremse unserer alten Traktoren an der Hinterachse wird in der Regel über ein Gestänge mechanisch angesteuert. Dabei können die Fußbremse und die Handbremse auf eine gemeinsame Bremstrommel wirken. Es gibt aber auch Konstruktionen, da wirkt die Handbremse auf eine gesonderte Bremstrommel, oder sie greift in das Getriebe ein und blockiert dort ein Zahnrad. Auch haben viele alte Traktoren getrennte Bremspedale, die mit einem Hebel oder einem Bolzen verbunden sind. Solange dieser Hebel oder Bolzen verriegelt oder eingesteckt ist, wirkt die Bremskraft synchron immer auf beide Bremstrommeln. Sinn dieser Konstruktion ist es, wenn der Hebel oder der Bolzen entfernt ist, dass der Traktor im schweren morastigen Gelände lenkfähig bleibt. Dann kann der Traktor unter Betätigen der jeweiligen Bremse um die Kurve gezwungen werden. Da die Bremse lediglich nur auf die Hinterräder wirkt, ist ihre zuverlässige Funktion sehr wichtig. Aus diesem Grund muss die Bremse richtig eingestellt werden, damit sie gleichmäßig wirken kann. Sind die Bremstrommeln hingegen verkehrt eingestellt, haben sich im Betrieb verstellt, oder die Beläge bzw. das Bremsgestänge sind verschlissen, bremsen die beiden Bremstrommeln unterschiedlich stark. Dann kann es vorkommen, dass der Traktor zu einer Seite ausbricht und sich sogar überschlagen kann.

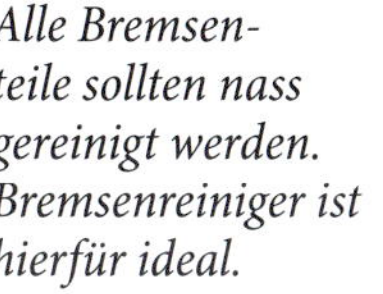

Alle Bremsenteile sollten nass gereinigt werden. Bremsenreiniger ist hierfür ideal.

Mit Hakenschlüssel zum Einstellen des Nachstellers und Wartungsanleitung ist das Einstellen der Trommelbremse leicht.

Zuerst wird die Kontermutter des Nachstellers gelöst. Hinterher nicht vergessen, sie wieder festzuziehen.

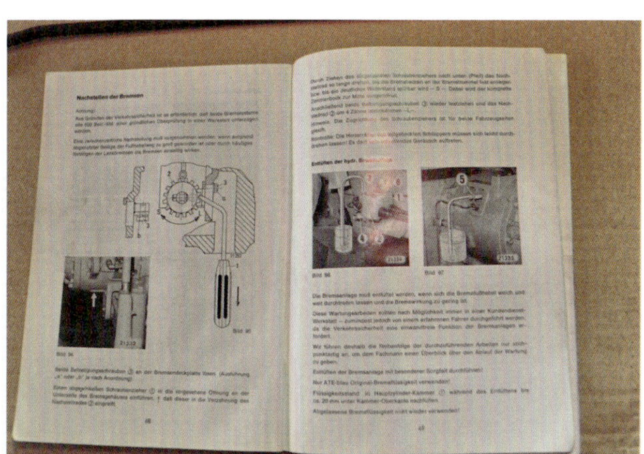

Zum Einstellen der Bremsbeläge sollte das Bremsgestänge zunächst gelockert werden.

Es ist immer sinnvoll, die Bremstrommel von der Ankerplatte abzuziehen, um Ihren Zustand zu erkennen.

Sieht die Bremstrommel von innen so aus, steht dem Einstellen der Bremsbeläge nichts im Weg.

Die Beläge sollten keinesfalls verschlissen sein, sonst kann man sich das Einstellen der Bremse sparen.

Mit dem speziellen Hakenschlüssel den Nachsteller verdrehen, bis das Rad leicht blockiert.

Abschließend den Nachsteller wieder soweit lösen, dass sich das Rad gerade wieder frei drehen lässt.

Zum Einstellen der jeweiligen Trommelbremse muss der Verbindungsbolzen der Lenkbremse gelöst werden.

Ohne Verbindungsbolzen darf mit einer Lenkbremse nicht im öffentlichen Straßenverkehr gefahren werden.

Bei den meisten Traktoren muss immer zuerst eine Grundeinstellung vorgenommen werden. Dazu müssen an der Hinterachse sogar manchmal die Räder runter, um an den Nachsteller für die Bremsbeläge zu kommen. Er befindet sich in der Bremstrommel und ist bei einigen Konstruktionen durch ein Loch in der Ankerplatte, dass zumeist mit einem Gummistopfen verschlossen wird, zugänglich. Um die Bremsbeläge nachstellen zu können, muss einerseits am Nachsteller gedreht werden, andererseits kann eine Längenverstellung des Bremsgestänges ein Einstellen der Bremse bewirken.

Wird es richtig gemacht, erfolgt die Grundeinstellung zunächst damit, dass das Bremsgestänge völlig gelöst wird. Dann wird, je nach Konstruktion (Konus oder Rädchen), die Sicherungsmutter am Nachsteller gelöst und der Nachsteller, der sich in der Bremstrommel befindet, soweit gelockert, dass die Bremsnocken in Ruhestellung sind. Anschließend wird an der Nachstellerschraube so lange gedreht, bis die Bremsbeläge das Rad blockieren. Danach den Nachsteller nach Herstellervorgabe (das kann zwischen einer Viertel und einer ganzen Umdrehung oder eine gewisse Anzahl von »Klicks« sein) herausdrehen, bis sich das Rad wieder leicht drehen lässt. Die richtige Einstellung ist erreicht, wenn die Beläge eben gerade beim Drehen des Rades keine Schleifgeräusche mehr produzieren. Dann den Nachsteller ggf. wieder mit der Kontermutter sichern und die Verschlusskappe wieder aufbringen, damit kein Schmutz von außen in die Bremstrommel kommt.

Ist das Rad runter und die Bremstrommel abgezogen, weil man den Zustand der Bremsbeläge und der Bremstrommel begutachten will, kann der Nachsteller bei offener Bremstrommel sehr leicht soweit herausgedreht werden, dass sich die Bremstrommel gerade noch über die Beläge schieben lässt. Die letzte Feineinstellung erfolgt dann ebenfalls, wie eben gerade beschrieben, durch das Loch in der Bremsankerplatte.

Anschließend muss noch der Weg am Gestänge eingestellt werden. Diese Arbeit erfordert ebenfalls Gefühl und viel Erfahrung. Das Gestänge oder der Seilzug wird am Einsteller soweit herausgeschraubt, dass sich die Trommel bzw. das Rad gerade nicht mehr drehen lässt. Dann wird das Gestänge bzw. der Seilzug in der Art gelockert, dass die Bremsbacken eben beginnen, aufzumachen. Dann betätigt man mehrere Male die Bremse, um das mechanische Setzen der Komponenten zu erreichen. Dann folgt noch die Feineinstellung übers Gestänge. Anschließend wird die Bremstrommel auf der gegenüberliegenden Seite nach der gleichen Art eingestellt. Um die Synchronität der Bremstrommeln zu erreichen, sollten die Bremspedale zunächst entriegelt werden, um so einzeln die Pedale zu testen. Hier ist zu beachten, dass das Fahren mit entriegelten Bremspedalen nur auf nicht öffentlichem Grund erlaubt ist. Der Traktor sollte dann links und rechts eine ähnliche Verzögerung haben. Wahrscheinlich werden aber die Pedalwege unterschiedlich sein. Dann muss das Pedal, das den weiteren Pedalweg hat, nachgestellt werden. Die Einstellung ist richtig, wenn beide Pedale den gleichen Weg haben bis zu dem Punkt, an dem die Bremsverzögerung einsetzt. Danach werden die Pedale verriegelt und abschließend eine Vollbremsung auf einem Kiesweg gemacht. Die dabei entstehende Bremsspur im Kies muss für beide Räder annähernd gleich lang sein.

Sind Pedaldruck und Weg beider Pedale beim Bremsen gleich, aber die Bremsspur unterschiedlich lang, ist davon auszugehen, dass etwas an den Bremsen nicht in Ordnung ist. Dann heißt es, auf Fehlersuche gehen. Eine Ursache könnte jedoch sein, dass, wenn neue Beläge montiert wurden, diese sich noch einschleifen müssen, bevor sie volle Bremskraft entwickeln. Oft ist es aber das Bremsgestänge selbst. Wenn eines der Umlenkgelenke schwergängig oder die Pedalverriegelung ausgeschlagen ist, dann kommt es zu unterschiedlichen Bremskräften an der Bremstrommel. Dann hilft meist nur, die Pedalerie und Gestänge vollständig zu zerlegen und alles abzuschmieren bzw. gegen Neuteile auszutauschen. Dann sollte es aber funktionieren!

Vor dem Einstellen muss noch geprüft werden, wie weit sich das rechte und das linke Pedal durchdrücken lassen.

Zum Einstellen des Pedalweges wird das Spiel des Bremsgestänges eingestellt.

Die Bremsspur im Kies zeigt es deutlich: Beide Trommelbremsen arbeiten synchron.

Wenn der Traktor steht, verliert eine Blei-Säure-Batterien am Tag zwischen 0, 3 und ein Prozent ihrer Kapazität.

Batteriepflege

Wer kennt das nicht? Zündschlüssel ins Zündschloss, Vorglühen, Startknopf gedrückt und – nichts rührt sich. Häufigste Ursache für den Stillstand: Die Batterie hat schlappgemacht. Damit das nicht passieren kann, muss der Zustand des Energiespenders regelmäßig überprüft werden.

Häufig stehen unsere Traktoren mehrere Wochen im Schuppen oder in der Garage und warten darauf, dass wir mit ihnen eine Runde drehen. Der eine oder andere mag da denken, dass das dem Traktor nichts ausmacht – aber weit gefehlt! Speziell Blei-Säure-Batterien mit flüssigem Elektrolyt können am Tag, in Abhängigkeit von ihrer Technologie und den Lagerbedingungen, zwischen 0, 3 und ein Prozent ihrer Kapazität verlieren. Eine vollgeladene Batterie kann daher nach drei Monaten völlig leer sein. Wer Überraschungen vermeiden möchte, sollte daher die Batterie alle vier bis sechs Wochen nachladen. Das kann mit einem guten Autobatterie-Ladegerät aus dem Baumarkt erfolgen. Besser ist aber ein teures Profi-Ladegerät. Solche Geräte verfügen über eine spezielle an Blei-Säure-Batterien angepasste Ladekennlinie und schalten ab, wenn die Batterie vollgeladen ist. Zudem haben sie einen Erhaltungsladungsmodus. Dieser ist ungemein praktisch, denn die Batterie kann einfach am Ladegerät angeklemmt bleiben und wird ständig, wenn die Kapazität abfällt, nachgeladen. Vor allem bei langen Standzeiten ist das sehr nützlich, da die Batterie stets einsatzbereit ist.

Wichtig ist aber auch, und das muss überprüft werden, dass das Ladegerät über eine Kurzschlusssicherung verfügt. Im Fall nämlich, falls das Gerät oder die Batterie kurzschließt, kann es zu keinem Brand kommen, da das Ladegerät sofort abschaltet.

Doch das beste Ladegerät nützt nichts, wenn die Batterie bereits verbraucht ist. Wer hier sichergehen will, dass der Energiespeicher allzeit vor Kraft strotzt, sollte ihn mindestens alle zwei Monate überprüfen. Ein häufiger Irrtum ist hierbei, dass man den Zustand einfach mit einer Spannungsmessung kontrollieren kann. Selbst eine völlig entladene und chemisch tote Batterie zeigt oftmals noch 12 bis 13 Volt beziehungsweise 6 bis 6,5 Volt an. Um keine Fehlmessung angezeigt zu bekommen, muss deshalb eine Spannungsmessung unter Last durchgeführt werden.

Hierbei ist Folgendes zu beachten: Ist man eben noch mit dem Fahrzeug gefahren, sollte man mindestens eine Viertelstunde nach Abschalten des Motors warten, bevor eine Messung durchgeführt wird. Wurde die Batterie gerade geladen, sind es sogar drei Stunden, bevor an eine Messung zu denken ist. Zur Messung genügt ein handelsübliches Multimeter. Gute Geräte bekommt man übrigens bereits für wenig Geld im Internet, im Bau- und sogar im Supermarkt.

DIY-Batterie-Test

Zum Test muss bei Ottomotoren zunächst die Zündung des Fahrzeugs lahmgelegt werden, indem man die Zündkabel von den Zündkerzen oder den -spulen abzieht (Achtung! Kabel müssen hierzu unbedingt spannungsfrei sein!) und direkt auf Masse legt. Das schont die Zündung und der Motor kann nicht anspringen. Bei einem Diesel sollte hierzu die Spritzufuhr unterbrochen werden. Anschließend wird das Messgerät auf Spannungsanzeige eingestellt und der richtige Spannungsbereich ausgewählt. Dieser liegt bei vielen Testgeräten zwischen 0 und 40 Volt.

Der Anschluss des Testers an die Batterie ist einfach. Lediglich das rote Messkabel muss an den Pluspol (+) und das schwarze Kabel an den Minuspol (–) der Batterie angeschlossen werden. Jetzt wird das Licht eingeschaltet und rund fünf Sekunden der Anlasser betätigt. Nach einer kurzen Pause wiederholt man das Starten. Keinesfalls aber sollte länger als 20 Sekunden georgelt werden, da sonst der Starter Schaden davontragen könnte. Während des Startens liest man die Messergebnisse vom Tester ab. Die Batterie ist in Ordnung, wenn eine Spannung zwischen 9 und 12 Volt beziehungsweise 4,5 und 6 Volt angezeigt wird. Eine schwache Batterie wird jedoch weniger als 9 oder 4,5 Volt anzeigen. Sie muss dann nachgeladen werden. Da im Winter viele Batterien aus dem Traktor ausgebaut sind, oder der Motor für den Winterschlaf eingemottet wurde, ist eine Säuredichte-Prüfung ideal. Sie gibt zuverlässig Auskunft über den

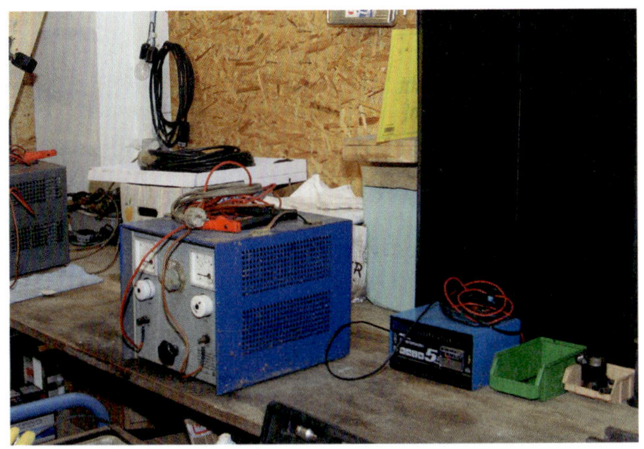

Mit guten Ladegeräten kann der Ladezustand der Batterie mit und ohne Last gemessen werden.

Bei langen Standzeiten muss die Batterie ausgebaut und regelmäßig nachgeladen werden. (Bild: Kunzer)

Mit einem Säureheber lässt sich zuverlässig der Ladezustand feststellen.

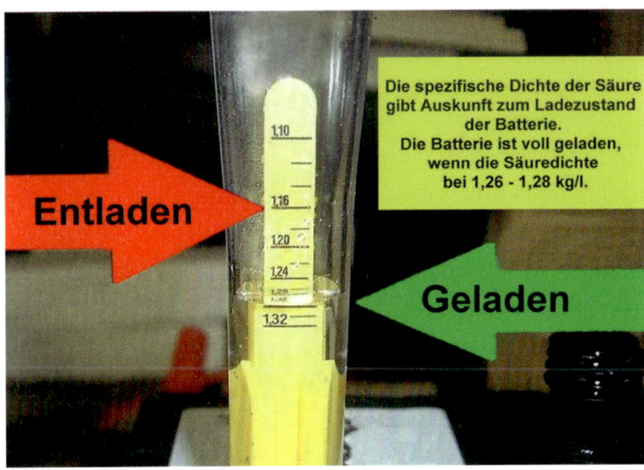

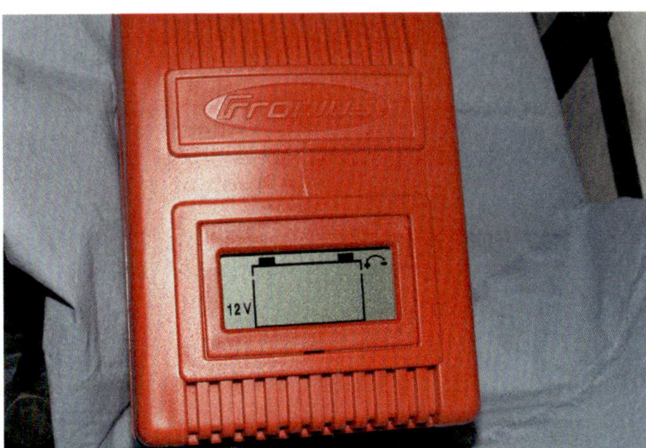

Ältere Ladegeräte oder billige aus dem Baumarkt schaden der Batterie, weil sie falsche Ladekennlinien haben.

Ladegeräte gibt es in verschiedenen Ausführungen. Dieses verfügt sogar über eine Erhaltungsladung.

Moderne Ladegeräte erkennen selbstständig, welche Art Batterie geladen wird, und passen die Ladekennlinie an.

Hochwertige Ladegeräte verfügen heute über einen Kurzschluss- und Verpolschutz.

Beim Kauf eines Ladegerätes sollte darauf geachtet werden, dass es für 6 und 12 Volt verwendet werden kann.

Hier fehlen eindeutig Polfett und jeweils eine Abdeckhaube für den Plus- und Minus-Pol der Batterie.

Ladezustand der Batterie. Zur Prüfung benötigt man einen Säureheber (Hydrometer), mit dem die spezifische Dichte der Säure gemessen werden kann. Das Gerät kostet nur wenige Euro und kann überall im Fachhandel bezogen werden. Säureheber gibt es mit Schwimmern und Messskala oder aber auch mit Schwimmkugeln, die ein bestimmtes spezifisches Gewicht haben.

Das Überprüfen der Säuredichte ist einfach. Zunächst dürfen keinerlei Verbraucher an der Batterie angeschlossen sein (hierzu im Fahrzeug eingebaute Batterien von der Fahrzeugmasse trennen). Dann werden alle Verschlussstopfen der einzelnen Batteriezellen geöffnet und die Stopfen an einem sauberen (!) Ort abgelegt. Anschließend wird mit dem Säureheber aus der ersten Zelle gerade so viel Säure angesaugt, dass der oder die Messelemente des Hebers frei schwimmen. Hieran kann das Messergebnis abgelesen werden. Danach wird die Säure wieder zurück in die Zelle gefüllt und die Messung bei der nächsten Zelle wiederholt, bis man alle Zellen gemessen hat. Die Interpretation der Messergebnisse ist leicht. Die Batterie ist vollgeladen, wenn die Säuredichte bei 1,26–1,28 kg/l. liegt. In diesem Fall schwimmen alle Kugeln im Säureheber oder der Schwimmer zeigt im vollen »grünen«-Bereich an. Ein Nachladen der Batterie ist nicht nötig.

Teileweise oder halbentladene Batterien zeigen eine Säuredichte zwischen 1,22 kg/l und 1,19 kg/l an. Je nach Ausführung des Säurehebers schwimmen nicht mehr alle Kugeln oder die Anzeige steht im »gelben« Bereich. Die Batterie sollte daher in Kürze nachgeladen werden.

Zeigt die Säuredichte 1,12 kg/l bis 1,16 kg/l, ist die Batterie vollständig oder fast entladen. Nur eine Kugel schwimmt oder die Anzeige steht im roten Bereich. Nachladen ist sofort nötig.

Das Messen sollte übrigens nur bei Temperaturen um die 20 Grad Celsius erfolgen, da sonst die Messergebnisse abweichen können.

Zum Schluss noch ein paar Pflegtipps: Der Batteriesäurestand (Elektrolyt) sollte vor allem im Sommer regelmäßig und jedes Mal, wenn die Batterie geladen wurde, kontrolliert werden, da durch die Wärme beziehungsweise durch Ausgasen beim Laden, Wasser verloren gehen kann.

Sehr wichtig ist es auch, darauf zu achten, dass niemals Säure, sondern nur destilliertes Wasser nachgefüllt wird.

Zur Wartung und Pflege gehört es auch, die Batteriepole mit Polfett einzuschmieren. um Oxid-Bildung zu verhindern. Das Oxid zeigt sich als weiße kristallartige Kruste. Wird die Schicht vor allem im Kontaktbereich zwischen Kabelklemme und Pol zu dick, erhöht sich hierdurch der Übergangswiderstand. Irgendwann wirkt das Oxid dann wie ein Isolator und es fließt kaum noch oder gar kein Strom mehr. Hat sich bereits eine Oxidkruste gebildet, weil das Polfett vergessen wurde, ist das kein Problem. Mit einer Drahtbürste und Wasser lässt sie sich problemlos entfernen. Danach ist der Stromfluss wiederhergestellt.

Störungsursache Batterie

An Batterien können verschiedene Defekte auftreten. Nicht jeder hat seine Ursachen in der Batterie selbst.

Störung	Ursache	Lösung
Aus Verschlussstopfen tritt Säure aus, beziehungsweise die Batterie »kocht« beim Laden.	a. Zu hoher Säurestand. b. Zu hohe Ladespannung beim Laden. c. Lichtmaschine defekt.	a. Überschüssige Säure bis Markierung absaugen. b. Spannungsregler im Fahrzeug oder Ladegerät prüfen. c. Lichtmaschine prüfen, reparieren oder austauschen.
Säuredichte zu niedrig beziehungsweise unzureichende Ladung der Batterie.	a. Batterie entladen. b. Lichtmaschine defekt. c. Spannungsregler defekt. d. Kurzschluss in der Verkabelung. e. Keilriemen locker. f. Säure verwässert. g. Zu viele Verbraucher gleichzeitig eingeschaltet.	a. Batterie nachladen. b. Lichtmaschine prüfen, reparieren oder austauschen. c. Regler prüfen, reparieren oder austauschen. d. Kabel prüfen, reparieren oder austauschen. e. Keilriemen spannen. f. Batterie muss getauscht werden. g. Nur einzeln einschalten oder stärkere Lichtmaschine einbauen.
Leistung zu gering beziehungsweise Spannung fällt ab.	a. Batterie entladen. b. Anschlussklemmen lose oder oxydiert. c. Masseverbindungen schlecht. d. Batterie chemisch verbraucht. e. Spannungsregler defekt.	a. Ladespannung zu niedrig (s.o.). b. Anschlussklemmen reinigen und Klemmschrauben anziehen. c. Anschlüsse reinigen. d. Batterie austauschen. e. Spannungsregler prüfen und/oder austauschen.
Zu geringer Säurestand in Batterie.	a. Verdunstung durch Wärme. b. Verdunstung durch Überladung.	a. Destilliertes Wasser bis zur angegebenen Markierung nachfüllen. b. Spannungsregler im Traktor oder Ladegerät prüfen.

Was ist Sulfatierung?

Seit vielen Jahrzehnten sind Bleibatterien mit flüssigem Elektrolyt kostengünstiger Standard in Fahrzeugen aller Art. Die mit verdünnter Schwefelsäure gefüllten Batterien benötigen regelmäßig Pflege, damit sie zuverlässig funktionieren.
Neben der Kontrolle des Elektrolytstandes muss vor allem der Ladezustand öfter überprüft werden. Wie oft dies geschehen muss, hängt stark von der Umgebungstemperatur und dem Einsatzprofil ab. Ist eine Batterie nach längerer Standzeit tief entladen, hat sich auf den positiven Bleiplatten in den Zellen eine aus grobkristallinem Bleisulfat bestehende Schicht gebildet (so genannte Sulfatierung).
Im Prinzip stellt jede Entladung einer Batterie eine Sulfatierung dar. Ist die Batterie dabei lediglich nur entladen, wird das Bleisulfat beim Ladevorgang durch den Elektronenfluss von der Plusplatte zur Minusplatte in Blei und einen Säurerest zerlegt. Der Säurerest wiederum spaltet im Elektrolyt ein Wassermolekül in die Bestandteile Sauerstoff und Wasserstoff. Der Sauerstoff verbindet sich auf der Plusplatte mit dem dort vorhandenen Blei zu Bleidioxid. Wird jetzt die Batterie belastet, fließt Strom vom Minuspol über den Verbraucher zum Pluspol. Dabei entlädt sich die Batterie. Das gebildete Bleidioxid wird wieder in Blei und Sauerstoff zerlegt. Der Sauerstoff seinerseits verbindet sich im Elektrolyt mit dem Wasserstoff in der Schwefelsäure zu Wasser. An den Plus- und Minusplatten bildet sich aus dem Säurerest und Blei wieder Bleisulfat.
Bei tief entladenen Batterien verhindert jedoch die übermäßige Anlagerung der Bleisulfat-Kristalle an den Elektroden das Aufladen der Batterie, da die aktive Oberfläche der Bleielektroden verringert ist, was zu einer schlechteren Reaktionsfähigkeit führt. Darüber hinaus können die Kristalle durch Erschütterungen von den Elektroden abfallen. Dabei bildet sich eine Schlammschicht am Zellenboden. Wenn die Schlammschicht zu hoch wird, berührt sie die beiden Elektroden und verursacht einen Kurzschluss, der die Batteriezelle zerstört (Um solche Kurzschlüsse zu verhindern, sind bei hochwertigen teuren Bleibatterien die Elektrodenplatten in perforierte Kunststoffsäcke gepackt. Dies verhindert aber nicht die Sulfatierung).
Hochwertige elektronisch gesteuerte Ladegeräte unterstützen heute das Entsulfatieren durch kurze starke Pulsströme. Die Bleisulfatkristalle werden so zerstört und die Kapazität auch älterer Bleibatterien zumindest teilweise wiederhergestellt.

Spur einstellen

Das Einstellen der Spur gehört eher zu den seltenen Wartungsarbeiten. Einmal eingestellt, muss sie meist lange Zeit nicht mehr kontrolliert werden. Doch es gibt Ausnahmen. Vor allem wenn ein Traktor frisch restauriert oder an der Lenkung Teile gewechselt wurden, dann sollte man sich die Spureinstellung näher ansehen. Ein weiterer Grund können auch ungleichmäßig abgefahrene Reifen sein.

Wie die Spur kontrolliert wird, zeigen wir Ihnen an unserem hier schon öfters bemühten »Beispiel-Eicher«, des Typs ED 22.

Kfz-Profis würden die Spur mit einem Laser-Spurvermessungssystem prüfen. Da dieses sicherlich kaum jemand »einfach so« in seiner Hobby-Werkstatt rumliegen hat, gehen wir die Sache auf traditionelle Weise an.

Dazu braucht man lediglich ein paar geeignete Holzpflöcke (Größe: knapp halbe Höhe vom Vorderreifen-Durchmesser), eine gerade Holzlatte (ca. 2, 50m), ein Stück Kreide und einen Zollstock. Die Kontrolle mit diesen einfachen Hilfsmitteln ist sehr einfach. Zuerst wird die Lenkung des Traktors auf Mittelstellung (geradeaus) gebracht. Dann wird jeweils ein Holzpflock unmittelbar neben die vorderen Innenseiten der beiden Vorderräder gestellt. Die beiden Pflöcke sind so ausgewählt, dass sie genau bis zur Mitte des Rades reichen. Dann wird die Latte so auf die beiden Pflöcke gelegt, dass ihre jeweiligen Enden genau auf das Felgenhorn weisen. Die Stellen am Felgenhorn werden anschließend mit einem Kreidestrich am Reifen markiert. Jetzt kann gemessen werden. Dazu wird der Zollstock auf die Latte gelegt und der Abstand zwischen den beiden Vorderrädern genau am Felgenhorn gemessen.

Die Messung an unserem Eicher ergab genau 1113 Millimeter. Das Ergebnis wird aufgeschrieben. Danach wird der Traktor eine halbe Radumdrehung nach vorne gerollt, bis der Kreidestrich hinter der Achse wieder auf halber Höhe steht. Vorher müssen noch die beiden Holzpflöcke und die Latte von den Rädern weggenommen werden. Nachdem der Traktor nach vorne geschoben ist, werden die beiden Holzpflöcke und die Latte wieder zwischen den Rädern, nur diesmal hinter der jeweiligen Vorderradachse, in gleicher Weise wieder, wie vorher, aufgebaut. Jetzt muss der Abstand zwischen den beiden Felgenhörnern gemessen werden. An unserem Eicher werden 1125 Millimeter gemessen. Dann wird gerechnet! Die 1113 Millimeter werden von den 1125 Millimetern

Kfz-Speak

Kfz-Profis sprechen beim Einstellen des Fahrwerks und der Lenkung oft von Radsturz, Spur, Vor- und Nachspur. Was diese Begriffe bedeuten, wollen wir hier kurz erklären.

Radsturz: Als Radsturz oder Sturzwinkel wird die Abweichung des Rades von seiner senkrechten Stellung bezeichnet. Ist das Rad vom Fahrzeug weg nach außen geneigt, ist der Sturz »positiv«, ist es nach innen geneigt, ist der Sturz »negativ«. Mit dem Einstellen des Sturzes kann das Kurvenverhalten eines Fahrzeuges wesentlich beeinflusst werden.

Spur: Die Spur ist die Abweichung (Schrägstellung) der Radebene zur Fahrtrichtung. Hier wird zwischen Vor- und Nachspur unterschieden:

Vorspur: Als Vorspur wird der positive Spurwinkel bei Lenkradstellung geradeaus bezeichnet. Früher wurde die Vorspur in Millimetern angegeben. Dabei wurden die Abstände der Felgeninnenkanten der Räder einer Achse in Höhe der Radmitte, vorn und hinten gemessen und beide Werte subtrahiert. Ist der Abstand an der Radvorderseite kleiner als an der Radhinterseite, ist die Vorspur positiv. Stark übertrieben betrachtet bilden die Räder ein liegendes V, das mit seiner Spitze in Fahrtrichtung zeigt. Die Vorspur stabilisiert den Geradeauslauf durch Verspannung der Reifenaufstandsfläche und vermindert damit die Flatterneigung der Räder. Außerdem wird durch die Vorspur das Gelenkspiel beseitigt, und die Räder stellen sich während der Fahrt parallel. An der Hinterachse wird übrigens die Vorspur zur Verbesserung der Fahrstabilität eingesetzt. Bei zu viel Vorspur laufen die Reifen außen schneller ab, als innen. Außerdem weist das Fahrzeug einen nervösen Geradeauslauf auf.

Nachspur: Als Nachspur wird der negative Spurwinkel bei Lenkradstellung geradeaus bezeichnet. Dann ist der Abstand der Felgeninnenkanten der Räder einer Achse an der Radvorderseite größer als an der Radhinterseite. Stark übertrieben betrachtet, bilden die Räder dann ein liegendes V, das mit seiner offenen Seite in Fahrtrichtung zeigt. Bei Fahrzeugen mit Frontantrieb oder Allradantrieb haben die Vorderräder, bedingt durch die Antriebsmomente, das Bestreben, vorne nach innen zu schwenken. Einen guten Geradeauslauf und eine optimale Spurhaltung erzielt man hier durch negative Spurwerte (Nachspur). Zu viel Nachspur führt zu einem höherem Verschleiß auf der Reifeninnenseite und einem schwammigen Fahrverhalten.

Eine Latte, zwei Holzpflöcke und ein Zollstock genügen, um die Spur des Eichers zu messen.

Mit einem Stück Kreide wird auf halber Höhe des Reifens der Einstellmesspunkt markiert.

Auch auf der gegenüberliegenden Seite wird der Einstellmesspunkt mit einem Kreidestrich angezeichnet.

Nach der vorderen Messung wird der Traktor eine halbe Reifenumdrehung nach vorne geschoben

Hier werden gerade der linke Holzpflock und die Latte für die Messung genau auf halbe Reifenhöhe ausgerichtet.

Zu zweit geht es einfacher. Auf der Gegenseite prüft hier eine zweiter Mechaniker, dass Holzpflock und Latte richtig liegen.

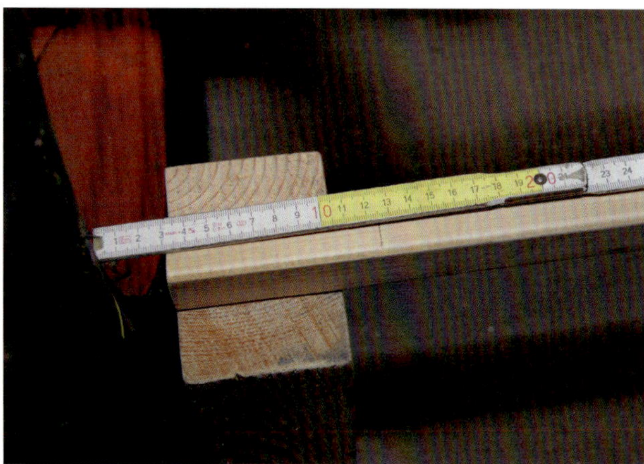

Die Vorspur des Eichers ED 22 ist deutlich zu groß eingestellt. Die Messung zeigt 1125 Millimeter.

Zum Einstellen der Vorspur werden die beiden Sicherungsmuttern an den Spurstangenenden geöffnet.

abgezogen. So erfährt man, wie groß die Vorspur (siehe Kasten) ist. Beim Eicher sind das zwölf Millimeter. Damit ist die Vorspur des Traktors eindeutig zu groß eingestellt, denn sie sollte bei heckgetriebenen Traktoren und laut Eicher-Werkstatthandbuch, je nach Modell, zwischen zwei und fünf Millimeter betragen.

Dass die Vorspur nicht korrekt eingestellt ist, sehen erfahrene Lkw- und Landmaschinenmechaniker übrigens auch daran, dass das Profil der Vorderreifen auf der Außenseite abgefahren ist. Ist hingegen die Innenseite der Vorderreifen abgefahren, dann ist meist die sogenannte Nachspur (siehe Kasten) falsch eingestellt. Sie sollte speziell bei Allradschleppern am vorderen Messpunkt zwischen null und zwei Millimeter mehr betragen, als beim hinteren.

Weichen die Werte ab, muss nachgestellt werden. Dies geschieht durch Rein- oder Rausdrehen der Spurstangenköpfe, bis der Wert stimmt. Glück hat derjenige, an dessen Traktor eine Spurstange mit Rechts-Links-Gewinde verbaut ist. Hier ist es möglich, nach Lösen der Sicherungsmuttern durch Drehen der Stange die Stellung der beiden Vorderräder zu spreizen oder Zusammenzuziehen. Bei einigen Lenkkonstruktionen müssen hierzu aber ein oder beide Kugelkopflager der Spurstangenköpfe demontiert werden, da an beiden Spurstangenenden gewöhnliche Rechtsgewinde eingedreht sind. Dann ist darauf zu achten, dass man die beiden demontierten Spurstangenköpfe links und rechts gleich weit rein- oder rausdreht. Sonst läuft man Gefahr – auch bei korrekt eingestelltem Abstand – dass zum Beispiel ein Rad gerade, das andere schräg steht.

Ob die Einstellung stimmt, zeigt sich meist auch erst, wenn man mehrmals von Lenkanschlag bis Lenkanschlag die Lenkung betätigt. So kommt das Spiel aller Lager und Gelenke der Lenkung zum Tragen und addiert oder subtrahiert sich zur Vor- oder Nachspur. Deshalb sollte nach dem Einstellen nochmals nachgemessen werden. Hat sich die Einstellung verändert und ist außerhalb des Toleranzbereiches, liegt dies meist an zu viel Spiel in der Lenkung beziehungsweise in den Spurstangenköpfen. Dann müssen die schadhaften Teile gewechselt und die Vor- beziehungsweise Nachspur nochmals eingestellt werden.

Am Eicher war hier alles in Ordnung, so dass die Sicherungsmuttern der Spurstange wieder festgezogen werden konnten.

Zum Einstellen der Vor- oder Nachspur gehört bei vielen modernen Traktoren meist auch die vorherige Kontrolle des Radsturzes. Da er jedoch am Eicher, wie bei fast allen alten Traktoren, durch die Konstruktion der vorderen Radaufhängung fest vorgegeben ist, entfällt

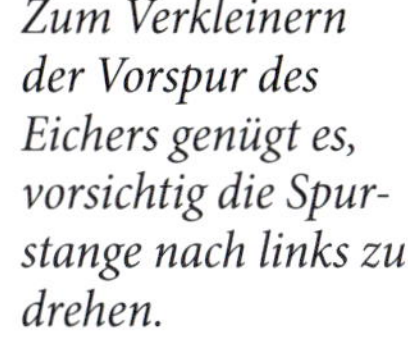

Zum Verkleinern der Vorspur des Eichers genügt es, vorsichtig die Spurstange nach links zu drehen.

Auf der Gegenseite muss kontrolliert werden, dass die Sicherungsmutter die Spurstange nicht blockiert.

Nachdem der Vorspurwert stimmt, können auf beiden Seiten die Sicherungsmuttern angezogen werden.

Dank Rechts/Link-Gewinde genügt zum Einstellen der Spur am Eicher, die Kontermuttern zu öffnen.

Augenmaß muss auch sein. Erfahrene Mechaniker peilen über den Bug des Traktors die Vorderräder an.

Bei manchen Traktoren müssen zum Einstellen der Spur, die Spurstangenköpfe demontiert werden.

hier dieser Prüfpunkt. An modernen Traktoren mit einstellbarem Radsturz muss er jedoch vor dem Einstellen der Vor- und Nachspur kontrolliert werden. Dies ist besonders bei Traktoren der Fall, bei denen der Drehmittelpunkt des Sturzwinkels ober- oder unterhalb der Radmitte (= Messebene der Vor- oder Nachspur) liegt, da es sonst zu einer Fehlmessung der Vor- oder Nachspur kommen kann.

Damit sich die Spurstange beim Anziehen nicht mitdreht, wird sie mit einer Wasserpumpenzange gehalten,

Beide Bilder unten links: Spiel in der Lenkung, wie am vorderen und hinteren Kugelkopf der Lenkschub- beziehungsweise Zugstange hat auch Einfluss auf die Spur.

Zur Prüfung der Spur muss mehrmals am Lenkrad gedreht und dann nachgemessen werden.

Vom Fahrersitz aus kann man deutlich die leichte V-Stellung der Vorderreifen in Fahrtrichtung erkennen.

Der Motor des Eicher ED 22 ist ein typischer Vertreter der luftgekühlten Einzylinder-Traktormotoren.

Lüfter reinigen und prüfen

Unser Eicher ED 22 ist zwangsluftgekühlt. Das heißt, er hat eine Gebläsekühlung. Nichts Besonderes. Aber man muss wissen, wie man die Gebläsekühlung reinigt und prüft. Denn funktioniert die Kühlung nicht mehr – und sei es nur, weil sie verschmutzt ist – droht ein kapitaler Motorschaden.

Selbst wenn man kein Reparaturhandbuch zur Hand hat, kann man eine Gebläsekühlung ohne große Probleme selbst warten. Hierzu ist es zunächst einmal wichtig, sich einen Überblick über alle Komponenten, die zum Lüfter gehören, zu verschaffen, um zu erkennen, welches Arbeitsprinzip dem Lüfter zugrunde liegt und was er genau bewirkt.

Damit die kühle Luft bei unserem Eicher auch an den Zylinder gelangt, wird sie über eine Art Turbinenschaufel angesaugt und durch Luftleitbleche um den Zylinder des Motors herumgeführt, von wo sie dann seitlich durch einen senkrechten Spalt wieder ins Freie gelangt. Die Luftschaufel wiederum wird beim Eicher ED 22 über einen Keilriemen direkt von der Kurbelwelle angetrieben. Das Übersetzungsverhältnis liegt dabei bei ungefähr 1 zu 2,5. Das bedeutet, dass der Lüfter verhältnismäßig hohe Drehzahlen erreicht. Die benötigt er auch, um dem Motor auch bei niedrigen Drehzahlen im Standgas genügend Kühlluft zur Verfügung stellen zu können – vor allem wenn er über seine Zapfwelle ein Ackergerät im Stand antreiben muss. Andererseits bedeutet eine gute Kühlleistung auch, dass der Lüfter viel Kraft vom Motor auffrisst, wenn der Motor unter Volllast läuft.

Damit die Kühlung einwandfrei arbeiten kann, muss man wissen, wie die einzelnen Komponenten des Lüfters gewartet werden müssen.

Der Wartungsplan schreibt dabei vor, dass zuerst das hintere Luftleitblech demontiert werden muss, um freien Zugang zu den Bauteilen des Lüfters zu haben. Die Luftleitbleche am ED 22-Motor bestehen im Wesentlichen aus zwei Blechen, die links und rechts um den Zylinder montiert sind. Sie werden auf der Luftaustrittsseite durch eine lange Sechskantschraube (Spannschraube) zusammengehalten. Im Bereich des Lüfterrades sind sie schließlich zudem durch vier kleine Schrauben (M5) miteinander verbunden.

Zuerst muss die große Verbindungsschraube geöffnet werden, um dann anschließend die kleinen Schrauben auf der Gegenseite des Motors lösen zu können. Nachdem die beiden Bleche getrennt sind, kann das hintere um den Zylinder herum ausgefädelt werden. Hier muss man darauf achten, dass keinesfalls die Bleche beim Ausbau verbogen werden, da sie sehr eng zwischen

Die beiden Luftleitbleche des Kühlsystems liegen sehr eng am Zylinder des Eicher ED 22 an.

Die beiden Luftleitbleche sind getrennt. Jetzt lässt sich das hintere um den Zylinder herum ausfädeln.

Zylinder und Anbauteilen anliegen. Würde man sie verbiegen, erschwert das ungemein den späteren Zusammenbau.

Hinter den Verkleidungsblechen kommt das Lüfterrad zum Vorschein. Es darf keine Beschädigung aufweisen. Um es zu prüfen, wird das Rad eine volle Umdrehung durchgedreht und dabei jede einzelne Luftschaufel kontrolliert. Tatsächlich findet sich bei unserem ED 22 eine größere Beschädigung. An einer der Luftschaufeln fehlt ein Stück in der Größe einer Ein-Euro-Münze. Vermutlich muss in der Vergangenheit des Eicher ED 22 ein Stein oder irgendein anderer harter Gegenstand in den Lüfter geraten sein. Doch wie genau das passiert ist, lässt sich heute nicht mehr klären, da das Schutzgitter im Ansaugbereich völlig in Ordnung ist und es sonst keine weiteren Öffnungen gibt, durch die größere Dinge angesaugt werden können. Auch eine Materialschwächung ist unwahrscheinlich, da das Material des Lüfters sehr massiv ausgelegt ist. Zudem weist die Art der Bruchstelle nicht auf einen sogenannten Lunker (Gussfehler) hin. Vielmehr lässt sich gut erkennen, dass ein massiver Gegenstand die Schaufel herausgeschlagen hat.

Da eine solche Fehlstelle in den Lüfterschaufeln zwangsweise zu einer Unwucht führt, muss das Spiel der Lüfterwelle geprüft werden. Hierzu wird axial und radial an der Lüfterschaufel gezogen. Wegen der durch die Unwucht ausgelösten feinen Vibrationen ist auch die Wellenverschraubung des Lüfterrades auf einwandfreien Sitz zu kontrollieren. Zuletzt muss noch an der Lüfterwelle gedreht werden, um zu prüfen, ob sie sich leicht bewegen lässt. Hierbei hört man vor allem auf ungewöhnliche Lagergeräusche, wie Mahlen oder Kratzen. Das Ergebnis ist eindeutig. Noch ist kein übermäßiges Spiel erkennbar und das Lüfterrad sitzt fest auf der Welle. Er kann noch eine gewisse Zeit verwendet werden – aber auf kurz oder lang wird am Eicher ED 22 das Lüfterrad getauscht werden müssen, will man nicht einen Lagerschaden der Lüfterwelle riskieren.

Zur Prüfung des Lüfters gehört es auch, sich den Keilriemen und die Riemenscheiben näher anzusehen, denn Schlupf oder gar ein Durchrutschen des Lüfterantriebes kann die Leistung des Lüfters dramatisch zum Schlechten hin beeinflussen. Wie Keilriemen und Riemenscheiben geprüft werden, können Sie ab Seite 124 nachlesen.

Genauso wichtig, wie ein einwandfrei funktionierendes Lüfterrad, ist für die Kühlung des Motors seine Sauberkeit. Hier dürfen vor allem die Kühlrippen des Zylinders nicht verschmutzt sein. Daher wird kontrolliert, ob sich zwischen den Kühlrippen oder an den Lüfterschaufeln Schmutz befindet. Bis auf eine feine

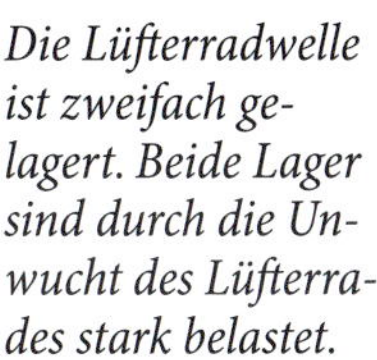

Die Lüfterradwelle ist zweifach gelagert. Beide Lager sind durch die Unwucht des Lüfterrades stark belastet.

Axial und radial muss am Lüfterrad gezogen werden, um den Verschleißzustand der Welle zu prüfen.

Das Lüfterrad liegt jetzt frei zugänglich und kann geprüft werden. Wider Erwarten ist es nur wenig verschmutzt.

Eine der Luftschaufeln ist stark beschädigt. Die Fehlstelle ist so groß, dass sie sicherlich eine Unwucht verursacht.

Wichtig ist auch die Spannung des Keilriemens. Er darf keinesfalls zu locker sein, sonst hat der Lüfter Schlupf.

Auch die Lüfterradverschraubung muss geprüft werden. Sie könnte durch die Unwucht locker geworden sein.

Die Verschmutzung des Zylinders hält sich in engen Grenzen. Wahrscheinlich wurde er öfters gereinigt.

Die Fußdichtung des Zylinders ist dicht. Ein gutes Zeichen, da man sonst von Überhitzungen ausgehen müsste.

Staubschicht ist beim Eicher ED 22 hier nichts Außergewöhnliches zu finden.

Straßenschmutz ist übrigens ein hervorragender Wärmeisolator. Der meist aus Gesteinsstäuben und biologischen Anteilen, wie Pollen, pflanzlichen Resten (Humusstaub) und Insekten bestehende Mischung bildet in Verbindung mit Wasser oder Feuchtigkeit harte Krusten, die sich besonders fest auf Metallen ablagern können. Kommen dann noch vom Menschen verursachte Stäube, wie Ruß, Gummi und Metallabrieb hinzu, steigert sich sogar noch der Isolationswert dieser Kruste. Nicht nur, dass solche Schmutzschichten die Luftzufuhr eines Lüfters behindern können, indem sie Kanäle zusetzen, verhindern sie darüber hinaus auch noch den direkten Wärmeaustausch des heißen Metalls an die Luft. Die Folge können kapitale Motorschäden wegen Überhitzung sein. Nicht selten verursacht Schmutz auch thermische Risse im Block, da es zu unterschiedlichen Wärmeausdehnungen des Metalls kommen kann.

Aus diesem Grund ist zu überprüfen, ob an der Zylinderfuß- und an der Kopfdichtung Ölverlust zu erkennen ist. Dieser würde auf einen thermischen Schaden hinweisen, Aber bei unserem Beispiel-Eicher ist alles strohtrocken. Thermische Risse oder wegen Überhitzung geplatzte Dichtungen können hier sicher ausgeschlossen werden.

Auch bei geringen Verschmutzungen sollte übrigens das Luftsystem gereinigt werden, da so verhindert wird, dass die geringe Schmutzschicht Feuchtigkeit bindet und so, wie ein Magnet, weiteren Schmutz anzieht und allmählich immer weiterwächst.

Um den Lüfter zu reinigen, sollte zunächst lose aufliegender Staub mit einem Werkstatttuch, das mit Seifenlauge angefeuchtet ist, abgewischt werden. Alternativ könnte man hier auch Motorreiniger verwenden. Anschließend bläst man mit Pressluft letzte Staubreste und Verunreinigen zwischen den Kühlrippen weg. Keinesfalls sollte man dies ohne Atemschutzmaske machen, denn man weiß nie, was alles im Schmutz enthalten sein kann. Gesundheitsförderlich ist die brisante Mischung sicherlich nicht, denn die feinen Stäube (Pollen und Straßenstaub) können zu Reizungen der Atemwege und Augen führen. Wenn dies, wie in unserem Fall, in einem geschlossenen Raum erfolgt, muss deshalb stets für eine gute Lüftung gesorgt sein. Besser ist es aber, diese Arbeit im Freien durchzuführen.

Nach der Reinigung können die ausgebauten Lüfterbleche wieder montiert werden. Das geschieht in umgekehrter Reihenfolge wie die Demontage. Auch hier ist darauf zu achten, dass die Bleche möglichst spannungsfrei an ihrem angestammten Platz zu liegen kommen und die Verschraubungslöcher deckungsgleich sind.

Auch im Bereich des Zylinderkopfes ist alles dicht. Hier ist besonders die Auslassseite am Kopf kritisch.

Mit einem mit Seifenwasser angefeuchteten Tuch kann das Lüfterrad von Staub und Schmutz befreit werden.

Mit Pressluft lässt sich Schmutz einfach zwischen den Kühlrippen des Zylinders herausblasen.

Beim Eicher ED 22 muss zuerst der Lüfterkasten auf der Ansaugseite mit den vier kleinen Schrauben fixiert werden, bevor die große Spannschraube auf der Gegenseite des Motors angezogen und gekontert werden kann. Um zu prüfen, ob die Luftleitbleche vibrieren können, schlägt man sie mit einem Schraubendreher an. Würde es dabei blechern klingen, müsste nochmals die Spannschraube nachgezogen werden. Keinesfalls sollte man vergessen, alle Schraubverbindungen mit Öl vor Korrosion zu schützen. Nichts ist nämlich ärgerlicher, wenn sich bei der nächsten Kontrolle der Lüftung die empfindlichen Blechverschraubungen nicht mehr öffnen lassen. Feste Wartungsintervalle gibt es für die Reinigung und Prüfung des Lüfters nicht. Sie hängt stark vom Einsatzprofil des Traktors ab. Wer noch viel mit seinem Traktor auf Feldern unterwegs ist, wird aber sicherlich um eine jährliche Inspektion nicht herumkommen.

Nach der Prüfung und Reinigung des Lüfters, können die Luftleitbleche wieder montiert werden.

Damit die beiden Bleche spannungsfrei aneinander liegen, werden sie zuerst im Bereich der Ansaugöffnung verschraubt.

Liegen die Bleche zueinander richtig, lässt sich die Spannschraube leicht durch die Bohrungen stecken.

Alles ums Öl

Ölverbrauch

Für viele Leser mag es profan klingen, aber die Kontrolle der Ölstände, ist für die Lebenserwartung eines Traktors von größter Bedeutung – und hier ist nicht nur der Ölstand vom Motoröl gemeint, sondern auch der des Getriebes- und eventuell der des Achsantriebes.

Betrachten wir aber zunächst einmal das Motoröl. Hier bedeutet Ölstand kontrollieren mehr, als nur gelegentlich den Ölstab herauszuziehen oder den korrekten Ölstand am Schauloch abzulesen. Erst der Vergleich über eine gewisse Gebrauchszeit des Traktors gibt zuverlässig Auskunft darüber, wie und unter welchen Bedingungen der Motor Öl benötigt. Es gibt Phasen, da braucht der Motor kaum Motoröl, dann steigt der Verbrauch plötzlich an, um sich dann wieder zu normalisieren. Gründe für diese Verbrauchsschwankungen können die Orte sein, wo man mit seinem Traktor unterwegs ist, wie kalt oder warm es gerade war und nicht zuletzt, welche Qualität das Motoröl im Motor hat.

Wie jeder weiß, haben viele alte Traktoren luftgekühlte Motoren. Fährt man längere Zeit bei sommerlicher Hitze übers Land, so heizt sich der Motor extrem auf. Das Motoröl wird sehr dünnflüssig. Die Ölabstreifringe der Kolben können ihrer Aufgabe nicht mehr ganz nachkommen und Öl wird mit verbrannt. Der Ölverbrauch steigt. Harte Ackerarbeit kann unter Umständen denselben Effekt hervorrufen. Bei kühleren Verhältnissen, z.B. im Herbst, hat die gleiche Landfahrt meist kaum Auswirkungen auf den Ölverbrauch. Ein erfahrener Traktorfahrer wird daher nach solchen sommerlichen Fahrten den Ölstand immer kontrollieren, auch wenn die letzte Kontrolle erst kurz zurückliegt.

Wie dieses Beispiel zeigt, haben feste Kontrollintervalle keinen Sinn. Vielmehr gilt die Regel, vor jeder längeren Ausfahrt den Ölstand zu kontrollieren. Dass ein Motor Öl verbraucht, ist normal. Der Verbrauch darf bis zu einem Liter Motoröl auf 100 Betriebsstunden betragen. Einige Traktorhersteller behaupten zwar, dass ein Verbrauch von einem Prozent Motoröl gemessen am Dieselverbrauch noch normal ist, der Autor hält einen solchen Verbrauch aber bereits für viel zu hoch.

Das Ölnachschütten hat aber auch sein Gutes. Je nach Menge, wird das Motoröl durch das neu dazu geschüttete Öl wieder aufgefrischt. Man sollte dabei nur darauf achten, dass Öle gleicher Qualität verwendet werden. Wird Öl minderer Qualität nachgefüllt, wird auch das hochwertigere Öl im Motor qualitativ schlechter. Das Beste ist daher, sich einen Vorrat von seiner bevorzugten

Hier wurde legiertes Motoröl verwendet! Es löste Schmutz an, der dann den Zylinder im oberen Bereich beschädigte.

Wer un- oder zumindest mildlegierte Einbereichs-Motorenöle verwendet, muss die damals üblichen Ölwechselintervalle zwingend einhalten.

Im Motoröl findet sich nach gewisser Zeit auch Metallabrieb. Mit dem Ölwechsel wird dieser entfernt.

Welches Motoröl ein Motor benötigt, hängt wesentlich vom Entwicklungsstand seiner Technik ab.

Was meinen Sie? Ist dieses Motoröl für einen Traktor aus den 1960er-Jahren geeignet oder nicht?

Für den Ölwechsel am Traktor braucht es viel Motor- und Getriebeöl.

Vor dem Ablassen des Getriebeöls sollte auch hier nochmal der Ölstand kontrolliert werden, um Schäden auszuschließen.

Sicher ist sicher. Lieber zu viele Auffangeimer als einen zu wenig!

bzw. gerade im Motor verwendeten Ölsorte zuzulegen, um immer das gleiche Öl nachzuschütten.

Wasser im Öl

Am Stammtisch erzählen viele Traktoristen, dass ihr Traktor kein Öl benötigt. Über hunderte von Betriebsstunden verändert sich nichts am Ölstand. Manche wissen sogar von der wundersamen Ölvermehrung zu berichten. Solche Beobachtungen sind genauso beunruhigend, wie übermäßiger Ölverbrauch. Ein gewisser Ölverbrauch ist normal und sogar von den Konstrukteuren bewusst kalkuliert. Verbraucht ein Motor kein Öl, so liegt das meist daran, dass Wasser (aus der Ansaugluft und/oder aus einem undichten Kühlsystem) oder Diesel das Ölniveau konstant hält. Verbrauchtes Öl wird quasi durch Wasser und/oder Diesel ersetzt. Die Folge ist, dass das Öl immer dünner wird und seine Schmiereigenschaften drastisch abnehmen. Beides, Wasser und/oder Diesel im Öl, ist eine Folge von sehr vielen Kurzstreckenfahrten, bei denen sich der Motor nicht richtig erwärmen konnte. Diesel und/oder Wasser kondensieren an den Motor-Innenwänden und vermischen sich schließlich mit dem Motoröl. Dieser Vorgang findet bei jedem Kaltstart statt. Deshalb ist es sehr wichtig, die Strecken so auszuwählen, dass der Traktor immer auf Betriebstemperatur kommt. Nur dann ist gewährleistet, dass sich Wasser und/oder Diesel über die Motorentlüftung aus dem Öl verflüchtigen können. Geschieht das längere Zeit nicht, sammelt sich beides im Motoröl.

Mit ähnlichen Problemen hat auch das Getriebe- und Achsantriebsöl zu kämpfen. Getriebeöl ist sehr hygroskopisch. Es zieht Wasser an wie ein Magnet. Aus diesem Grund ist auch öfters das Getriebeöl zu kontrollieren. Gebrauchtes Getriebe- oder Achsantriebsöl, das milchig wirkt, hat bereits ein hohes Maß an Wasser aufgenommen. Seine Schmierleistung ist herabgesetzt. Aus diesem Grund sind alle Öle kurzfristig zu wechseln, damit es nicht zur Rostbildung und erhöhtem Verschleiß kommt.

Ölwechsel

Ölwechsel, egal ob am Motor-, Getriebe- oder Achsantrieb, sind immer im warmen Zustand durchzuführen, damit das Öl und der darin enthaltene Schmutz besser abfließt. Hierzu ist der Traktor gründlich warm zu fahren.

Zum Ablassen des Öls, sollte nach dem Warmfahren immer mit der Baugruppe am Traktor begonnen werden, dessen Öl die geringste Wärme entwickelt hat. Bei Traktoren heißt das, man lässt zuerst das Achsgetriebe, dann das Schaltgetriebe und schließlich das Motoröl ab.

Diese Reihenfolge soll verhindern, dass das Öl bereits zu sehr abgekühlt ist, bevor es abgelassen wird.

Beim Ölwechsel ist besondere Vorsicht angebracht, damit man sich nicht an heißem Öl die Finger verbrennt. Das Tragen von festen, öldichten Arbeitshandschuhen sollte hierbei selbstverständlich sein. Die Handschuhe verhindern auch, dass gesundheitsschädliches Altöl direkt in Kontakt mit der Haut kommt.

Sinnvoll ist es, das Öl gründlich austropfen zu lassen, bevor neues eingefüllt wird. Am besten lässt man den Traktor eine Nacht lang stehen.

Bei einem Motorölwechsel sollte auch nicht vergessen werden, den Ölfilter zu tauschen, falls einer im Motor verbaut wurde. Manche Ölfilter können bis zu einem Liter Öl aufnehmen. Wird es nicht abgelassen und zusammen mit dem alten Ölfilter entfernt, vermischt es sich gleich von Beginn an mit dem frischen Motoröl und beeinträchtigt seine Qualität.

Achtung! Ölfilter sollten immer als Originalersatzteil gekauft werden. Denn nur Ölfilter, die der Hersteller freigegeben hat, stellen sicher, dass der Öldruck und die Filterleistung im vorgegebenen Rahmen bleiben. Ölfilter mit zu groben Poren lassen zu viel Schmutz durch, der die Lager beschädigen kann. Zu engporige Filter verschmutzen zu schnell und verursachen aufgrund ihres erhöhten Gegendrucks unter Umständen Lager- und Dichtungsschäden an der Ölpumpe.

Bei einem Ölwechsel sollte auch das Öl aus einem eventuell vorhandenen Ölkühler abgelassen werden. Er wird nämlich gerne bei einem Ölwechsel vergessen. Ölkühler können oft bis zu zwei Liter Öl enthalten! Beim Nachfüllen des frischen Öls muss natürlich darauf geachtet werden, dass dann die Ölmenge stimmt.

Bevor der Motor nach dem Ölwechsel gestartet wird, sollte er, ohne dass er anspringt (Dieselzufuhr unterbrechen!), gründlich mit dem Starter durchgedreht werden, bis der neue Ölfilter und eventuell der Ölkühler mit Öl vollgelaufen bzw. entlüftet ist. Der Ölkreislauf im Motor ist dann entlüftet, wenn am Armaturenbrett die Ölkontrolllampe erlischt. Sie ist ein sicheres Indiz dafür, dass sich das neue Öl im Motor gleichmäßig verteilt hat. Hat man keine Öldruckleuchte, ist der Motor gut 30 Sekunden mit dem E-Starter durchzudrehen.

Zuletzt kontrolliert man nochmals das Öl und schüttet gegebenenfalls fehlendes nach. Erst dann sollte der Motor gestartet werden. Nach einem erfolgten Ölwechsel stellt man oft fest, dass das neue Öl bereits nach kurzer Zeit wieder pechschwarz geworden ist. Dieses Phänomen hat nichts mit dem qualitativen Verbrauchszustand des

Auch das Motoröl ist völlig verbraucht. Es ist ganz schwarz und schäumt auch beim Ablassen.

In Ölfiltern können sich nochmals ein bis zwei Liter Motoröl verbergen. Deshalb unbedingt ablassen.

Sauberkeit ist oberstes Gebot. Nach Abschrauben des Ölfilters ist der öl-nasse Motor zu reinigen.

Die meisten Ölfilter sind handelsübliche Ersatzteile, die jede Landmaschinen-Werkstatt im Lager hat.

Beide Bilder: Nachdem Ölfilter und Ablassschrauben montiert sind, können das Getriebe und der Motor mit neuem Öl befüllt werden.

Öls zu tun. Es beweist aber, dass das neue Öl seine Arbeit im Motor verrichtet. Öle sollen ja Schmutz und Abrieb in der Schwebe halten. Würden sie es nicht tun, käme es auf kurz oder lang zu verstopften Ölleitungen und in Folge zu Lagerschäden. Es besteht daher kein Grund, das Öl sofort wieder zu wechseln, nur weil es sich schwarz eingefärbt hat.

Das richtige Öl für Motor und Getriebe

Um das richtige Öl für seinen Traktor auszuwählen, muss man zunächst wissen, was es leisten muss und wie man die verschiedenen Öle unterscheidet.

Nichts ist beim Traktorfahren so stark belastet, wie das Motoröl. Es muss eine extreme hohe Scherstabilität aufweisen, die auch unter Volllast nicht zu knacken ist. Es soll die Betriebstemperatur senken, die Metallreibung minimieren, Ablagerungen im Motor verhindern, Schmutz aufnehmen und unter allen Betriebsbedingungen zuverlässig schmieren. Das klingt nach einem Wundermittel. Der klassische Schmierstoff wird jedoch nicht in der Hexenküche gebraut, sondern seine Basis ist Erdöl.

Erdöl besteht aus einer Reihe von Bestandteilen, die verschiedene Siedepunkte haben.

In Raffinerien wird Öl durch Destillation und Raffination in seine einzelnen Bestandteile getrennt. Jedoch ergeben sich hieraus keine chemisch reinen Stoffe, sondern so genannte Fraktionen. Hierunter versteht der Chemiker Gemische von Kohlenwasserstoffen, die bei verschiedenen Temperaturen sieden. Je nachdem, bei welcher Temperatur ein Öl siedet, verhält es sich mehr oder weniger zähflüssig. Die Chemiker sprechen hier von Viskosität. Für die Anwendung in der Praxis bedeutet das, je heißer das Öl, desto dünnflüssiger wird es und umgekehrt. Aus diesem Grund werden Öle verschiedener Fraktionen und damit unterschiedlicher Schmiereigenschaften gemischt. So wird erreicht, dass das Öl beim Kaltstart dünnflüssig ist und sofort alle Schmierstellen erreicht, aber bei Betriebstemperatur dickflüssig genug bleibt, so dass der Schmierfilm nicht reißen kann. Die Chemiker haben aber noch mehr Tricks auf Lager, um die Viskosität weiter zu verbessern. Hierfür mischen sie den Mineralölen so genannte Polymere bei. Erst durch diese Beimischung gelingt es, die Mehrbereichscharakteristik des Öls zu erreichen, die heute von ihm verlangt wird. Einbereichsöle, die sich nur für einen Temperaturbereich eignen, sind deshalb chemisch nicht so aufwendig, wie Mehrbereichsöle, die einen breiten Temperaturbereich abdecken. Synthetische Öle hingegen sind produktionstechnisch sehr viel aufwendiger als mineralische Öle. Auch Synthetiköle bestehen aus Erdöl, nur werden sie nicht destilliert, sondern chemisch in kleinste Bausteine zerlegt und dann, je nach Einsatzzweck, quasi zusammengebaut. Der Vorteil dieser Methode ist, dass das Öl nur das enthält, was man auch wirklich will. Synthetische Öle können daher nahezu jede gewünschte Viskosität haben.

Zwischen mineralischen und synthetischen Ölen gibt es noch die Gruppe der teilsynthetischen Öle, die, wie der Name bereits sagt, Bestandteile beider Ölgruppen enthalten. Hier werden die Öle so gemischt, dass sie sich sinnvoll in ihrer Funktion ergänzen.

Damit man beim Kauf weiß, welches Öl welchen Anforderungen genügt, werden sie in verschiedene Klassen unterteilt. Die erste übergeordnete Einteilung haben wir bereits erfahren. Sie unterteilt die Öle nach synthetischen, teilsynthetischen und mineralischen Sorten. Innerhalb dieser Sorten wird dann nach verschiedenen API-Klassen (= Leistungsstandard; in Europa auch ACEA), Viskositäten und Additiven unterschieden. Wer Motoröl für seinen Traktor kauft, sollte jedoch zunächst darauf achten, dass das Öl auch für Traktoren geeignet ist.

Grundsätzlich stellen moderne Dieselmotoren an ihr Motoröl dabei sehr viel höhere Anforderungen, als die einfachen alten Diesel vor 40 oder 50 Jahren. Die modernen Motoren drehen höher, sind leistungsfähiger und werden meist, bedingt durch Turboaufladung, heißer. Das legt die Vermutung nahe, dass solche modernen Öle für unsere alten Traktoren auch bestens geeignet sein müssten. Dass dem nicht so ist, bedarf hier einer längeren Erklärung.

Zunächst muss man den sogenannten »Ölschlüssel« entziffern können, um das für seinen Traktor richtige Motoröl auszuwählen. Hält man einen Kanister Motoröl in der Hand und liest das Etikett, so stehen dort eine Menge Zahlen und Buchstaben, die dem Laien meist Rätsel aufgeben. Diese Zahlen und Buchstaben sind der Ölschlüssel. Sie geben uns darüber Auskunft, welches Öl wir gerade in Händen halten. Betrachten wir daher diese Abkürzungen mal etwas näher:

Der Markt ist voll mit Additiven. Die Produktübersicht zeigt noch lange nicht alle Additive. (Bild: Liqui Moly)

Bei der Dosierung der Additive ist es wichtig, der Herstellerempfehlung zu folgen. Zu viel ist nicht immer gut für den Motor. (Bild: Liqui Moly)

Das Experiment bei Minusgraden zeigt, wie Additive Motoröl auch bei Kälte flüssig halten. (Bild: Castrol)

API-Leistungsstandards

Das erste Kürzel ist meist »API«. Es bedeutet American Petrol Institute. Dieses Institut hat in Amerika 1941 erstmals eine Einteilung der Verwendungs- und Qualitätsklassifikationen für Motoröle vorgenommen, die bis heute auch in Europa für Otto- und Dieselmotoren verwendet wird.

Leistungsstandard für Otto-Motoren

Der Motoröl-Leistungsstandard für Otto-Motoren ist am Kürzel »S« (»Spark Ignition«) nach dem »API« zu erkennen. »S« beschreibt damit, dass das Öl für Otto- bzw. 4-Takt-Motoren geeignet ist.

Der nächste Buchstabe bezeichnet den Leistungsstandard. Im Jahr 1980 galt noch SF als der höchste Standard. 1988 folgte SG, 1993 SH. Seit 1996 war SJ der höchste Leistungsstandard.

Es gilt hier die Regel, je höher im Alphabet der Buchstabe nach dem »S« steht, desto moderner ist das Öl.

SA: Regular-Motorenöl, dass gelegentlich mit so genannten Stockpunktverbesserern und/oder mit Schauminhibitoren, zur Vermeidung von Schaumbildung vermischt ist. Solche Öle sind nur für Oldtimer bis ca. Bj. 1950 verwendbar. Die Klassifikation ist nicht mehr gültig.

SB: Mildlegiertes Motorenöl, für den Einsatz in leicht beanspruchten Ottomotoren. Es enthält bereits Wirkstoffe gegen Alterung, Korrosion und Verschleiß. Die Klassifikation hat heute keine Gültigkeit.

SC: Motorenöl, das für mittlere Betriebsbedingungen entwickelt wurde. Es enthält Zusätze gegen Kaltschlamm, Verkokung, Korrosion, Verschleiß und Alterung. Es hat die Anforderungen der US-Automobilhersteller für die Fahrzeuge von 1964–1967 erfüllt. Die Klassifikation ist nicht mehr gültig.

Auch für den Diesel-Kraftstoff gibt es Additive, die ihn bei großer Kälte flüssig halten. (Bild: Liqui Moly)

Bereits heute bietet der Ölhersteller Liqui Moly einen Bio-Diesel-Zusatz an, der ein Versulzen des Diesels durch Bakterien wirksam verhindert. (Bild: Liqui Moly)

SD: Ähnlich der Anforderung an Motoröl der API-SC-Klassifikation, jedoch für höher beanspruchende Betriebsbedingungen. Es erfüllt die Anforderungen der US-Automobilhersteller für Fahrzeuge von 1968–1971. Die Klassifikation hat heute keine Gültigkeit mehr.

Das Ansaugsystem von Traktoren verschmutzt besonders schnell. Ein spezieller Reiniger beseitigt Ablagerungen und Schmutz. (Bild: Liqui Moly)

SE: Nochmals verbessertes Motorenöl für Ottomotoren zum Einsatz bei erhöhten Anforderungen und starken Belastungen im Stadtverkehr und bei Kurzstreckenfahrten. Es hat die Anforderungen der US-Automobilhersteller für Fahrzeuge von 1971–1979 erfüllt. Die Klassifikation ist heute nicht mehr gültig.

SF: Weiterentwickeltes SE-Motoröl, das die stetig wachsenden Anforderungen und starken Belastungen der Ottomotoren im Stadtverkehr und Kurzstreckeneinsatz noch besser erfüllt. Es zeichnet sich vor allem durch den verstärkten Einsatz von Additiven aus, die Oxidationsstabilität, Verschleißschutz und Schlammtragevermögen verbessern sollen. Es entspricht den Vorgaben der US-Automobilhersteller für Fahrzeuge von 1980–1987. Die Klassifikation ist nicht mehr gültig.

SG: Dieses Motonröl ist in Richtung Oxidationsstabilität und Reduzierung der Schwarzschlammbildung weiterentwickelt worden. Es erfüllt die Anforderungen der US-Automobilhersteller für Fahrzeuge der Jahre 1987–1993. Seine Klassifikation ist nicht mehr gültig.

SH: API-SH entspricht annähernd der Klassifikation API-SG, jedoch mit strengeren Anforderungen bezüglich Filtrierbarkeit, Flammpunkt, Schaumverhalten und Verdampfungsverlust. Seit 1996 nicht mehr gültig.

SJ: Seit 10/1996 gültige Motoröl-Klassifikation. Aus Umweltgründen hat das Öl einen streng limitierten Verdampfungsverlust und dadurch bedingt geringeren Ölverbrauch.

Leistungsstandard Dieselmotoren

Wie für die Otto-Motoren gibt es auch für Dieselmotoren den Motoröl-Leistungsstandard. Er ist am Buchstaben »C« nach dem API zu erkennen. »C« steht für Compression Igniton oder Commercial-Klasse. Der dem C folgende Buchstabe (von »C« bis »F-4«) bezeichnet hier ebenfalls den steigenden Leistungs- bzw. Qualitätsstandard des Öls.

API CA: Motoröl für leicht beanspruchte Motoren. Für Oldtimer bis 1950 geeignet.

API CB: Motoröl für leicht- und mittelbelastete Dieselmotoren (auch bei erhöhtem Schwefelgehalt des Kraftstoffs). Für Traktoren der Baujahre 1950 bis 1961 geeignet.

API CC: Motoröl für mittlere bis schwere Beanspruchungen. Für Traktoren ab 1961 geeignet.

API CD: Motoröl für hohe Beanspruchung (turbogetestet). Für Traktoren ab 1965 geeignet.

API CE: Motoröl für höchste Beanspruchung (turbogetestet). Für Youngtimer-Traktoren ab 1980 geeignet.

API CF-4: Motoröle der Klasse CF-4 haben einen geringen Anteil an metallorganischen Additiven. Sie erfüllen daher höhere Anforderungen in Bezug auf Ölverbrauch und Ablagerungen an Kolben. Für Traktoren ab Baujahr 1990.

Öl-Leistungsstandard Getriebe

API-Standards gibt es auch für Getriebe- und Kardanöle. Getriebeöle sind in die Klassen GL1, GL2 und GL3 unterteilt, Kardan- und Getriebeöle in die Klassen GL4 und GL5. (GL: gear lubricant)

Für die Verwendung im Traktorbereich werden für Getriebeöle die Leistungsklassen API GL 1 bis GL 5 unterschieden. Ähnlich den API-Klassen der Motoröle sind Getriebeöle mit höherer Zahl in der GL-Bezeichnung anspruchsvoller legiert.

GL1: Unlegiertes Getriebeöl für den Einsatz in Schnecken- und Zahnradgetrieben. Es ist auch geeignet für schräg- und bogenverzahnte Achsantriebe. Aufgrund der wenig zugesetzten Korrosionsschutzadditive und Oxidationsinhibitoren ist es nur für leichte Betriebsbedingungen geeignet. Gelegentlich wird es für den Einsatz in Oldtimergetrieben empfohlen. Die Klassifikation ist nicht mehr gültig.

GL 2: GL 2 ist mit einem besseren Additivpaket ausgestattet als GL 1. Es eignet sich bedingt für den Einsatz in Oldtimergetrieben. Die Klassifikation ist nicht mehr gültig.

GL 3: Mildlegiertes Getriebeöl, dass in besonderem Maße für Schalt-, Sonder- und Achsgetriebe geeignet ist, die leichten und mittleren Betriebsbedingungen ausgesetzt sind. Gelegentlich findet sich der Zusatz EP – Extreme Pressure (hoher Druck bzw. Beanspruchung). Auch diese Klassifikation ist bedingt für Oldtimergetriebe geeignet. Auch diese Klassifikation ist nicht mehr gültig.

GL 4: Modernes Mehrzweckgetriebeöl für den Einsatz in hochbelasteten Schaltgetrieben und in so genannten Hypoid- und Sonderantrieben (Kardan u.ä.).

GL 5: Nochmals verbessertes Getriebeöl für hochbeanspruchte Hypoidantriebe (Kardan). Einige Hersteller schreiben es auch für die Verwendung im Schaltgetriebe vor.

GL 6: Für Getriebe, bei denen noch schärfere Drehzahl- und Kraftübertragungsbedingungen (besonders bei hypoidverzahnten Achsantrieben) vorliegen als beim Einsatz von GL 5.

GL 7: Für hochbeanspruchte Klauenschaltgetriebe und hypoidverzahnte Achsantriebe.

Achtung: Getriebeöle verschiedener Leistungsklassen dürfen aus technischen Gründen nicht gegeneinander ausgetauscht oder vermischt werden. Für die Abdeckung zweier Leistungsklassen gibt es spezielle Getriebeöle.

Solche Ablagerungen führen zu unrundem Motorlauf, kosten Leistung und erhöhen den Verbrauch. (Bild: Liqui Moly)

Bereits nach der ersten Reinigung mit dem Ansaugreiniger-Additiv ist der Ansaugtrakt wieder völlig sauber. (Bild: Liqui Moly)

Am Rand:
API T: Vor einigen Jahren wurden noch Zweitaktöle mit den Buchstaben »T« besonders gekennzeichnet. API TC/CEC TSC-3 heißt die gültige Norm. Sie ersetzt die nicht mehr durchgeführten Prüfverfahren API TA/CEC TSC-1 und API TB/CEC TSC-2, da es hier die Prüfmotoren nicht mehr gibt.

ACEA

Der Vollständigkeit halber soll hier noch die ACEA-Klassifikation genannt sein. Sie findet sich auch auf dem Ölschlüssel der Öl-Verpackungen. ACEA (Association of European Automobile Manufacturers) ist die europäische Klassifikation für Motoröl. Sie wurde 1996 im Rahmen der EU-Anpassung eingeführt. Die Klassen A1, A2, A3, A4 und A5 sind Öle für Otto- bzw. 4-Takt-Motoren. B1, B2, B3, B4 und B5 sind Öle für Dieselmotoren.

ACEA A1/B1 Status: aktuell	Motoröle mit niedriger HTHS (High-Temperature-High-Shear)-Viskosität (2,9–3,5 mPas für xW-30) und besonders niedriger HTHS-Viskosität (> 2,6 mPas für xW-20).
ACEA A2/B2 Status: Nicht aktuell	–
ACEA A3/B3 Status: aktuell	Motoröle und HTHS-Viskosität von ≥ 3,5 mPas. Übertrifft ACEA A1/B1 und A2/B2 bezüglich Noack (Verdampfungsverluste) sowie ACEA A2/B2 bezüglich Kolbensauberkeit und Oxidationsstabilität.
ACEA A3/B4 Status: aktuell	Motoröle und HTHS-Viskosität von ≥ 3,5 mPas mit höheren Anforderungen für Direkteinspritzer-Dieselmotoren, gekennzeichnet B4.
ACEA A5/B5 Status: aktuell	Motoröle mit abgesenkter HTHS-Viskosität von 2,9–3,5 mPas. Entspricht in allen übrigen Standards der Klasse ACEA A3/B4. In einem Prüfmotor muss im Vergleich zu einem 15W-40 Referenzöl eine Kraftstoffeinsparung ≥ 2,5 % nachgewiesen werden.

SAE

Eine weitere wichtige Unterteilung der Öle sind die SAE-Klassen (SAE = Society of Automotive Engineers). Sie beschreiben die Viskosität und damit die Zähflüssigkeit des Öls über den gesamten Temperaturbereich, für das es verwendet werden kann. Sie besteht bei Mehrbereichsölen aus einer Zahl, gefolgt vom Buchstaben »W« und einer weiteren Zahl.

Dieser Schlüssel liest sich wie folgt:

Je niedriger die erste Zahl mit dem nachfolgenden »W« (= Winteröl) ist, desto dünnflüssiger ist das Öl bei Kälte. Die nachfolgende Zahl, also die nach dem »W«, steht für den Einsatzbereich im Sommer. Hier gilt: Je höher die Zahl, desto dickflüssiger und belastbarer ist der Schmierfilm bei hohen Temperaturen.

Die SAE-Klassen der Motoröle reichen heute von SAE 0W (sehr dünnflüssig) bis SAE 60 (sehr dickflüssig).

SAE-Klassen (Motoröle)	**Eigenschaft**
0	Sehr dünnflüssig, polare Bedingungen
10	Besonders dünnflüssig, bei hartem Frost
20	Dünnflüssig, für kühle Sommer oder milde Winter
30	Mittelflüssig, für europäische Sommer, auch geeignet für Motoren mit konstruktiv größerem Lagerspiel im Winter
40	Dickflüssig, für mediterrane Sommer, auch geeignet für Motoren mit erhöhtem Ölverbrauch und größerem Lagerspiel
50	Besonders dickflüssig, für tropische Sommer
60	Sehr dickflüssig, wüstenhafte Bedingungen

Eine der häufigsten Viskositätsklassen für synthetische und mineralische Mehrbereichs-Motoröle in Deutschland ist SAE 5W-40. Da bei Oldtimer-Traktoren oft nur unlegierte Einbereichsöle verwendet werden, kommen hier für die vor allem im Sommer betriebenen Klassiker oft die Viskositäten SAE 30 oder 40 zum Einsatz (Winter: SAE 20 oder 30).

Auch Getriebeöle werden nach SAE-Klassen bezüglich ihrer Viskosität aufgegliedert.

Moderne Getriebeöle decken heute die Klassen SAE 70W (dünnflüssig) bis SAE 250 (dickflüssig) ab.

SAE-Klassen (Getriebeöle)	**Eigenschaft**
70W 75W	Sehr dünnflüssig, polare Bedingungen
80W	Besonders dünnflüssig, bei hartem Frost
85W	Dünnflüssig, für kühle Sommer oder milde Winter
65, 70, 75, 80, 85, 90	Mittelflüssig, für europäische Sommer, auch geeignet für Motoren mit konstruktiv größerem Lagerspiel im Winter
110 140	Dickflüssig, für mediterrane Sommer, auch geeignet für Motoren mit erhöhtem Ölverbrauch und größerem Lagerspiel
190	Besonders dickflüssig, für tropische Sommer
250	Sehr dickflüssig, wüstenhafte Bedingungen

Um die Cetan-Zahl des Diesels, und damit die Zündwilligkeit von Dieselkraftstoff, zu erhöhen, gibt es auch ein spezielles Additiv. (Bild: Liqui Moly)

Motoröl ohne Additive bildet Ölschlamm. Dies ist bei alten Traktoren gewünscht, bei neuen nicht.

Dieses Motoröl hat enorme Menge Wasser gebunden. Auch hiergegen gibt es spezielle Additive.

Für Getriebeöle ist die gängigste SAE-Klasse in Deutschland 75W-90.

Synthetisch oder mineralisch?

Unter Traktorfahrern wird viel über die Verwendung von synthetischen Ölen diskutiert. Vor allem, ob es sinnvoll ist, diese in unsere alten Traktoren zu kippen, zumal sie überhaupt keine Freigaben von den Herstellern haben. Wie sollen sie auch? Vor über 45 Jahren sind diese Öle erst zu erschwinglichen Preisen auf den Markt gekommen. Synthetiköle sind mineralischen Ölen in vielerlei Hinsicht überlegen. Sie bieten bei Kaltstarts schneller Schmierung, sind hochtemperaturstabil und minimieren die Reibung gegenüber mineralischen Ölen um ein Vielfaches. Auch gibt es im Motor so gut wie keine Ablagerungen mehr.

Die Erfahrung zeigt jedoch, dass vor allem bei Youngtimer-Traktoren, die einen gemeinsamen Ölkreislauf für Motor, Getriebe und Hydrauliksysteme haben und deren diverse Ölbadkupplungen gleich noch im Ölbad mitlaufen, diese auf Synthetiköl mit rauem Motorlauf und rutschenden Kupplungen reagieren können. Ein Wechsel zum Synthetiköl sollte, wenn überhaupt, erst dann vorgenommen werden, wenn der Motor einer kompletten mechanischen Revision (bei Verwendung moderner Dichtmaterialien) unterzogen wurde.

Paradoxerweise findet sich bei einigen Youngtimer-Motoren in alten Reparaturhandbüchern bei den Service-Empfehlungen der Hinweis, Synthetikmotoröl zu verwenden. Doch Achtung! Diese alten Synthetiköle haben mit ihren modernen Nachfolgern nichts gemein, außer dem Namen. Ihre Formulierung ist völlig anders. In einem solchen Fall sollte stattdessen modernes mineralisches Motoröl verwendet werden. Es hat alle erforderlichen Additive und bietet genug Haftvermögen an der Metalloberfläche, um die höheren Lagerspiele auszugleichen. Wer jedoch unbedingt bei einem Youngtimer synthetisches modernes Motoröl verwenden möchte, kann dies nur, wenn der Motor vorher komplett überholt wurde und Dichtungen eingebaut sind, die für Synthetiköl geeignet sind. Zu empfehlen ist der Wechsel jedoch nicht!

Bei Oldtimer-Traktoren sollte jedoch prinzipiell kein Synthetiköl verwendet werden, da die hohen Toleranzen dieser Motoren zunächst mineralisches Öl voraussetzen, um diese besser auszugleichen. Synthetiköl wäre hier schlicht zu dünnflüssig, haftet schlechter den alten Metalllegierungen an, und würde daher zu lauten Laufgeräuschen und ggf. zu Motorschäden führen.

Additive? Lieber oder doch nicht!

Wie synthetische können auch moderne mineralische Hochleistungs-Motoröle nicht ohne weiteres uneingeschränkt in unseren alten Traktoren verwendet werden. Das liegt an ihrer Legierung und damit an den Zusätzen bzw. Additiven, die heute beigemischt werden. Hierbei handelt es sich hauptsächlich um die sogenannten Detergentien – sie lösen vorhandenen Ölschlamm auf und verhindern dessen Neubildung – und um die Dispersantien – sie halten kleinste Verunreinigungen im Öl in Dispersion (in Schwebe), bis sie vom Ölfilter ausgefiltert werden. Und genau hier liegt eines der Probleme! Verfügt

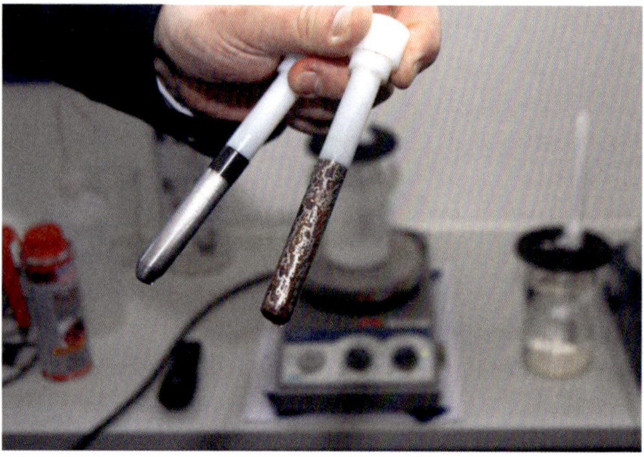

Anti-Korrosions-Additive (hier links) haben verhindert, dass im Motoröl gelöstes Wasser zu Rost im Motor führt.

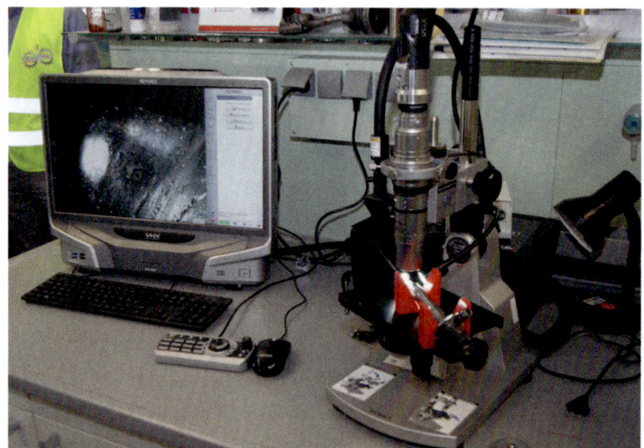

Um die Wirksamkeit seiner Additive zu belegen, werden auch Untersuchungen mit dem Mikroskop im Öl-Labor von Liqui Moly durchgeführt.

Solche Öl-Spezifikationen verraten dem Experten, dass dieses Motoröl »bis zur Oberkante« mit Additiven versetzt ist.

der Motor über keinen Feinst-Ölfilter, wie es bei vielen Vorkriegstraktoren oder solchen aus den 1950er-Jahren die Regel ist, werden Schmutz und Abrieb bei Verwendung legierter Öle ständig durch sämtliche Schmierstellen gepumpt und verursachen dort erhöhten Verschleiß. Auch ein Absetzen des Schmutzes im Ölsumpf ist nicht möglich, da die Detergentien eine Schlammbildung in der Ölwanne verhindern. Deshalb können bei dieser Gruppe von Oldtimer-Traktoren nur Motoröle verwendet werden, die prinzipiell unlegiert sind. Denn nur diese gewährleisten für Motoren ohne einen »richtigen« Ölfilter, dass sich die Fremdstoffe als Ölschlamm am Boden der Ölwanne absetzen. Auch verhindern sie, dass der über die Betriebsjahre abgelagerte Schlamm und die im Motor vorhandenen Ölkohle-Ablagerungen nicht durch das Öl aufgelöst werden und in Folge Ölbohrungen und -kanäle verstopfen (Die Ölkohle-Ablagerungen haben bei vielen älteren Motorkonstruktionen auch eine dichtende Wirkung. Werden sie durch Additive aufgelöst, muss der Motor oftmals komplett zerlegt und neu abgedichtet werden).

Damit Oldtimer-Traktormotoren immer gut geschmiert werden, benötigen sie deshalb unlegierte – oder zumindest mildlegierte – Einbereichs-Motoröle.

Verwendet man unlegierte Öle für den Oldtimermotor, muss lediglich noch auf seine Viskosität geachtet werden. Diese hängt nicht nur von der Jahreszeit, sondern auch von den im Motor verbauten Lagern ab. So benötigen Gleitlagermotoren dünneres Öl, damit beim Kaltstart die Lager schnell mit Öldruck versorgt werden. Rollengelagerte Motoren brauchen hingegen dickeres Öl, das das Lagerspiel ausgleichen kann.

Bei Oldtimermotoren kommen hier für die vor allem im Sommer betriebenen Klassiker daher oft die Viskositäten SAE 30 oder 40 zum Einsatz (Winter: SAE 10W oder 20). Wichtig ist auch, darauf zu achten, bei Einbereichsölen keine HD-Öle (Heavy Duty) zu verwenden, da diese schon über ein gewisses Schmutztragevermögen verfügen. Soll laut Handbuch ein HD-Motorenöl trotz nicht vorhandener Ölfiltrierung verwendet werden, dann empfiehlt sich ein möglichst niedrig legiertes, wie das Liqui Moly Classic Motoröl SAE 20W-50 HD.

Da sich die Eigenschaften des Öls – unabhängig ob legiert oder unlegiert – mit zunehmendem Alter und mit jedem gefahrenen Kilometer aufgrund von Kondenswasserbildung, Ölverdünnung durch Kraftstoff, Verschmutzung, Alterung durch Sauerstoffoxidation, Druck- und Scherbelastungen u. v. m. stetig verschlechtern, ist es sehr wichtig, das Öl und – falls vorhanden – den Ölfilter mindestens einmal im Jahr oder bei Erreichen der vorgeschriebenen Kilometer oder Stundenanzahl zu wechseln! Bei jedem oder bei jedem zweiten Ölwechsel sollte auch die komplette Ölwanne demontiert und gereinigt werden. Dies gilt auch für Traktoren, die nicht bewegt werden und immer trockenstehen. Denn auch hier bewirkt Feuchtigkeit und der Luftsauerstoff eine Alterung des Motoröls (was sonst noch beim Ölwechsel zu beachten ist, lesen Sie oben unter »Ölwechsel«).

Jedes Pflegemittel ist umweltschonend, sofern es in Deutschland bzw. der EU zugelassen wurde.

Der Hela Diesel von Lanz Aulendorf ist lange Zeit nicht mehr gewaschen und gepflegt worden.

Grüne Pflege

Nichts machen Traktoristen lieber, als ihren geliebten Traktor zu pflegen. Dass dabei die Umwelt nicht leiden darf, sollte heute eigentlich selbstverständlich sein. Wie das geht, zeigen wir Ihnen hier an einem alten Hela Diesel der Firma Hermann Lanz Aulendorf (Typ D 420). Das schont nicht nur die Umwelt, sondern spart auch viel Geld, weil man weniger Waschmaterial benötigt. Bei der Anschaffung von so genannter »Werkstatt-Chemie«, und hierzu gehören auch Kfz-Pflegeprodukte, achten daher verantwortungsbewusste Traktoristen darauf, dass alles möglichst umweltverträglich ist. Auf den Produkten muss daher vermerkt sein, dass sie biologisch abbaubar sind. Trotzdem können bei ihrer Anwendung auch Fehler gemacht werden, die es zu vermeiden gilt.

Ist ein Traktor vielleicht seit Jahren nicht mehr gewaschen worden und die Oberflächen von Karosserie und Motor sind entsprechend dick mit einer Schmutzschicht aus Öl, Fett, Erde und Pflanzenresten überzogen, muss der Traktor zunächst mit Wasser abgesprüht werden. Das löst den ersten Schmutz an und hilft so, dass der anschließend aufgebrachte Reiniger besser einwirken kann.

Im ersten Waschgang sollte sogenanntes Autoshampoo zum Einsatz kommen. Mit diesem Reiniger lassen sich hartnäckige oberflächliche Verschmutzungen entfernen. Damit der Reiniger möglichst lange einwirken kann, verdünnt man das Konzentrat meist im Verhältnis 1 zu 8 in einer Drucksprühflasche und setzt dieses dann durch Pumpen unter Druck. Anschließend sprüht man die Karosserie des Traktors ein. Dabei entsteht ein dicker Schaum, der auch an senkrechten Flächen sehr gut haftet. So hat der Reiniger Zeit, den Schmutz zu lösen, ohne dass das Mittel gleich von den Flächen abfließt. Zudem muss man nur sehr wenig Reiniger aufsprühen, was wiederum der Umwelt nützt. Die spezielle Formulierung des Shampoos löst Schmutz und verwitterte Lackpartikel an, so dass sie nach fünf Minuten Einwirkzeit bequem mit dem Hochdruckreiniger abgewaschen werden können. Das Abwaschen darf nur an einem geeigneten Waschplatz mit Ölabscheider, zum Beispiel an einer Tankstelle,

Solche alten und hartnäckigen Fettverkrustungen sind für jeden Reiniger eine echte Herausforderung.

Am Motor sind Ölverkrustungen zu sehen. Sie sind mit dem Metall des Motors fest verbacken.

Der Schmutz wird zuerst mit dem Hochdruckreiniger eingenässt, damit die Reiniger später besser wirken können.

Das Autoshampoo macht seinen Namen alle Ehre und schäumt beim Aufsprühen mit der Drucksprühflasche stark.

Nach fünf Minuten Einwirkzeit kann der Schaumreiniger von den Karosserieteilen abgesprüht werden.

Für die hartnäckigen Öl- und Fettverkrustungen am Motor und Fahrgestell braucht es einen Universalreiniger.

Heißes Wasser unterstützt den Reiniger in seiner Wirkung. Hier wurden 90° Grad eingestellt.

geschehen. Auch sollte man nicht an einem heißen Tag in der prallen Sonne arbeiten, da der Reiniger sonst zu schnell trocknet.

Nachdem die Karosserieteile abgewaschen sind, benötigt man für Motor und Antriebsstrang ein sogenanntes Universalreiniger-Konzentrat für Fahrzeuge. Es wird ebenfalls als Schaum mit der Sprühflasche aufsprüht. Nach gut fünf Minuten Einwirkzeit wird der Schaum, diesmal mit heißem Wasser, unter Hochdruck abgesprüht (siehe Kapitel »Hochdruckreiniger«). Durch das gut 90o Grad heiße Wasser und den Hochdruckstrahl werden vor allem die hartnäckigen Fett- und Ölverkrustungen, die durch den Reiniger gelöst sind, abgewaschen. Durch das Aufbringen des Universalreinigers als Schaum genügt ebenfalls sehr wenig Reinigerkonzentrat, um den Schmutz zu lösen. Nach dem ersten Abwaschen sollte man das Waschergebnis kontrollieren. Sind an ein paar Stellen noch Schmutzkrusten zu sehen, wird der Vorgang wiederholt. Diesmal genügt es aber völlig, die verbliebenen Schmutzreste einzuschäumen und an extrem hartnäckigen Stellen mit dem Waschschwamm nachzuhelfen. Nach fünf Minuten Einwirkzeit wird wiederum abgewaschen. Das spart viel Wasser und Reinigungsmittel. Bei Bedarf kann dies solange wiederholt werden, bis das gewünschte Ergebnis erzielt ist.

Danach lässt man den Traktor trocknen und kann dann zur eigentlichen Pflege übergehen.

Der Lack unseres Hela Diesel ist stark verwittert und wirkt stumpf und matt. Viele würden den Traktor neu lackieren. Wer aber Wert auf eine gepflegte Patina legt, wird hierauf aber verzichten, weil oftmals die Aufbereitung des Lacks ein authentischeres Ergebnis liefert.

Die Aufbereitung des alten Lackes beginnt mit sogenannten Lackreiniger. Eine Glanzpolitur würde auch funktionieren, jedoch würde der Lack danach übermäßig glänzen, was nicht immer dem Originalzustand entspricht. Bevor man mit dem Polieren beginnt, muss der Polierschwamm mit Wasser angefeuchtet werden. Dann gibt man eine haselnussgroße Portion Lackreiniger auf den Schwamm, die unter gleichmäßigem Druck auf dem alten Lack mit kreisenden Bewegungen verrieben wird. Man darf hier nur mit wenig Druck arbeiten, da sonst zu viel Lack auf einmal abgetragen wird. Dann kann es passieren, dass man über das Ziel, die Patina zu erhalten, hinausschießt. Poliert man jedoch mit einem Frottiertuch oder speziellen Microfaser-Tüchern die behandelten Stellen zwischendurch immer wieder ab, kann man den Glanzgrad leicht kontrollieren.

Achtung! Erste Test-Reinigungen sollten übrigens immer an Stellen gemacht werden, die nicht gleich zu sehen sind. Geht dann etwas schief, und nur, dass der Lack zu

Auch der Universalreiniger bildet einen Schaum, der lange an den Bauteilen haften bleibt.

Mit dem heißen Hochdruckstrahl lösen sich auch hartnäckige Schmutzkrusten auf.

Reste der Schmutzkrusten werden partiell eingesprüht. Das spart Reiniger und schont die Umwelt.

Mit gezielten Hochdruck-Schüssen werden auch die letzten Schmutzkrusten vom Motor entfernt.

Viele Flächen am Motor sehen seit einigen Jahrzehnten sicherlich erstmals wieder die Sonne.

Ein kleiner Klecks Lackreiniger genügt, um eine ca. einen halben Quadratmeter große Fläche zu bearbeiten.

Mit einem feuchten Schwamm wird das Mittel in kreisenden Bewegungen auf den Lack aufgebracht.

Zwischendurch werden die Lackreinigerreste wegpoliert, um das Ergebnis zu überprüfen.

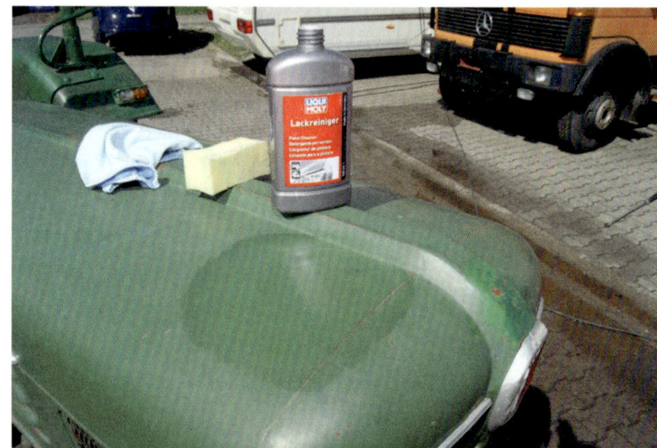

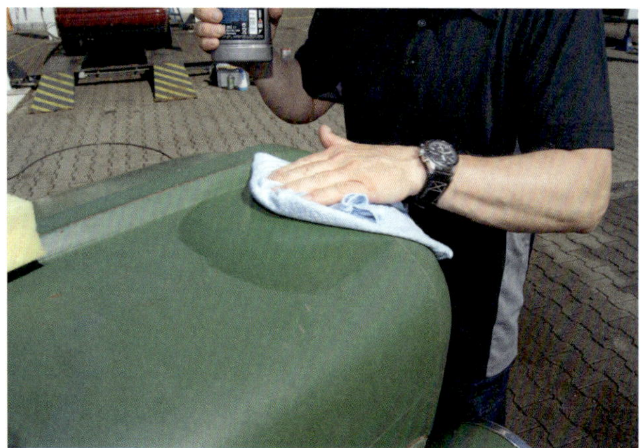

Der Unterschied zum verwitterten Lack ist deutlich zu erkennen. Das Ergebnis überzeugt.

Lack-Glanz-Creme ist ideal für weniger stark verwitterte Lacke, wie an den Seiten der Motorhaube.

Auch hier zeigt sich bereits nach wenigen Sekunden Anwendung, wie die Lack-Glanz-Creme arbeitet.

glänzend wird, ist der Schaden nicht zu augenfällig. An Stellen, wo der Lack weniger verwittert ist, kann Lack-Glanz-Creme eingesetzt werden. Auch hier muss der Schwamm zuerst vorher leicht mit Wasser feucht gemacht werden. Die Lack-Glanz-Creme ist jedoch weniger abrasiv und schafft eine »weiche« Lackoberfläche. Der Lack wird hierdurch völlig glatt und erhält einen gepflegten natürlich matten Glanz, so wie es bei alten Traktoren üblich ist. Je nachdem auch, mit welcher Schwammstruktur (es gibt weiche, mittelharte und harte Polierschwämme, aber auch verschiedene Schwammstrukturen) man arbeitet und wie feucht diese vorher gemacht werden, lässt sich ein unterschiedlicher Glanzgrad erzielen.

Mit Lackreiniger beziehungsweise feiner Schleifpaste lässt sich übrigens auch alles, was aus Bakelit oder Hartkunststoff ist, wieder auf Hochglanz bringen. Doch nicht immer erreicht man den gewünschten Glanzgrad, wie das Lenkrad des Hela Diesel hier beweist. Es war ursprünglich mal schwarz lackiert und mit Klarlack überzogen. Durch den Handschweiß des Fahrers hat sich der Lack völlig aufgelöst. Dass hier kein Lackreiniger mehr helfen kann, ist selbstredend. Um ein ansprechendes und zum Gesamtbild des Traktors stimmiges Ergebnis zu erzielen, sollten solche Lenkräder mit Schleifpaste etwas aufpoliert werden. Das Ergebnis beim Hela überzeugt: Ein matt glänzendes Lenkrad, dass hervorragend zur Patina des Traktors passt.

Oft hilft es auch, die mattgewordenen und »ausgekalkten« Hartkunststoff-Oberflächen mit Silikonspray zu behandeln, denn die meisten Kunststoffe haben einen UV-Schaden an der Oberfläche, sind aber ansonsten in Ordnung. Sprüht man sie dünn mit Silikonspray ein, dringt es in die UV-geschädigte Schicht ein und man kann die Oberfläche mit einem Microfasertuch leicht aufpolieren. Der darunter liegende Kunststoff erstrahlt dann oft wieder in einem satt glänzenden Schwarz. Über das Silikonöl wird zudem die UV-Beständigkeit im Kunststoff erhöht. Wann immer es nötig ist, sollte man die Anwendung daher öfters wiederholen. Selbst an Neuteilen schadet das gelegentliche Einsprühen und Abwischen mit Silikonöl nicht, da so der Alterung des Kunststoffs vorgebeugt werden kann und die Teile sehr lange wie neu aussehen.

Bei Gummis, wie Achsmanschetten, Abdeckungen oder Verschlüssen, braucht es ganz spezielle Pflegemittel, damit diese lange halten, oder wiederaufbereitet werden können. Hier bieten die Pflegeprodukte-Hersteller spezielle Gummi-Pfleger in der Sprühflasche oder sogenannte Kunststofftiefenpfleger in der Dosierflasche an. Ist der Gummi sehr weich, ist die Sprühflasche zum Auftragen besser, ist es härter, die Dosierflasche. Hier wird dann das

Der Lack fühlt sich völlig glatt an. Man ist sichtlich mit dem Ergebnis der Aufbereitung zufrieden.

Mit der Glanzpolitur und einem entsprechenden Polierschwamm kann die Stärke des Glanzgerades variiert werden.

Der Lampentopf sieht nach der Behandlung mit der Glanzpolitur wieder aus wie am ersten Tag.

Eine kleine Menge Lackreiniger genügt auch, um Kunststoffoberflächen aufzubereiten.

Das Lenkrad des Hela Diesel wurde mit Lackreiniger behandelt. Jedoch ohne Erfolg. Es fehlt der Lack.

In einem zweiten Arbeitsgang kommt Schleifpaste zur Anwendung. Sie ist für alle Oberflächen geeignet.

Auch die Schleifpaste sollte am besten zusammen mit einem feuchten Schwamm angewendet werden.

Das Ergebnis passt zum Gesamteindruck des Hela Diesel. Wer will, kann so ein Lenkrad auch lackieren.

Wunderwaffe! Mit Silikonöl lassen sich UV-geschädigte Kunststoffflächen leicht wieder aufbereiten.

Fünf Jahrzehnte UV-Strahlung fordern ihren Tribut. Das Gehäuse des Rücklichts ist völlig ausgebleicht.

Das Gehäuse wird satt mit Silikonöl eingesprüht, um es dann ein paar Minuten wirken zu lassen.

Mittel mit einem feuchten Schwamm auf das Gummiteil aufgerieben.

Beide Pflegemittel wirken in etwa gleich und reinigen die Gummioberfläche. Gleichzeitig werden fehlende Weichmacher ergänzt, so dass die Gummiteile geschmeidig und weich bleiben oder es wieder werden. Regelmäßig angewendet, können sie die Lebensdauer von Gummiteilen ungemein verlängern, was Umwelt und Geldbeutel deutlich schont. Man braucht zudem nur sehr wenig von ihnen, so dass Dossier- oder Sprühflasche sehr lange halten.

Doch nicht nur Lack, Kunststoff und Gummi können umweltschonend wiederaufbereitet werden, sondern auch sämtliche Metalloberflächen. Viele denken, dass verrosteter oder matter Chrom ein Grund ist, ein Teil zu ersetzen oder es neu verchromen zu lassen. Abgesehen davon, dass beides teuer und neu verchromen sehr umweltschädlich sein kann (wenn es überhaupt noch jemand heute macht), sollte man zuerst immer versuchen, mit Chrom- bzw. Metallpolitur die Oberflächen wiederaufzubereiten. Im Fall des Hela Diesel wurden die Lampenringe aufpoliert. Sie zeigten Rostpickel und stumpfen Chrom. Wie bei der Lackpolitur wird vorher wieder der Polierschwamm angefeuchtet und etwas Politur auf ihn gegeben. Bereits eine erbsengroße Portion genügte völlig, den Lampenring unseres Hela komplett aufzuarbeiten. Ist die Chromschicht jedoch abgeblättert, kann man mit Politur nichts mehr machen. Dann braucht es ein Neuteil. Chrompolitur eignet sich übrigens auch, um damit Aluminium aufzubereiten, wie die Kühler-Zierleisten-Umrahmung und das Hela-Emblem hier zeigen. Beides erstrahlt nach wenigen Minuten wieder, wie neu.

Zuletzt noch ein »Gebrauchtwagen-Verkäufer-Tipp«: Selbst der am besten aufbereitete Traktor sieht nicht gut aus, wenn seine Reifen schmutzig und grau sind. Mit Reifenschaum lässt sich das leicht ändern. Er wird lediglich auf die Flanken des Reifens gesprüht und gut fünf Minuten dort belassen, bevor es mit einem Tuch wieder abgewischt wird. In dieser Zeit löst er Schmutz an und pflegt den Reifen, indem er fehlende Weichmacher im Gummi wieder ergänzt. Man muss nur darauf achten, dass der Reifenschaum nicht die Lauffläche des Reifens benetzt, da der Reifen hierdurch an Haftung verliert. Das ist aber beim Traktor noch nicht so wichtig, wie bei Pkw oder Motorrad. Wer hier aber sorgsam arbeitet und es öfters macht, verhindert Rissbildung im Gummi und erhöht hierdurch die Lebensdauer seiner Reifen.

Setzt man die Verlängerung der Lebenszeit der einzelnen Bauteile und Oberflächen ins Verhältnis zum Preis der verschiedenen Pflegemittel, ist dieser verschwindend gering. Richtig eingesetzt, tragen sie deutlich zum Erhalt unserer alten Traktoren bei und rechnen sich allein deshalb schon. Ganz nebenbei aber sorgen wir mit ihrem Gebrauch auch für Nachhaltigkeit und helfen so, die Umwelt zu schonen.

Checkliste: Umweltgerechte Pflege

Checkliste
Nur Produkte mit Zulassung für die EU oder den deutschen Markt kaufen.
Die Gebrauchsanleitung der Pflegeprodukte sorgsam lesen und entsprechend anwenden.
Produkte nur für den vorgesehenen Anwendungsbereich verwenden.
Alle Pflegeprodukte sind meist Konzentrate. Wenig nützt hier oft mehr.
Nur an einem geeigneten Waschort das Fahrzeug waschen. Auf Ölabscheider achten.
Nicht bei großer Hitze in praller Sonne arbeiten.
Reiniger und Pflegemittel nur auf kalten Fahrzeugteilen anwenden.
Mit Hochdruckreiniger und Dampfstrahler erzielt man sehr gute Waschergebnisse bei wenig Wassereinsatz.
Gewachste oder versiegelte Oberflächen verschmutzen weniger schnell, als nicht behandelte Oberflächen.
Einen Traktor gelegentlich mit einem sauberen Lappen abwischen, erspart öfters die große Wäsche mit Wasser.

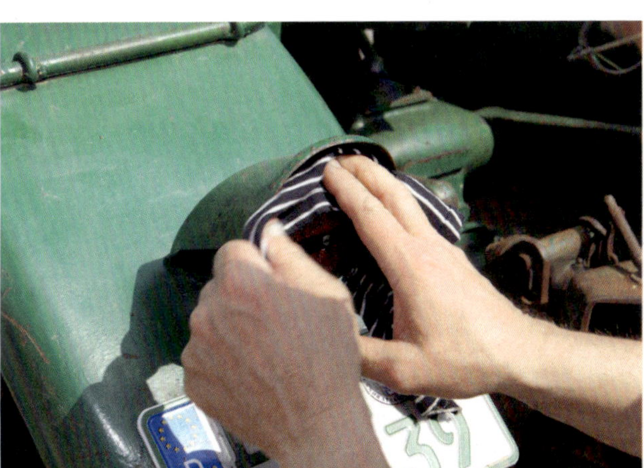

Mit einem sauberen Baumwolltuch wird das Silikonöl vom Gehäuse gerieben. Dabei entfernt es auch Schmutz.

Bereits nach wenigen Minuten erstrahlt das Gehäuse des Rücklichtes dauerhaft wieder im alten Glanz.

Gummipflege und Kunststoff-Tiefenpfleger-Lotion arbeiten sehr ähnlich. Nur das Auftragen unterscheidet sich.

Solche Gummiteile, wie dieser Motorhaubenhalter, wollen gepflegt sein, sonst reißen sie sehr schnell ab.

Mit Kunststoff-Tiefenpfleger-Lotion wird die Oberfläche des Motorhaubenhalter eingerieben. Dabei wird Schmutz entfernt.

Für die nächsten Monate ist dieses Gummiteil gut vor Witterung und UV-Strahlung geschützt.

Chrom´-Glanzcreme wird zum Auftragen auf Metalloberflächen zuerst auf einen feuchten Schwamm gegeben.

Mit leichtem Druck wird die Chrom-Glanzcreme auf dem Lampenring des Hela Diesel verrieben.

Nach wenigen Minuten erstrahlt das Chrom des Lampenrings wieder in hellem Chromeglanz.

Chrome-Glanz-creme eignet sich auch, um damit Aluminium-Zierleisten und Embleme aufzuarbeiten. Je nach Bearbeitungstiefe kann der Glanzgrad des Aluminiums an die Optik des Fahrzeugs angepasst werden.

Sauber glänzende Reifen verleihen dem Traktor eine gepflegte Optik. Der Glanz hält mehrere Wochen an.

Mit Reifenschaum lässt sich auch die Optik der Reifen auf Vordermann bringen. Nebenbei werden sie gepflegt.

Nach ein paar Minuten Einwirkzeit werden die Reifen mit Werkstattpapier kräftig abgerieben.

Schmierdienst

Old- und Youngtimer-Traktoren müssen regelmäßig abgeschmiert werden. Das weiß jeder, der einen alten Traktor besitzt. Doch der Schmierdienst ist eine Wissenschaft für sich, denn viele fragen sich: Wo gehört welches Schmiermittel hin? Das liegt vor allem an der Fülle an Schmierstoffen, die erhältlich sind. Man könnte fast meinen, es gibt für jeden Einsatzzweck »den« speziellen Schmierstoff. Dass man mit dieser Auffassung gar nicht so falsch liegt, zeigt der Schmierdienst an unserem Eicher ED 22. Er wird hier als Anschauungsobjekt dienen.

Wo welches Schmiermittel eingesetzt werden muss, hängt zunächst mal von ihren verschiedenen Eigenschaften ab. Prinzipiell lassen sich aber zwei Arten von Schmierstoffen unterscheiden: solche, die sehr dünnflüssig sind und sich aufsprühen lassen, und solche, die fettartig sind und mit der Hand oder der Fettpresse aufgebracht werden.

Dünnflüssige Schmierstoffe werden hauptsächlich für Gelenke und bewegliche Teile, wie Scharniere, Federn oder Hebelachsen, benötigt. Durch ihre extrem niedrige Viskosität dringen sie aufgrund der Kapillarwirkung in kleinste Schlitze und Spalten. Darüber hinaus gibt es bei den flüssigen Schmierstoffen solche, die zunächst flüssig sind, jedoch auf dem Bauteil abtrocknen und eine feste, trockene Schmierschicht bilden. Der flüssige Träger des eigentlich trockenen Schmierstoffes hat hier lediglich die Aufgabe, die Mikro-Schmierstoffpartikel durch die Kapillarwirkung an engste Schmierstellen zu transportieren.

Fette hingegen kommen meist bei der Schmierung von rotierenden Bauteilen, wie Kugel- oder Wälzlagern zum Einsatz. Auch bei Kugelkopf- und Gleitlagern werden sie hauptsächlich verwendet, da sie hier eine dauerhafte und druckstabile Schmierung gewährleisten.

Selbstverständlich unterscheiden sich die Schmierstoffe auch von ihrer chemischen Zusammensetzung. Je nachdem, welche Eigenschaften (z. B. für Druck, Witterung, Material des Bauteils, hohe Lager-Rotationsgeschwindigkeit usw.) von ihnen abverlangt werden, können sie unterschiedliche Zusätze, wie Grafit, Kupfer oder Silikone enthalten.

Das Abschmieren von Bauteilen am Traktor erfordert immer sorgfältige Vorbereitung. Bevor überhaupt irgendein Schmierstoff aufgetragen wird, muss die Schmierstelle gründlich gereinigt werden. Mit der Reinigung, die idealerweise mit einem Motorreiniger vorgenommen wird, werden auch Schmutz und Abrieb von der Lagerstelle entfernt. Ist die zu schmierende Stelle sauber, ist sie anschließend auf Verschleiß zu prüfen. Im geschmierten Zustand zeigen verschlissene Lager oft kein oder kaum

Im Laufe der Jahre hat sich viel Schmutz am Schaltstock angesammelt. Er wird mit Motorreiniger entfernt.

Mit Werkstattpapier lassen sich die letzten Schmutzreste leicht entfernen und der Schaltstock trockenlegen.

In die Mechanik des Schaltstockes wird reichlich von allen Seiten so genanntes weißes Wartungsspray gesprüht.

Für außenliegenden Hebelmechaniken, die der Witterung direkt ausgesetzt sind, empfiehlt sich Haftschmierspray.

Lagerspiel, da es vom Fett ausgeglichen werden kann. Sind sie jedoch trocken und sauber, lässt sich vorhandenes Spiel schnell erkennen.

Flüssige Schmierstoffe hingegen dringen besser in gereinigte Lagerstellen ein, wie die Schmierung des Schaltstocks des ED 22 zeigt. Nachdem dort die Gummiabdeckung entfernt und die Mechanik mit Motorreiniger und Werkstattpapier gereinigt wurde, ist so genanntes »weißes Wartungsspray« aufgesprüht worden. In diesem Spray ist Festschmierstoff in einer Trägerflüssigkeit gelöst, die zusammen mit dem keramikhaltigen Festschmierstoff in das Innere der Mechanik eindringt. Nach wenigen Minuten verdunstet die Flüssigkeit und zurück bleibt ein weißer Überzug. Er schmiert die Mechanik dauerhaft und hat den Vorteil, dass an den trockenen Schmierpartikeln kein Schmutz mehr haften bleiben kann. Geeignet ist dieser Schmierstoff daher für alle Lagerstellen, die sich nicht an exponierten, d.h. der Umwelt unmittelbar ausgesetzten Stellen befinden. Empfehlenswert ist seine Verwendung auch an den Pedallagern des ED 22, die sich unter der Fußplatte befinden. Natürlich könnte man mit weißem Wartungsspray auch Lagerstellen, die unmittelbar der Witterung ausgesetzt sind, schmieren. Das Problem ist jedoch die Feuchtigkeit im Lager. Um bestehende Feuchtigkeit aus einem Lager zuverlässig zu verdrängen, muss wasserverdrängendes Kriechöl verwendet werden. Die Anforderungen an einen solchen Schmierstoff sind sehr hoch. Neben der Wasser-

Auch hier muss die Mechanik hin und her bewegt werden, solange das Haftspray noch flüssig ist.

Vor der Pflege ist der Gummi auf Beschädigungen zu prüfen. Defekte Gummis sind zu tauschen.

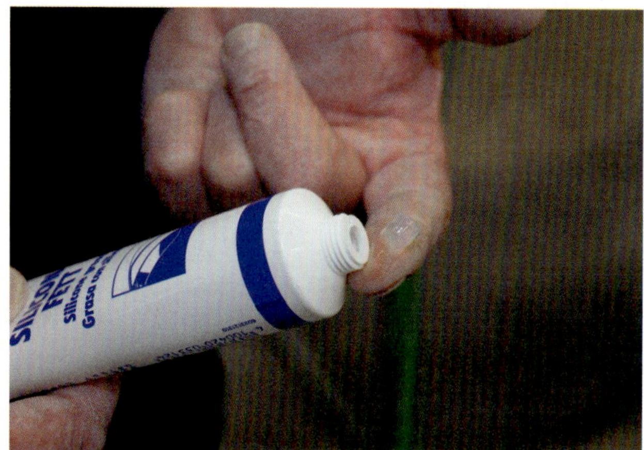

Vom Silikon-Fett bedarf es nicht viel, um den Gummi zu pflegen. Eine Fingerspitze voll genügt.

Das Silikonfett wird dünn verstrichen. Nach wenigen Stunden ist der Gummi wieder weich

Keilriemen-Sprays sind Notlösungen. Wenn der Riemen quietscht, ist es besser, ihn zu wechseln.

verdrängung muss es dauerhaft schmieren und darf durch Wasser nicht abgewaschen werden. Für die am ED 22 außenliegenden Hebelmechaniken, wie die der beiden Fußbremsen, empfiehlt er deshalb ein Haftschmierspray. Auch hier muss mit Motorreiniger zunächst die Lagerstelle gereinigt werden, bevor der Schmierstoff satt aufgetragen wird. Nach dem Schmieren muss die Lagerstelle bewegt werden. Hierzu drückt man die Fußbremshebel hin und her. Ist die Lagerstelle danach immer noch fühlbar schwergängig, muss nochmals Schmierstoff aufgesprüht werden. Sollte sich jedoch nach zweimaligem Aufsprühen keine Leichtgängigkeit einstellen, wird man nicht herumkommen, die Lagerstelle zu zerlegen. Meist ist dann die Korrosion so weit vorangeschritten, dass sie überarbeitet oder getauscht werden muss.

Gaszuggestänge stellen die Schmierstoffe ebenfalls vor schwere Aufgaben. Einerseits liegen die zu schmierenden Stellen sehr exponiert, andererseits sind sie meist recht klein, so dass selten genügend Schmierstoff von außen aufgetragen werden kann. Um eine sichere Schmierung zu erreichen, sind die Gestänge zuerst immer zu zerlegen und zu reinigen (vgl. Kapitel Gestänge übertholen). Nicht vergessen darf man hierbei auch die Widerlager. Hier ist die Lagerbohrung mit einem mit Motorreiniger getränkten Werkstattpapier sorgfältig zu reinigen. Da das Gasgestänge sehr zuverlässig arbeiten muss, verwendet man hier bevorzugt sogenannte Bremsen-Antiquietsch-Paste. Sie ist sehr druckstabil, witterungsbeständig und fließt nicht. Letztere Eigenschaft hält den Schmierstoff zuverlässig an der Schmierstelle. Übrigens sollte man sich von dem Namen des Schmierstoffs nicht irritieren lassen. Obwohl sie Bremsen-Antiquietsch-Paste heißt, wird sie nicht, wie man vermuten könnte, nur zur Schmierung der Rückseite von Bremsbelägen verwendet. Hier wird die Paste, wenn überhaupt, nur extrem dünn aufgetragen. Vielmehr wurde sie entwickelt, um Bremsgestänge zu schmieren. Hier entstehen durch Schwingungen die unangenehmen Quietschgeräusche beim Bremsen, die dann durch die Paste gedämpft bzw. eliminiert werden können.

Was natürlich gut ist für das Bremsgestänge, ist auch gut für das Gasgestänge. Deshalb sollte die Bremsen-Antiquietsch-Paste auch hier und an ähnlichen Mechaniken (z. B. Stellmechanismen) zum Einsatz kommen.

Quietschgeräusche entstehen jedoch nicht nur durch ungenügende Schmierung von Metalllagern. Auch Gummis können unangenehm quietschen, vor allem, wenn sie Reibung ausgesetzt sind, wie am Lenkgestänge. Hier dienen sie zur Pufferung und Dichtung von Kugel- oder Drehachsgelenken. Sind die Gummis verhärtet, verursachen sie knarrende oder quietschende Geräusche, wenn am Lenkrad gedreht wird. Zuverlässige und dauerhafte

Abhilfe schafft aber Silikonfett. Auch hier muss der Gummi zunächst mit Motorreiniger von Schmutz befreit werden. Ist er sauber, wird er auf Beschädigungen überprüft. Gerissene und brüchige Gummis müssen ersetzt werden. Sie zu pflegen, wäre Geldverschwendung. Ist der Gummi lediglich verhärtet, kann er mit Silikonfett »wieder belebt« werden. Hierzu entnimmt man der Tube eine kleine Menge Fett und verreibt es auf den verhärteten Gummis. Jetzt heißt es etwas warten, da das Silikonfett die Weichmacher im Gummi »reaktiviert«. Nach wenigen Stunden ist der verhärtete Gummi wieder weich und verrichtet seinen Dienst »sang- und klanglos«.

Zu quietschenden Geräuschen neigt auch öfters der Keilriemen. Dann ist er meist zu locker und rutscht durch. Aber auch bei korrekter Spannung kann er zwitschernde Geräusche verursachen. Dann laufen meist die Riemenräder nicht parallel und sind leicht zueinander versetzt. Können diese Ursachen ausgeschlossen werden und ist der Keilriemengummi verhärtet, hilft schnell Keilriemenspray. Ähnlich wie Silikonfett reaktiviert es die Weichmacher im Gummi und beseitigt so das lästige Zwitschern. Beim Aufsprühen wird der Keilriemen durchgedreht, damit er komplett eingesprüht werden kann. Bereits nach wenigen Minuten Einwirkzeit ist der Keilriemen wieder geschmeidig. Trotzdem sollte er bald gewechselt werden, da er, wenn er diese Behandlung nötig hat, meist schon sehr alt ist.

Auch die kugelförmigen Gleitlager der Heckhydraulik brauchen besondere Zuwendung beim Schmierdienst Sie sind hoch druckbelastet und Schmutz und Witterung extrem ausgesetzt. Um sie zu schmieren, benötigt man ein so genanntes Langzeitfett, dass, um die Fließeigenschaften zu verbessern, einen MoS2-Zustatz hat. Das äußerst druckstabile Fett verharzt zudem auch nach langer Zeit nicht. Das Abschmieren muss sehr sorgfältig geschehen. Wie bei jeder Schmierstelle muss sie zunächst einmal vom alten Fett gereinigt und anschließend auf Verschleiß geprüft werden. Das Fett wird mit einem Pinsel aufgetragen, damit es alle Seiten des Lagers bedeckt. Zum Einstreichen kann ein gewöhnlicher, aber etwas größerer Aquarell-Pinsel verwendet werden. Mit ihm lässt sich das Fett leicht auf alle Flächen aufbringen. Nachdem alles mit Fett bedeckt ist, sollte das kugelförmige Gleitlager noch etwas mit den Fingern bewegt werden. Das stellt sicher, dass auch wirklich alle Flächen mit Fett versorgt sind. Überschüssiges Fett am Rand des Lagers ist jedoch zu entfernen, damit kein Schmutz an ihm haften bleibt.

Das Fett für Schmierstellen mit Schmiernippel sollte ebenfalls gut ausgewählt werden. Im Regelfall wird hier seit Jahrzehnten so genanntes Wälzlagerfett verwendet. Doch die Schmierstoffentwicklung hat auch vor diesem

Kugelförmige Gleitlager, wie an der Heckhydraulik, müssen sehr sorgfältig gereinigt werden.

Vor dem Abschmieren mit Fett ist das fettfreie Lager auf Verschleiß, Spiel und Rost zu prüfen.

Mit einem Aquarell-Pinsel kann das Fett sauber und genau platziert auf das Lager aufgetragen werden.

Nach der Außenseite des Kugelgleitkopfes muss auch seine Innenseite sorgfältig geschmiert werden.

Nicht mit Motorreiniger sparen! Das Werkstattpapier verhindert, dass Flüssigkeit auf den Boden gelangt.

Für das Abschmieren von Schmiernippel-Lagerstellen benötigt man eine Fettpresse mit passendem Anschluss-Mundstück.

Fett nicht Halt gemacht. Heute wird bei den kugelförmigen Gleitlagern Langzeitfett mit MoS2 verwendet. Gerade an Gleitlagern sollte das Fett äußerst druckstabil sein und auch nach langer Zeit nicht verharzen.

Um Schmiernippel-Lagerstellen abzuschmieren, benötigt man eine Fettpresse mit passendem Anschluss-Mundstück. Dazu muss man wissen, welche Arten von Schmiernippeln am Traktor verbaut sind, sonst passt die Fettpresse nicht auf die Nippel. Überwiegend finden sich an Oldtimern so genannte Kegelschmiernippel. Nur an Radlagern wurden gelegentlich Kugelschmiernippel verbaut. Bevor man jedoch mit dem Abschmieren beginnt, müssen die Schmierstellen und der Schmiernippel gründlich gereinigt werden. Sonst könnte Schmutz in die Schmiernippel gelangen. Vor dem Schmieren muss auch jeder einzelne Schmiernippel auf festen Sitz und Beschädigungen geprüft werden. Besonders wichtig ist hier das Vorhandensein der Kugeldichtung im Fettpressloch des Schmiernippels. Die Kugel verschließt über Federdruck den Fettkanal, so dass nach dem Abschmieren kein Schmutz oder Wasser in das Lager gelangen kann. Sind Schmiernippel beschädigt, müssen sie getauscht werden, um teuren Lagerschäden vorzubeugen. Aber auch äußerlich intakte Schmiernippel können defekt sein, vor allem dann, wenn das Kugelventil klemmt. Beim Abschmieren quillt dann das Fett am Mundstück der Fettpresse vorbei heraus. Ursache ist hier oft verharztes Fett, das den Schmiernippel verstopft. Solche Schmiernippel muss man ausbauen. Bevor man sie gegen einen neuen tauscht, kann man jedoch noch versuchen, sie mit einem Industriefön leicht zu erwärmen und mit einem Draht den Schmiernippel zu reinigen. Dabei ist auf die Funktion des Kugelventils zu achten. Funktioniert es nach der Reinigung einwandfrei, kann der Schmiernippel, vorausgesetzt seine Dichtfläche und der Kopf sind ohne Beschädigungen, wieder weiterverwendet werden.

Das Abschmieren muss sehr gefühlvoll und vorsichtig geschehen, da sonst Lagerstellen beschädigt werden könnten. Bei Gleitlagern muss man solange pumpen, bis Fett aus den Gleitlagerrändern deutlich herausgepresst wird. Das stellt sicher, dass altes Fett aus dem Lager geschoben und das gesamte Lager wieder mit neuem Fett gefüllt wird. Geschieht dies nicht, ist entweder der Schmiernippel verstopft oder das Fett im Lager ist bereits verhärtet oder verharzt. In einem solchen Fall muss das Lager komplett zerlegt und gereinigt werden.

Auch Kugelkopflager, wie sie oft am Lenkgestänge verbaut sind, können durch falsches Abschmieren beschädigt werden. Als Faustregel gilt hier: Ein Fettstoß pro Schmiernippel. Durch den hohen Druck der Fettpresse und zu viel Fett wird sonst die Lagerkugel aus

Mit dem austretenden Fett wird altes Fett aus der Lagerstelle geschoben und durch neues ersetzt.

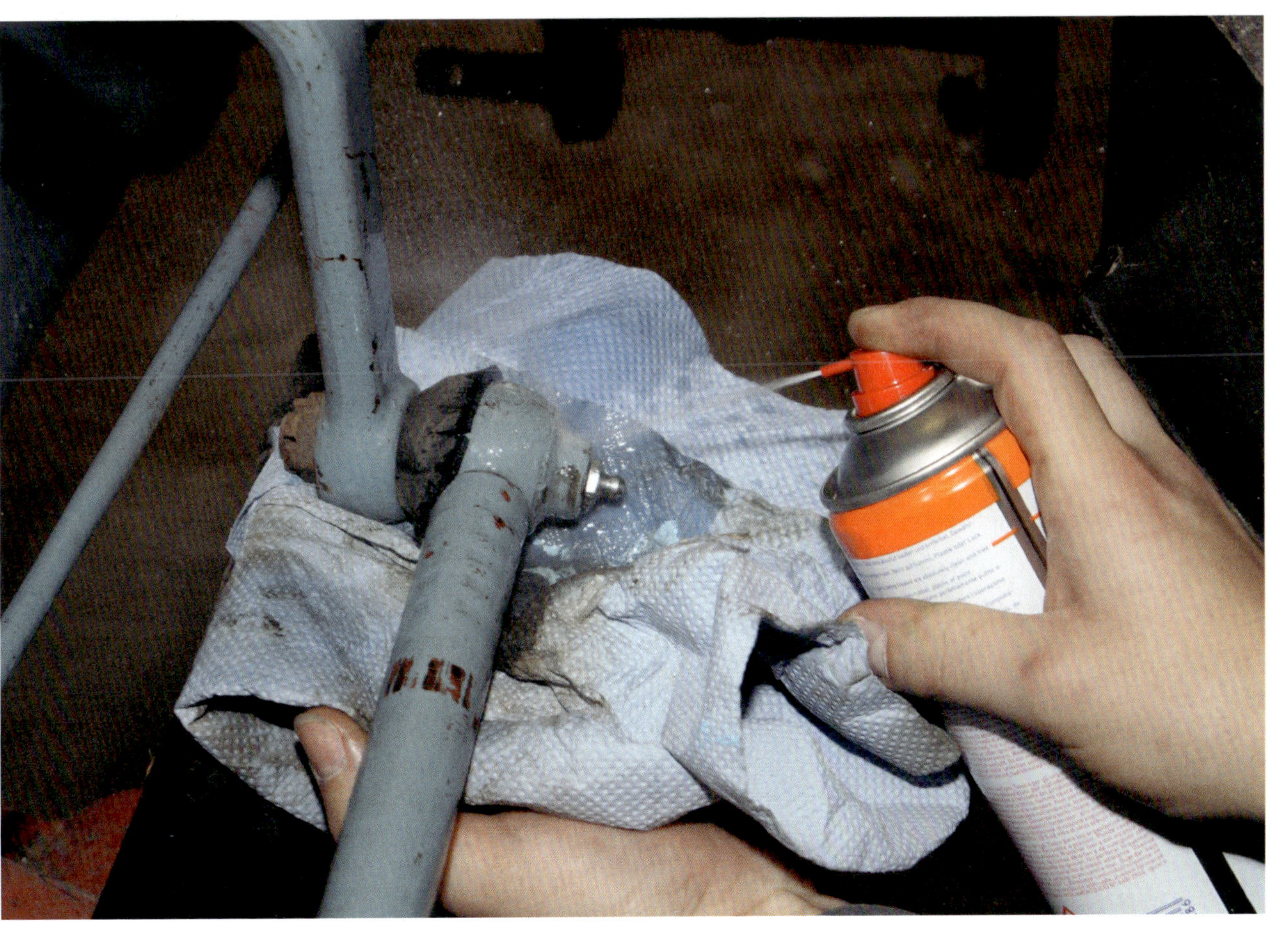

Wieder ist die Reinigung der Lagerstelle mit Motorreiniger erste Pflicht, bevor geschmiert wird.

Ein Fettstoß pro Schmiernippel genügt völlig, sonst wird die Lagerkugel aus der Lagerschale gedrückt.

Die Lagerkugel ist richtig geschmiert, wenn sie nach dem Abschmieren nicht unter Spannung steht.

Das überschüssige Fett am Schmiernippel muss entfernt werden, sonst bleibt Schmutz haften.

Einstellmechaniken, wie hier an der Fußbremse, werden oft beim Schmierdienst übersehen.

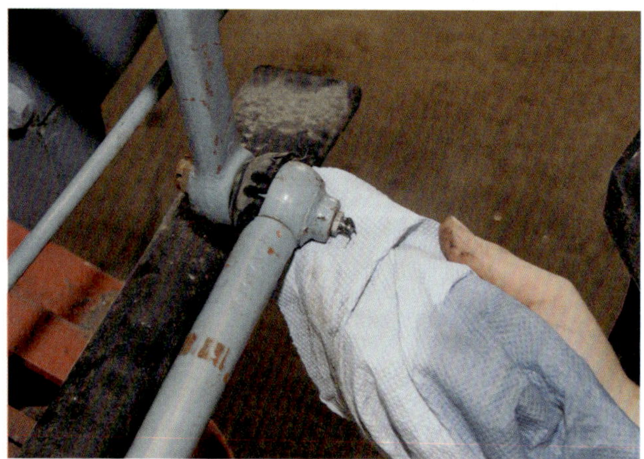

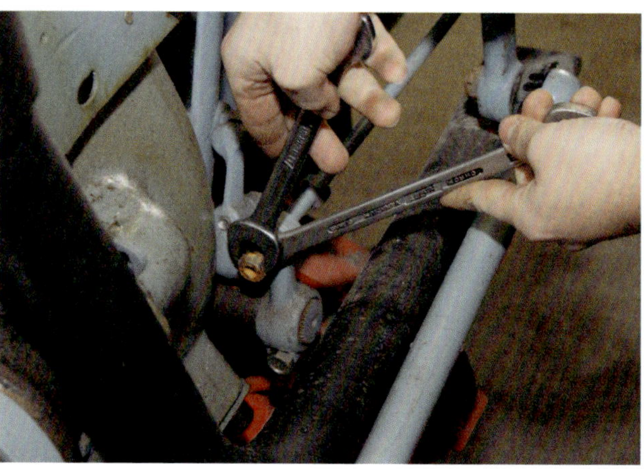

der Lagerschale gedrückt. Bei Kugelkopflagern ist auch auf die Gummimanschette des Lagers zu achten. Sie darf nicht beschädigt sein (Risse, Brüche, Fehlstellen oder Verhärtung), da hier im Gegensatz zum Gleitlager nicht das Fett das Lager nach außen dichtet, sondern die Gummimanschette diese Aufgabe übernimmt. Als Schmierfett kommt hier ebenfalls Langzeitfett mit MoS2 zum Einsatz.

Beim Schmierdienst vergessen viele Traktoristen gerne das Abschmieren so genannter Einstellmechaniken. Ein Beispiel ist der Spielausgleich des Bremsgestänges. Hier sollte regelmäßig das Gewinde der Zugstange gewartet werden. Dies ist vor allem dann öfter nötig, wenn solche Mechaniken an sehr exponierter Stelle angebracht sind, wo sie Witterung und Schmutz ausgesetzt sind. Zur Wartung müssen die Einstell- und Kontermutter abgeschraubt werden. Anschließend sind sie gründlich zu reinigen. Verrostete Muttern sind zu entsorgen und durch neue zu ersetzen. Besonders das Gewinde der Einstellstange ist zu prüfen. Sind die Gewindegänge leicht beschädigt, können sie mit einem Gewindeschneider überarbeitet werden. Anschließend wird das Gewinde mit Kupferpaste eingestrichen und die Einstell- und Kontermutter wieder montiert. Dabei darf man nicht vergessen, auch die Gewindegänge der beiden Muttern mit Kupferpaste einzustreichen. Kupferpaste verhindert hier zuverlässig, dass Wasser die Gewindegänge korrodieren lässt.

Zur Wartung eines Traktors gehört auch die Pflege der Blattfedern – sofern solche verbaut sind. Unser Eicher ED 22 hat welche. Um Verschleiß und Quietschgeräusche zu vermeiden, muss ein flüssiger Schmierstoff verwendet werden, der durch seine Kapillarwirkung zwischen die einzelnen Federblätter kriechen kann. Wie bei der Lagerung der Fußbremshebel, empfiehlt sich hier wieder wegen seiner wasserverdängenden und langanhaltenden Schmiereigenschaften Haftschmierspray. Damit das Haftspray besser zwischen die einzelnen Federblätter eindringen kann, sollte das Federpaket entlastet werden. Dies geschieht am besten mit einem Wagenheber. Wie bei allen Lagerstellen, ist auch hier Sauberkeit erste Pflicht beim Abschmieren. Auch hier ist Motorreiniger das Mittel der Wahl, um jeglichen Schmutz vom Federpaket zu entfernen. Besonders die Spalten zwischen den einzelnen Federn müssen gründlich damit ausgewaschen werden. Dann heißt es einige Minuten warten, bis der Reiniger verdunstet ist. Danach kann mit der Spraydose entlang den Spalten zwischen den Federblättern das Schmiermittel aufgesprüht werden. Bevor der Traktor jetzt wieder vom Wagenheber abgelassen wird, sollten einige Minuten vergehen, damit der Haftschmierstoff genügend Zeit hat, in die Spalten einzudringen.

Ein sehr wichtiger Schmierpunkt sind auch die Radlager. Bei vielen alten Traktoren sind noch so genannte offene Radlager verbaut. Im Gegensatz zu modernen geschlossenen Radlagern, die dauergeschmiert sind, müssen sie regelmäßig gefettet werden. Am einfachsten geht dies im ausgebauten Zustand. Dann lässt sich das Lager auch leichter reinigen. Am besten verwendet man hierzu wieder Motorreiniger und bläst anschließend das Lager mit Pressluft sauber. Zum Abschmieren muss eine größere Portion Fett im wahrsten Sinne des Wortes in die Hand genommen werden. In diesen Fettklumpen wird dann das Radlager von beiden Seiten hinein gedrückt, bis sämtliche Kugelzwischenräume restlos aufgefüllt sind. Abschließend wird überschüssiges Fett abgewischt und das Radlager wieder eingebaut. Nicht vergessen sollte man hierbei, auch den Lagersitz vorher gründlich zu reinigen.

Lässt sich das Radlager nur schwer oder unter hohem Aufwand ausbauen, kann auch versucht werden, soviel Fett, wie möglich von der zugänglichen Seite in das Lager zu drücken Auch im eingebauten Zustand muss das Lager vor dem Abschmieren von altem Fett, Dreck und Staub gereinigt werden. Wer anschließend nicht mit Fett spart, erreicht beinahe eine ebenso gute Schmierung, wie im ausgebauten Zustand. Das Abschmieren selbst sollte immer mit speziellem Radlagerfett erfolgen, denn wegen der hohen Rotationsgeschwindigkeit der Lager ist es extrem gefordert – insbesondere, wenn Kugellager verbaut sind. Im Gegensatz zu gewöhnlichen Fetten, die im Betrieb durch die schnell rotierenden Wälzkörper nach einer gewissen Zeit schlicht verdrängt werden, so dass das Lager schließlich trocken läuft, verbleiben diese Fette auf den Laufflächen und sichern so dauerhaft die Schmierung. Offene Radlager sollten mindestens einmal im Jahr geschmiert werden, unter harten Einsatzbedingungen oder vielen Regenfahrten auch öfters.

Ein Tipp: Bei der Montage des Rades ist die Innenseite der Felge zu reinigen und die Nabenauflagefläche mit Bremsen-Antiquietsch-Paste einzustreichen. Das verhindert ein Festrosten der Felgen an der Nabe. Auch sollte nach der Montage der Felge in das noch offene Radlager so viel Fett wie möglich hineingestrichen werden. Das verhindert zusätzlich, dass Wasser und Schmutz in das Radlager gelangen können.

Nicht vergessen darf man die elektrischen Schalter am Armaturenbrett und das Zündschloss. Auch sie müssen gepflegt werden. Obwohl es hier verschiedene Produkte

Lassen sich die Muttern an der Einstellmechanik nicht öffnen, hilft manchmal nur noch Rostlöser.

Randständig. Die beiden Muttern sind korrodiert und sollten demnächst mal getauscht werden.

Mit einem Pinsel wird Kupferpaste dünn auf die Gewindestange der Einstellmechanik gestrichen.

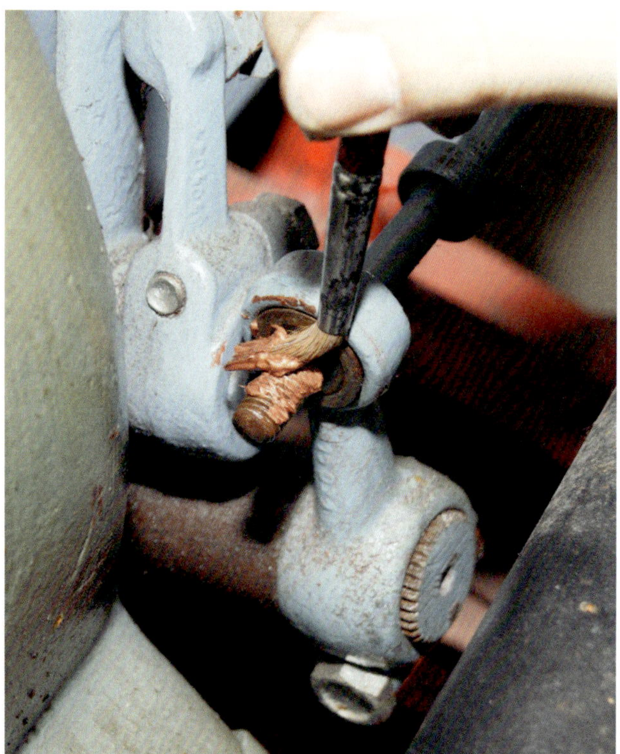

Die Kupferpaste muss dünn verstrichen werden, so dass es den Gewindegang völlig ausfüllt.

Auch die Gewinde der Muttern sind mit Kupferpaste einzustreichen. Mit einem Pinsel geht das leicht.

Auch die Außenseiten der Muttern sollten mit Fett eingestrichen werden. Das verhindert Korrosion.

Zum Abschmieren von Blattfederpaketen muss der Traktor mit einem Wagenheber vorne angehoben werden.

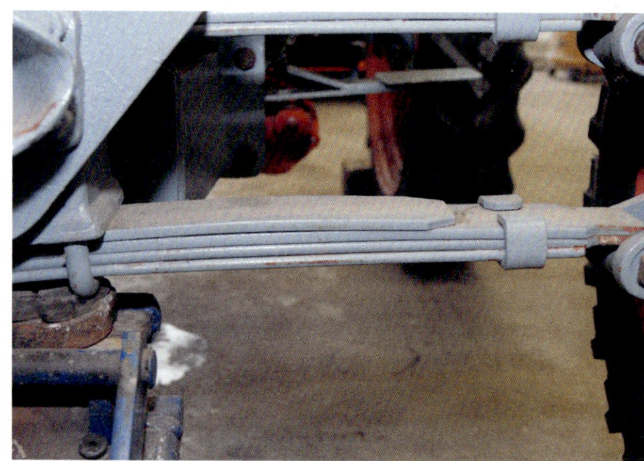

Die Federpakete sind entlastet. Deutlich sind Spalten zwischen den Blattfedern zu sehen.

Kleines Schmiernippel-ABC

Als Schmiernippel oder Abschmiernippel wird ein kleiner Stutzen bezeichnet, an dem eine Fettpresse angesetzt werden kann, um in eine Lagerstelle Schmierstoff (Fett) einpressen zu können.

Schmiernippel finden sich vor allem bei Oldtimer-Fahrzeugen. Bei Youngtimern werden sie zunehmend durch Zentralschmiereinrichtungen verdrängt, bei modernen Fahrzeugen gibt es sie heute überhaupt nicht mehr. Sie wurden dort durch wartungsarme Gelenkköpfe und Lager mit lebenslanger Fettfüllung völlig verdrängt. Wenn heute Schmiernippel noch zum Einsatz kommen, dann nur bei extrem robust gebauten Baumaschinen oder an landwirtschaftlichen Geräten.

Kegelschmiernippel nach DIN 71412 haben als Stutzen einen kegelförmigen abgeflachten Kopf. Sie werden in drei Ausführungen angeboten. Ist der Stutzen gerade, wird der Schmiernippel als Form A bezeichnet, die abgewinkelter Bauweise wird Form B oder C genannt, je nachdem ob der Stutzen 45° oder 90° geneigt ist. Es gibt sie aus Stahl, Edelstahl oder Messing. Auch ihre Einsetzgewinde können unterschiedlich sein. Die gängigsten haben ein 8-mm-Gewinde mit Steigung 1. Aber auch Einpressvarianten sind üblich. In alten Werkstatthandbüchern findet man für sie bis etwa zum Jahr 1962 auch die Bezeichnung Kegelwulstschmierköpfe. Zum Abschmieren wird für diese Schmiernippelform ein so genanntes Hydraulikmundstück für die Fettpresse benötigt.

Flachschmiernippel (DIN 3404; früher: Flachschmierköpfe) werden nur an Schmierstellen verwendet, die hohen Schmierstoffbedarf haben. Ihr Kopf ist tellerförmig abgeflacht. Heute gibt es meist nur noch Flachschmiernippel der Form A. Bis ungefähr 1962 wurden jedoch auch Nippel der Form B verbaut (abgewinkelt). Flachschmiernippel gibt es mit verschiedenen Gewinden (metrische, Zoll- und Feingewinde mit verschiedenen Steigungen) oder Einschlagzapfen. Es gibt sie meist aus Stahl (verzinkt) oder Messing. Zum Abschmieren benötigt man für sie an der Fettpresse Flach-, Steck- oder Schiebekupplungen.

Trichter-Schmiernippel nach DIN 3405 gibt es in den Ausführungen D1, D2 und D3 (180°, 45° und 90°). Ihr flach gehaltener Nippelkopf (D1) ermöglicht einen bündigen und versenkten Einbau. Wegen ihres trichterförmigen Anschlusses benötigt man für sie eine Fettpresse mit konkavem, kegelförmigem Mundstück (»Spitzmundstück«), das einen kraftschlüssigen Anschluss an die Form D ermöglicht. Auch sie sind in Messing und Stahl (verzinkt) mit unterschiedlichen metrischen oder Zoll-Gewinden erhältlich. Seltener sind Einpressvarianten.

Kugelschmiernippel nach DIN 3402 wurden bis Ende der 1960er-Jahre noch verbaut. Ihre Norm wurde im November 1986 zurückgezogen. Sie haben einen halbkugelförmigen Schmierkopf. Es gibt sie ebenfalls in den Ausführungen 180°, 45° oder 90° (K1, K2 und K3) in Messing und Stahl mit verschiedenen Gewinden oder zum Einpressen. Zum Abschmieren benötigt man für sie eine Fettpresse mit Hohlmundstück. Wie Trichter-Schmiernippel bieten Kugelschmiernippel den Vorteil, dass Abschmierungen aus verschiedenen Winkellagen ohne Verwendung eines elastischen Gliedes möglich sind.

gibt, die genau auf ihren Einsatzzweck abgestimmt sind, dienen sie hauptsächlich dazu, Feuchtigkeit aus diesen zu verdrängen und Korrosion zu verhindern. Erst in zweiter Linie schmieren sie auch. Das »Abschmieren« mit so genanntem Elektronik-Spray sollte alle sechs bis acht Wochen erfolgen – nach Regenfahrten jedoch öfters. Dazu wird der Schalter von außen gereinigt und das Schmiermittel möglichst durch die kleinen Öffnungen zwischen Schalterhebel und Gehäuse gesprüht. Danach ist der Schalter mehrmals zu betätigen, um das Mittel in seinem Inneren zu verteilen. Bei Bedarf kann dann nochmals nachgeschmiert werden.

Für das Zündschloss und die Schlösser am Traktor kommt ein spezielles Türschloss-Pflegespray zum Einsatz. Es verdrängt ebenfalls Wasser, schützt vor Korrosion – schmiert aber deutlich besser. Damit es gut in das Schloss gesprüht werden kann, hat es eine kleine feste Kanüle, die in das Schloss gesteckt wird. Auch hier gilt, die Schlösser regelmäßig und nach Bedarf abzuschmieren. Meist genügt es aber, hier alle drei Monate etwas Türschloss-Pflegespray in die Schlösser zu sprühen.

Zur Pflege der Elektrik gehört es auch, die Batteriepole mit Polfett zu bestreichen. Dies wird oft vergessen. Dann kann es zum Totalausfall der Elektrik kommen, weil die Batterieanschlüsse völlig oxidiert sind. Bevor das Polfett aufgetragen wird, müssen die Anschlüsse abgeschraubt und gereinigt werden. Dies geschieht am besten mit Motorreiniger und anschließend mit einer feinen Drahtbürste und/oder feinkörnigem Schmirgelpapier.

Nach der Reinigung wird Haftschmierspray in die Spalten zwischen den Blattfedern gesprüht.

Zum Abschmieren der beiden Wälzlager im Inneren der Nabe muss das Radlager zerlegt werden.

Ohne Mühe! Die Zentralmutter für das Radlager lässt sich mit einem Schlagschrauber leicht öffnen.

Das Öffnen der Muttern geht schnell mit dem Schlagschrauber. Dank Rostlöser gehen sie zügig auf.

Die Nabe ist bereits auf den Lagern festgerostet. Sie lässt sich mit sanften Schlägen abziehen.

Das innere Radlager hat noch etwas Fett. Jedoch ist es bereits teilweise stark verharzt.

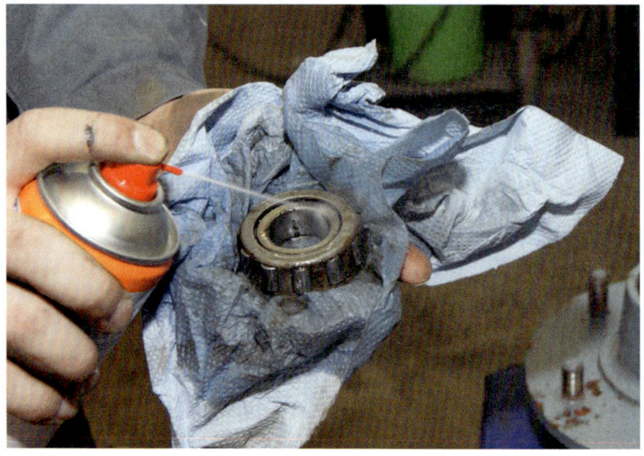

Das vordere Radlager wird gereinigt, um dann zu prüfen, ob es noch verwendet werden kann.

Ist das Metall blank, wird alles zusammengeschraubt und die jeweiligen Pole von außen komplett mit Polfett eingestrichen. Dabei ist darauf zu achten, dass das Fett den ganzen Pol abdeckt, damit kein Luftsauerstoff oder Feuchtigkeit an ihn gelangen kann.

Wer regelmäßig den Schmierdienst durchführt, hat nicht nur einen zuverlässigeren Traktor, auch trägt er so zum Werterhalt bei, da Verschleiß und Korrosion deutlich verringert werden.

Im Lagersitz sind deutlich Spuren von Schmutz, Abrieb und verharztem Fett zu erkennen.

Vom inneren Radlager lässt sich das verharzte Fett noch leicht mit Motorreiniger abwaschen.

Der Zustand des inneren Radlagers ist grenzwertig. Deutlich sind Korrosionsspuren zu erkennen.

Laut Hersteller ist es unbedenklich für die Gesundheit, das Lagerfett mit der blanken Hand aufzutragen.

Das Lager und auch die Radachse müssen mit dem Lagerfett reichlich satt eingestrichen werden.

Vor der Montage der Radnabe muss auch ihr Inneres dick mit Fett eingestrichen werden.

Das ausgebaute und gereinigte Radlager wird zuerst von außen mit Fett eingestrichen.

Anschließend wird mit den Fingern reichlich Fett in das Innere des Lagerkäfigs gedrückt.

Das gut geschmierte Lager muss mit etwas Druck auf die Radachse geschoben werden.

Gut gefettet! Beim Anziehen der Zentralmutter quillt aus den Lagersitzen das Fett heraus.

Auch vor der Montage des Rades sollte auf die Achsbolzen etwas Rostlöser aufgesprüht werden.

Vor der Montage des Rades wird die Nabenauflage der Felge mit Motorreiniger gereinigt.

Damit das Rad nicht an der Nabe festrostet, hilft es, sie mit Bremsen-Antiquietsch-Paste einzustreichen.

Nach der Radmontage wird nochmals Fett in das Radlager gepresst, damit alle Hohlräume aufgefüllt sind.

Nach dem Hineinsprühen von Türschloss-Pflegesprays ist das Zündschloss mehrmals zu betätigen.

Vor dem Auftragen des Batteriepolfetts, werden die Batteriepole zur Vermeidung von Kriechströme sauber gewischt.

Zur besseren Leitfähigkeit sind beide Pole mit feinem Schmirgelpapier von Oxidationen zu befreien.

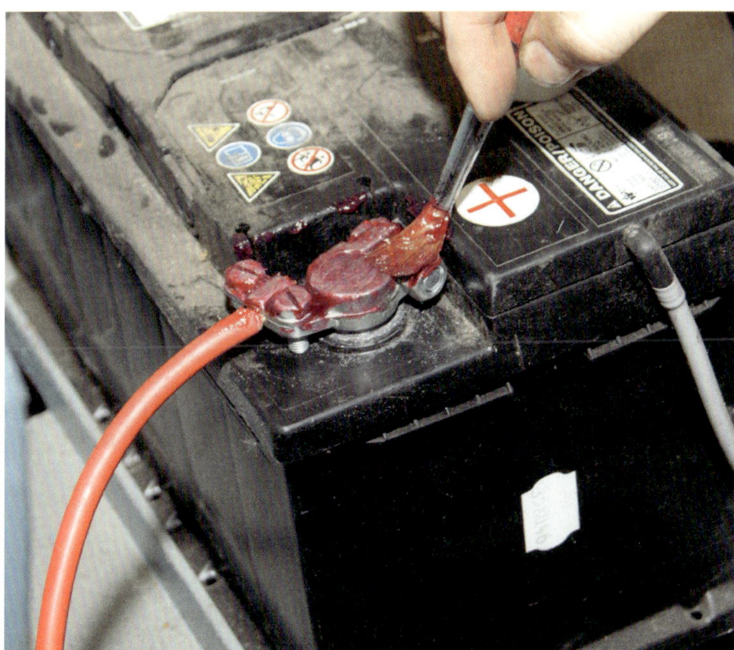

Das Batteriepolfett darf nur von Außen auf den Pol aufgetragen werden.

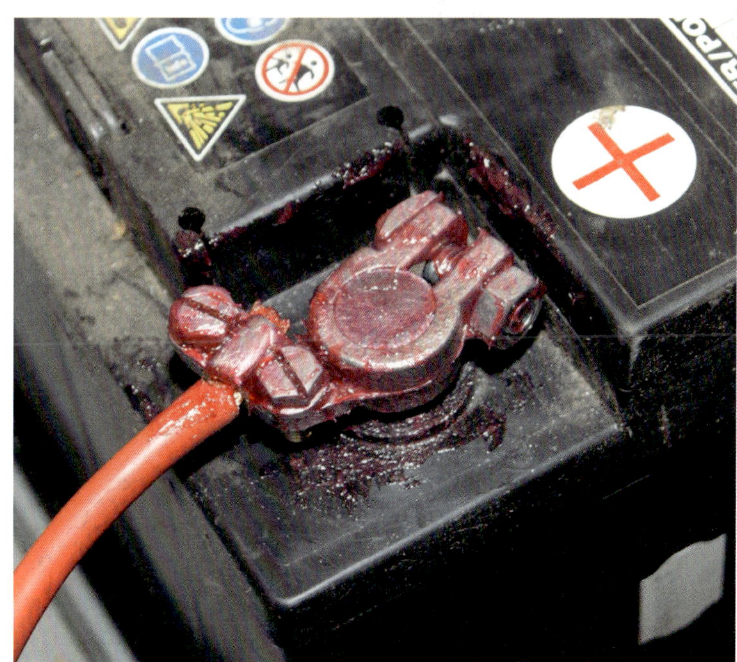

Das Batteriepolfett muss alle blanken Stellen der Pole bedecken, um Oxidation zu vermeiden.

Zum Autor

Dr. Marcel Schoch erlernte die Grundlagen der Fahrzeugtechnik zwischen 1984 und 1993 bei der Firma Fritz Lottmann Technik, München. Als Service-Mechaniker für BMW-Motorräder arbeitete er dort zudem im Bereich Motorsport für die Rallye Paris-Dakar. Nach seinem Studium der Technikgeschichte, das er großenteils neben seiner Arbeit als Mechaniker zwischen 1986 und 1995 an der Ludwig-Maximilians-Universität (LMU), München, und der Ruhr-Universität Bochum absolvierte, war er zwischen 1993 und 1996 als Dozent an der TU-München und als Lehrbeauftragter an der LMU München tätig. 1997 wechselte er zum Deutschen Museum in München. Dort war es bis 2001 Konservator und Projektmanager in der Abteilung Landverkehr. Zu seinen Aufgaben gehörte die wissenschaftliche Beratung der Restaurierungswerkstätten des Deutschen Museums und die Planung der Halle 3 (Motorsport) des Deutschen Museum Verkehrszentrum. Seit Ende der 1990er-Jahre arbeitet er als freier Technik- und Wissenschaftsredakteur und Buchautor. Noch immer ist er eng mit dem Kfz-Handwerk verbunden. So begleitet und berät er Start-up-Unternehmen und ist nebenbei ehrenamtlich als Prüfer im Bereich Oldtimertechnik für den ZDK (Zentralverband Deutsches Kraftfahrzeuggewerbe e.V.) in Bonn tätig.

Impressum

Verantwortlich: Lothar Reiserer
Layout/Satz: GM
Repro: LUDWIG:media
Korrektorat: The Wordworms|Berlin
Einbandgestaltung: Regine Degenkolbe
Herstellung: Anna Katavic
Printed in Slovakia by Neografia

Sind Sie mit diesem Titel zufrieden? Dann würden wir uns über Ihre Weiterempfehlung freuen. Erzählen Sie es im Freundeskreis, berichtenSie Ihrem Buchhändler, oder bewerten Sie bei Ihrem nächsten Onlinekauf. Und wenn Sie Kritik, Korrekturen oder Aktualisierungen haben, freuen wir uns über Ihre Nachricht an GeraMond Media GmbH, Postfach 40 02 09, D-80702 München oder per E-Mail an lektorat@verlagshaus.de.

Unser komplettes Programm finden Sie unter

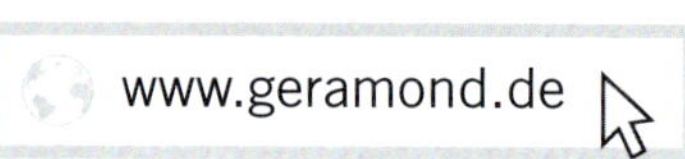

Die Deutsche Nationalbibliothek verzeichnet diese Publikation in der Deutschen Nationalbibliografie; detaillierte bibliografische Daten sind im Internet über http://dnb.d-nb.de abrufbar.

Infanteriestraße 11a
80797 München

ISBN 978-3-96453-253-4